TGAU
Cemeg

Adrian Schmit, Jeremy Pollard

TGAU Cemeg

Addasiad Cymraeg o *GCSE Chemistry* a gyhoeddwyd yn 2016 gan Hodder Education

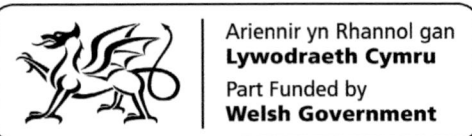

Cyhoeddwyd dan nawdd Cynllun Adnoddau Addysgu a Dysgu CBAC

Mae'r deunydd hwn wedi'i gymeradwyo gan CBAC ac mae'n cynnig cefnogaeth o ansawdd uchel ar gyfer cyflwyno cymwysterau CBAC. Er bod y deunydd wedi bod trwy broses sicrhau ansawdd, mae'r cyhoeddwyr yn dal yn llwyr gyfrifol am y cynnwys.

Mae cyn-gwestiynau papurau arholiad CBAC wedi'u hatgynhyrchu gyda chaniatâd CBAC.

Er y gwnaed pob ymdrech i sicrhau bod cyfeiriadau gwefannau yn gywir adeg mynd i'r wasg, nid yw Hodder Education yn gyfrifol am gynnwys unrhyw wefan y cyfeirir ati yn y llyfr hwn. Weithiau mae'n bosibl dod o hyd i dudalen we a adleolwyd trwy deipio cyfeiriad tudalen gartref gwefan yn ffenestr LlAU (URL) eich porwr.

Polisi Hachette UK yw defnyddio papurau sy'n gynhyrchion naturiol, adnewyddadwy ac ailgylchadwy o goed a dyfwyd mewn coedwigoedd cynaliadwy. Disgwylir i'r prosesau torri coed a gweithgynhyrchu gydymffurfio â rheoliadau amgylcheddol y wlad y mae'r cynnyrch yn tarddu ohoni.

Archebion: cysylltwch â Bookpoint Ltd, 130 Milton Park, Abingdon, Oxon OX14 4SB. Ffôn: (44) 01235 827720. Ffacs: (44) 01235 400454. Mae'r llinellau ar agor rhwng 9.00 a 17.00 o ddydd Llun i ddydd Sadwrn, gyda gwasanaeth ateb negeseuon 24 awr. Gallwch hefyd archebu trwy ein gwefan: www.hoddereducation.co.uk.

ISBN 9781510400320

© Adrian Schmit a Jeremy Pollard, 2016 (Yr argraffiad Saesneg)

Cyhoeddwyd gyntaf yn 2016 gan

Hodder Education,
an Hachette UK Company,
Carmelite House,
50 Victoria Embankment
London EC4Y 0DZ

© CBAC 2016 (yr argraffiad hwn ar gyfer CBAC)

Rhif argraffiad 1

Blwyddyn 2016

Cedwir pob hawl. Ac eithrio ar gyfer unrhyw ddefnydd a ganiateir o dan gyfraith hawlfraint y DU, ni ellir atgynhyrchu na throsglwyddo unrhyw ran o'r cyhoeddiad hwn mewn unrhyw ffurf neu drwy unrhyw fodd, yn electronig neu'n fecanyddol, gan gynnwys llungopïo a recordio, neu ei chadw mewn unrhyw system cadw ac adalw gwybodaeth, heb ganiatâd ysgrifenedig gan y cyhoeddwr neu o dan drwydded gan yr Asiantaeth Drwyddedu Hawlfraint Cyfyngedig. Mae rhagor o fanylion am drwyddedau o'r fath (ar gyfer atgynhyrchu reprograffig) ar gael gan yr

Asiantaeth Drwyddedu Hawlfraint Cyfyngedig/Copyright Licensing Agency Limited, Saffron House, 6–10 Kirby Street, London EC1N 8TS.

Llun y clawr © Sylvie Bouchard / Alamy Stock Photo

Teiposodwyd yn LegacySerifStd-Book, 11.5/13 pts gan Aptara Inc.
Argraffwyd yn yr Eidal
Mae cofnod catalog y teitl hwn ar gael gan y Llyfrgell Brydeinig

Cynnwys

Gwneud y gorau o'r llyfr hwn — iv

Uned 1

1 Natur sylweddau ac adweithiau cemegol — 1
2 Adeiledd atomig a'r Tabl Cyfnodol — 19
3 Dŵr — 39
4 Y Ddaear sy'n newid yn barhaus — 51
5 Cyfradd newid cemegol — 63
6 Calchfaen — 75

Uned 2

7 Bondio, adeiledd a phriodweddau — 82
8 Asidau, basau a halwynau — 98
9 Metelau ac echdynnu metelau — 117
10 Adweithiau cemegol ac egni — 142
11 Olew crai, tanwyddau a chemeg organig — 148
12 Adweithiau cildroadwy, prosesau diwydiannol a chemegion pwysig — 170

Sut mae gwyddonwyr yn gweithio — 177
Y Tabl Cyfnodol — 191
Geirfa — 192
Mynegai — 195
Cydnabyddiaeth — 198

Gwneud y gorau o'r llyfr hwn

Croeso i Lyfr Myfyrwyr TGAU Cemeg CBAC.

Mae'r llyfr hwn yn ymdrin â holl gynnwys yr haen Sylfaenol a'r haen Uwch ar gyfer manyleb 2016 TGAU Cemeg CBAC.

Mae'r nodweddion canlynol wedi eu cynnwys er mwyn eich helpu i wneud y gorau o'r llyfr hwn.

Cynnwys y fanyleb

Gwiriwch eich bod yn ymdrin â'r holl gynnwys angenrheidiol ar gyfer eich cwrs, gyda chyfeiriadau at y fanyleb a throsolwg bras o bob pennod.

Term allweddol

Mae geiriau a chysyniadau pwysig wedi'u hamlygu yn y testun a'u hegluro'n glir i chi ar yr ymyl ac yn yr Eirfa ar ddiwedd y llyfr.

Gweithgaredd

Mae'r gweithgareddau hyn fel arfer yn ymwneud â defnyddio data ail law na allech eu cael mewn labordy ysgol, ynghyd â chwestiynau a fydd yn profi eich sgiliau ymholi gwyddonol.

Pwynt trafod

Gallech chi ateb y cwestiynau hyn ar eich pen eich hun, ond byddech hefyd yn elwa o'u trafod gyda'ch athro/athrawes neu gyda myfyrwyr eraill yn eich dosbarth. Mewn achosion fel hyn, mae yna fel arfer amrywiaeth barn neu sawl ateb posibl i'w harchwilio.

Profwch eich hun

Mae'r cwestiynau byr hyn, sydd i'w gweld trwy bob pennod, yn rhoi cyfle i chi i wirio eich dealltwriaeth wrth i chi fynd yn eich blaen trwy'r gwahanol bynciau.

Gwaith ymarferol

Bydd y gweithgareddau ymarferol hyn yn helpu i atgyfnerthu eich dysgu ac i brofi eich sgiliau ymarferol.

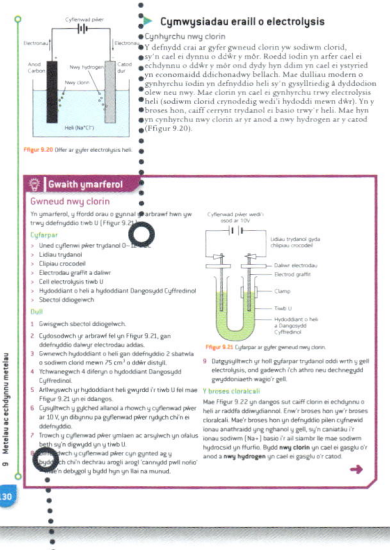

Mae'r rhan fwyaf o gynnwys y llyfr hwn yn addas ar gyfer pob myfyriwr. Er hyn, myfyrwyr sy'n dilyn cwrs Cemeg TGAU yn unig a ddylai astudio rhai pynciau. Mae'r cynnwys hwn wedi'i farcio'n glir â llinell werdd.

▶ Cwestiynau adolygu'r bennod

Mae cwestiynau ymarfer ar ddiwedd pob pennod. Mae'r rhain yn dilyn arddull y gwahanol fathau o gwestiynau y gallech chi eu gweld yn eich arholiad ac mae marciau wedi eu rhoi i bob rhan.

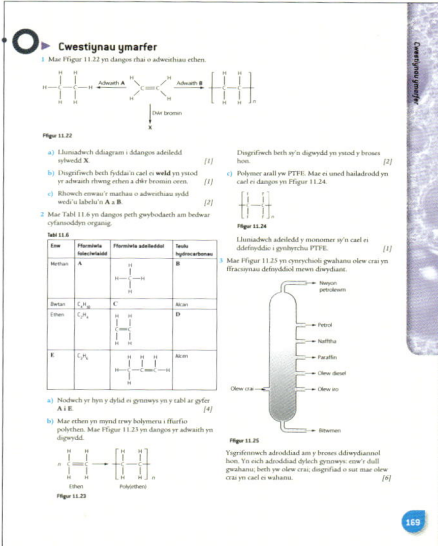

⬇ Crynodeb o'r bennod

Mae hwn yn rhoi trosolwg o bopeth rydych wedi ei astudio mewn pennod ac mae'n adnodd defnyddiol er mwyn gwirio eich cynnydd ac ar gyfer adolygu.

Mae rhywfaint o'r deunydd yn y llyfr hwn yn angenrheidiol ar gyfer myfyrwyr sy'n sefyll arholiad yr haen Uwch yn unig. Mae'r cynnwys hwn wedi ei farcio'n glir ag Ⓤ

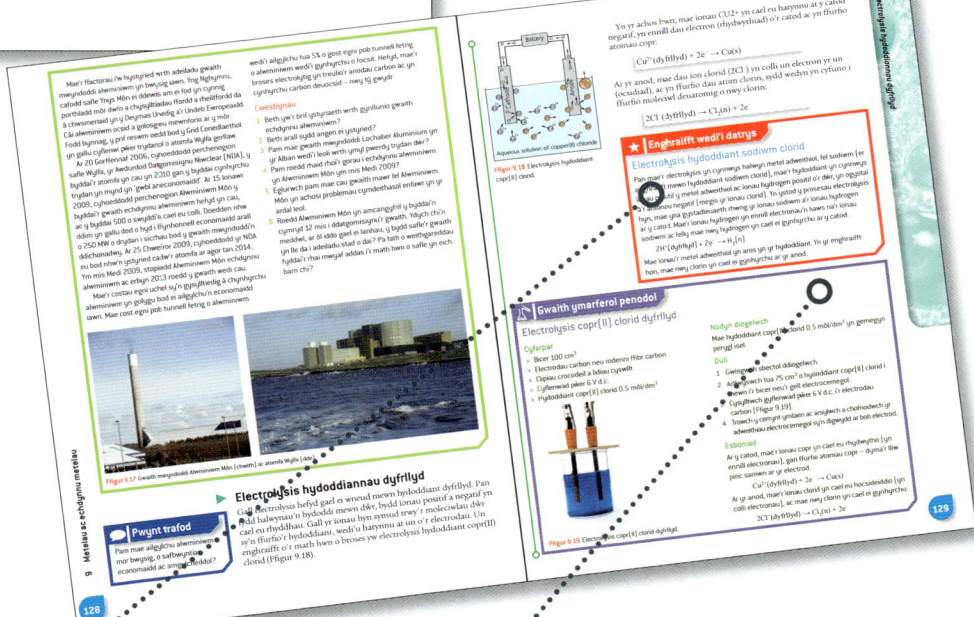

★ Enghraifft wedi ei datrys

Enghreifftiau o gwestiynau a chyfrifiadau sy'n cynnwys gwaith cyfrifo llawn ac atebion sampl.

🧪 Gwaith ymarferol penodol

Mae gwaith ymarferol penodol i CBAC wedi'i amlygu'n glir.

Atebion

Mae atebion holl gwestiynau a gweithgareddau'r llyfr hwn i'w cael ar lein yn: www.hoddereducation.co.uk/tgaucemegcbac

Natur sylweddau ac adweithiau cemegol

> **🏠 Cynnwys y fanyleb**
>
> Mae'r bennod hon yn ymdrin ag adran **1.1 Natur sylweddau ac adweithiau cemegol** yn y fanyleb TGAU Cemeg ac adran **2.1 Natur sylweddau ac adweithiau cemegol** yn y fanyleb TGAU Gwyddoniaeth (Dwyradd). Mae'n edrych ar y syniadau canlynol: sylweddau pur yw elfennau, sylweddau lle mae atomau gwahanol yn cael eu huno'n gemegol yw cyfansoddion, a sylweddau lle nad yw gronynnau'n cael eu huno'n gemegol yw cymysgeddau. Mae'n ystyried ffyrdd o wahanu sylweddau. Mae'r bennod hon hefyd yn cyflwyno syniadau am fesur elfennau a chyfansoddion yn nhermau masau atomig a moleciwlaidd a chyfansoddiad canrannol, cyn mynd ymlaen i ystyried hafaliadau fel ffordd o ddangos sut mae atomau'n cael eu haddrefnu mewn adweithiau, gan gynnwys cydbwyso hafaliadau. Cawn ein cyflwyno i folau, cysonyn Avogadro a chyfrifiadau màs perthynol. Mae'r bennod hefyd yn cyflwyno cadwraeth màs fel yr allwedd i ddeall y wybodaeth mae hafaliad cemegol yn ei rhoi.

Mae cemeg yn astudio'r sylweddau sydd o'n cwmpas ac sy'n ffurfio ein cyrff, a sut maen nhw'n rhyngweithio â'i gilydd. Mae cemegwyr yn dosbarthu'r sylweddau a'r rhyngweithiadau hyn mewn ffyrdd amrywiol, a chyn y gallwch chi ddechrau astudio cemeg o ddifrif bydd angen i chi ddeall y syniadau sylfaenol sy'n codi yn y bennod hon. Yma byddwch chi'n dysgu am elfennau, cyfansoddion, cymysgeddau ac adweithiau cemegol, gan osod y sylfeini angenrheidiol ar gyfer gweddill eich cwrs TGAU.

▶ Elfennau

Elfennau yw blociau adeiladu sylfaenol mater. Does dim ffordd o dorri elfennau i lawr yn rhywbeth symlach trwy ddulliau cemegol. Mae gan bob elfen ei symbol ei hun. Mae elfennau wedi'u gwneud o **atomau**, ac mae pob atom mewn elfen yr un fath. Byddwn ni'n dysgu mwy am atomau yn y bennod nesaf, ond am y tro mae angen rhai manylion sylfaenol arnoch chi.

- ▶ Mae pob atom yn cynnwys craidd bach sydd â gwefr bositif, sef y **niwclews**.
- ▶ Mae'r niwclews yn cynnwys dau fath o ronynnau – **protonau** (sydd â gwefr bositif) a **niwtronau** (sydd heb wefr).
- ▶ Mae **electronau** ysgafn â gwefr negatif yn amgylchynu'r niwclews ac yn cael eu hatynnu ato. (Mae positif yn atynnu negatif.)
- ▶ Mae holl atomau elfen benodol yn cynnwys yr un nifer o brotonau; hwn yw'r **rhif atomig**. Mae gan bob elfen ei rhif atomig ei hun. Er enghraifft, rhif atomig hydrogen yw 1; rhif atomig lithiwm yw 3; rhif atomig clorin yw 17.

▶ **Màs atomig cymharol** yw'r enw ar fàs atom elfen. Màs 1 sydd gan brotonau a niwtronau. Mae electronau mor fach fel bod eu màs yn ddibwys.
▶ Mae bron i holl fàs yr atom yn y niwclews.

Mae cemegwyr wedi trefnu'r holl elfennau mewn tabl, sef y Tabl Cyfnodol, sy'n eu trefnu mewn grwpiau sy'n ein galluogi i ddeall ac i ragweld priodweddau'r elfennau gwahanol. Mae'r Tabl Cyfnodol yn arf hanfodol i gemegwyr, a byddwch chi'n dysgu amdano yn y bennod nesaf.

▶ Fformiwlâu cemegol

Mae enwau gan yr holl gemegion, ond mae ganddynt hefyd symbolau cemegol (yn achos elfennau) a fformiwlâu (ar gyfer moleciwlau) fel rhyw fath o ffordd 'llaw-fer' o'u cynrychioli. Mae gan symbolau cemegol un neu ddwy lythyren. Mae gan lawer o elfennau symbolau sy'n amlwg yn cyfeirio at eu henwau (er enghraifft y symbol ar gyfer calsiwm yw Ca), ond dydy'r llythrennau sydd gan lawer o'r rhai cyffredin ddim mor amlwg (e.e. plwm – Pb; mercwri – Hg; tun – Sn; potasiwm – K).

Mae'r fformiwla gemegol ar gyfer moleciwl yn dangos yr elfennau (neu weithiau un elfen yn unig) sy'n ei ffurfio, yn ogystal â rhif (fel isysgrif) i ddangos sawl atom o'r elfen sy'n bresennol. Os nad oes rhif, mae hyn yn dangos bod yna un atom o'r elfen yn y moleciwl. Mae Tabl 1.1 yn rhoi rhai enghreifftiau.

Tabl 1.1. Fformiwlâu rhai sylweddau.

Enw'r sylwedd	Fformiwla	Elfennau sy'n bresennol	Nifer yr atomau yn yr elfen
Ocsigen	O_2	Ocsigen	2
Asid nitrig	HNO_3	Hydrogen	1
		Nitrogen	1
		Ocsigen	3
Sinc sylffad	$ZnSO_4$	Sinc	1
		Sylffwr	1
		Ocsigen	4
Magnesiwm clorid	$MgCl_2$	Magnesiwm	1
		Clorin	2

▶ Cyfansoddion

Mor gynnar â 4000 CCC, roedd yr Hen Eifftwyr yn gwneud pethau y gallwn ni eu hadnabod heddiw fel agweddau ar gemeg fodern. Erbyn 1000 CCC roedden nhw'n gwneud metelau o'u mwynau, yn perffeithio eplesu, yn gwneud pob math o bigmentau ar gyfer cosmetigau a chrochenwaith ac yn gwneud moddion a phersawrau o blanhigion, heb sôn am amrywiaeth eang o brosesau cemegol eraill. Rydym ni'n gwybod hyn gan fod yr Hen Eifftwyr yn cofnodi'r gweithgareddau hyn yn eu hieroglyffigau ac yn y gwaith celf yn eu temlau (Ffigur 1.1).

Cafodd sylfeini cemeg fodern eu gosod gan wyddonwyr Groegaidd ac Arabaidd a 'ddyfeisiodd' ddulliau gwyddonol yn ystod mileniwm cyntaf y Cyfnod Cyffredin, ond y 'cemegydd' gwirioneddol cyntaf oedd Robert Boyle (Ffigur 1.2). Yn 1661, cyhoeddodd ei lyfr, *The Sceptical Chymist*, a oedd yn amlinellu am y tro cyntaf ei syniadau am ffurfio defnyddiau newydd a'r gwahaniaeth rhwng cymysgeddau a chyfansoddion.

Ffigur 1.1 'Cemegwyr' yr Aifft.

Ffigur 1.2 Robert Boyle (1627–1691).

I bob diben, Boyle a ddiffiniodd beth yw cyfansoddyn. Heddiw, gyda'n gwybodaeth ni am wyddoniaeth fodern, rydym ni'n diffinio cyfansoddion fel yr hyn sy'n cael ei ffurfio pan mae dwy neu fwy o elfennau'n cyfuno'n gemegol i ffurfio sylwedd newydd. Mae gan y sylwedd newydd briodweddau hollol wahanol i'r elfennau sydd ynddo. Mewn cymysgedd, nid yw'r atomau na'r moleciwlau wedi'u huno'n gemegol ac mae'n hawdd eu gwahanu trwy ddefnyddio dulliau ffisegol (e.e. hidlo).

Er bod enw gan bob cyfansoddyn, fformiwla cyfansoddyn sy'n datgelu ei wir natur. Mae'r fformiwla gemegol yn dweud wrthych chi pa elfennau sydd yn y cyfansoddyn, a hefyd beth yw cymhareb yr atomau ynddo.

Mae dau fath o gyfansoddyn: cyfansoddion **ïonig** (sy'n cynnwys gronynnau â gwefr drydanol, sef **ïonau**, fel yr ïonau sodiwm a chlorid mewn sodiwm clorid, neu halen cyffredin) a chyfansoddion **cofalent**, sy'n drydanol niwtral.

Un o'r cyfansoddion moleciwlaidd symlaf yw dŵr, H_2O. Mae'r fformiwla'n dweud wrthych chi fod y moleciwl yn cynnwys tri atom: dau atom hydrogen ac un atom ocsigen. Gallwn ni luniadu diagram llenwi lle i ddangos sut mae'r atomau wedi'u cysylltu â'i gilydd i wneud y moleciwl (Ffigur 1.3).

Ffigur 1.3 Dau fodel gwahanol o foleciwl dŵr. Yr un ar y chwith yw'r diagram llenwi lle.

Mae diagramau llenwi lle yn ddefnyddiol iawn gan eu bod nhw'n dynwared y modelau plastig mae cemegwyr yn eu defnyddio i gynrychioli atomau a moleciwlau.

Mae fformiwlâu cemegol hefyd yn ddefnyddiol iawn i'r 'gyfrifeg' atomau sy'n digwydd pan mae cemegion yn adweithio â'i gilydd. Mewn unrhyw adwaith cemegol, does dim atomau newydd yn cael eu creu a does dim atomau'n cael eu dinistrio. Mae adweithiau cemegol yn aildrefnu'r ffordd mae'r atomau'n bondio â'i gilydd, ac mae'r fformiwla'n dweud wrthych chi sut caiff yr atomau eu haildrefnu.

Caiff dŵr ei ffurfio pan mae nwy hydrogen yn llosgi mewn nwy ocsigen. Mae moleciwlau hydrogen ac ocsigen yn ddeuatomig, sy'n golygu bod y ddau foleciwl yn cynnwys dau atom yr un. Fformiwla nwy hydrogen yw H_2, a fformiwla ocsigen yw O_2. Felly, hafaliad hylosgiad hydrogen yw:

$$2H_2(n) + O_2(n) \rightarrow 2H_2O(h)$$

Mae'r llythrennau mewn cromfachau'n dweud wrthych chi beth yw cyflwr yr adweithyddion a'r cynnyrch (n = nwy; h = hylif). Mae'r hafaliad yn dangos i chi fod dau foleciwl hydrogen yn adweithio ag un moleciwl ocsigen i ffurfio dau foleciwl dŵr. Rhaid i bob un o'r atomau ar ochr chwith yr hafaliad ymddangos ar ochr dde'r hafaliad. Mewn geiriau eraill, rhaid i'r hafaliad fod yn **gytbwys**. Gallwch chi weld bod fformiwlâu'r ddau foleciwl yn dweud wrthych chi sut i gyfrifo nifer y moleciwlau sydd eu hangen i gydbwyso'r hafaliad. Mae'r gyfrifeg gemegol yn dangos i chi fod yna bedwar atom hydrogen cyn yr adwaith a phedwar ar ôl yr adwaith; a dau atom ocsigen cyn yr adwaith a dau ar ôl yr adwaith – mae'n cydbwyso!

> **Gwaith ymarferol**
>
> ### Gwneud moleciwlau
>
> #### Cyfarpar
> > Pecyn modelu moleciwlau
>
> #### Dull
> Bydd eich athro/athrawes yn rhoi pecyn modelu moleciwlau i chi ac yn dangos sut i'w ddefnyddio, gan gynnwys pa 'atomau' lliw sy'n cynrychioli pa elfennau. Mae modelau moleciwlaidd yn ddefnyddiol iawn gan eu bod nhw'n dangos cynrychioliad 3D o'r moleciwl i chi.
>
> 1 Defnyddiwch y pecyn modelu i wneud modelau o'r moleciwlau canlynol:
>   a) dŵr H_2O
>   b) carbon deuocsid, CO_2
>   c) methan, CH_4
>   ch) amonia, NH_3
> 2 Lluniadwch ddiagram llenwi lle priodol i bob un o'r rhain.
> Nawr, bydd eich athro/athrawes yn dangos rhai moleciwlau wedi'u gwneud yn barod.
> 3 Lluniadwch ddiagram llenwi lle o bob un ac ysgrifennwch eu fformiwlâu moleciwlaidd.

Cyfansoddion ïonig a'u fformiwlâu

Pan fydd metelau'n adweithio ag anfetelau, bydd cyfansoddion ïonig yn cael eu ffurfio. Caiff **ïonau** eu ffurfio pan fydd atomau'n trosglwyddo electronau. Mae'n well gan atomau **metel** *golli* electronau i ffurfio ïonau *positif*. Mae'n well gan **anfetelau** *ennill* electronau i ffurfio ïonau *negatif*. Mae enwau'r halwynau sy'n cael eu ffurfio pan mae metelau'n adweithio ag anfetelau yn adlewyrchu'r ïon

> **Term allweddol**
>
> **Ïon** Gronyn wedi'i wefru, sy'n cael ei ffurfio pan mae atom un ai'n colli neu'n ennill un neu fwy o electronau.

1   Natur sylweddau ac adweithiau cemegol

metel a'r ïon anfetel. Mae gan yr ïonau metel yr un enw â'u hatom, felly mae atomau sodiwm yn mynd yn ïonau sodiwm. Mae gan ïonau anfetel enwau ychydig yn wahanol. Mae ocsigen yn ffurfio ocsidau, mae fflworin yn ffurfio fflworidau, mae clorin yn ffurfio cloridau, mae bromin yn ffurfio bromidau ac mae ïodin yn ffurfio ïodidau.

Gallwn ni ddefnyddio fformiwlâu'r ïonau sydd yn Nhablau 1.2 ac 1.3 i ysgrifennu fformiwlâu cyfansoddion ïonig syml. Pryd bynnag caiff cyfansoddion ïonig eu ffurfio o fetelau ac anfetelau, mae'r cyfansoddion sy'n cael eu creu yn drydanol niwtral – mae nifer y gwefrau positif yn cydbwyso nifer y gwefrau negatif. Mae sodiwm clorid yn hawdd. Yr ïon sodiwm yw Na^+ a'r ïon clorid yw Cl^-. Y fformiwla yw $(Na^+)(Cl^-)$; fel rheol, byddwn ni'n ysgrifennu hyn fel NaCl.

Yr ïon calsiwm yw Ca^{2+}. Mae hyn yn golygu bod angen dau ïon clorid i gydbwyso'r un ïon calsiwm. Fformiwla calsiwm clorid yw $CaCl_2$.

Tabl 1.2 Fformiwlâu rhai ïonau positif.

Ïon	Fformiwla
Tabl Cyfnodol Grŵp 1	
Lithiwm	Li^+
Sodiwm	Na^+
Potasiwm	K^+
Tabl Cyfnodol Grŵp 2	
Magnesiwm	Mg^{2+}
Calsiwm	Ca^{2+}
Strontiwm	Sr^{2+}

Tabl 1.3 Fformiwlâu rhai ïonau negatif.

Ïon	Fformiwla
Tabl Cyfnodol Grŵp 6	
Ocsid	O^{2-}
Tabl Cyfnodol Grŵp 7	
Fflworid	F^-
Clorid	Cl^-
Bromid	Br^-
Ïodid	I^-

Gallwn ni ysgrifennu fformiwlâu cyfansoddion eraill o fformiwlâu'r ïonau sydd ynddynt. Bydd fformiwlâu rhai ïonau cyffredin yn cael eu rhoi i chi yn yr arholiadau (yng nghefn y papur arholiad) – mae Tablau 1.4 ac 1.5 yn dangos hyn.

Tabl 1.4 Fformiwlâu ïonau positif.

Gwefr: +1		Gwefr: +2		Gwefr: +3	
Sodiwm	Na^+	Magnesiwm	Mg^{2+}	Alwminiwm	Al^{3+}
Potasiwm	K^+	Calsiwm	Ca^{2+}	Haearn(III)	Fe^{3+}
Lithiwm	Li^+	Bariwm	Ba^{2+}	Cromiwm(III)	Cr^{3+}
Amoniwm	NH_4^+	Copr(II)	Cu^{2+}		
Arian	Ag^+	Plwm(II)	Pb^{2+}		
		Haearn(II)	Fe^{2+}		

Tabl 1.5 Fformiwlâu ïonau negatif.

Gwefr: −1		Gwefr: −2		Gwefr: −3	
Clorid	Cl⁻	Ocsid	O^{2-}	Ffosffad	PO_4^{3-}
Bromid	Br⁻	Sylffad	SO_4^{2-}		
Ïodid	I⁻	Carbonad	CO_3^{2-}		
Hydrocsid	OH⁻				
Nitrad	NO_3^-				

✓ Profwch eich hun

1. Mae rhif atomig rwbidiwm yn 37. Beth mae hynny'n ei ddweud wrthych chi am adeiledd ei atom?
2. Y fformiwla ar gyfer calsiwm nitrad yw $Ca(NO_3)_2$. Faint o atomau calsiwm, nitrogen ac ocsigen sydd ynddo?
3. Beth yw nodwedd cyfansoddion ïonig?
4. Edrychwch ar Dablau 1.4 ac 1.5 sy'n dangos y fformiwlâu ar gyfer ïonau positif a negatif. Beth fyddai fformiwla:
    a) sodiwm ïodid?
    b) bariwm clorid?
    c) potasiwm carbonad?
    ch) arian bromid?

▶ Màs atomig cymharol a màs fformiwla cymharol

Os ydych yn ceisio nodi pwysau atom mewn gramau, bydd y rhif yn anhygoel o fach. Er mwyn cael ffigurau sy'n haws eu defnyddio, mae gwyddonwyr yn mynegi màs atom trwy ei gymharu â phwysau atom carbon, ^{12}C. Maen nhw'n dweud mai màs ^{12}C yw 12, ac yna mae masau atomau eraill yn cael eu cyfrifo o'r pwynt hwnnw. **Masau atomig cymharol** (*relative atomic masses*) yw'r enw ar y rhain, ac maen nhw'n cael eu dangos gan y symbol A_r.

Mae Tabl 1.6 yn rhoi masau atomig cymharol rhai elfennau cyffredin. Mae'r màs atomig cymharol yn cael ei roi yn aml, yn ogystal â'r rhif atomig, mewn Tabl Cyfnodol (gweler Ffigur 1.4).

Tabl 1.6 Gwerthoedd A_r rhai elfennau cyffredin.

Elfen	A_r	Elfen	A_r
H	1.0	P	31.0
He	4.0	S	32.0
C	12.0	Cl	35.5
N	14.0	K	39.0
O	16.0	Ca	40.0
F	19.0	Fe	56.0
Na	23.0	Cu	64.0
Mg	24.0	Ag	107.0
Al	27.0	Pb	207.0

Mae'r gair *cymharol* yn bwysig yma. Mae Tabl 1.6 yn nodi mai màs atomig cymharol magnesiwm yw 24. Mae hyn yn golygu ei fod ddwywaith màs atom carbon – nid yw'n fesuriad o fàs mewn gwirionedd, ac felly does gan A_r ddim unedau.

Ffigur 1.4 Tabl Cyfnodol yn dangos y màs atomig cymharol a'r rhif atomig.

Os ydym ni'n gwybod masau atomig cymharol yr elfennau, gallwn ni gyfrifo **masau moleciwlaidd cymharol** (M_r) (*relative molecular masses*) cyfansoddion:

- **Dŵr** (H_2O): Mae'r moleciwl hwn yn cynnwys dau atom hydrogen ac un atom ocsigen. Y màs moleciwlaidd cymharol yw $[(2 \times 1) + 16] = 18$.
- **Carbon deuocsid** (CO_2): Mae'r moleciwl hwn yn cynnwys un atom carbon a dau ocsigen. Y màs moleciwlaidd cymharol yw $[(2 \times 16) + 12] = 44$.

Ar gyfer cyfansoddion ïonig, mae'n fwy cywir defnyddio'r term **màs fformiwla cymharol**, oherwydd does dim moleciwlau ar wahân mewn cyfansoddion ïonig.

- **Magnesiwm ocsid** (MgO): Mae'r cyfansoddyn hwn yn cynnwys un ïon magnesiwm am bob un ïon ocsigen. Y màs fformiwla cymharol yw $[24 + 16] = 40$.
- **Sodiwm carbonad** (Na_2CO_3): Mae'r cyfansoddyn hwn yn cynnwys dau ïon sodiwm, ac un ïon carbonad sy'n cynnwys un atom carbon a thri atom ocsigen. Y màs fformiwla cymharol yw $[(2 \times 23) + 12 + (3 \times 16)] = [46 + 12 + 48] = 106$.

Cyfrifo cyfansoddiad canrannol cyfansoddion

Rydym ni'n gallu defnyddio masau atomig cymharol i gyfrifo'r canran (yn ôl màs) o'r elfennau gwahanol mewn cyfansoddyn.

Màs atomig cymharol carbon yw 12 a màs atomig cymharol ocsigen yw 16. Màs moleciwlaidd cymharol carbon deuocsid (CO_2) yw 44. Gallwn ni gyfrifo cyfansoddiad canrannol (yn ôl màs) carbon ac ocsigen mewn carbon deuocsid fel hyn:

$$\text{Canran y carbon mewn } CO_2 = \frac{\text{cyfanswm màs cymharol } \textbf{carbon} \text{ yn y moleciwl}}{\text{màs moleciwlaidd cymharol carbon deuocsid}} \times 100$$

$$= \frac{12}{44} \times 100 = 27.3\%$$

$$\text{Canran yr ocsigen mewn CO}_2 = \frac{\text{cyfanswm màs cymharol \textbf{ocsigen} yn y moleciwl}}{\text{màs moleciwlaidd cymharol carbon deuocsid}} \times 100$$

$$= \frac{32}{44} \times 100 = 72.7\%$$

> ★ **Enghraifft wedi ei datrys**
>
> **1** Cyfrifwch gyfansoddiad canrannol, yn ôl màs, lithiwm sylffad, Li_2SO_4.
>
> ### Ateb
>
> Masau atomig cymharol: Li = 7; S = 32; O = 16
>
> Màs fformiwla cymharol Li_2SO_4 = (2 × 7) + 32 + (4 × 16) = 110
>
> cyfansoddiad % Li = $\frac{14}{110} \times 100$ = 12.7%
>
> cyfansoddiad % S = $\frac{32}{110} \times 100$ = 29.1%
>
> cyfansoddiad % O = $\frac{64}{110} \times 100$ = 58.2%

▶ ## Cymysgeddau

Mewn cymysgedd nid yw atomau na moleciwlau'r gwahanol sylweddau wedi'u huno'n gemegol. O ganlyniad, mae'n bosibl eu gwahanu'n gymharol hawdd trwy brosesau ffisegol fel hidliad, anweddiad, cromatograffaeth a distylliad.

Mae **hidliad** yn golygu gwahanu cydrannau cymysgedd yn ôl eu maint. Dim ond y gronynnau llai fydd yn mynd trwy'r hidlen, sy'n cadw'r gronynnau mwy.

Mae **anweddiad** yn gwahanu cymysgeddau o solidau a hylifau trwy anweddu'r hylif. Mae'r cymysgedd yn cael ei wresogi fel bod yr hylif yn anweddu, gan adael y solid ar ôl.

Gall **cromatograffaeth** wahanu sylweddau yn ôl eu hydoddedd mewn hydoddydd penodol. Mae'n cael ei thrafod yn fwy manwl isod.

Rydym ni'n defnyddio **distylliad** i wahanu cymysgedd o hylifau. Os oes ganddynt ferwbwyntiau gwahanol iawn, pan fydd un gydran yn cyrraedd ei berwbwynt, bydd yn anweddu ar gyfradd gyflymach (ac o bosibl yn cyddwyso) gan adael y gydran neu'r cydrannau sy'n weddill ar ffurf hylif. Mae distylliad yn cael sylw pellach ym Mhennod 3.

Cromatograffaeth

Mae **cromatograffaeth** yn dechneg sy'n gallu cael ei defnyddio i adnabod ac i wahanu sylweddau mewn hydoddiant cymysg. Mewn cromatograffaeth papur, caiff diferyn o'r cymysgedd ei roi ar bapur cromatograffaeth a chaiff y papur ei roi mewn hydoddydd, fel bod lefel yr hydoddydd (e.e. dŵr, ethanol) ychydig yn is na lefel y smotyn (gweler Ffigur 1.5).

Mae'r hydoddydd yn cael ei amsugno i mewn i'r papur ac yn symud i fyny. Bydd unrhyw sylwedd hydawdd yn y pigment yn hydoddi yn yr hydoddydd ac yn symud i fyny'r papur gydag ef. Mae'r sylweddau mwyaf hydawdd yn mynd mor bell â'r hydoddydd, ond mae sylweddau llai hydawdd yn 'llusgo ar ei hôl hi'. O ganlyniad, gallwn ni weld y sylweddau gwahanol ar y papur (os oes lliw ganddynt – gweler Ffigur 1.6).

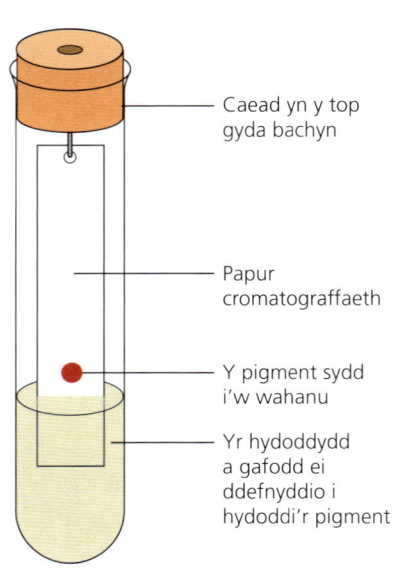

Ffigur 1.5 Cromatograffaeth papur

Gallwn ni adnabod y sylweddau trwy edrych pa mor bell maen nhw wedi symud. I fesur hyn, mae gwyddonwyr yn mesur rhywbeth o'r enw gwerth R_f. Mae Ffigur 1.7 yn dangos sut mae hwn yn cael ei gyfrifo.

Mae gwerth R_f sylwedd yn wahanol mewn gwahanol hydoddyddion. Mae'n bosibl i ddau sylwedd gwahanol fod â'r un gwerth R_f mewn hydoddydd penodol, ond ni fyddai ganddynt yr un gwerthoedd R_f mewn nifer o wahanol hydoddyddion, felly weithiau rhaid gwneud cromatograffaeth mewn gwahanol hydoddyddion i adnabod hydoddyn yn bendant.

Ffigur 1.6 Canlyniadau cromatograffaeth papur ar wahanol lifynnau.

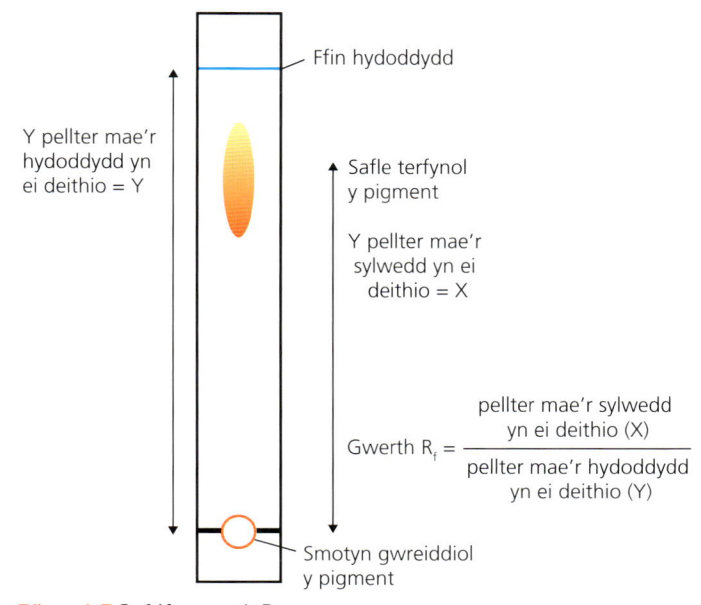

Ffigur 1.7 Cyfrifo gwerth R_f.

Gwaith ymarferol

Chwilio am baentiad sydd wedi'i ddwyn

Mae paentiad enwog wedi'i ddwyn o oriel, ac mae nodyn pridwerth wedi'i argraffu a'i adael yno, yn bygwth dinistrio'r paentiad os na chaiff swm mawr o arian ei dalu. Mae'r heddlu'n gwybod am dri pherson lleol sydd â hanes troseddol o ddwyn gweithiau celf. Mae cromatograffaeth wedi'i gwneud ar inc y nodyn, ac rydych chi'n cael y canlyniadau. Rydych hefyd yn cael sampl o inc o argraffyddion y tri unigolyn sydd dan amheuaeth.

> Mae SAMPL INC A yn dod o argraffydd Iris Adler, lleidr gweithiau celf rhyngwladol.
> Mae SAMPL INC B yn dod o argraffydd Peter Woodley, lleidr medrus sy'n gweithio ar gytundeb.
> Mae SAMPL INC C yn dod o argraffydd Joe Oldacre, gwerthwr celf lleol sydd â chysylltiadau troseddol.

Dadansoddwch y samplau inc gan ddefnyddio cromatograffaeth, a phenderfynwch:

Pwy wnaeth ddwyn y paentiad?

Cyfarpar

> Bicer 250 cm³
> Papur cromatograffaeth
> Piped ddiferu
> Samplau inc A–C
> Canlyniadau cromatograffaeth ar inc o'r nodyn pridwerth

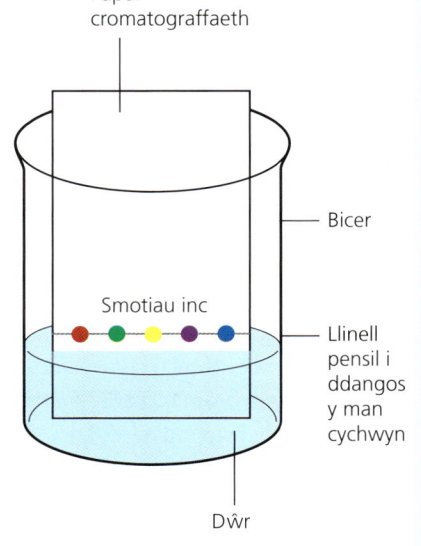

Ffigur 1.8 Cydosodiad cyfarpar yr arbrawf cromatograffaeth.

Dull

1 Cyfrifwch werthoedd R$_f$ y pigmentau inc o'r nodyn pridwerth.
2 Cydosodwch y cyfarpar fel yn Ffigur 1.8.
3 Gadewch y cyfarpar nes bod y dŵr wedi cael ei amsugno bron at dop y papur.
4 Tynnwch y papur allan a marciwch pa mor bell mae'r dŵr wedi cyrraedd (y 'ffin hydoddydd').
5 Cyfrifwch werth R$_f$ pob pigment lliw ym mhob inc. Cofnodwch eich canlyniadau mewn tabl.

Dadansoddi eich canlyniadau

Defnyddiwch y dystiolaeth i awgrymu pwy wnaeth ddwyn y paentiad. Cyfiawnhewch eich casgliadau, ac eglurwch gryfder y dystiolaeth.

▶ Adweithiau cemegol

Mae adwaith cemegol yn digwydd pan fydd atomau yn yr **adweithydd(ion)** yn eu had-drefnu eu hunain i ffurfio un neu fwy o **gynhyrchion**. Mae'r un nifer o bob math o atom yn y cynnyrch ac yn yr adweithyddion.

Er enghraifft, pan fydd calsiwm carbonad yn cael ei wresogi mae'n torri i lawr i ffurfio calsiwm ocsid a charbon deuocsid.

$$CaCO_3 \longrightarrow CaO + CO_2$$
calsiwm ⟶ calsiwm + carbon
carbonad   ocsid   deuocsid

Yn y calsiwm carbonad, mae un atom calsiwm, un atom carbon a thri atom ocsigen. Pan mae'n adweithio, mae'r atomau yn y calsiwm carbonad yn eu had-drefnu eu hunain, ond mae'n rhaid cael cyfanswm o un atom calsiwm, un atom carbon a thri atom ocsigen yn y cynhyrchion.

Fel arfer, mae cliwiau i ddangos bod adwaith cemegol wedi digwydd. Efallai y bydd newid mewn lliw neu mewn tymheredd (mae adweithiau **ecsothermig** yn rhyddhau gwres, mae adweithiau **endothermig** yn amsugno gwres – byddwch chi'n dysgu mwy am hyn yn nes ymlaen yn y cwrs) neu, os bydd nwy yn cael ei ffurfio mewn hylif, bydd **eferwad** yn digwydd (byddwch yn gweld swigod).

Mae'r enghraifft calsiwm carbonad a ddefnyddiwyd uchod yn dangos dwy ffordd o gynrychioli adwaith cemegol. Hafaliad geiriau a hafaliad cemegol. Mae'r hafaliad cemegol yn fwy defnyddiol oherwydd mae'n rhoi gwybodaeth i ni am yr atomau dan sylw.

> **Term allweddol**
>
> **Adweithydd** Sylwedd sy'n rhan o adwaith cemegol.

✓ Profwch eich hun

5 Defnyddiwch Dabl Cyfnodol (tud. 7) i gyfrifo masau fformiwla cymharol y cyfansoddion canlynol:
   a) calsiwm bromid (CaBr$_2$)
   b) magnesiwm ïodid (MgI$_2$)
   c) asid nitrig (HNO$_3$)
   ch) sodiwm hydrocsid (NaOH)
   d) alwminiwm hydrocsid (Al(OH)$_3$)
6 Màs atomig cymharol potasiwm yw 39; màs atomig cymharol ocsigen yw 16. Cyfrifwch gyfansoddiad canrannol (yn ôl màs) potasiwm ac ocsigen mewn potasiwm ocsid (K$_2$O).
7 Rydych chi'n cael hydoddiant amoniwm clorid. Sut byddech chi'n gwahanu'r amoniwm clorid oddi wrth y dŵr mae wedi hydoddi ynddo?
8 Mae myfyriwr yn defnyddio cromatograffaeth i wahanu cymysgedd o sylweddau. Mae'r hydoddydd yn teithio 10 cm i fyny'r papur cromatograffaeth. Mae smotyn o sylwedd lliw i'w weld 8 cm o'r man cychwyn. Beth yw gwerth R$_f$ y sylwedd lliw?
9 Nodwch dri newid y gallech eu gweld a fyddai'n arwydd bod adwaith cemegol yn digwydd.

Hafaliadau cemegol

Pan fydd adwaith cemegol yn digwydd, rydym ni wedi gweld bod atomau'n eu had-drefnu eu hunain i ffurfio cynhyrchion. Pan fyddwn ni'n ysgrifennu hafaliad cemegol, felly, rhaid bod yr un nifer o atomau o bob math ar ddwy ochr yr hafaliad, gan nad yw atomau yn ymddangos yn ddirybudd, nac yn diflannu ychwaith. Mae'n rhaid i gyfanswm màs cymharol y ddwy ochr fod yn hafal. Weithiau, dim ond ysgrifennu'r symbolau cemegol sydd angen ei wneud; er enghraifft, yn yr adran flaenorol gwelsom ni y gall calsiwm carbonad ddadelfennu i ffurfio calsiwm ocsid a charbon deuocsid, a bod pob un o'r atomau yn y calsiwm carbonad yn cael eu cyfrif yn y cynnyrch. Yn aml, fodd bynnag, dydy pethau ddim mor syml â hyn. Er enghraifft, ystyriwch yr adwaith rhwng asid sylffwrig a sodiwm hydrocsid, sy'n ffurfio sodiwm sylffad a dŵr. Gadewch i ni ysgrifennu'r symbolau cemegol ar ffurf hafaliad,

$$H_2SO_4 + NaOH \rightarrow Na_2SO_4 + H_2O$$
$$\text{asid sylffwrig} + \text{sodiwm hydrocsid} \rightarrow \text{sodiwm sylffad} + \text{dŵr}$$

Os byddwn ni'n cyfrif yr atomau ar bob ochr, byddwn ni'n gweld nad ydyn nhw'n cyd-fynd. Ar y chwith (yr adweithyddion), mae cyfanswm o dri atom hydrogen, un atom sylffwr, pum atom ocsigen ac un atom sodiwm. Ar yr ochr dde (y cynnyrch) mae dau atom hydrogen, un atom sylffwr, pum atom ocsigen a dau atom sodiwm. Dydy'r hafaliad ddim **yn gytbwys**, felly nid yw'n gywir.

Mae angen i'r hafaliad fod yn gytbwys. Y ffordd orau o fynd ati i wneud hwn yw cael cydbwysedd rhwng un math o atom ar y tro. Gadewch i ni ddechrau gyda'r sodiwm. Mae angen i ni gael dau atom sodiwm ar yr ochr chwith er mwyn sicrhau cydbwysedd gyda'r ddau ar yr ochr dde. Felly byddwn ni'n rhoi 2 o flaen y NaOH.

$$H_2SO_4 + 2NaOH \rightarrow Na_2SO_4 + H_2O$$

Nawr mae angen i ni gyfrif yr atomau eto (Tabl 1.7).

Tabl 1.7 Cydbwyso hafaliadau cemegol (rhan 1).

Atom	Adweithyddion	Cynhyrchion
Hydrogen	4	2
Sylffwr	1	1
Ocsigen	6	5
Sodiwm	2	2

Nawr mae'r atomau sodiwm yn cydbwyso, ond dydy'r atomau hydrogen ddim, ac mae cydbwysedd yr atomau ocsigen wedi ei ddrysu. Nesaf, byddwn ni'n mynd i'r afael â'r atomau hydrogen. Gallwn ni eu cydbwyso nhw trwy roi 2 o flaen yr H_2O.

$$H_2SO_4 + 2NaOH \rightarrow Na_2SO_4 + 2H_2O$$

Nawr, gadewch i ni gyfrif yr atomau eto (Tabl 1.8).

Tabl 1.8 Cydbwyso hafaliadau cemegol (rhan 2).

Atom	Adweithyddion	Cynhyrchion
Hydrogen	4	4
Sylffwr	1	1
Ocsigen	6	6
Sodiwm	2	2

Gallwch chi weld trwy wneud hynny, nid yn unig rydym ni wedi cydbwyso'r atomau hydrogen, ond nawr mae'r atomau ocsigen yn gytbwys hefyd. Mewn gwirionedd, mae'r holl hafaliad yn gytbwys.

Sylwch, mewn hafaliadau cemegol mae cyflwr pob cydran yn aml yn cael ei nodi mewn cromfachau ar ôl y fformiwla, gan ddefnyddio'r cod canlynol:

- (s) = solid
- (h) = hylif
- (n) = nwy
- (d) = hydoddiant dyfrllyd (h.y. wedi'i hydoddi mewn dŵr)

Cyfrifiadau cemegol

Mae deall hafaliadau cemegol yn angenrheidiol er mwyn datrys nifer o'r cyfrifiadau mae'n rhaid i gemegwyr eu gwneud. Byddwn ni'n edrych ar enghreifftiau o fathau gwahanol o gyfrifiadau isod.

Cyfrifo fformiwla cyfansoddyn

Yn gynharach gwelsom ni sut i gyfrifo cyfansoddiad canrannol atomau gwahanol mewn cyfansoddyn, gan ddefnyddio fformiwla'r cyfansoddyn fel man cychwyn. Gallwn ni (i ryw raddau) wrthdroi'r broses hon i gyfrifo fformiwla cyfansoddyn, fel sy'n cael ei ddangos yn y ddau ymarfer sy'n dilyn. Yr hyn sy'n cael ei gyfrifo mewn gwirionedd yw ffurf fwyaf syml y fformiwla, sy'n cael ei galw'n **fformiwla syml**.

Gwaith ymarferol

Cyfrifo fformiwla copr ocsid

Os byddwch chi'n gwresogi copr ocsid mewn tiwb gwydr gan basio methan drosto, bydd y copr ocsid yn adweithio â'r methan i gynhyrchu copr, dŵr a charbon deuocsid. Os yw'r adweithyddion a'r cynhyrchion yn cael eu pwyso'n ofalus, Gallwn ni ddiddwytho fformiwla'r copr ocsid. Rhaid i'r Gwaith ymarferol hwn gael ei gynnal mewn labordy wedi'i awyru'n dda.

Cyfarpar

- Copr ocsid
- Tiwb rhydwytho
- Topyn tiwb cludo i ffitio'r tiwb rhydwytho
- Tiwbin rwber
- Stand, cnap a chlamp
- Llosgydd Bunsen
- Mat gwrth-wres
- Sbatwla
- Clorian electronig (2 ll.d.)

Dull

1. Gwisgwch sbectol ddiogelwch.
2. Pwyswch y tiwb rhydwytho gyda'r topyn tiwb cludo ynddo. Cofnodwch hwn fel **màs 1**.
3. Rhowch ddau sbatwla o gopr ocsid yn y tiwb a'i wasgaru mor llyfn â phosibl ar hyd y tiwb rhydwytho.

4 Pwyswch y tiwb eto, gyda'r copr(II) ocsid ynddo. Cofnodwch hwn fel **màs 2**.
5 Cydosodwch y cyfarpar fel yn Ffigur 1.9, ond peidiwch â rhoi'r llosgydd Bunsen o dan y cyfarpar eto. Gwnewch yn sicr eich bod chi'n clampio'r tiwb rhydwytho mor agos at y topyn â phosibl.
6 Agorwch y tap nwy sydd wedi'i gysylltu â'r tiwb rhydwytho. Addaswch lif y nwy i tua hanner ffordd i gael llif cyson o nwy methan dros y copr(II) ocsid.

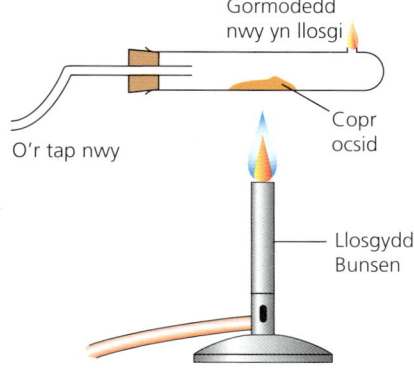

Ffigur 1.9 Gwresogi copr (II) ocsid â methan.

7 Gadewch o leiaf 10 eiliad i'r aer gael ei wacáu o'r tiwb, yna bydd eich athro/athrawes yn cynnau'r nwy sy'n dod o'r twll gwacáu ar ddiwedd y tiwb. Gofalwch nad ydych chi'n pwyso dros y tiwb wrth gynnau'r nwy. Addaswch y tap nwy fel bod uchder y fflam tua 5 cm.
8 Cyneuwch y llosgydd Bunsen dan y tiwb rhydwytho a gwresogwch y copr ocsid yn y tiwb gan ddefnyddio fflam las.
9 Pan mae'r copr ocsid i gyd wedi adweithio (bydd yn edrych fel copr lliw pinc samwn), daliwch i'w wresogi am funud cyn diffodd y llosgydd Bunsen.
10 Daliwch i basio'r methan dros y copr wrth iddo oeri i'w atal rhag adweithio ag unrhyw ocsigen sy'n bresennol a throi'n ôl yn gopr ocsid (cadwch y fflam wacáu'n llosgi). Pan mae gweddill y tiwb rhydwytho wedi oeri, diffoddwch y cyflenwad nwy.
11 Pwyswch y tiwb rhydwytho gyda'r topyn tiwb cludo a'r cynnyrch. Cofnodwch hwn fel **màs 3**.

Dadansoddi'r canlyniadau a chyfrifo fformiwla copr ocsid

1 Cyfrifwch fàs yr adweithydd **copr ocsid** (**màs 2 – màs 1**).
2 Cyfrifwch fàs y cynnyrch **copr** (**màs 3 – màs 1**).
3 Cyfrifwch fàs yr **ocsigen** yn y copr ocsid (**màs 2 - màs 3**).
4 Màs atomig cymharol copr yw 63.5 ac ocsigen yw 16. Cyfrifwch gymhareb y copr mewn copr ocsid.

$$= \frac{\text{màs copr}}{\text{màs atomig cymharol copr}}$$

5 Cyfrifwch gymhareb yr ocsigen mewn copr ocsid:

$$= \frac{\text{màs ocsigen}}{\text{màs atomig cymharol ocsigen}}$$

Cymharwch y ddwy gymhareb, rhannwch y gymhareb fwyaf â'r gymhareb leiaf a bydd hyn yn rhoi cyfran yr atomau copr i atomau ocsigen mewn copr ocsid i chi.

Os yw'r gymhareb yn 1:1 y fformiwla yw CuO; os yw'r gymhareb yn 2:1 y fformiwla yw Cu_2O; ac os yw'n 1:2 y fformiwla yw CuO_2, ac yn y blaen.

Gwaith ymarferol

Cyfrifo fformiwla magnesiwm ocsid

Pan gaiff magnesiwm ei wresogi mewn aer (Ffigur 1.10), mae'n adweithio â'r ocsigen. Yn ystod yr adwaith ocsidio hwn, mae'r cyfansoddyn llwyd magnesiwm ocsid yn cael ei gynhyrchu. Mae hyn yn cynyddu cyfanswm y màs. O wybod màs y magnesiwm i ddechrau, a màs y cynnyrch magnesiwm ocsid, mae'n bosibl cyfrifo màs yr ocsigen sydd wedi adweithio â'r magnesiwm. Gallwn ni ddefnyddio'r masau hyn i gyfrifo fformiwla magnesiwm ocsid.

Cyfarpar
> Rhuban magnesiwm (tua 10 cm)
> Darn bach o bapur gwydrog
> Mat gwrth-wres
> Trybedd
> Llosgydd Bunsen
> Triongl pibau clai
> Crwsibl a chaead
> Gefel
> Clorian electronig (2 ll.d.)

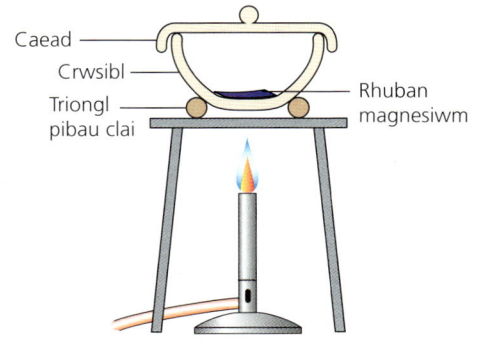

Ffigur 1.10 Cydosodiad cyfarpar llosgi magnesiwm mewn aer.

Dull

1. Gwisgwch sbectol ddiogelwch.
2. Defnyddiwch y glorian electronig i bwyso'r crwsibl gwag gyda'i gaead. Cofnodwch hwn **fel màs 1**.
3. Defnyddiwch y papur gwydrog i lanhau'r darn o ruban magnesiwm, yna torchwch ef o amgylch pensil.
4. Rhowch y torch o ruban magnesiwm yn y crwsibl a rhowch y caead arno.
5. Pwyswch y crwsibl, y caead a'r magnesiwm gyda'i gilydd. Cofnodwch hwn fel **màs 2**.
6. Rhowch y crwsibl, y caead a'r magnesiwm ar driongl pibau clai ar ben trybedd (Ffigur 1.10).
7. Gwresogwch y crwsibl oddi isod nes bod yr adwaith wedi gorffen (bydd y magnesiwm yn goleuo i ddechrau, yna'n troi'n dorch gwyn). Defnyddiwch y gefel i godi'r caead bob hyn a hyn i adael aer i mewn.
8. Peidiwch ag edrych ar y magnesiwm pan fydd yn llosgi.
9. Diffoddwch y llosgydd Bunsen a gadewch i'r crwsibl oeri.
10. Pwyswch y crwsibl gyda'i gaead a'r holl gynnwys. Cofnodwch hwn fel **màs 3**.

Dadansoddi'r canlyniadau a chyfrifo fformiwla magnesiwm ocsid

1. Cyfrifwch fàs yr adweithydd **magnesiwm** (màs 2 − màs 1).
2. Cyfrifwch fàs y cynnyrch **magnesiwm ocsid** (màs 3 − màs 1).
3. Cyfrifwch fàs yr **ocsigen** yn y magnesiwm ocsid (màs 3 − màs 2).
4. 24 yw màs atomig cymharol calsiwm ac 16 yw un ocsigen.
5. Cyfrifwch gymhareb y magnesiwm mewn magnesiwm ocsid:

$$= \frac{\text{màs y magnesiwm}}{\text{màs atomig cymharol magnesiwm}}$$

6. Cyfrifwch gymhareb yr ocsigen mewn magnesiwm ocsid:

$$= \frac{\text{màs yr ocsigen}}{\text{màs atomig cymharol ocsigen}}$$

Cymharwch y ddwy gymhareb, rhannwch y gymhareb fwyaf â'r gymhareb leiaf a bydd hyn yn rhoi cyfran yr atomau magnesiwm i atomau ocsigen mewn magnesiwm ocsid i chi.

Os yw'r gymhareb yn 1:1 y fformiwla yw MgO; os yw'r gymhareb yn 2:1 y fformiwla yw Mg_2O; ac os yw'n 1:2 y fformiwla yw MgO_2, ac yn y blaen.

Cyfrifo masau adweithyddion neu gynhyrchion

Mae hafaliadau cemegol hefyd yn ein galluogi ni i gyfrifo masau'r cynhyrchion (os ydym ni'n gwybod beth yw masau'r adweithyddion) neu fasau'r adweithyddion sydd eu hangen i wneud màs penodol o'r cynnyrch.

Mae'r adwaith rhwng magnesiwm ac ocsigen a gafodd ei ddefnyddio yn y Gwaith ymarferol *Cyfrifo fformiwla magnesiwm ocsid* yn cynhyrchu magnesiwm ocsid. Hafaliad cemegol yr adwaith hwn yw:

$$2Mg(s) + O_2(n) \rightarrow 2MgO(s)$$

Màs atomig cymharol magnesiwm yw 24 a màs atomig cymharol ocsigen yw 16. Mae hyn yn golygu bod màs fformiwla cymharol magnesiwm ocsid yn 40. Mae'r hafaliad yn dweud wrthym fod (2 × 24) g o fagnesiwm yn cynhyrchu (2 × 40) g o fagnesiwm ocsid. Felly:

mae 48 g o fagnesiwm yn gwneud 80 g o fagnesiwm ocsid

mae 1 g o fagnesiwm yn gwneud $= \frac{80}{48} = 1.7$ g o fagnesiwm ocsid

Felly, mewn arbrawf sy'n defnyddio 5 g o fagnesiwm, byddech chi'n disgwyl cael (5 × 17) = 8.5 g o fagnesiwm ocsid. Dyma **gynnyrch damcaniaethol** yr adwaith, ond dydy adweithiau cemegol byth 100% yn effeithlon felly bydd y cynnyrch gwirioneddol yn is na hyn. Dydym ni ddim yn gallu cyfrifo'r cynnyrch gwirioneddol, rhaid iddo gael ei fesur.

Gallwn ni hefyd wrthdroi'r broses i gyfrifo màs yr adweithyddion fyddai ei angen i ffurfio màs penodol o gynnyrch. Yn yr adwaith uchod, cymerwch ein bod ni eisiau gwybod faint o fagnesiwm a fyddai ei angen i roi 10 g o fagnesiwm ocsid. Rydym ni wedi gweithio allan bod 48 g o fagnesiwm yn gwneud 80 g o fagnesiwm ocsid. Felly:

mae 48 g o fagnesiwm yn gwneud 80 g o fagnesiwm ocsid

mae angen $= \frac{48}{80} = 0.6$ g o fagnesiwm i gael 1 g o fagnesiwm ocsid

mae angen $10 \times 0.6 = 6$ g o fagnesiwm i gael 10 g o fagnesiwm

Unwaith eto, mae'n rhaid i ni gymryd yn ganiataol bod yr adwaith 100% yn effeithlon. Yn ymarferol, byddai angen ychydig mwy na 6 g o fagnesiwm i wneud 10 g o fagnesiwm ocsid.

▶ Cyfrifo cynnyrch adwaith cemegol

Mewn unrhyw broses weithgynhyrchu gemegol, mae'n ddefnyddiol i wyddonwyr wybod pa gynhyrchion mae'n bosibl eu cynhyrchu, fel y gallant wirio pa mor effeithlon yw eu proses, ac i ba raddau y gellir gwneud gwelliannau pellach. Felly, mae'n ddefnyddiol cyfrifo beth yw **cynnyrch damcaniaethol** adwaith penodol, a hefyd pa ganran o'r targed damcaniaethol hwnnw sy'n cael ei gyflawni mewn gwirionedd – **canran cynnyrch** yr adwaith.

Pan mae magnesiwm yn llosgi mewn aer, mae'n adweithio ag ocsigen i ffurfio magnesiwm ocsid.

Hafaliad cemegol yr adwaith hwn yw:

$$2Mg(s) + O_2(n) \rightarrow 2MgO(s)$$

24 yw màs atomig cymharol calsiwm ac 16 yw un ocsigen. Mae hyn yn golygu bod màs fformiwla cymharol magnesiwm ocsid yn 40. Mae'r hafaliad yn dweud wrthym ni fod (2 × 24) g o fagnesiwm yn cynhyrchu (2 × 40) g o fagnesiwm ocsid. Felly:

▶ mae 48 g o fagnesiwm yn gwneud 80 g o fagnesiwm ocsid
▶ mae 1 g o fagnesiwm yn gwneud 1.7 g o fagnesiwm ocsid

Felly, mewn arbrawf sy'n defnyddio 5 g o fagnesiwm, byddech chi'n disgwyl cael (5 × 1.7) = 8.5 g o fagnesiwm ocsid. Hwn yw cynnyrch damcaniaethol yr adwaith.

Os dim ond 7.9 g o fagnesiwm ocsid sy'n cael ei gynhyrchu, hwn yw cynnyrch gwirioneddol yr adwaith.

Y cyfrifiad ar gyfer canran cynnyrch yr adwaith yw:

$$\text{canran cynnyrch} = \frac{\text{cynnyrch gwirioneddol}}{\text{cynnyrch damcaniaethol}} \times 100$$

Felly ar gyfer yr adwaith hwn:

$$\text{canran cynnyrch} = \frac{7.9}{8.5} \times 100\% = 93\%$$

Nodwch y gall y cynnyrch gwirioneddol gael ei fesur mewn ffyrdd amrywiol (gramau, molau, tunelli, etc.). Mae'n rhaid i'r cynnyrch gwirioneddol a'r cynnyrch damcaniaethol gael yr un unedau wrth gyfrifo canran cynnyrch. Anaml iawn y mae hyn yn broblem gan fod masau'r cynhyrchion a'r adweithyddion yn cael eu mynegi gan ddefnyddio'r un unedau bron bob tro. Mae'r rhain wedyn yn cael eu defnyddio i gyfrifo'r cynnyrch damcaniaethol.

▶ Cysonyn Avogadro a'r môl

Mae cysonyn Avogadro a'r môl yn syniadau canolog mewn cemeg. Rhif yw cysonyn Avogadro, sef 6.02×10^{23}. Cafodd ei enwi ar ôl cemegydd o'r Eidal, Lorenzo Romano Amedeo Carlo Avogadro (Amedeo yn fyr), a anwyd yn 1776. Felly beth yw'r rhif hwn? Y nifer o atomau carbon-12 (^{12}C) mewn 12 g o garbon-12 ydyw. Efallai nad yw hynny'n ymddangos yn hynod o bwysig, ond mae ^{12}C yn cael ei ddefnyddio i sefydlu masau atomig cymharol yr holl elfennau eraill. Dydym ni ddim mewn gwirionedd yn gallu pwyso atomau, ond rydym ni'n gwybod bod gan atom carbon 6 phroton a 6 niwtron, a bod protonau yn pwyso'r un peth â niwtronau. Felly, gallwn ddweud bod pob proton a phob niwtron yn pwyso '1'.

Mae hyn yn golygu bod màs atomig cymharol (elfennau sy'n bodoli fel atomau unigol) neu fàs moleciwlaidd cymharol moleciwlau, mewn gramau, yn cynnwys nifer o atomau/moleciwlau sy'n hafal i gysonyn Avogadro.

Mae hyn yn ein harwain at gysyniad y môl, sy'n ein galluogi i gysylltu nifer yr atomau a'r moleciwlau â gramau. Un môl yw'r swm o sylwedd pur sy'n cynnwys yr un nifer o unedau cemegol ag sydd o atomau mewn 12 g yn union o garbon-12 (h.y. 6.02×10^{23}, cysonyn Avogadro). Yn achos atomau, mae'n hafal i'r màs atomig cymharol mewn gramau. Yn achos cyfansoddion neu foleciwlau, mae'n hafal i'r màs moleciwlaidd cymharol mewn gramau.

Gadewch i ni edrych ar rai enghreifftiau.

Masau atomig cymharol yr elfennau rydym ni'n eu defnyddio yw: Ca = 40; O = 16; K = 39; Cl = 35.5; H = 1; S = 32; Na = 23; N = 14.

Nawr gallwn gyfrifo màs un môl o'r sylweddau canlynol (Tabl 1.9).

Tabl 1.9 Cyfrifo màs un môl o sylwedd.

Enw	Fformiwla	Màs atomig neu fàs fformiwla cymharol	Màs un môl (g)
Calsiwm	Ca	40	40
Ocsigen	O_2	16 + 16 = 32	32
Potasiwm clorid	KCl	39 + 35.5 = 74.5	74.5
Asid sylffwrig	H_2SO_4	1 + 1 + 32 + 16 + 16 + 16 + 16 = 98	98
Sodiwm nitrad	$NaNO_3$	23 + 14 + 16 + 16 + 16 = 85	85

Profwch eich hun

10 Cydbwyswch yr hafaliadau canlynol:
   a) $CuO + HCl \rightarrow CuCl_2 + H_2O$
   b) $N_2 + H_2 \rightarrow NH_3$
   c) $CaCl_2 + NaOH \rightarrow Ca(OH)_2 + NaCl$

11 Cafwyd 10.35 g o blwm pan gafodd 11.15 g o blwm ocsid ei adweithio â charbon. Darganfyddwch fformiwla plwm ocsid.
A_r o Pb = 207; A_r o O = 16

12 Beth fyddai màs y carbon deuocsid a fyddai'n cael ei gynhyrchu'n ddamcaniaethol pe byddai 9 g o HCl yn adweithio â gormodedd o $CaCO_3$, yn ôl yr hafaliad canlynol?
$2HCl + CaCO_3 \rightarrow CaCl_2 + CO_2 + H_2O$

13 Beth yw màs 1 môl o'r sylweddau canlynol? Mae masau moleciwlaidd cymharol y cyfansoddion fel hyn: Mg = 24; Cl = 35.5; Cu = 63.5; S = 32; O = 16; C = 12; H = 1.
   a) $MgCl_2$
   b) $CuSO_4$
   c) $C_6H_{12}O_6$

14 Cynhyrchwyd 8.2 g o haearn sylffid pan adweithiodd 5.6 g o haearn â gormodedd o sylffwr. Cyfrifwch ganran cynnyrch yr adwaith.
$Fe(s) + S(s) \rightarrow FeS(s)$

15 Canfyddwch ganran cynnyrch yr adwaith os yw 56 g o nwy nitrogen yn adweithio â gormodedd o nwy hydrogen i gynhyrchu 20.4 g o nwy amonia.
$N_2(s) + 3H_2 \rightleftharpoons 2NH_3(n)$

Crynodeb o'r bennod

- Sylweddau nad oes modd eu torri i lawr yn sylweddau symlach trwy ddulliau cemegol yw elfennau. Elfennau yw blociau adeiladu sylfaenol pob sylwedd.
- Mae pob elfen wedi'i gwneud o un math o atom yn unig.
- Mae cyfansoddion yn sylweddau wedi'u gwneud o ddau neu fwy o fathau gwahanol o atom sydd wedi'u huno'n gemegol, ac mae ganddynt briodweddau cwbl wahanol i'w helfennau ansoddol.
- Gellir defnyddio symbolau cemegol i gynrychioli elfennau a fformiwlâu cemegol i gynrychioli moleciwlau syml.
- Gallwch ddarganfod fformiwlâu cyfansoddion yn ôl fformiwlâu'r ïonau sydd ynddyn nhw.
- Rydym ni'n defnyddio màs atomig cymharol a màs fformiwla cymharol i gymharu masau gwahanol elfennau a chyfansoddion.
- Rydym ni'n gallu cyfrifo cyfansoddiad canrannol cyfansoddion o'r fformiwla gemegol.
- Nid yw atomau/moleciwlau mewn cymysgeddau wedi eu huno'n gemegol ac mae'n hawdd gwahanu cymysgeddau trwy brosesau ffisegol fel hidliad, anweddiad, cromatograffaeth a distylliad.
- Rydym ni'n gallu defnyddio gwerthoedd R_f i adnabod cydrannau cymysgeddau.
- Mewn adweithiau cemegol, mae'r atomau sy'n bresennol yn yr adweithyddion yn cael eu had-drefnu i ffurfio un cynnyrch neu fwy, sy'n cynnwys yr un cyfanswm yn union o bob math o atom â'r adweithyddion.
- Mae newidiadau mewn lliw ac mewn tymheredd (ecsothermig/endothermig), ac eferwad yn gallu cael eu defnyddio fel tystiolaeth bod adwaith cemegol wedi digwydd.
- Rydym ni'n gallu defnyddio hafaliadau geiriau i gynrychioli adweithiau cemegol.
- Gellir cynrychioli adweithiau cemegol gan ddefnyddio hafaliadau cemegol cytbwys, lle mae cyfanswm màs cymharol yr adweithyddion a'r cynhyrchion yn hafal.
- Rydym ni'n gallu cyfrifo fformiwla cyfansoddyn o ddata màs sy'n adweithio.
- Gellir cyfrifo masau adweithyddion neu gynhyrchion o hafaliad cemegol cytbwys.
- Gellir cyfrifo canran cynnyrch adwaith cemegol trwy ddefnyddio cynnyrch gwirioneddol wedi'i fesur.
- Mae'r cysonyn Avogadro'n cynrychioli nifer yr atomau mewn 12 g o garbon-12.
- Rydym ni'n gallu defnyddio cysyniad y môl i drawsnewid swm sylwedd mewn gramau yn folau ac i'r gwrthwyneb.

Daw'r cwestiynau ymarfer ar dudalen 18 o'r papurau canlynol:

▶ *TGAU Cemeg C2 Uwch CBAC, Ionawr 2013, cwestiwn 7b*
▶ *TGAU Cemeg C2 Uwch CBAC, Ionawr 2013, cwestiwn 9*
▶ *TGAU Cemeg C2 Uwch CBAC, haf 2014, cwestiwn 10a*
▶ *TGAU Cemeg C2 Uwch CBAC, haf 2015, cwestiwn 3*
▶ *TGAU Cemeg C2 Uwch CBAC, haf 2014, cwestiwn 10*

Cwestiynau ymarfer

1. Mae hydrocarbon yn cynnwys 0.96 g o garbon a 0.2 g o hydrogen. Cyfrifwch y **fformiwla mwyaf syml** ar gyfer yr hydrocarbon yma. Mae'n rhaid i chi ddangos eich gwaith cyfrifo: $A_r(H) = 1$; $A_r(C) = 12$. [3]

2. Mae sodiwm carbonad yn ddefnydd crai pwysig ac mae nifer o ffyrdd o'i ddefnyddio mewn diwydiant ac yn y cartref. Mae'r hafaliad yn dangos un o'r adweithiau yn y broses Solvay sy'n trawsnewid sodiwm hydrogencarbonad yn sodiwm carbonad.

   $2NaHCO_3 \rightarrow Na_2CO_3 + H_2O + CO_2$

   Defnyddiwch yr hafaliad i gyfrifo màs y sodiwm carbonad mae'n bosibl gael o 8.4 tunnell fetrig o sodiwm hydrogencarbonad; $A_r(H) = 1$; $A_r(C) = 12$; $A_r(O) = 16$; $A_r(Na) = 23$. [3]

3. Mae llawer o fwynau metel yn cynnwys sylffidau. Mae calcosit yn fwyn copr pwysig sy'n cynnwys copr(I) sylffid, Cu_2S. Mae'n bosibl cael copr o'r mwyn drwy ei wresogi mewn aer. Dyma'r hafaliad ar gyfer yr adwaith sy'n digwydd:

   $Cu_2S + O_2 \rightarrow 2Cu + SO_2$

   Defnyddiwch yr hafaliad uchod i gyfrifo màs y copr sy'n cael ei gynhyrchu pan fydd 20.5 tunnell fetrig o gopr(I) sylffid yn adweithio â gormodedd o ocsigen; $A_r(Cu) = 64$ $A_r(S) = 32$. [3]

4. Mae alwminiwm yn adweithio â chlorin i ffurfio alwminiwm clorid.

   a) Copïwch, cwblhewch a chydbwyswch yr hafaliad symbol ar gyfer yr adwaith sy'n digwydd.

   $Al + Cl_2 \rightarrow$ _____ [1]

   b) Mae alwminiwm ocsid, Al_2O_3, i'w gael mewn bocsit.

   i) Cyfrifwch beth yw màs fformiwla cymharol (M_r) alwminiwm ocsid, Al_2O_3; $A_r(Al) = 27$; $A_r(O) = 16$. [2]

   ii) Gan ddefnyddio eich ateb o ran (i), cyfrifwch ganran yr ocsigen sy'n bresennol yn alwminiwm ocsid, Al_2O_3. [1]

5. Darllenwch y darn isod ac atebwch y cwestiynau sy'n dilyn.

   Gall cymysgedd o sylweddau mewn hydoddydd gael ei wahanu gan ddefnyddio cromatograffaeth papur. Yn ystod y broses cromatograffaeth papur, mae gennym gymysgedd mewn un cyflwr mater (hylif) yn symud dros wyneb y papur, sy'n solid ac sy'n aros yn yr un lle. Mae'r hylif yn cael ei alw'n wedd (*phase*) symudol a'r papur yn wedd sefydlog. Wrth i'r hylif symud, mae'n gwahanu i mewn i'w gydrannau ar y papur. Yna, gallwn eu hadnabod un ar y tro.

   Wrth i'r hylif ddechrau symud heibio i'r solid, mae rhai o'i foleciwlau'n glynu wrth y papur dros dro cyn cael eu tynnu yn ôl i'r hylif o le y daethant. Mae'r cyfnewid moleciwlau hwn rhwng arwyneb y solid a'r hylif yn fath o effaith adlynu sy'n cael ei galw'n arsugno (*adsorption*). Mae pob un o'r sylweddau yn y cymysgedd yn cael ei arsugno mewn ffyrdd sydd ychydig yn wahanol i'w gilydd ac yn treulio mwy neu lai o amser naill ai yn y wedd solet neu yn y wedd hylif. Gall un sylwedd dreulio mwy o amser na'r llall yn y wedd sefydlog ac felly byddai'n teithio'n arafach dros y papur. Mae'r cyflymderau gwahanol y mae'r cydrannau yn teithio dros y papur yn golygu eu bod yn gwahanu.

   a) Mae'r darn yn dweud bod cydrannau'r cymysgedd yn 'gallu cael eu hadnabod un ar y tro.' Sut mae hyn yn cael ei wneud? [4]

   b) Os ydym ni eisiau adnabod sylwedd gan ddefnyddio cromatograffaeth, pa un o'r rhain sy'n gorfod bod yn wir am y sylwedd?

   A Bod yn hydawdd mewn dŵr.

   B Bod yn hydawdd mewn rhyw fath o hydoddydd.

   C Bod yn foleciwl mawr.

   D Bod yn hylif ar dymheredd ystafell. [1]

   c) Mae sylwedd â gwerth R_f o 0.8 yn teithio 10 cm i fyny darn o bapur cromatograffaeth. Pa mor bell teithiodd yr hydoddydd? [2]

   ch) Y mwyaf hydawdd y mae sylwedd mewn hydoddydd a roddir, y mwyaf o amser mae'n ei dreulio yn y wedd hylif. Mae cymysgedd o sylweddau sy'n hydawdd mewn dŵr yn cael ei wahanu gan gromatograffaeth papur. Mae Sylwedd A yn fwy hydawdd mewn dŵr na Sylwedd B. Pa un o'r ddau sylwedd fydd â'r gwerth R_f mwyaf? Eglurwch eich ateb. [2]

   d) Ffordd arall o wahanu cymysgedd o hylifau yw trwy ddistyllu ffracsiynol. Pa un o briodweddau sylwedd sy'n cael ei ddefnyddio i'w gwahanu nhw yn y dull hwnnw? [1]

6. Mae llawer o fwynau metel yn cynnwys sylffidau. Mae calcosit yn fwyn copr pwysig sy'n cynnwys copr(I) sylffid, Cu_2S.

   Mae'n bosibl cael copr o'r mwyn drwy ei wresogi mewn aer. Dyma'r hafaliad ar gyfer yr adwaith sy'n digwydd:

   $Cu_2S + O_2 \rightarrow 2Cu + SO_2$

   a) Defnyddiwch yr hafaliad uchod i gyfrifo màs y copr sy'n cael ei gynhyrchu pan fydd 20.5 tunnell fetrig o gopr(I) sylffid yn adweithio â gormodedd o ocsigen; [3]

   $A_r(Cu) = 64$; $A_r(S) = 32$

   b) Pan gafodd yr echdyniad ei wneud gyda 20.5 tunnell fetrig o'r mwyn calcosit, dim ond 12.3 tunnell fetrig o gopr a gafodd ei ffurfio. Cyfrifwch ganran yr amhuredd sy'n bresennol yn y mwyn. [2]

1 Natur sylweddau ac adweithiau cemegol

Adeiledd atomig a'r Tabl Cyfnodol

> **Cynnwys y fanyleb**
>
> Mae'r bennod hon yn ymdrin ag adran **1.2 Adeiledd atomig a'r Tabl Cyfnodol** yn y fanyleb Cemeg TGAU ac adran **2.2 Adeiledd atomig a'r Tabl Cyfnodol** yn y fanyleb Gwyddoniaeth (Dwyradd) TGAU. Mae'n rhoi ystyriaeth fanwl i adeiledd yr atom ac mae'n cysylltu rhifau atomig a rhifau màs â niferoedd y gronynnau isatomig. Mae'n dangos sut mae trefniant elfennau yn y Tabl Cyfnodol yn caniatáu ymchwilio i dueddiadau ym mhriodweddau elfennau. Mae'r bennod yn cyflwyno adweithiau elfennau Grŵp 1 a Grŵp 7 ac yn edrych ar brofion ansoddol syml.

▶ Adeiledd atom

Elfennau yw blociau adeiladu sylfaenol mater. Does dim ffordd o dorri elfennau i lawr yn rhywbeth symlach trwy ddulliau cemegol. Mae gan bob elfen ei symbol ei hun. Mae elfennau wedi'u gwneud o atomau, ac mae pob atom mewn elfen yr un fath.

Dydych chi ddim yn gallu deall priodweddau nac adweithiau cemegol yn iawn os nad ydych chi'n gwybod am adeiledd atomau, ac am y gronynnau llai sydd mewn atom.

Mae pob atom wedi'i wneud o ronynnau llai, sef **protonau**, **niwtronau** ac **electronau**. Mae nifer y gronynnau sydd mewn atom yn amrywio rhwng elfennau gwahanol.

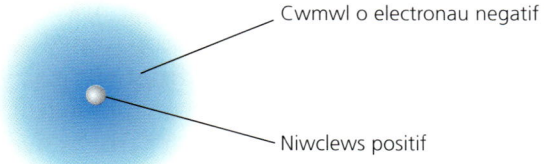

Ffigur 2.1 Adeiledd atom.

Mae Ffigur 2.1 yn dangos adeiledd atom. Mae pob atom yn cynnwys rhan ganol sydd â gwefr bositif, sef y niwclews. Mae'r niwclews wedi'i amgylchynu ag electronau ysgafn sydd â gwefr negatif. Mae'r gwefrau positif a'r gwefrau negatif yn cydbwyso, ac felly mae'r atom yn drydanol niwtral a heb wefr gyffredinol.

Mae bron holl fàs yr atom yn y niwclews, ac mae dau fath o ronyn ynddo: protonau, sydd â gwefr bositif, a niwtronau, sydd heb wefr. Màs y proton positif yw 0.00000000000000000000000017 g, sy'n fach iawn. Mae màs niwtron yr un faint â màs proton. Mae màs electron yn ddigon bach i fod yn ddibwys. Er hwylustod, gallwn ni ddweud bod màs proton yn 1 uned a bod ei wefr yn +1, a disgrifio'r gronynnau eraill yn gymharol â'r gwerthoedd hyn.

Mae Tabl 2.1 yn crynhoi priodweddau'r gwahanol ronynnau mewn atom.

Tabl 2.1 Masau a gwefrau cymharol gronynnau sylfaenol.

Gronyn	Màs cymharol	Gwefr gymharol
Proton	1	+1
Niwtron	1	0
Electron	Dibwys	−1

Mae angen i chi wybod dau derm arall sy'n gysylltiedig ag adeiledd atomau:

- **Rhif atomig:** nifer y protonau yn y niwclews. Mae nifer yr electronau mewn atom bob amser yn hafal i nifer y protonau.
- **Rhif màs: cyfanswm** nifer y niwcleonau (protonau + niwtronau) yn y niwclews.

Weithiau, caiff symbol cemegol elfen ei ysgrifennu mewn ffordd sy'n dangos y rhif atomig a'r rhif màs. Mae enghraifft o hyn yn Ffigur 2.2, ar gyfer yr elfen sodiwm.

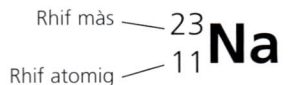

Ffigur 2.2 Symbol cemegol sodiwm.

Isotopau

Mae rhifau atomig gwahanol (nifer y protonau) gan elfennau gwahanol, ac ni all dwy elfen wahanol fod â'r un nifer o brotonau. Yn achos unrhyw elfen benodol, mae'r rhif atomig bob amser yr un fath. Fodd bynnag, dydy nifer y niwtronau yn y niwclews ddim yn nifer sefydlog. Gall rhai o'r atomau yn yr un elfen fod â nifer gwahanol o niwtronau, felly mae ganddynt rifau màs gwahanol. Yr enw ar y ffurfiau gwahanol hyn o'r un elfen yw **isotopau**.

Ffigur 2.3 Yr isotop ocsigen cyffredin (ochr chwith), a'r isotop 'ocsigen 17' (ochr dde).

Mae Ffigur 2.3 yn dangos dau o isotopau ocsigen. Fe welwch chi fod gan y ddau isotop yr un rhif atomig, gan fod ganddynt wyth proton yr un (fel arall, nid atom ocsigen fyddai'r atom o gwbl). Fodd bynnag, mae eu rhifau màs yn wahanol, gan fod wyth niwtron gan ^{16}O a naw niwtron gan ^{17}O.

Os bydd gan isotopau fwy o niwtronau na phrotonau, weithiau bydd yr atom yn ansefydlog ac yn debygol o ddadfeilio. Mae isotopau fel hyn yn ymbelydrol. Y mwyaf yw'r gwahaniaeth rhwng nifer y niwtronau a'r ffurf sefydlog, y mwyaf tebygol yw hi y bydd yr atom yn ymbelydrol. Er enghraifft, mae gan ffurf gyffredin carbon, ^{12}C, chwe phroton a chwe niwtron. Mae gan yr isotop ^{13}C un niwtron ychwanegol ond mae'n sefydlog; mae ^{14}C yn ansefydlog ac yn ymbelydrol.

Màs atomig cymharol elfen (A_r) yw cyfartaledd rhifau màs ei holl isotopau, gan gymryd eu hamlder i ystyriaeth. Er enghraifft, A_r clorin yw 35.5. Mae hynny oherwydd bod dau isotop, ^{35}Cl a ^{37}Cl. Y màs atomig cymharol yw 35.5 ac nid 36 oherwydd bod 75% o atomau clorin yn ^{35}Cl ac mae 25% yn ^{37}Cl.

Cyfanswm A_r yr atomau clorin hyn fydd:

$$A_r = \frac{(75 \times 35) + (25 \times 37)}{100}$$

Felly cyfartaledd yr A_r ar gyfer clorin yw 3550 ÷ 100 = 35.5.

Electronau a phlisg electronau

Mae'r electronau mewn atom i'w cael mewn **plisg electronau** gwahanol o amgylch y niwclews. Weithiau, mae'r plisg yn cael eu galw yn **orbitau**. Mae pob plisgyn yn cynnwys nifer penodol o electronau yn unig (gweler Tabl 2.2).

Tabl 2.2 Nifer yr electronau sy'n cael eu cynnwys mewn plisg gwahanol.

Plisgyn (neu orbit)	Y nifer mwyaf o electronau sy'n gallu cael eu dal gan yr elfennau o hydrogen i galsiwm
1	2
2	8
3	8
4	2

★ Enghraifft wedi ei datrys

Rhif atomig yr elfen sodiwm, Na, yw 11. Mae hyn yn golygu bod gan sodiwm 11 proton yn y niwclews, felly rhaid bod ganddo 11 electron yn amgylchynu'r niwclews. Mae Tabl 2.3 yn dangos trefn yr 11 electron hyn.

Gallwn ni ysgrifennu adeiledd electronig sodiwm fel 2,8,1 ac mae Ffigur 2.4 yn dangos hyn ar ffurf diagram.

Tabl 2.3 Trefn yr electronau mewn atom sodiwm.

Plisgyn (neu orbit)	Nifer yr electronau
1	2
2	8
3	1
Cyfanswm	**11**

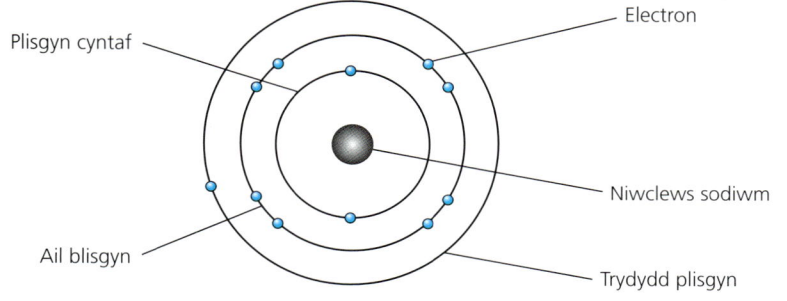

Ffigur 2.4 Adeiledd electronig atom sodiwm.

Mae Tabl 2.4 yn dangos adeiledd electronig 20 elfen gyntaf y Tabl Cyfnodol. Sylwch fod pob cynnydd yn y rhif atomig yn golygu proton ychwanegol. Gan fod nifer yr electronau bob amser yn hafal i nifer y protonau, caiff electron ei ychwanegu hefyd. Mae'r electron hwn yn mynd i'r safle nesaf sydd ar gael mewn plisgyn neu, os yw'r plisgyn yn llawn, i safle cyntaf plisgyn newydd.

Tabl 2.4 Adeileddau electronig 20 atom cyntaf y Tabl Cyfnodol.

Rhif atomig	Elfen	Plisgyn 1	2	3	4
1	Hydrogen	1			
2	Heliwm	2			
3	Lithiwm	2	1		
4	Beryliwm	2	2		
5	Boron	2	3		
6	Carbon	2	4		
7	Nitrogen	2	5		
8	Ocsigen	2	6		

Rhif atomig	Elfen	Plisgyn			
9	Fflworin	2	7		
10	Neon	2	8		
11	Sodiwm	2	8	1	
12	Magnesiwm	2	8	2	
13	Alwminiwm	2	8	3	
14	Silicon	2	8	4	
15	Ffosfforws	2	8	5	
16	Sylffwr	2	8	6	
17	Clorin	2	8	7	
18	Argon	2	8	8	
19	Potasiwm	2	8	8	1
20	Calsiwm	2	8	8	2

✓ Profwch eich hun

1 Pam nad oes gan atomau fyth wefr drydanol gyffredinol?
2 Rhif atomig sinc yw 30 a'r rhif màs yw 65. Beth mae hyn yn ei ddweud wrthych chi am nifer y protonau, y niwtronau a'r electronau mewn atom sinc?
3 Rhif atomig sylffwr yw 16. Beth mae hyn yn ei ddweud wrthych chi am nifer y plisg electronau yn yr atom? Eglurwch eich ateb.
4 Beth yw isotop?

▶ Y Tabl Cyfnodol

Siart yw'r Tabl Cyfnodol. Mae'n dangos yr holl elfennau rydym ni'n gwybod amdanynt, wedi'u trefnu mewn ffordd resymegol sy'n galluogi cemegwyr i ragfynegi priodweddau elfennau unigol. **Dmitri Mendeléev**, gwyddonydd o Rwsia, a greodd y Tabl Cyfnodol cyntaf yn 1869. Dyma sail y Tabl rydym ni'n ei ddefnyddio heddiw.

Roedd gan Mendeléev ddiddordeb mewn ceisio trefnu'r elfennau mewn ffordd ddefnyddiol. Ar y pryd, roedd yr elfennau'n cael eu dosbarthu yn nhrefn eu pwysau atomig yn unig (erbyn heddiw eu **màs atomig cymharol** yw'r enw ar hyn). Pan aeth Mendeléev ati i'w rhoi yn nhrefn eu masau atomig cymharol sylwodd fod yr elfennau'n dangos priodweddau tebyg ar gyfyngau rheolaidd. Er mwyn bod yn sicr bod y patrwm hwn yn cyd-fynd â'r ffeithiau dan sylw, fodd bynnag, roedd rhaid iddo adael bylchau yn ei dabl ar gyfer elfennau oedd heb gael eu darganfod ar y pryd, megis germaniwm, galiwm a scandiwm (gweler Ffigur 2.5).

> **Term allweddol**
>
> **Màs atomig cymharol** Màs 'atom cyfartalog' elfen (gan ystyried ei wahanol isotopau a'u cyfrannau cymharol) o'i gymharu â màs atom carbon-12.

Cyfres	Grŵp I		Grŵp II	Grŵp III	Grŵp IV	Grŵp V	Grŵp VI	Grŵp VII	Grŵp VIII		
1	1	H									
2	Li	2	Be	B	C	N	O	F			
3	3	Na	Mg	Al	S	P	S	Cl	Fe	Co	Ni
4	K	4	Ca	?	Ti	V	Cr	Mn			
5	5	Cu	Zn	?	?	As	Se	Br	Ru	Rh	Pd
6	Rb	6	Sr	?	Zr	Nb	Mo	?			

Ffigur 2.5 Rhan o fersiwn cynnar o Dabl Cyfnodol Mendeléev, sy'n dangos sut roedd yn gadael bylchau i elfennau oedd heb eu darganfod.

Aeth Mendeléev ati i ragfynegi priodweddau'r elfennau hyn. Er enghraifft, dyma sut y rhagfynegodd briodweddau'r elfen rydym ni nawr yn ei galw'n germaniwm:

- Dylai fod â màs atomig cymharol o 72 (72.6 mewn gwirionedd).
- Byddai ei dwysedd yn 5.5 (5.47 mewn gwirionedd)
- Byddai'n ffurfio clorid hylifol, XCl_4, a fyddai'n berwi islaw 100° C (mae germaniwm yn ffurfio $GeCl_4$ ac mae'n berwi ar 84° C).

Yn ddiweddarach, sylweddolwyd bod trefnu'r elfennau yn ôl eu rhifau atomig yn cywiro anghysonderau yn y tablau cyfnodol cynnar a oedd yn seiliedig ar bwysau atomig. Heddiw, mae'r elfennau'n cael eu rhoi yn nhrefn eu rhifau atomig. Mae Ffigur 2.6 yn dangos y Tabl Cyfnodol modern. Yr enw ar bob colofn yw **grŵp**. Yr enw ar bob rhes lorweddol o elfennau yw **cyfnod**. Mae elfennau sydd yn yr un grŵp yn rhannu priodweddau tebyg i'w gilydd.

Mae rhai priodweddau anarferol gan hydrogen, ac felly caiff ei roi mewn grŵp ar ei ben ei hun. Fel rheol, caiff heliwm ei roi gyda hydrogen mewn cyfnod ar wahân sy'n cynnwys y ddwy elfen hyn yn unig. Rhwng Grwpiau 2 a 3, mae yna gasgliad o fetelau, sef y **metelau trosiannol**. Yn y man cyfarfod rhwng metelau ac anfetelau yn y tabl, mae rhai elfennau â phriodweddau sydd rhwng priodweddau metelau ac anfetelau (e.e. silicon).

Grŵp 1 (I)	Grŵp 2 (II)											Grŵp 3 (III)	Grŵp 4 (IV)	Grŵp 5 (V)	Grŵp 6 (VI)	Grŵp 7 (VII)	Grŵp 0
					1 H 1												4 He 2
7 Li 3	9 Be 4											11 B 5	12 C 6	14 N 7	16 O 8	19 F 9	20 Ne 10
23 Na 11	24 Mg 12											27 Al 13	28 Si 14	31 P 15	32 S 16	35.5 Cl 17	40 Ar 18
39 K 19	40 Ca 20	45 Sc 21	48 Ti 22	51 V 23	52 Cr 24	55 Mn 25	56 Fe 26	59 Co 27	59 Ni 28	63.5 Cu 29	65 Zn 30	70 Ga 31	73 Ge 32	75 As 33	79 Se 34	80 Br 35	84 Kr 36
85 Rb 37	88 Sr 38	89 Y 39	91 Zr 40	93 Nb 41	96 Mo 42	98 Tc 43	101 Ru 44	103 Rh 45	106 Pd 46	108 Ag 47	112 Cd 48	115 In 49	119 Sn 50	122 Sb 51	128 Te 52	127 I 53	131 Xe 54
133 Cs 55	137 Ba 56	139 La 57	178 Hf 72	181 Ta 73	184 W 74	186 Re 75	190 Os 76	192 Ir 77	195 Pt 78	197 Au 79	201 Hg 80	204 Tl 81	207 Pb 82	209 Bi 83	(209) Po 84	(210) At 85	(222) Rn 86
(223) Fr 87	(226) Ra 88	(227) Ac 89															

Ffigur 2.6 Y Tabl Cyfnodol modern, yn dangos symbolau, rhifau atomig a masau atomig cymharol (mae elfennau 58–71, y lanthanidau neu'r elfennau prinfwyn, ac elfennau â rhifau atomig dros 89 wedi'u hepgor er mwyn symlrwydd).

Adeiledd atomig a'r Tabl Cyfnodol

Mae'r Tabl Cyfnodol yn rhoi'r elfennau yn nhrefn eu rhif atomig. Cofiwch fod rhif atomig yn dynodi nifer y protonau yn y niwclews ond, gan fod nifer y protonau a'r electronau mewn elfen yr un peth, i bob pwrpas mae'r elfennau yn cael eu rhoi yn nhrefn nifer yr electronau sydd ynddynt hefyd.

Mae rhif y grŵp yn rhoi nifer yr electronau ym mhlisgyn allanol yr atom. Mae grŵp 0 yn rhyfedd yn hyn o beth. Yn y grŵp hwnnw, mae plisg allanol yr atomau yn llawn. Y broblem yw bod y nifer yn amrywio. Mae gan y rhan fwyaf o atomau Grŵp 0 wyth electron yn eu plisgyn allanol, ond dim ond dau sydd gan heliwm (oherwydd gall y plisgyn cyntaf gynnwys dau electron yn unig). Felly, mewn

Pwynt trafod

Beth yw'r gwahaniaeth rhwng y rhif màs a'r màs atomig cymharol?

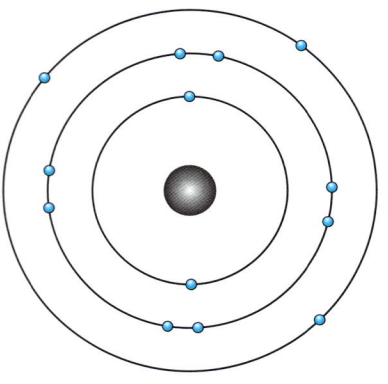

Ffigur 2.7 Adeiledd electronig alwminiwm.

gwirionedd, mae grŵp 0 yn dangos nad oes unrhyw electronau yn y plisgyn 'allanol' a bod yr un sydd oddi tano yn llawn.

Mae'r cyfnod yn rhoi'r nifer o blisg sy'n cynnwys electronau mewn atom. Trwy roi popeth at ei gilydd, gallwn weld o'r Tabl Cyfnodol fod gan alwminiwm dri phlisgyn sy'n cynnwys electronau, oherwydd ei fod yng nghyfnod 3. Hefyd mae ganddo dri electron yn ei blisgyn allanol oherwydd ei fod yng Ngrŵp 3. Mae'r ddau blisgyn cyntaf yn llawn; y cyntaf yn cynnwys 2 electron a'r ail yn cynnwys 8. Felly, mae adeiledd electronig alwminiwm fel sy'n cael ei ddangos yn Ffigur 2.7.

Mae'r ffaith bod gan yr elfennau mewn grŵp yr un nifer o electronau yn eu plisgyn allanol yn rhoi priodweddau tebyg iddynt, ac mae'r nifer cynyddol o blisg wrth fynd i lawr y grŵp yn creu tueddiadau yn y priodweddau hynny. Nawr byddwn ni'n edrych ar enghreifftiau o hyn yng ngrwpiau 1 a 7.

> ✓ **Profwch eich hun**
>
> 5 Edrychwch ar Dabl Cyfnodol. A yw'r elfen thaliwm (Tl) yn fetel neu'n anfetel? Rhowch reswm dros eich ateb.
> 6 Rhowch un enghraifft o fetel trosiannol o'r Tabl Cyfnodol.
> 7 Yn y Tabl Cyfnodol, beth mae rhif y grŵp yn ei ddynodi?
> 8 Yn y Tabl Cyfnodol, beth mae'r cyfnod yn ei ddynodi?
> 9 Defnyddiwch rifau grŵp a rhifau cyfnod y Tabl Cyfnodol i gyfrifo ffurfwedd electronig silicon (Si). Eglurwch sut y gwnaethoch chi hyn.

▶ Grŵp 1

Mae Grŵp 1 yn y Tabl Cyfnodol yn cynnwys chwe elfen: dyma'r metelau alcalïaidd (maen nhw'n cael eu galw felly gan eu bod nhw'n ffurfio hydoddiannau alcalïaidd wrth adweithio â dŵr). Mae Tabl 2.5 yn rhoi rhywfaint o wybodaeth am y metelau alcalïaidd.

Mae **lithiwm** yn fetel meddal, ariannaidd. Dyma'r ysgafnaf o'r holl fetelau a'r elfen solet leiaf dwys. Er mai dyma'r metel alcalïaidd lleiaf adweithiol, mae'n ddigon adweithiol fel bod rhaid ei storio mewn olew mwynol.

Mae **sodiwm** yn fetel meddal, arian-wyn. Dydy e ddim ar gael ar ffurf rydd mewn natur am ei fod mor adweithiol. Am y rheswm hwn, mae'n cael ei storio o dan olew mwynol fel nad yw'n gallu adweithio â'r aer.

Mae **potasiwm** yn fetel meddal, arian-lwyd. Mae'r metelau alcalïaidd yn mynd yn fwyfwy adweithiol wrth symud i lawr y grŵp, felly mae'n rhaid i botasiwm gael ei storio o dan olew hefyd, ond hyd yn oed wedyn gall weithiau adweithio â'r ychydig o ocsigen sy'n hydoddi mewn olew.

Mae **rwbidiwm** yn fetel meddal, ariannaidd arall sy'n hynod o adweithiol. Os bydd yn dod i gysylltiad ag aer, bydd yn mynd ar dân, felly unwaith eto mae'n cael ei storio o dan olew bob amser.

Mae **cesiwm** mor adweithiol, nid yn unig mae'n rhaid ei gadw mewn olew ond hefyd rhaid ei drin mewn atmosffer anadweithiol. Os daw i gysylltiad â dŵr, bydd yn ffrwydro'n ffyrnig.

Fffranciwm yw'r elfen fwyaf adweithiol yn y grŵp hynod o adweithiol hwn. Mae'n ymbelydrol ac yn ansefydlog iawn. Er ei fod i'w gael yn naturiol mewn mwynau wraniwm, dim ond tua 30 g ohono sydd yn bodoli ar y Ddaear ar unrhyw un adeg.

Tabl 2.5 Gwybodaeth am fetelau Grŵp 1.

Metel alcalïaidd	Symbol (rhif màs / symbol / rhif atomig)	Adeiledd electronig	Golwg
Lithiwm	$^{7}_{3}Li$	2,1	
Sodiwm	$^{23}_{11}Na$	2,8,1	
Potasiwm	$^{39}_{19}K$	2,8,8,1	
Rwbidiwm	$^{85}_{37}Rb$	2,8,...,8,1	
Cesiwm	$^{133}_{55}Cs$	2,8,...,...,8,1	
Ffranciwm	$^{223}_{87}Fr$	2,8,...,...,...,8,1	

Priodweddau

Mae priodweddau tebyg gan elfennau sydd yn yr un grŵp. Priodweddau'r metelau alcalïaidd yw:

- Maen nhw'n adweithio ag ocsigen i ffurfio ocsidau (gweler Ffigur 2.8).
- Maen nhw'n adweithio â dŵr i ffurfio hydrocsidau a nwy hydrogen.
- Maen nhw'n adweithio â chlorin a bromin i ffurfio cloridau a bromidau.

Ffigur 2.8 (a) Lithiwm wedi'i storio dan olew (lliw arian sgleiniog). (b) Lithiwm mewn cysylltiad ag aer (gorchudd o lithiwm ocsid llwyd tywyll).

Fel y nodwyd yn gynharach, mae adweithedd y metelau alcalïaidd yn cynyddu wrth fynd i lawr y grŵp, felly mae'r adweithiau sy'n cael eu rhestru yn mynd yn fwy egnïol (weithiau'n ffyrnig) wrth symud o lithiwm i botasiwm. Mae'r metelau alcalïaidd eraill mor adweithiol fel y byddai'n hynod o beryglus cynnal arbrofion arnyn nhw.

Hafaliadau adweithiau Grŵp 1

Mae'r hafaliadau hyn yn defnyddio lithiwm fel enghraifft. Gydag aelodau eraill o Grŵp 1, gallwch chi roi eu fformiwla nhw yn lle Li.

Adwaith ag ocsigen:

lithiwm + ocsigen → lithiwm ocsid

$4Li(s) + O_2(n) → 2Li_2O(s)$

Adwaith â dŵr (Ffigur 2.9):

lithiwm + dŵr → lithiwm hydrocsid + hydrogen

$2Li(s) + 2H_2O(h) → 2LiOH(d) + H_2(n)$

Gellir defnyddio prennyn sy'n llosgi i brofi am yr hydrogen sy'n cael ei ryddhau. Pan mae hydrogen yn llosgi, mae'n gwneud sŵn 'pop' gwichlyd, ac mae'r adwaith hwn yn cael ei ddefnyddio i brofi am y nwy.

Ffigur 2.9 Lithiwm yn adweithio â dŵr.

Adweithiau â halogenau (Ffigur 2.10):

lithiwm + clorin → lithiwm clorid

$2Li(s) + Cl_2(n) → 2LiCl(s)$

Ffigur 2.10 Lithiwm yn llosgi mewn clorin.

lithiwm + bromin → lithiwm bromid

$2Li(s) + Br_2(n) → 2LiBr(s)$

Arddangosiad gan athrawon yn unig

Arsylwi patrymau adweithedd yng Ngrŵp 1

Mae'r metelau alcalïaidd i gyd yn adweithio'n egnïol ag ocsigen (mewn aer), dŵr a chlorin. Yn y dasg hon byddwch chi'n arsylwi sut mae tri o'r metelau alcalïaidd yn adweithio â'r adweithyddion hyn, yn cofnodi eich arsylwadau ac yn eu dadansoddi yn nhermau cyfres adweithedd metelau. **Bydd eich athro/athrawes yn arddangos pob un o'r adweithiau hyn i chi**.

Bydd angen i chi gopïo a chwblhau fersiwn o Dabl 2.6 i gofnodi eich arsylwadau.

Tabl 2.6 Tabl canlyniadau.

Adwaith â	Lithiwm	Sodiwm	Potasiwm
Ocsigen (mewn aer) Tarneisio			
Ocsigen (mewn aer) Llosgi			
Dŵr			
Clorin			

Arddangosiad gan athrawon yn unig

Nodiadau diogelwch

Mae holl adweithiau'r metelau alcalïaidd mor egnïol, mae ysgolion ond yn cael arddangos yr adweithiau hyn. Bydd eich athro/athrawes yn gwisgo sbectol ddiogelwch, a dylai sgrin ddiogelu gael ei defnyddio.
PEIDIWCH â cheisio llosgi potasiwm mewn aer.
PEIDIWCH â cheisio llosgi potasiwm mewn clorin.
Mae rwbidiwm a chesiwm yn adweithio'n rhy ffyrnig o lawer ag ocsigen, dŵr a chlorin i'w harddangos hyd yn oed yn yr ysgol. Mae fideos ar-lein ar gael i ddangos yr adweithiau hyn.

Adwaith ag ocsigen mewn aer
Arsylwadau

1. Arsylwch a chofnodwch yr adwaith sy'n digwydd rhwng yr ocsigen yn yr aer a'r arwyneb sydd i'w weld ar ôl torri'r lithiwm.
2. Caiff darn o lithiwm ei osod ar arwyneb fflat bricsen. Bydd eich athro/ athrawes yn rhoi unrhyw ddarnau o lithiwm sydd wedi'u torri ac sydd heb eu defnyddio yn ôl yn eu jar.
3. Bydd eich athro/athrawes yn cyfeirio fflam anoleuol (las) llosgydd Bunsen ar y lithiwm fel y bydd yn ymdoddi ac y bydd unrhyw olew'n llosgi i ffwrdd cyn iddo danio.
4. Arsylwch a chofnodwch adwaith hylosgi lithiwm ag ocsigen (mewn aer).
5. Bydd eich athro/athrawes yn ailadrodd yr arbrofion tarneisio ar gyfer sodiwm a photasiwm, a'r arbrawf hylosgi ar gyfer sodiwm (**NID POTASIWM**).

Adwaith â dŵr
Arsylwadau

1. Caiff y lithiwm ei osod ar deilsen dorri wen a'i dorri yn ei hanner â chyllell llawfeddyg.
2. Caiff y lithiwm ei ollwng i gafn dŵr y tu ôl i sgrin ddiogelu.
3. Arsylwch a chofnodwch yr adwaith sy'n digwydd rhwng y dŵr a'r lithiwm.
4. Bydd eich athro/athrawes yn rhoi darn o bapur dangosydd cyffredinol yn y dŵr yn agos at lle'r oedd y lithiwm yn adweithio. Arsylwch a chofnodwch y newid yn lliw'r papur dangosydd cyffredinol.
5. Ailadroddwch hyn gan ddefnyddio sodiwm ac yna potasiwm.
6. Pan mae'r adweithiau i gyd wedi'u cwblhau, bydd eich athro/athrawes yn trosglwyddo ychydig o'r dŵr i diwb berwi ac yn ychwanegu rhai diferion o hydoddiant dangosydd cyffredinol; arsylwch a chofnodwch unrhyw newidiadau lliw.

Adwaith lithiwm a sodiwm â chlorin

Dylai'r adwaith hwn gael ei gynnal mewn cwpwrdd gwyntyllu yn unig. Mae Ffigur 2.11 yn dangos y cyfarpar ar gyfer yr arddangosiad hwn.

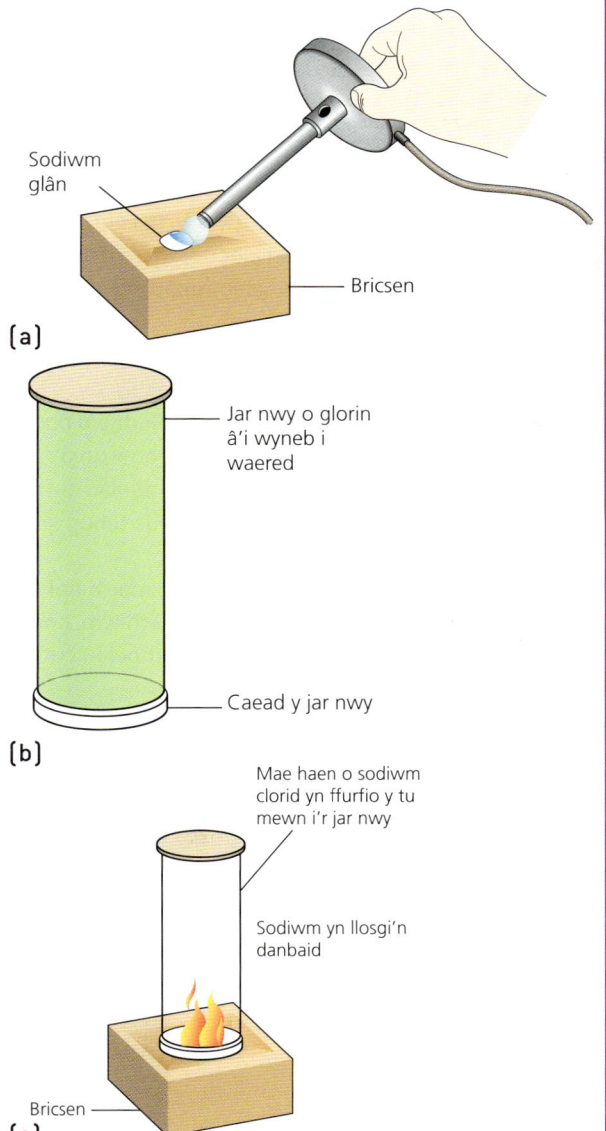

Ffigur 2.11 Dull yr arbrawf

Arddangosiad gan athrawon yn unig

Arsylwadau
1 Arsylwch a chofnodwch yr adwaith sy'n digwydd.
2 Bydd eich athro/athrawes yn ailadrodd yr arbrawf gan ddefnyddio sodiwm (**NID POTASIWM**).

Dadansoddi eich canlyniadau
Mae'r cwestiynau canlynol yn seiliedig ar eich arsylwadau o sut mae'r metelau alcalïaidd yn adweithio ag ocsigen (mewn aer), dŵr a chlorin.

1 Pa fetel alcalïaidd sy'n adweithio fwyaf egnïol ag:
   a) aer?
   b) dŵr?
   c) clorin?
2 Defnyddiwch eich arsylwadau i drefnu'r tri metel alcalïaidd yn nhrefn eu hadweithedd (o'r lleiaf adweithiol i'r mwyaf adweithiol).
3 Defnyddiwch Dabl Cyfnodol i drefnu **holl** fetelau Grŵp 1 yn nhrefn eu hadweithedd.
4 Sut mae adweithedd yn amrywio wrth i chi symud i lawr Grŵp 1 y Tabl Cyfnodol?
5 Edrychwch eto ar adeiledd electronig y metelau alcalïaidd yn Nhabl 2.6. Oes patrwm rhwng yr adeiledd electronau ac adweithedd y metelau alcalïaidd? Allwch chi egluro'r patrwm?
6 Rhagfynegwch yr arsylwadau y gallech chi eu gwneud am adweithiau rwbidiwm ag ocsigen, dŵr a chlorin.
7 Pam **nad** ydych chi'n cael cynnal adweithiau potasiwm â chlorin, nac unrhyw un o'r metelau alcalïaidd eraill ag unrhyw un o'r cemegion eraill, mewn ysgolion?
8 Defnyddiwch hafaliadau geiriau a symbolau cytbwys ar gyfer lithiwm i gynhyrchu hafaliadau geiriau a symbolau cytbwys tebyg ar gyfer adweithiau sodiwm a photasiwm ag ocsigen, dŵr a chlorin.
9 Mae bromin yn halogen fel clorin ond mae'n **llai** adweithiol na nwy clorin. Rhagfynegwch adweithiau bromin â lithiwm, sodiwm a photasiwm.
10 Ysgrifennwch hafaliadau geiriau a symbolau cytbwys ar gyfer adweithiau bromin â lithiwm, sodiwm a photasiwm.

Profion fflam

Pan mae'r tri metel alcalïaidd yn llosgi mewn ocsigen, mae ganddynt fflamau o liwiau gwahanol. Mae lithiwm yn llosgi â lliw rhuddgoch, sodiwm â fflam oren-felyn, a photasiwm â lliw lelog-borffor (Ffigur 2.12).

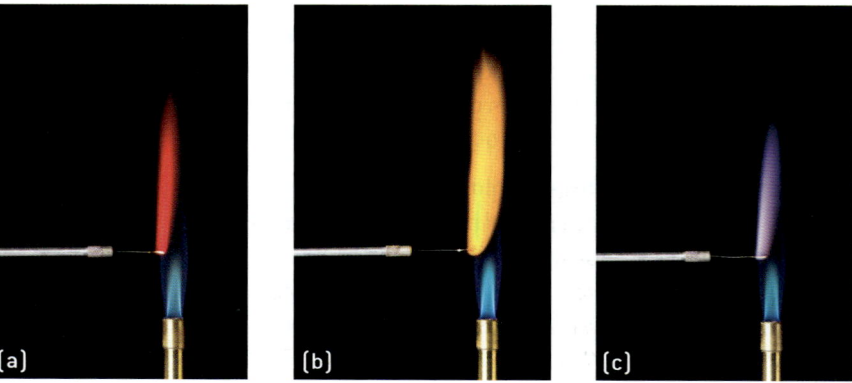

Ffigur 2.12 Lliwiau fflamau a) lithiwm b) sodiwm ac c) potasiwm.

Hyd yn oed os caiff y metelau hyn eu cyfuno ag elfennau eraill i ffurfio halwynau fel lithiwm nitrad, sodiwm clorid neu botasiwm sylffad, mae'r halwynau hyn hefyd yn llosgi â fflam yr un lliw â'r ïon metel sydd ynddynt. Mae hyn yn golygu bod pob halwyn lithiwm yn llosgi â lliw rhuddgoch, bod halwynau sodiwm yn llosgi â lliw oren-felyn, a bod halwynau potasiwm yn llosgi â lliw lelog-borffor.

Gall profion fflam gael eu defnyddio i adnabod ïonau metelau eraill hefyd. Er enghraifft, mae calsiwm (Ca_{2+}) yn llosgi â fflam lliw bricsen goch ac mae bariwm (Ba_{2+}) yn cynhyrchu fflam lliw afal gwyrdd.

Gwaith ymarferol penodol

Profion fflam halwynau metelau alcalïaidd

Mae tri dull hawdd o gynnal prawf fflam ar halwyn metel alcalïaidd:

> Ysgeintio powdr halwyn metel alcalïaidd oddi uchod i mewn i fflam las Bunsen.
> Chwistrellu hydoddiant halwyn metel alcalïaidd i fflam las o'r ochr.
> Glynu powdr halwyn metel alcalïaidd wrth chwiliedydd prawf fflam ar ôl ei olchi ag asid hydroclorig 2M ac yna rhoi'r chwiliedydd mewn fflam las Bunsen.

Byddwch chi'n defnyddio pob techneg ar amrywiaeth o halwynau metelau alcalïaidd gwahanol, yn arsylwi ac yn cofnodi eich canlyniadau; ac yna'n defnyddio eich canlyniadau i gymharu pob techneg prawf fflam.

Cyfarpar

> Llosgydd Bunsen
> Mat gwrth-wres
> Amrywiaeth o halwynau lithiwm, sodiwm a photasiwm ar ffurf powdr/grisialau bach ac amrywiaeth mewn hydoddiannau dyfrllyd ac mewn poteli chwistrellu/ atomaduron (wedi'u labelu)
> Chwiliedyddion/nodwyddau fflam
> Ychydig bach o asid hydroclorig 2M mewn gwydryn oriawr
> Sbatwla

Nodyn diogelwch

Gwisgwch sbectol ddiogelwch trwy gydol y Gwaith ymarferol hwn.

Dulliau

Dull ysgeintio

1 Gwisgwch sbectol ddiogelwch.
2 Rhowch eich llosgydd Bunsen ar fat gwrth-wres.
3 O uchder sydd o leiaf 30 cm uwchben y fflam, defnyddiwch sbatwla i ysgeintio ychydig bach o halwyn metel alcalïaidd i fflam las llosgydd Bunsen fawr.
4 Arsylwch yr adwaith a chofnodwch eich arsylwadau. (Defnyddiwch y dull hwn ar yr halwynau lithiwm a photasiwm yn gyntaf.)

5 Ailadroddwch hyn â gwahanol halwynau metelau alcalïaidd.

Dull chwistrellu

Bydd eich technegydd eisoes wedi paratoi (labelu) poteli chwistrellu yn cynnwys hydoddiannau dyfrllyd amrywiol o halwynau metelau alcalïaidd.

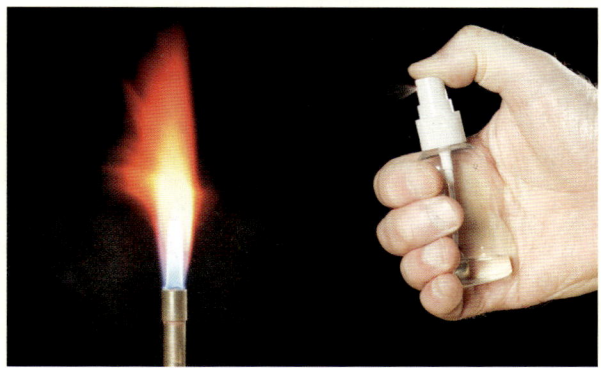

Ffigur 2.13 Techneg prawf chwistrellu fflam.

1 Gwisgwch sbectol ddiogelwch.
2 Chwistrellwch y rhain yn uniongyrchol i ochr fflam las llosgydd Bunsen (oddi wrthych chi a phobl eraill yn y dosbarth), o bellter o ryw 15 cm oddi wrth y fflam (Ffigur 2.13).
3 Arsylwch yr adwaith a chofnodwch eich arsylwadau.
4 Ailadroddwch hyn â halwynau metelau alcalïaidd eraill.

Dull chwiliedydd fflam

1 Gwisgwch sbectol ddiogelwch.
2 Rhowch ben gwifren eich chwiliedydd prawf fflam yn yr asid hydroclorig ac yna yn un o'r powdrau halwyn metel alcalïaidd, gan ofalu bod swm bach o'r halwyn wedi glynu wrth y chwiliedydd metel (Ffigur 2.14).
3 Rhowch yr halwyn metel alcalïaidd ar y chwiliedydd yn rhan boethaf fflam y llosgydd Bunsen.
4 Arsylwch yr adwaith a chofnodwch eich arsylw yn eich tabl.

5 Ailadroddwch hyn â gwahanol halwynau metelau alcalïaidd.
6 Os oes gennych chi amser, efallai y bydd eich athro/athrawes yn gadael i chi ddefnyddio halwynau metelau eraill fel copr neu galsiwm.

Dadansoddi eich canlyniadau

1 Oedd unrhyw wahaniaethau yn lliwiau'r gwahanol halwynau metelau alcalïaidd trwy ddefnyddio'r tri dull gwahanol?
2 Beth oedd y patrymau yn lliwiau'r:
   a) halwynau lithiwm?
   b) halwynau sodiwm?
   c) halwynau potasiwm?
3 Pa ddull roddodd y canlyniadau gorau yn eich barn chi? Eglurwch eich ateb.
4 Eglurwch sut gallech chi ddefnyddio'r dechneg hon i adnabod unrhyw gydran ïon metel mewn halwyn anhysbys – er enghraifft, pe bai powdr gwyn yn cael ei ddarganfod ar safle trosedd, sut gallai prawf fflam helpu i adnabod y powdr gwyn?

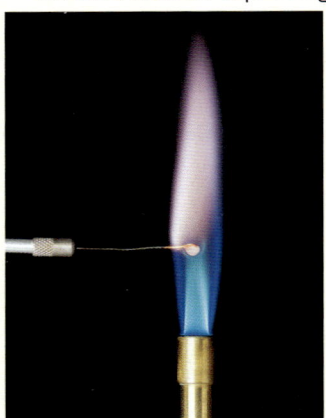

Ffigur 2.14 Arbrawf chwiliedydd fflam.

Profwch eich hun

10 Pam mae'r rhan fwyaf o fetelau alcalïaidd yn cael eu storio dan olew?
11 Pa gynhyrchion sy'n cael eu ffurfio pan mae sodiwm yn adweithio â dŵr?
12 Sut rydych chi'n profi am nwy hydrogen?
13 Pa gynnyrch fyddai'n cael ei ffurfio pan mae potasiwm yn adweithio â bromin?
14 Pa un sydd fwyaf adweithiol, lithiwm neu sodiwm? Sut rydych chi'n gwybod (o'r Tabl Cyfnodol)?
15 Mae hydoddiant cemegyn anhysbys yn llosgi â fflam lelog. Pa ïon metel sydd ynddo?

▶ Grŵp 7

Yr halogenau yw'r enw ar yr elfennau yng Ngrŵp 7 (Ffigur 2.15). Mae Tabl 2.7 yn rhoi manylion am yr halogenau.

Tabl 2.7 Yr halogenau

Halogen	Symbol (rhif màs / symbol / rhif atomig)	Adeiledd electronig
Fflworin	$^{19}_{9}F$	2, 7
Clorin	$^{35}_{17}Cl$	2, 8, 7
Bromin	$^{79}_{35}Br$	2, 8, ..., 7
Ïodin	$^{127}_{53}I$	2, 8, ..., ..., 7
Astatin	$^{250}_{85}At$	2, 8, ..., ..., ..., 7

Ffigur 2.15 Fflworin, clorin, bromin ac ïodin.

Mae **fflworin** yn nwy melyn golau ar dymheredd ystafell. Mae'n hynod o wenwynig (gall aer sy'n cynnwys 0.1% o fflworin yn unig fod yn farwol) ac yn ffrwydrol. Er gwaethaf hynny, mae symiau bach iawn o'i halwynau (fflworidau) yn hanfodol i'r corff dynol.

Mae **clorin** yn nwy gwyrdd-felyn. Mae'n adweithiol iawn ac yn wenwynig. Oherwydd ei adweithedd mae'n cael ei ganfod fel arfer yn ei halwynau (cloridau), gan gynnwys sodiwm clorid sy'n hysbys i ni fel halen. Mae clorin yn cael ei ddefnyddio mewn canyddion, i weithgynhyrchu'r plastig PVC ac i ddiheintio dŵr yfed a'r dŵr mewn pyllau nofio.

Mae **bromin** yn hylif brown-goch ar dymheredd ystafell. Unwaith eto mae'n adweithiol ac yn wenwynig.

Er ei fod yn elfen adweithiol, mae **ïodin** yn llai adweithiol na'r halogenau rydym ni wedi'u gweld hyd yn hyn. Oherwydd hyn, mae'n cael ei ganfod yn ei halwynau (ïodidau) fel arfer. Yn ei ffurf elfennol mae'n wenwynig, ond mae symiau bach ohono'n hanfodol yn y corff dynol er mwyn i'r chwarren thyroid weithio'n iawn. Mae'n cael ei ddefnyddio mewn antiseptigion, diheintyddion, llifynnau ac inciau argraffu.

Mae **astatin** yn un o'r elfennau mwyaf prin ar y Ddaear. Mae'n hynod ymbelydrol ac mae'n torri i lawr mor gyflym fel nad yw'n bosibl ei ddisgrifio – does neb erioed wedi ei weld!

Yn union fel yr elfennau yng Ngrŵp 1, mae'r halogenau'n arddangos priodweddau tebyg i'w gilydd, ac mae adweithedd yn tueddu i gynyddu yn y grŵp. Yn yr achos hwn, fodd bynnag, mae adweithedd yn cynyddu wrth fynd i fyny'r grŵp, yn hytrach nag i lawr, fel yn achos y metelau alcalïaidd. Byddwn ni'n egluro'r rhesymau dros hyn yn nes ymlaen yn y bennod.

Adweithiau'r halogenau

Rydych chi eisoes wedi gweld adwaith clorin â lithiwm a sodiwm. Mae'r halogenau eraill yn adweithio â'r metelau alcalïaidd mewn ffyrdd tebyg, gan ffurfio eu halwynau eu hunain.

Adweithio â haearn

Mae fflworin yn nwy adweithiol iawn. Bydd gwlân haearn yn mynd ar dân pan fydd nwy fflworin yn llifo drosto, a hynny heb iddo gael ei wresogi. Mae'r adwaith yn cynhyrchu halid o'r enw haearn(III) fflworid.

> haearn + fflworin → haearn(III) fflworid
>
> $2Fe(s) + 3F_2(n) \rightarrow 2FeF_3(s)$

Mewn ysgolion, dydym ni ddim yn cael gwneud adweithiau sy'n cynnwys fflworin oherwydd mae'n rhy beryglus. Mae astatin yn solid ymbelydrol, ac eto chawn ni ddim gwneud arbrofion sy'n defnyddio astatin yn yr ysgol. Rydym ni yn cael cynnal adweithiau sy'n cynnwys clorin, bromin ac ïodin. Un o'r ffyrdd gorau o weld trefn adweithedd yr halogenau yw eu hadweithio â haearn.

Gwaith ymarferol

Adwaith yr halogenau â haearn

Mae clorin, bromin ac ïodin i gyd yn gemegion eithaf peryglus. Bydd eich athro/athrawes yn arddangos sut mae pob un o'r halogenau hyn yn adweithio â gwlân haearn. Caiff yr arbrofion eu cynnal mewn cwpwrdd gwyntyllu. Arsylwch bob adwaith a defnyddiwch eich arsylwadau i ddiddwytho trefn adweithedd yr halogenau.

Cyfarpar ar gyfer yr arddangosiad

> Tiwb rhydwytho yn cynnwys gwlân haearn
> Generadur clorin
> Tiwb berwi gyda swm bach o fromin hylifol yn y gwaelod a gwlân haearn hanner ffordd i fyny'r tiwb
> Tiwb berwi gyda swm bach o ïodin yn y gwaelod a gwlân haearn hanner ffordd i fyny'r tiwb
> Llosgydd Bunsen

Dull

Rhaid i'r arbrawf hwn gael ei gynnal mewn cwpwrdd gwyntyllu. Bydd eich athro/athrawes yn arddangos sut mae haearn yn adweithio â chlorin (Ffigur 2.16). Arsylwch yr adwaith yn ofalus a chofnodwch eich arsylwadau. Yna, bydd eich athro/athrawes yn arddangos sut mae haearn yn adweithio â bromin, ac yna ag ïodin (Ffigur 2.17). Cofnodwch eich arsylwadau o'r adweithiau hyn hefyd.

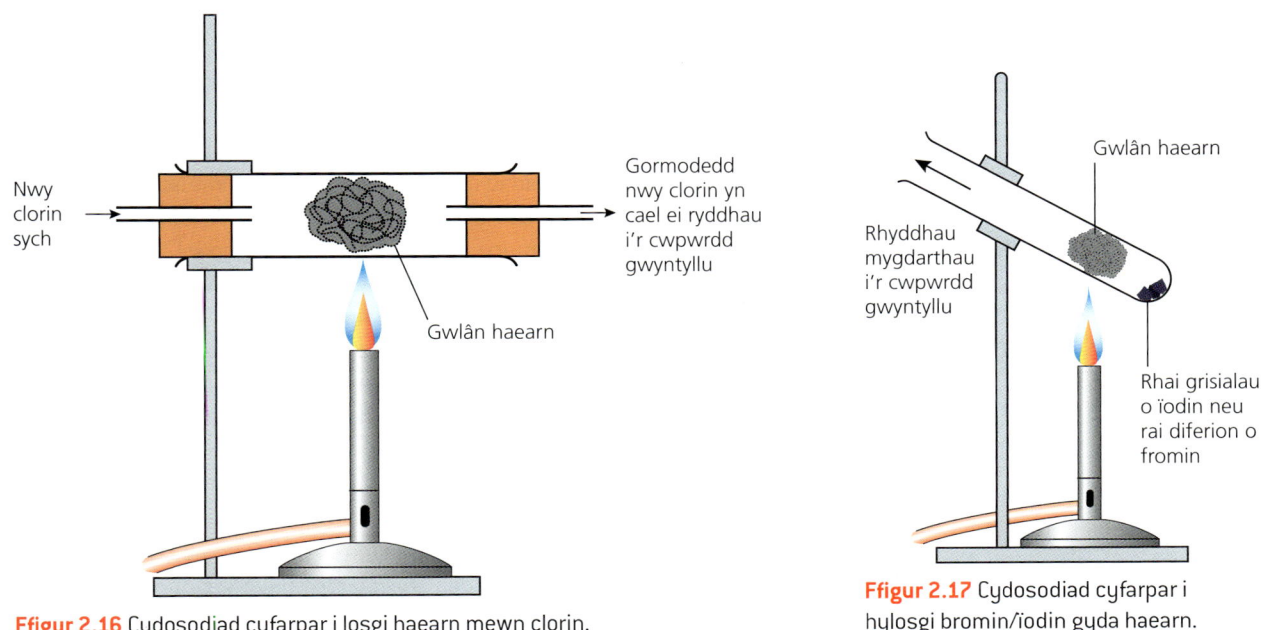

Ffigur 2.16 Cydosodiad cyfarpar i losgi haearn mewn clorin.

Ffigur 2.17 Cydosodiad cyfarpar i hylosgi bromin/ïodin gyda haearn.

Dadansoddi eich canlyniadau

Mae'r cwestiynau hyn yn ymwneud ag adweithiau'r halogenau â haearn.

1 Pa halogen adweithiodd fwyaf egnïol â'r gwlân haearn?
2 Trefnwch y tri halogen yn nhrefn adweithedd, o'r mwyaf adweithiol i'r lleiaf adweithiol.
3 Sut mae adweithedd halogenau'n amrywio wrth i chi fynd i lawr Grŵp 7?
4 Ble byddai fflworin ac astatin yn eich cyfres adweithedd halogenau?

Adweithiau dadleoli halogenau

Mae halogen mwy adweithiol yn gallu dadleoli halogen llai adweithiol o hydoddiant o'i halwynau. Rydym ni'n galw hwn yn **adwaith dadleoli**. Bydd clorin, yr ail halogen mwyaf adweithiol (ar ôl fflworin), yn dadleoli bromin ac ïodin o hydoddiannau bromid ac ïodid.

clorin + sodiwm bromid → bromin + sodiwm clorid
$Cl_2(n) + 2NaBr(d) → Br_2(h) + 2NaCl(d)$

Mae'r bromin wedi cael ei ddadleoli o'r sodiwm bromid a'i ddisodli gan glorin i ffurfio sodiwm clorid. Yn yr un modd, mae bromin, sy'n fwy adweithiol nag ïodin, yn disodli ïodin o hydoddiannau ïodid.

Gwaith ymarferol

Adweithiau dadleoli halogenau

Cyfarpar

> Dŵr clorin a diferydd
> Hydoddiannau potasiwm bromid, sodiwm bromid, potasiwm ïodid a sodiwm ïodid
> Tiwbiau profi a daliwr
> (Ar gyfer arddangosiad dewisol gan yr athro/athrawes) dŵr bromin
> Cwpwrdd gwyntyllu

Rhaid i chi wisgo sbectol ddiogelwch a rhaid i chi beidio â cheisio arogli cynnwys y tiwbiau profi.

Dull

1 Gwisgwch sbectol ddiogelwch.
2 Rhowch ychydig o hydoddiant sodiwm bromid neu botasiwm bromid mewn tiwb profi, ac ychwanegwch ddŵr clorin fesul diferyn, gan ysgwyd y tiwb yn ysgafn.
3 Sylwch ar liw brown bromin yn datblygu.
4 Ailadroddwch yr arbrawf gan ddefnyddio hydoddiant sodiwm ïodid neu botasiwm ïodid gwanedig.
5 Sylwch ar liw melyn-frown yn datblygu wrth i ïodin ffurfio.
6 Os ychwanegwch chi ormod o ddŵr clorin, efallai y gwelwch chi fod gwaddod llwyd-ddu o ïodin yn ffurfio.

Efallai y bydd eich athro/athrawes yn **arddangos** dadleoliad ïodin o hydoddiant sodiwm ïodid neu botasiwm ïodid trwy ddefnyddio dŵr bromin mewn cwpwrdd gwyntyllu.

Dadansoddi eich canlyniadau

Mae'r cwestiynau hyn am ddadleoli halogenau o'u halwynau halid.

1 A yw clorin yn dadleoli bromin o hydoddiannau bromidau metel ac ïodin o ïodidau metel?
2 A yw adweithedd yn cynyddu neu'n lleihau wrth i chi fynd i fyny Grŵp 7 y Tabl Cyfnodol? Sut mae canlyniadau ac arsylwadau adweithiau dadleoli halogenau yn ategu hyn?
3 Ysgrifennwch hafaliadau geiriau a hafaliadau symbolau cytbwys ar gyfer defnyddio clorin i ddadleoli bromin o'r hydoddiannau canlynol:
  a) sodiwm bromid
  b) potasiwm bromid.
4 Ysgrifennwch hafaliadau geiriau a hafaliadau symbolau cytbwys ar gyfer defnyddio **clorin**, ac yna **bromin**, i ddadleoli ïodin o'r hydoddiannau canlynol:
  a) sodiwm ïodid
  b) potasiwm ïodid.
5 Beth fyddai'r adwaith rhwng astatin a sodiwm fflworid?
6 Awgrymwch pa arsylwadau y byddech chi'n eu gwneud pan fydd fflworin yn adweithio â photasiwm ïodid? Ysgrifennwch hafaliadau geiriau a hafaliadau symbolau cytbwys ar gyfer yr adwaith hwn.

Adnabod halidau

Gallwn ni adnabod metelau alcalïaidd trwy ddefnyddio prawf fflam ar halwyn anhysbys. Os yw'r halwyn yn llosgi â fflam lelog, mae'n cynnwys potasiwm, ac yn y blaen. Mae ffordd debyg o adnabod pa halogen sydd mewn halid trwy gynnal adwaith gwaddod yn defnyddio arian nitrad. Mae ïonau clorid, bromid ac ïodid yn cyfuno ag ïonau arian i ffurfio gwaddodion anhydawdd o arian clorid gwyn, arian bromid melyn golau ac arian ïodid melyn, yn ôl eu trefn. Yr adweithiau hyn yw'r sail i adnabod halwynau halid.

Mae arian nitrad yn cynnwys yr ïon arian, Ag^+, a'r ïon nitrad, NO_3^-. Mae sodiwm clorid yn cynnwys yr ïon sodiwm, Na^+, a'r ïon clorid, Cl^-. Yr adwaith pwysig sy'n digwydd pan mae'r ddau hydoddiant yn adweithio yw'r un rhwng yr ïonau arian a'r ïonau clorid:

$$Ag^+(d) + Cl^-(d) \rightarrow AgCl(s)$$

Mae'r arian clorid yn solid ac mae'n gwaddodi o'r hydoddiant. Mae'r ïonau eraill yn aros mewn hydoddiant.

🔬 Gwaith ymarferol penodol

Profi am halidau

Mae ychwanegu arian nitrad at hydoddiannau halidau yn cynhyrchu adweithiau gwaddod sy'n gallu cael eu defnyddio i adnabod cloridau, bromidau ac ïodidau.

Cyfarpar

- Hydoddiannau: sodiwm clorid; sodiwm bromid; sodiwm ïodid; potasiwm clorid; potasiwm bromid; a photasiwm ïodid
- Hydoddiant arian nitrad 0.05 M (peidiwch â defnyddio llawer o'r cemegyn hwn gan ei fod yn ddrud iawn)
- Diferyddion
- Tiwbiau profi a rhesel
- Hydoddiant amonia gwanedig
- Asid nitrig gwanedig

Dull

Gwisgwch sbectol ddiogelwch.

Profi am glorid

1. Rhowch 2 cm³ o hydoddiant sodiwm clorid gwanedig mewn tiwb profi.
2. Ychwanegwch 2 cm³ o asid nitrig gwanedig ac yna rai diferion o hydoddiant arian nitrad gwanedig.
3. Dylai gwaddod gwyn o arian clorid ffurfio sy'n troi'n dywyllach yng ngolau'r haul ac sy'n hydoddi pan gaiff gormodedd o hydoddiant amonia gwanedig ei ychwanegu. Mae hyn yn cadarnhau bod clorid yn bresennol.
4. Gallwch chi wneud hyn heb yr asid nitrig, ond pan mae'r hydoddiant yn anhysbys, dylech chi ei ychwanegu i atal ïonau eraill fel carbonad a hydrocsid rhag ymyrryd â'r adwaith arian nitrad.

Profi am fromid

Gwnewch hyn yn union yr un fath â'r prawf clorid uchod, ond gan ddefnyddio bromidau yn lle cloridau.

Dylai gwaddod melyn golau o arian bromid gadarnhau bod bromid yn bresennol. Mae'r gwaddod melyn golau hwn yn anhydawdd mewn hydoddiant amonia gwanedig, ond yn hydawdd mewn hydoddiant amonia crynodedig.

Profi am ïodid

Gwnewch hyn yn union yr un fath â'r prawf clorid uchod, ond gan ddefnyddio ïodidau yn lle cloridau.

Dylai gwaddod melyn o arian ïodid gadarnhau bod ïodid yn bresennol. Mae'r gwaddod melyn hwn yn anhydawdd mewn hydoddiant amonia.

Dadansoddi eich canlyniadau

1. Ysgrifennwch hafaliadau symbolau ïonig cytbwys ar gyfer y prawf bromid a'r prawf ïodid
2. Caiff powdr solid gwyn ei roi i chi. Rydych chi'n amau y gallai'r powdr fod naill ai'n botasiwm ïodid neu'n sodiwm clorid. Eglurwch y profion cemegol y byddech chi'n eu cynnal ac ym mha drefn y byddech chi'n eu cynnal nhw, i gadarnhau beth yw'r powdr gwyn anhysbys.

Egluro adweithedd metelau alcalïaidd a halogenau

Yn y bennod hon, rydym ni wedi gweld bod yr elfennau yng ngrwpiau 1 a 7 yn adweithiol iawn. Gall hyn gael ei egluro gan eu hadeiledd electronig. Mewn llawer o adweithiau cemegol bydd atomau'n colli neu'n ennill electronau i ffurfio **ïonau** positif neu negatif.

Mae gan elfennau Grŵp 1 un electron yn eu plisgyn allanol, ac mae gan elfennau Grŵp 7 saith electron. Bydd atom ar ei fwyaf sefydlog pan mae ei blisgyn electronau allanol yn llawn (h.y. wyth electron ym mhob plisgyn ar wahân i'r un cyntaf sy'n gallu cynnwys dau electron yn unig). Os yw elfennau Grŵp 1 yn colli'r electron o'u plisgyn allanol, yna bydd eu plisgyn allanol newydd (h.y. yr un oddi tano) yn llawn. Os yw elfennau Grŵp 7 yn ennill un electron, yna mae eu plisgyn allanol yn llawn. Mae hi'n hawdd iawn colli neu ennill un electron yn unig, felly bydd yr elfennau hyn yn adweithio'n barod iawn. Mae'n rhaid i elfennau Grŵp 2 a Grŵp 6 golli neu ennill dau electron er mwyn cael plisgyn allanol llawn. Mae hwn yn fwy anodd. Unwaith mae un electron wedi'i golli, byddai'n rhoi gwefr bositif gyflawn i'r atom. Bydd hyn yn ei gwneud hi'n fwy anodd colli'r ail electron, gan fod electronau'n negatif ac yn cael eu hatynnu at wefrau positif. Mae'r union wrthwyneb yn wir os oes angen ennill dau electron – mae ennill un electron yn creu gwefr negatif gyflawn (*overall*), a fydd yn tueddu i wrthyrru unrhyw electronau eraill. Am y rheswm hwn, mae'r elfennau yng ngrwpiau 2 a 6 yn llai adweithiol na'r rhai yng ngrwpiau 1 a 7.

▶ Grŵp 0 – y nwyon nobl

Rydym ni'n cyfeirio at elfennau Grŵp 0 fel y nwyon nobl, ac maen nhw'n anadweithiol iawn gan fod ganddynt blisgyn allanol llawn o electronau. Mewn natur, dydyn nhw ddim yn ffurfio cyfansoddion, er bod gwyddonwyr wedi gallu gwneud rhai cyfansoddion o nwyon nobl dan amodau artiffisial. Mae Grŵp 0 yn cynnwys yr elfennau canlynol.

Mewn gwirionedd, **heliwm** yw'r ail elfen fwyaf helaeth yn y bydysawd (ar ôl hydrogen). Gan ei fod yn ysgafnach nag aer, mae'n cael ei ddefnyddio mewn awyrlongau a balwnau. Mae heliwm hylifol (ar −269°C) yn cael ei ddefnyddio i oeri'r magnetau uwchddargludol mewn sganwyr MRI (sy'n cynhyrchu delweddau o'r corff er mwyn galluogi i feddygon nodi problemau mewnol fel tyfiannau mewn cleifion).

Mae **neon** hefyd i'w gael yn helaeth iawn yn y bydysawd, er nad yw'n hynod o gyffredin ar y Ddaear. Mae'n nwy di-liw a ddefnyddir mewn 'goleuadau neon', er bod y term hefyd yn cael ei ddefnyddio ar gyfer goleuadau sy'n defnyddio nwyon eraill. Mae neon yn cynhyrchu tywyn (*glow*) oren-goch pan mae'n cael ei selio mewn tiwb gyda photensial uchel wedi'i roi ar yr electrodau ar y ddau ben. Felly, dydy lliwiau eraill o olau ddim yn oleuadau neon mewn gwirionedd (Ffigur 2.18).

Mae **argon** yn drydydd yn rhestr y nwyon sydd ar gael ar y Ddaear, gan ffurfio 0.93% o'r atmosffer. Fel neon, mae'n cael ei ddefnyddio mewn goleuadau (mae'n cynhyrchu golau glas). Gan ei fod yn ynysydd sydd hyd yn oed yn well nag aer, mae'n cael ei ddefnyddio mewn gwydr dwbl hefyd.

Crypton, senon a **radon** yw'r nwyon nobl eraill. Mae crypton a senon hefyd yn cael eu defnyddio mewn goleuadau. Mae radon yn cael ei ffurfio o ddadfeiliad wraniwm a thoriwm mewn gwenithfaen, a gall ei isotopau ymbelydrol fod yn beryglus. Credir bod rhai pobl wedi datblygu canser yr ysgyfaint o ganlyniad i fewnanadlu nwy radon. Mae'n cyfrannu'n fawr at **belydriad cefndir** ar y Ddaear.

> **Term allweddol**
>
> **Pelydriad cefndir** Pelydriad o ffynonellau amgylcheddol gan gynnwys yr atmosffer, cramen y Ddaear, pelydrau cosmig ac isotopau ymbelydrol.

> **Pwynt trafod**
>
> Mae heliwm, neon ac argon yn nwyon cyffredin iawn yn y bydysawd. Pam nad yw hyn yn syndod?

Ffigur 2.18 Arwydd golau neon.

> ✓ **Profwch eich hun**
>
> 16 Ysgrifennwch hafaliadau geiriau a hafaliadau symbol cytbwys ar gyfer adwaith clorin, bromin ac ïodin â haearn.
> 17 Beth yw 'adwaith dadleoli'?
> 18 Pa gynhyrchion fyddai'n cael eu ffurfio mewn adwaith rhwng sodiwm ïodid a chlorin?
> 19 Pa gemegyn sy'n cael ei ddefnyddio i brofi am ïonau halid?
> 20 Pam mae'r nwyon nobl yn anadweithiol iawn?

Crynodeb o'r bennod

- Mae atomau'n cynnwys niwclews sydd â gwefr bositif ac electronau sydd â gwefr negatif mewn orbit o'i amgylch.
- Mae niwclysau atomig yn cynnwys protonau a niwtronau.
- Mae màs protonau a niwtronau'n hafal (dynodir hyn fel 1); mae màs electronau'n ddibwys.
- Mae gan brotonau wefr bositif ac mae gan electronau wefr negatif. Does dim gwefr o gwbl gan niwtronau.
- Does dim gwefr drydanol gyffredinol gan atomau.
- Mae nifer yr electronau mewn atom yn hafal i nifer y protonau.
- Y rhif atomig yw nifer y protonau (ac felly'r electronau) yn niwclews yr elfen; y rhif màs yw nifer y protonau + nifer y niwtronau yn y niwclews.
- Gall elfennau fodoli ar ffurfiau gwahanol, gyda gwahanol atomau â nifer gwahanol o niwtronau. Enw'r ffurfiau hyn yw isotopau.
- Gydag elfennau sydd â mwy nag un isotop, mae'r màs atomig cymharol yn cael ei gyfrifo fel cyfartaledd masau atomig cymharol yr isotopau, gan ystyried amlderau cymharol yr isotopau.
- Mae'r Tabl Cyfnodol modern yn rhoi'r elfennau yn nhrefn gynyddol eu rhif atomig ac mewn grwpiau a chyfnodau, gydag elfennau â phriodweddau tebyg yn ymddangos yn yr un grwpiau.
- Mae'r metelau i'r chwith ac yng nghanol y Tabl Cyfnodol a'r anfetelau i'r dde, gydag elfennau â phriodweddau rhyngol rhwng y metelau a'r anfetelau ym mhob cyfnod.
- Mae adeiledd electronig unrhyw elfen yn gysylltiedig â'i safle yn y Tabl Cyfnodol.
- Mae gan elfennau sydd yn yr un grŵp yn y Tabl Cyfnodol briodweddau ffisegol a chemegol tebyg i'w gilydd (defnyddir Grŵp 1 a Grŵp 7 fel enghreifftiau yn y bennod hon).
- Mae nifer o adweithiau, gan gynnwys adweithiau elfennau Grŵp 1 a nifer o adweithiau elfennau Grŵp 7, yn ymwneud â cholli neu ennill electronau a ffurfio ïonau wedi'u gwefru.
- Mae elfennau Grŵp 1 yn mynd yn fwy adweithiol wrth fynd i lawr y grŵp, tra mae elfennau Grŵp 7 yn mynd yn fwy adweithiol wrth fynd i fyny'r grŵp.
- Mae'r tueddiadau hyn yn adweithedd elfennau Grŵp 1 a Grŵp 7 yn gysylltiedig â'u parodrwydd i golli neu ennill electron.
- Mae metelau alcalïaidd yn adweithio ag ocsigen i ffurfio ocsidau, â halogenau i ffurfio halidau, ac â dŵr i ffurfio hydrocsidau a hydrogen.
- Gellir adnabod yr hydrogen sy'n cael ei ryddhau pan fydd metelau alcalïaidd yn adweithio â dŵr trwy ddefnyddio prennyn wedi'i gynnau; mae'r nwy'n llosgi â phop gwichlyd.
- Mae halogenau'n adweithio â haearn i ffurfio halidau haearn (III).
- Gellir defnyddio adweithiau dadleoli i ddangos adweithedd clorin, bromin ac ïodin.
- Mae priodweddau clorin ac ïodin yn eu gwneud yn ddefnyddiol mewn amryw o ffyrdd.
- Mae'n bosibl defnyddio profion fflam i adnabod ïonau metelau alcalïaidd (a rhai eraill).
- Rydym ni'n gallu adnabod ïonau Cl^-, Br^-, I^- yn ôl eu hadweithiau â hydoddiant arian nitrad.
- Mae gan nwyon Grŵp 0 blisg electronau allanol llawn ac o ganlyniad maen nhw'n anadweithiol iawn.
- Mae priodweddau heliwm, neon ac argon yn eu gwneud yn ddefnyddiol mewn amryw o ffyrdd.

Grŵp 0 – y nwyon nobl

Cwestiynau ymarfer

1 Mae Ffigur 2.19 yn dangos adeiledd electronig pum elfen, A–D.

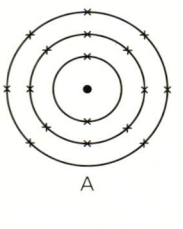

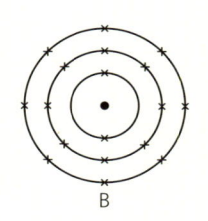

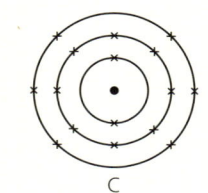

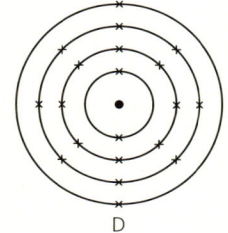

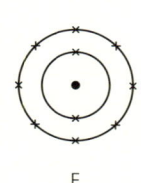

Ffigur 2.19

a) Rhowch lythyren yr elfen, **A–E**, sydd yng Nghyfnod 2 y Tabl Cyfnodol. [1]

b) Rhowch reswm dros eich dewis o ran adeiledd electronig. [2]

c) Rhowch lythrennau, **A–E**, **dwy** elfen sydd yng Ngrŵp 0 y Tabl Cyfnodol. [2]

ch) Rhowch reswm dros eich dewis o ran adeiledd electronig. [2]

Mae elfen arall, **X**, yn yr un grŵp ag elfen **E**, ond mae hi un lle uwch ei phen.

d) Tynnwch lun adeiledd electronig elfen **X**. [1]

dd) Eglurwch sut y gall adeiledd electronig elfen **A** gael ei ddefnyddio i bennu nifer y protonau yn ei niwclews. [2]

2 Mae lithiwm, sodiwm a photasiwm yn elfennau yng Ngrŵp 1 y Tabl Cyfnodol. Mae'r tabl canlynol yn dangos yr hyn y gwnaeth myfyriwr ei gofnodi pan oedd yr elfennau hyn yn adweithio â dŵr. Mae dau o'r arsylwadau yn **anghywir**.

Elfen	Arsylwadau	pH yr hydoddiant
Lithiwm	Byrlymu'n araf ar wyneb y dŵr	6
Sodiwm	Byrlymu'n gyflym ac yn ymdoddi i ffurfio pêl	12
Potasiwm	Llosgi â fflam oren	13

a) Nodwch y camgymeriadau a rhowch yr arsylwadau cywir. [2]

Mae myfyriwr yn cynnal profion i brofi bod powdr yn cynnwys ïonau sodiwm ac ïonau clorid.

b) Copïwch a chwblhewch y tabl canlynol gan ddefnyddio'r profion addas a'r canlyniadau. [4]

Ïon	Prawf	Arsylw disgwyliedig
Sodiwm		
Clorid		

3 Mae sylwedd **S** yn fetel bromid solet, gwyn. Mae'n hydoddi'n hawdd mewn dŵr i roi hydoddiant di-liw.

a) Wrth wneud prawf fflam gyda sylwedd **S**, cafodd lliw coch ei weld. Enwch yr ïonau metel sy'n bresennol yn sylwedd **S**. [1]

Cafodd peth hydoddiant arian nitrad ei ychwanegu at hydoddiant o sylwedd **S**.

b) Nodwch beth gafodd ei weld. [1]

c) Ysgrifennwch hafaliad **ïonig** yr adwaith. [2]

Pan mae nwy o Grŵp 7, **G**, yn cael ei basio trwy hydoddiant **S**, mae'r hydoddiant yn troi'n oren.

ch) Enwch nwy **G**. [1]

d) Enwch y **math** o adwaith sy'n digwydd rhwng nwy **G** a sylwedd **S**. [1]

3 Dŵr

> 🏠 **Cynnwys y fanyleb**
>
> Mae'r bennod hon yn ymdrin ag adran **1.3 Dŵr** manyleb TGAU Cemeg ac adran **2.3 Dŵr** manyleb TGAU Gwyddoniaeth (Dwyradd). Mae'n edrych ar gyfansoddiad a thriniaeth y cyflenwad dŵr, gan gynnwys fflworeiddio. Caiff gwahanol fathau o galedwch dŵr eu disgrifio, gan dalu sylw i'r ïonau a'r hafaliadau dan sylw.

▶ Beth sydd yn ein dŵr?

Y fformiwla gemegol mae bron pawb yn ei yw'r un ar gyfer dŵr, H_2O. Dyma'r fformiwla ar gyfer y cyfansoddyn, ond mae'r dŵr rydym ni'n dod ar ei draws bob dydd yn cynnwys llawer mwy na hydrogen ac ocsigen yn unig. P'un ai dŵr tap, glaw, dŵr ffynnon, dŵr afon neu ddŵr y môr ydyw, mae'r dŵr ymhell o fod 'yn bur'. Mewn gwersi gwyddoniaeth, byddwch chi'n aml yn defnyddio dŵr distyll yn hytrach na dŵr tap, oherwydd mae llawer o'r amhureddau wedi'u gwaredu o ddŵr distyll. Felly beth yw'r amhureddau hyn? Byddwn ni'n edrych ar ddŵr tap ymhellach ymlaen yn y bennod hon, ond am y tro, gadewch i ni ystyried beth sydd mewn cyflenwadau dŵr 'naturiol' (Ffigur 3.1):

▶ **Hydoddyddion.** Mae dŵr yn hydoddydd gwych, a bydd pob math o bethau'n hydoddi ynddo. Mae dau gategori o **hydoddion**:

> ▶ **Ïonau** o bob math. Wrth i ddŵr redeg dros neu drwy'r ddaear, mae'n hydoddi llawer o gemegion, sy'n ffurfio ïonau yn y dŵr. Sodiwm, calsiwm, magnesiwm, sylffad, hydrogencarbonad a chlorid yw rhai o'r ïonau mwyaf cyffredin.
>
> ▶ **Nwyon wedi'u hydoddi.** Gall y nwyon sydd yn yr atmosffer hydoddi mewn dŵr i wahanol raddau. Y nwyon pwysicaf wedi'u hydoddi yw ocsigen (sydd ei angen ar organebau dyfrol er mwyn resbiradu) a charbon deuocsid (sydd ei angen ar blanhigion i wneud bwyd trwy ffotosynthesis).

▶ **Micro-organebau.** Mae micro-organebau yn byw ym mhobman ar y Ddaear, gan gynnwys mewn dŵr. Bydd cyflenwadau naturiol o ddŵr yn cynnwys niferoedd mawr o facteria a mathau eraill o fywyd microsgopig. Gall rhai o'r micro-organebau hyn achosi clefydau ac felly mae'n annoeth yfed dŵr heb ei drin o afonydd, llynnoedd a nentydd. Mae triniaethau dŵr yn cael gwared ar ficro-organebau niweidiol, ond ddim ar bob micro-organeb.

▶ **Llygryddion.** Mae'r rhan fwyaf o'r dŵr sydd mewn afonydd a llynnoedd yn cyrraedd yno trwy deithio dros neu drwy bridd a chreigiau, a gall godi llygryddion. Gall glaw olchi gwrteithiau cemegol a phlaleiddiaid sy'n cael eu rhoi ar dir fferm a gwastraff anifeiliaid i afonydd a llynnoedd. Weithiau, mae llygryddion

> **Term allweddol**
>
> **Hydoddyn** Cemegyn sy'n cael ei hydoddi mewn hydoddydd i ffurfio hydoddiant.

Ffigur 3.1 Nofio mewn hydoddiant cymhlyg.

yn cael eu gollwng yn fwriadol i mewn i ddŵr, er bod mesurau cyfreithiol yn y DU i geisio atal hyn.

Dŵr yfed

Mae dŵr yn hanfodol i fywyd, ac felly mae'n bwysig bod gan bawb fynediad at ddigon o ddŵr yfed glân. Eisoes, mewn llawer o rannau o'r byd, mae pobl yn cael trafferth i gael digon o ddŵr yfed o ansawdd da. Hyd yn oed mewn gwledydd datblygedig, mae'r galw cynyddol am ddŵr i'w ddefnyddio mewn sawl ffordd yn rhoi straen ar y cyflenwad dŵr. Mae cynhesu byd-eang wedi effeithio ar batrymau glawiad ac, os bydd yr effeithiau hyn yn parhau, gallai cyflenwi dŵr i rai poblogaethau fod yn broblem.

Mae'r adran hon yn disgrifio'r prif faterion ar gyfer dŵr yfed yn y dyfodol.

Defnyddio llai o ddŵr

Dros y 100 mlynedd diwethaf, mae mwy a mwy o ddŵr yn cael ei ddefnyddio ar draws y byd (Ffigur 3.2). Mae peth o'r cynnydd hwn wedi digwydd oherwydd ein bod yn defnyddio mwy o ddŵr yn ein cartrefi, ond mae cynnydd mawr wedi bod mewn defnyddio dŵr mewn diwydiant. Yn y cartref, mae pobl yn cael eu hannog i ddefnyddio llai o ddŵr trwy gymryd y camau canlynol:

- Treulio llai o amser yn cael cawod.
- Ailddefnyddio dŵr bath neu ddŵr sinc i ddyfrio planhigion.
- Defnyddio toiledau â gosodiad sy'n defnyddio llai o ddŵr wrth wacáu.
- Ynysu pibellau dŵr i leihau'r risg y byddant yn hollt yn y gaeaf.
- Peidio â gadael y dŵr i redeg wrth lanhau eich dannedd neu olchi llysiau.
- Gosod mesurydd dŵr i fonitro defnyddio dŵr.
- Sicrhau bod eich peiriant golchi dillad neu lestri'n llawn cyn ei ddefnyddio.

Ffigur 3.2 Defnydd dŵr byd-eang a rhagamcaniad o'r defnydd yn y dyfodol 1900–2025

Alldynnu dŵr

Alldynnu dŵr yw'r term ar gyfer echdynnu dŵr (naill ai dros dro neu'n barhaol) i'w ddefnyddio gan bobl. Mae hyn yn cynnwys pethau fel pwmpio dŵr tanddaearol i'r wyneb, adeiladu argaeau a chronfeydd dŵr, tynnu dŵr o afonydd neu lynnoedd, casglu dŵr glaw a **dihalwyno** dŵr y môr.

> **Pwynt trafod**
>
> Pam rydych chi'n meddwl bod y defnydd o ddŵr wedi cynyddu'n raddol dros y 100 mlynedd diwethaf?

Term allweddol

Dihalwyno Tynnu'r halen allan o ddŵr y môr er mwyn ei droi'n ddŵr sy'n ddiogel i'w yfed.

3 Dŵr

40

Efallai y bydd rhai o'r mesurau hyn yn cael eu gwrthwynebu gan boblogaethau oherwydd eu heffaith ar yr amgylchedd. Mae hyn yn arbennig o wir yn achos adeiladu argaeau a chronfeydd dŵr, gan fod rhaid boddi ardaloedd mawr o dir sy'n dinistrio cynefinoedd ac yn newid golwg yr ardal.

Dosbarthu dŵr

Dim ond rhai mannau arbennig sy'n addas ar gyfer echdynnu neu gasglu dŵr. Mae rhai lleoliadau yn bell iawn, a rhaid peipio dŵr i'r ardaloedd hynny er mwyn darparu dyfrhad, carthffosiaeth a dŵr yfed. Gall hyn fod yn ddrud, ac yn anffodus mae rhai o wledydd mwyaf sych y byd hefyd yn rhai o'r mwyaf tlawd. Mae tua 1.1 biliwn o bobl yn y byd heb fynediad at ddŵr yfed wedi'i drin, ac mae defnyddio dŵr sydd heb ei drin yn gyfrifol am filiynau o farwolaethau ac achosion o afiechyd bob blwyddyn. Roedd Nodau Datblygu'r Mileniwm y Cenhedloedd Unedig yn anelu at gael dŵr yfed glân i 88.5% o boblogaeth y byd erbyn 2015, ond dydy'r targed ddim wedi'i gyrraedd mewn bron i hanner o ardaloedd y byd. Nid dŵr yfed yw'r unig ddŵr sydd ei angen. Mae angen dŵr ar gyfer dyfrhad hefyd, er mwyn tyfu cnydau a lleihau'r tebygolrwydd o newyn.

Trin dŵr i'w wneud yn ddiogel

O ran dŵr yfed, mae'n rhaid dosbarthu'r dŵr yn ogystal â'i drin i'w wneud yn ddiogel. Mae gan hyn oblygiadau o ran costau, a rhai goblygiadau amgylcheddol, oherwydd mae'n rhaid adeiladu gweithfeydd trin dŵr. Ar wahân i drin dŵr yfed, lle bynnag mae carthffosiaeth rhaid trin carthion cyn ailgylchu dŵr i'r amgylchedd. Mae dŵr sydd wedi'i lygru gan garthion dynol yn hynod o beryglus i iechyd. Mae'r adran nesaf yn rhoi manylion am y driniaeth.

> ✓ **Profwch eich hun**
>
> 1 Sut gall gwrteithiau sy'n cael eu rhoi ar gaeau gyrraedd afonydd a llynnoedd?
> 2 Nodwch **dair** ffordd y gall perchenogion tai arbed dŵr.
> 3 Beth yw ystyr y term 'alldynnu'?
> 4 Pam gallai pobl leol wrthwynebu cynlluniau i adeiladu cronfa ddŵr yn eu hardal?

▶ Cyflenwi dŵr i'r cyhoedd

Ym Mhrydain, mae dŵr yn cael ei beipio i gartrefi pawb bron, ac mae'r dŵr hwn yn ddiogel i'w yfed yn syth o'r tap. Mae'r dŵr yn dod o'r glaw gan mwyaf, ond rhaid ei lanhau a'i drin cyn y bydd yn ddiogel i'w yfed. Caiff y glaw ei gasglu mewn llynnoedd neu mewn cronfeydd dŵr lle caiff ei storio. Mae ffynonellau dŵr eraill yn cynnwys afonydd a dŵr tanddaearol. Mae Ffigur 3.3 yn dangos argae Caban Coch yng Nghwm Elan; mae dŵr o Gwm Elan yn cael ei ddefnyddio gan ddinas Birmingham yn Lloegr. Mae tua 2000 o gronfeydd dŵr tebyg yn cyflenwi dŵr yfed yn y DU.

Ffigur 3.3 Argae Caban Coch yng Nghwm Elan ym Mhowys.

Bydd y dŵr sy'n dod o gronfa ddŵr yn cynnwys llawer o ronynnau mewn daliant a bacteria. Rhaid cael gwared â'r rhain i wneud y dŵr yn dderbyniol ac yn ddiogel i'w yfed. Mae hyn yn digwydd mewn gweithfeydd trin dŵr, ac mae Ffigur 3.4 yn dangos prif gamau'r broses hon.

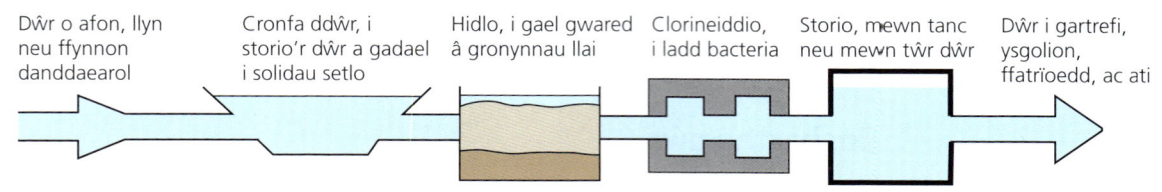

| Dŵr o afon, llyn neu ffynnon danddaearol | Cronfa ddŵr, i storio'r dŵr a gadael i solidau setlo | Hidlo, i gael gwared â gronynnau llai | Clorineiddio, i ladd bacteria | Storio, mewn tanc neu mewn tŵr dŵr | Dŵr i gartrefi, ysgolion, ffatrïoedd, ac ati |

Ffigur 3.4 Y camau wrth drin dŵr yfed.

Pan mae'r dŵr yn y gronfa ddŵr, mae'r gronynnau solet mwyaf yn setlo i'r gwaelod (**gwaddodiad**). Pan gaiff y dŵr ei echdynnu o'r gronfa ddŵr, caiff ei hidlo i gael gwared â gronynnau llai (**hidliad**), ond dydy'r hidlo ddim yn cael gwared â bacteria. I ladd y bacteria, rhaid **clorineiddio** y dŵr (ychwanegu clorin ato). Yna, caiff y dŵr sydd wedi'i drin ei storio mewn tŵr dŵr neu mewn tanc nes bod ei angen. Nid yw cronfa ddŵr yn cael ei ddefnyddio bob amser; mae'r dŵr yn mynd trwy danc setlo neu danc gwaddodi yn lle hynny.

▶ Fflworeiddiad

Mewn rhai ardaloedd yn y DU, mae fflworid yn cael ei ychwanegu at ddŵr yfed. Mae'n cael ei ychwanegu mewn symiau bach, gan ein bod yn gwybod bod fflworid yn helpu i atal pydredd dannedd. Mae pydredd dannedd yn dechrau pan fydd asid – sy'n cael ei gynhyrchu gan facteria sy'n byw ar y dannedd mewn haen o'r enw plac – yn ymosod ar ddant. Mae'r bacteria hyn yn trawsnewid y siwgrau sydd yn ein bwyd i asid. Mae'r asid yn achosi i'r calsiwm a'r ffosffadau, sydd i raddau helaeth yn ffurfio'r enamel, hydoddi. **Dadfwyneiddiad** yw'r enw ar y broses hon. Yn y pen draw bydd y poer yn niwtralu'r asid, ac mae'r mwynau wedyn yn mynd i mewn i'r enamel unwaith eto – proses o'r enw **ailfwyneiddiad**. Mae fflworid o fudd i'r broses hon mewn sawl ffordd.

▶ Mewn plant ifanc, sy'n datblygu eu haen o enamel, mae fflworid yn newid adeiledd yr enamel fel ei fod yn fwy abl i wrthsefyll ymosodiad asid.
▶ Mae lefelau isel o fflworid yn annog ailfwyneiddiad.
▶ Mae fflworid yn lleihau gallu bacteria plac i ffurfio asid.

Ar y cyfan does dim dadl am rôl fflworid mewn atal pydredd dannedd, ond dydy rhai pobl ddim yn credu y dylid ei ychwanegu at ddŵr yfed. Mae rhai materion yn cael eu rhestru isod.

▶ Gall cyflwr o'r enw **fflworosis deintiol** ddigwydd os yw dannedd yn agored i lefelau uchel o fflworid. Mae fflworosis yn gyflwr lle mae smotiau gwyn yn ymddangos ar yr enamel. Dydy e ddim yn niweidio'r dannedd nac yn achosi unrhyw broblemau iechyd. Gall fod yn broblem mewn rhai ardaloedd o'r byd lle mae'r dŵr yn cynnwys lefelau naturiol uchel o fflworid, ond yn Ewrop mae nifer o astudiaethau wedi dangos nad yw'r achosion o fflworosis mewn ardaloedd lle nad yw'r dŵr wedi'i fflworeiddio yn is nag mewn ardaloedd lle mae'r dŵr wedi'i fflworeiddio.
▶ Mae fflworid mewn tua 90% o bastau dannedd, mewn crynodiad llawer uwch nag sydd mewn dŵr wedi'i fflworeiddio. Mae rhai pobl yn dadlau bod fflworeiddio yn ddiangen, ond eto mae llai o bydredd dannedd ymhlith plant sy'n byw mewn ardaloedd lle mae'r dŵr wedi'i

fflworeiddio yn hytrach nag mewn ardaloedd lle nad yw'r dŵr wedi'i fflworeiddio. Dydy'r union resymau am y gwahaniaeth ddim yn glir.
▶ Mae rhai pobl yn credu y dylai dŵr yfed fod mor naturiol â phosibl. Maen nhw'n derbyn ychwanegu clorin at ddŵr fel mesur diogelwch angenrheidiol, ond maen nhw'n credu na ddylai pobl gael eu gorfodi i gymryd unrhyw ychwanegion artiffisial fel fflworid.

▶ Yfed dŵr o'r môr

Er bod y Deyrnas Unedig wedi'i hamgylchynu gan y môr, dydym ni ddim yn gallu yfed dŵr y môr. Mae'r halen ynddo'n gwneud iddo flasu'n annymunol, ond mae hefyd yn golygu y byddai ei yfed yn eich dadhydradu chi.

Fodd bynnag, mewn gwahanol rannau o'r byd, mae rhai gwledydd yn edrych ar y posibilrwydd o dynnu'r halen o ddŵr y môr (dihalwyno) er mwyn ei ddefnyddio i'w yfed. Agorodd y gwaith dihalwyno cyntaf yn y Deyrnas Unedig yn 2010 (Ffigur 3.5).

Yr enw ar y broses ddihalwyno arferol yw osmosis gwrthdro. Caiff dŵr y môr ei hidlo dan wasgedd trwy bilen sy'n gweithredu fel hidlen foleciwlaidd – mae'n gadael dim ond y moleciwlau dŵr bach drwyddi ond yn cadw'r halen allan.

Mae nifer o broblemau'n gysylltiedig â defnyddio dihalwyno i gyflenwi dŵr yfed:

▶ Mae'r broses yn defnyddio llawer o egni oherwydd bod angen cynhyrchu gwasgeddau uchel – llawer mwy na'r prosesau eraill sy'n cael eu defnyddio i gynhyrchu dŵr yfed.
▶ Mae'r broses yn ddrud oherwydd yr egni sydd ei angen.
▶ Mae'r gweithfeydd dihalwyno'n cynhyrchu nwyon tŷ gwydr; ychydig iawn o'r rhain sy'n cael eu cynhyrchu mewn gweithfeydd trin dŵr arferol.
▶ Ar ôl i'r dŵr croyw gael ei echdynnu, mae'r dŵr hallt iawn sy'n weddill yn llygrydd a rhaid bod yn ofalus wrth gael gwared ag ef.
▶ Mae rhai o'r gwledydd sydd â phroblem sychder yn dlawd iawn, a dydyn nhw ddim yn gallu fforddio dihalwyno. Hefyd does dim arfordir gan rai gwledydd, sy'n golygu y byddai'n rhaid peipio'r dŵr dros bellteroedd hir.

Mae llawer o ddihalwyno'n cael ei wneud yn y Dwyrain Canol, lle mae glawiad yn isel iawn ac mae'r gwladwriaethau'n tueddu i fod yn gyfoethog. Mae gan lawer o'r gwledydd yno arfordiroedd, ac mae llawer yn cynhyrchu olew, sy'n golygu nad yw eu costau egni mor uchel.

Ffigur 3.5 Gwaith dihalwyno cyntaf y Deyrnas Unedig, a agorodd ger Llundain yn 2010.

> ## ✓ Profwch eich hun
>
> 5 Wrth drin dŵr yfed, beth yw 'gwaddodiad'?
> 6 Pam mae clorin yn cael ei ychwanegu at ddŵr yfed yn ystod y broses o'i drin?
> 7 Pam mae fflworid yn fwy effeithiol am leihau pydredd dannedd mewn plant yn hytrach nag mewn oedolion?
> 8 Beth yw'r cyflwr a all gael ei achosi trwy amlyncu lefelau uchel iawn o fflworid?
> 9 Pam nad yw dŵr y môr yn ddiogel i'w yfed?

▶ Puro dŵr trwy ddistyllu

Pan mae dŵr yn cael ei drin ar gyfer ei yfed, caiff gronynnau solet eu gwahanu trwy hidlo. Os oes rhywbeth wedi'i hydoddi mewn dŵr, gallwn ni echdynnu'r dŵr trwy ei anweddu a chyddwyso'r anwedd, gan adael yr hydoddyn ar ôl. Ond beth os yw'r dŵr wedi'i gymysgu â hylif arall? Mae angen techneg arall i ddelio â hyn – **distyllu**.

Mae gan bob cemegyn ei ferwbwynt ei hun, a 100°C yw berwbwynt dŵr. Os gwresogwch chi gymysgedd o hylifau at 100°C, dŵr fydd unrhyw hylif sy'n anweddu ar y pwynt hwnnw. Bydd hylifau eraill yn berwi ar dymereddau is neu uwch.

💡 Gwaith ymarferol

Gwahanu ethanol a dŵr

Gall y Gwaith ymarferol hwn gael ei wneud fel arbrawf dosbarth, neu gall eich athro/athrawes ei arddangos i chi.

Cyfarpar

> Stand clamp × 2
> Rhwyllen
> Llosgydd Bunsen
> Fflasg ddistyllu
> Thermomedr
> Cyddwysydd
> Fflasg gonigol
> Cymysgedd ethanol/dŵr

Dull

1 Gwisgwch sbectol ddiogelwch.
2 Cydosodwch y cyfarpar fel yn Ffigur 3.6.
3 Gwresogwch y fflasg ddistyllu'n ysgafn, gan gadw llygad ar y thermomedr.
4 Berwbwynt ethanol yw 78°C. Pan mae'r gymysgedd yn cyrraedd y tymheredd hwn, dylai anwedd ethanol ddechrau cyrraedd y cyddwysydd lle caiff ei oeri i ffurfio'r hylif. Cadwch y tymheredd mor agos â phosibl at 78°C trwy symud y llosgydd Bunsen a'i roi'n ôl, yn ôl yr angen.
5 Daliwch ati nes eich bod wedi casglu ychydig o ddiferion.
6 Pan fydd y fflasg ddistyllu wedi oeri, cymharwch arogl yr hylifau yn y fflasg ddistyllu a'r fflasg gonigol.

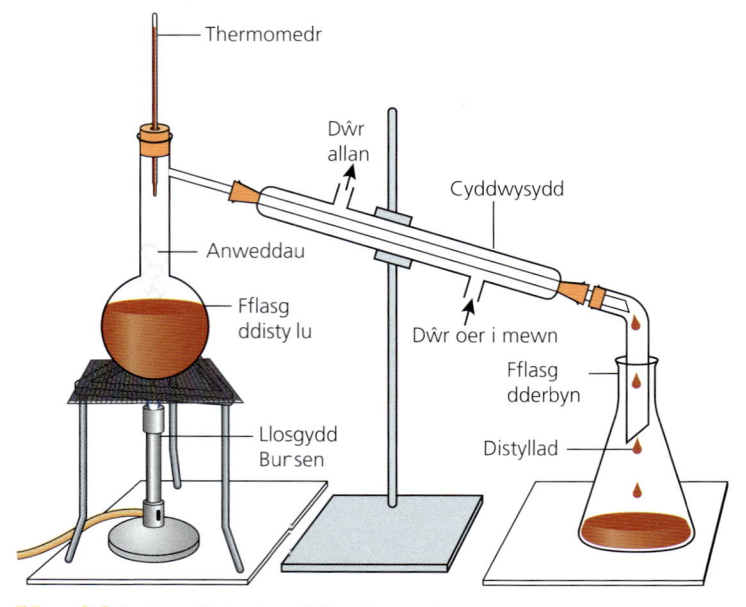

Ffigur 3.6 Cydosodiad arbrawf distyllu syml.

Mae'r dull distyllu syml hwn yn ddigon da i wahanu dau hylif sydd â berwbwyntiau gwahanol iawn. Ar gyfer cymysgeddau sy'n cynnwys sawl hylif gwahanol, byddwn ni'n defnyddio colofn ffracsiynu (gweler Ffigur 3.7).

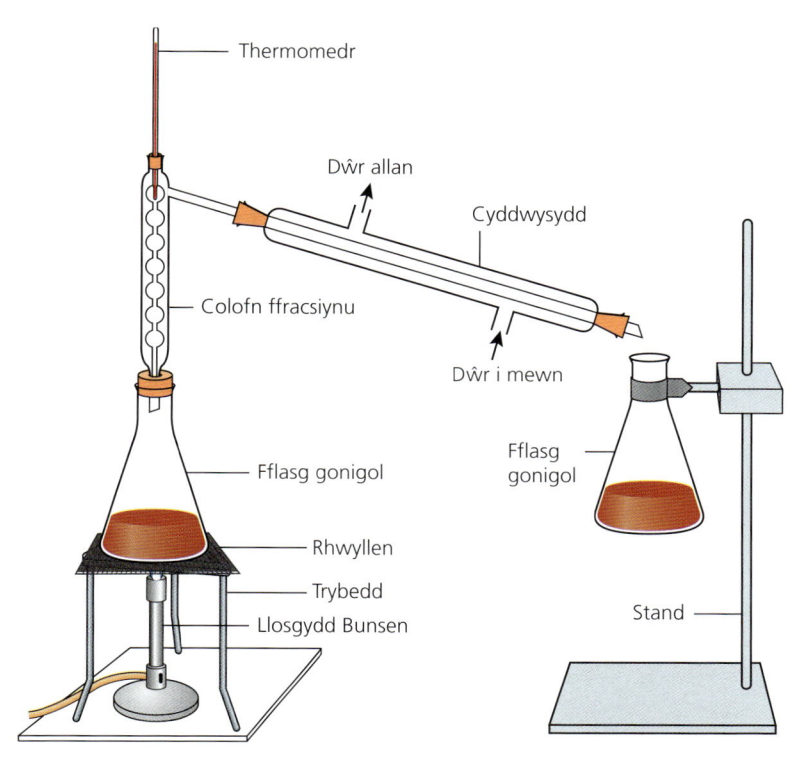

Ffigur 3.7 Distyllu ffracsiynol gan ddefnyddio colofn ffracsiynu.

▶ Cromliniau hydoddedd

Mae dŵr wedi ei ddisgrifio fel 'yr hydoddydd cyffredinol'. Mae amrywiaeth eang o sylweddau'n hydoddi ynddo, i wahanol raddau. Enw cemegyn sy'n hydoddi mewn hydoddydd yw **hydoddyn**. Dim ond hyn a hyn o unrhyw hydoddyn sy'n gallu hydoddi mewn hydoddydd. Pan nad oes dim mwy'n gallu hydoddi, rydym ni'n dweud bod yr hydoddiant yn **ddirlawn**, ond o dan rai amgylchiadau mae'n bosibl cynyddu swm yr hydoddyn, gan roi hydoddiant **gorddirlawn**.

Mae hydoddedd yn cael ei fesur mewn g/100g o ddŵr. Mae mesur yn golygu ychwanegu symiau hysbys o hydoddyn nes na fydd rhagor ohono yn hydoddi. Yna, mae'r hydoddiant yn cael ei hidlo, ei sychu a'i bwyso i bennu gormodedd yr hydoddyn. Trwy dynnu'r gormodedd o'r cyfanswm a gafodd ei ychwanegu, rydym ni'n darganfod pwysau'r hydoddyn hydoddedig.

Mae Ffigur 3.8 yn dangos effaith tymheredd ar hydoddedd rhai cyfansoddion sodiwm a photasiwm. Yr enw ar graffiau fel hwn yw **cromliniau hydoddedd**.

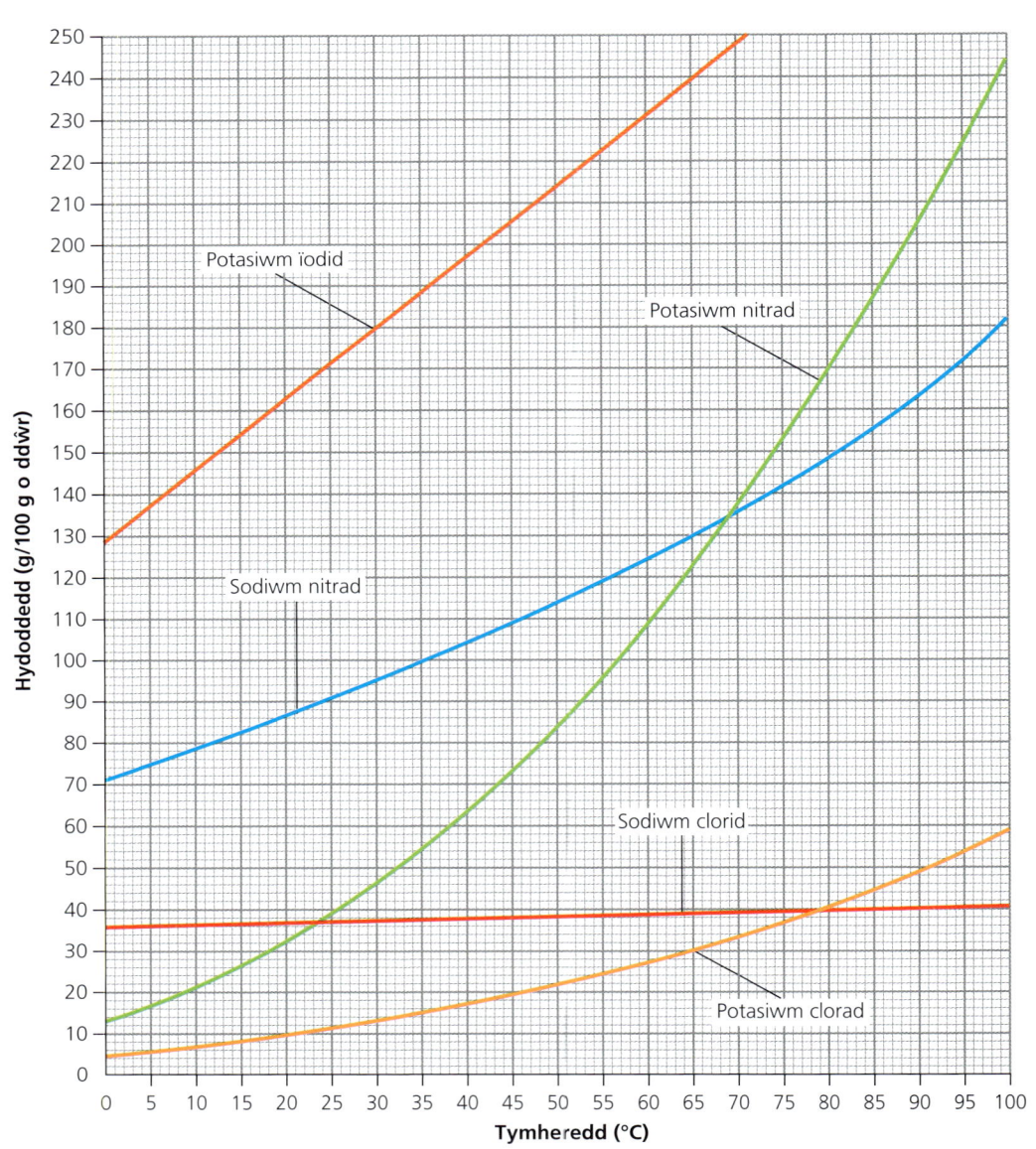

Ffigur 3.8 Cromliniau hydoddedd rhai cyfansoddion potasiwm a rhai cyfansoddion sodiwm.

> ### → Gweithgaredd
>
> ### Dehongli cromliniau hydoddedd
>
> Edrychwch ar Ffigur 3.8.
> 1. Faint o sodiwm nitrad sy'n gallu hydoddi mewn 100 g o ddŵr ar 30°C?
> 2. Pa gyfansoddyn yw'r lleiaf hydawdd ar 50°C?
> 3. Hydoddedd pa gyfansoddyn sy'n newid leiaf gyda thymheredd?
> 4. Faint yn fwy o botasiwm ïodid sy'n gallu hydoddi mewn 100 g o ddŵr os yw'r tymheredd yn cynyddu o 15°C i 30°C?
> 5. Ydy'r hydoddiannau canlynol yn annirlawn, yn ddirlawn neu'n orddirlawn?
>   a) 40 g/100 cm^3 o sodiwm clorid ar 75°C
>   b) 2 g/100 cm^3 o botasiwm clorad ar 45°C
>   c) 155 g/100 cm^3 o botasiwm ïodid ar 15°C
>   ch) 100 g/100 cm^3 o sodiwm nitrad ar 30°C
> 6. Cymharwch y cromliniau hydoddedd ar gyfer potasiwm ïodid a photasiwm nitrad.

3 Dŵr

▶ Dŵr caled a dŵr meddal

Mae'r dŵr sy'n dod allan o'ch tap yn gallu bod 'yn galed' neu 'yn feddal' gan ddibynnu ym mha ran o'r wlad rydych chi'n byw ac o ble mae eich dŵr yn dod. Dŵr caled yw dŵr sy'n cynnwys ïonau calsiwm (Ca^{2+}) ac ïonau magnesiwm (Mg^{2+}) wedi'u hydoddi.

Mae dŵr caled yn gallu bod **dros dro** neu'n **barhaol**, neu'n gymysgedd o'r ddau. Mae dŵr caled dros dro yn cynnwys calsiwm hydrogencarbonad a/neu fagnesiwm hydrogencarbonad. Pan gaiff y dŵr hwn ei wresogi, mae'n colli ei galedwch, wrth i galsiwm carbonad ffurfio.

$$Ca(HCO_3)_2(d) \rightarrow CaCO_3(s) + H_2O(h) + CO_2(n)$$

Mae hyn yn gallu achosi problem mewn boeleri, tanciau dŵr poeth a systemau oeri, oherwydd mae'r calsiwm carbonad sy'n ffurfio yn tagu'r peipiau ac yn cyfyngu ar lif dŵr (Ffigur 3.9). **Haen o galch** (*limescale*) yw'r enw ar hyn. Bydd dyddodion (*deposits*) tebyg hefyd yn cronni mewn offer domestig fel tegelli, peiriannau golchi a pheiriannau golchi llestri mewn ardaloedd lle mae'r dŵr yn galed.

Mae dŵr caled parhaol yn cynnwys cloridau a/neu sylffadau calsiwm a magnesiwm, a dydy gwresogi'r dŵr hwn ddim yn ei feddalu. Wrth gwrs, mae'n bosibl i ddŵr gynnwys amrywiaeth o gyfansoddion calsiwm a magnesiwm, felly mae ei galedwch yn gallu bod yn gymysgedd o galedwch dros dro a chaledwch parhaol. Yn yr achosion hyn, bydd gwresogi'n cael gwared â rhywfaint o'r caledwch, ond nid y cyfan ohono.

Ffigur 3.9 Effaith dŵr caled ar beipen wresogi.

🧪 Gwaith ymarferol penodol

Profi caledwch dŵr

Mae dŵr meddal yn ffurfio trochion yn rhwydd gyda sebon, ond dydy dŵr caled ddim cystal. Mae sebon yn adweithio â dŵr caled i ffurfio halwyn calsiwm neu halwyn magnesiwm yr asid organig yn y llysnafedd (saim) sebon. Mae'r halwynau hyn yn anhydawdd ac maen nhw'n ffurfio llysnafedd sebon llwydaidd, ond dim trochion. Felly, gallwn ni brofi caledwch dŵr trwy weld pa mor dda mae'n ffurfio trochion pan gaiff sebon ei ychwanegu. Cofiwch fod berwi'n gallu cael gwared â chaledwch dros dro, ond nid caledwch parhaol.

Cyfarpar

- Fflasg gonigol a thopyn
- Bwred
- Silindr mesur 100 cm³
- Samplau dŵr, wedi'u labelu A, B, C ac Ch
- Samplau wedi'u berwi o A, B, C ac Ch
- Stopwatsh
- Hydoddiant sebon

Dull

1. Gwisgwch sbectol ddiogelwch.
2. Mesurwch 50 cm³ o sampl dŵr A a'i roi mewn fflasg gonigol (Ffigur 3.10).
3. Defnyddiwch y fwred i ychwanegu 1 cm³ o hydoddiant sebon, rhowch y topyn i mewn ac ysgydwch y fflasg yn egnïol am 5 eiliad.
4. Ailadroddwch gam 2 nes bod y trochion yn ymddangos ac yn para am 30 eiliad.
5. Cofnodwch gyfanswm cyfaint yr hydoddiant sebon rydych chi wedi'i ychwanegu.
6. Ailadroddwch gamau 2–4 gyda 50 cm³ o sampl A wedi'i ferwi.
7. Ailadroddwch gamau 2–6 gyda samplau dŵr B, C ac Ch.
8. Cofnodwch eich canlyniadau i gyd mewn tabl.
9. Lluniadwch graff bar o'ch canlyniadau.

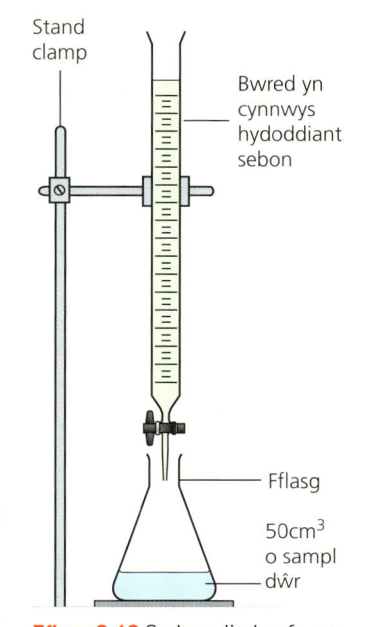

Ffigur 3.10 Cydosodiad cyfarpar arbrawf i brofi caledwch dŵr.

> **Dadansoddi eich canlyniadau**
> 1. Defnyddiwch eich canlyniadau i ddisgrifio caledwch pob sampl dŵr, gan nodi a yw hwn yn galedwch dros dro neu'n galedwch parhaol. Eglurwch y rhesymau dros bob penderfyniad.
> 2. Mae'r dull hwn yn *cymharu* caledwch y samplau dŵr yn eithaf llwyddiannus. Awgrymwch ffordd o wella'r dull i gael mesur mwy manwl gywir o galedwch dŵr.

Meddalu dŵr caled

Mae tair prif ffordd o feddalu dŵr, ac mae gan bob un ei manteision a'i hanfanteision ei hun.

Berwi

Mae berwi'n cael gwared â chaledwch ac mae'n hawdd ac yn rhad, ond dim ond i symiau bach o ddŵr mae'n ymarferol, ac mae hefyd yn achosi dyddodion ar gynhwysydd y dŵr. Dydy berwi ddim yn gallu cael gwared â chaledwch parhaol. Mae berwi'n trawsnewid y calsiwm hydrogen carbonad a'r magnesiwm hydrogencarbonad i'r carbonadau priodol, sy'n anhydawdd ac felly'n creu gwaddod (gweler uchod).

$$Ca(HCO_3)_2(d) \rightarrow CaCO_3(s) + H_2O(h) + CO_2(n)$$

Ychwanegu sodiwm carbonad

Gallwch chi brynu sodiwm carbonad ar ffurf soda golchi a chaiff ei ychwanegu at lwythi peiriannau golchi i feddalu'r dŵr. Rydym ni'n gallu ei ddefnyddio i feddalu dŵr caled dros dro ac yn barhaol. Mae'n atal yr ïonau calsiwm a magnesiwm rhag bondio â'r glanedydd golchi, sy'n golygu nad oes rhaid defnyddio cymaint o lanedydd. Mae ïonau carbonad o'r sodiwm carbonad yn adweithio â'r ïonau calsiwm a magnesiwm yn y dŵr i gynhyrchu **gwaddod anhydawdd**. Er enghraifft:

$$Ca^{2+}(d) + Na_2CO_3(d) \rightarrow CaCO_3(s) + 2Na^+(d)$$

Mae sodiwm carbonad yn rhad ac mae'n gallu cael gwared â chaledwch parhaol, ond mae haen o galch yn dal i ffurfio.

Colofnau cyfnewid ïonau

Tiwb llawn resin yw colofn cyfnewid ïonau (Ffigur 3.11). Caiff dŵr ei basio trwy'r golofn ac mae ïonau sodiwm ar y resin yn cyfnewid â'r ïonau calsiwm a magnesiwm, gan eu tynnu o'r dŵr a'i feddalu. Yn y pen draw, rhaid 'atffurfio' y resin trwy basio sodiwm clorid crynodedig drwyddo i gymryd lle'r sodiwm sydd wedi'i golli. Mae meddalyddion dŵr yn eithaf drud ond gallant drin llawer o ddŵr, a gallant gael gwared â chaledwch dros dro a chaledwch parhaol.

① Deunydd cyfnewid gydag ïonau sodiwm yn ei wefru'n llawn
② Deunydd cyfnewid wedi'i wefru'n rhannol
③ Y deunydd cyfnewid wedi'i ddisbyddu (*exhausted*)

● Defnydd cyfnewid ïonau ■ Ïonau magnesiwm ▲ Ïonau calsiwm ○ Ïonau sodiwn.

Ffigur 3.11 Y broses feddalu dŵr

Gweithgaredd

Ydy dŵr caled yn dda i chi?

Er ei fod yn anghyfleus mewn nifer o ffyrdd, dydy dŵr caled ddim yn berygl i iechyd, ac mae'n aml yn blasu'n dipyn gwell na dŵr meddal. Mae rhai pobl wedi hawlio y gallai dŵr caled fod o fudd i iechyd, hyd yn oed. Mae calsiwm a magnesiwm yn fwynau hanfodol yn ein deiet, ac mewn ardaloedd lle mae'r dŵr yn galed iawn, gall yfed dŵr ddarparu swm sylweddol o'r anghenion deietegol.

Yn y blynyddoedd diwethaf, mae pethau eraill wedi eu hawlio am fuddion iechyd dŵr caled, fel: 'Mae dŵr caled yn rhoi buddion iechyd anhygoel; mae'n ymddangos ei fod yn arwain at ddisgwyliad oes hirach a gwell iechyd'. Mae angen archwilio tystiolaeth yr hawliadau iechyd hyn:

Mae'n ymddangos bod pobl sy'n byw ledled y byd mewn ardaloedd â dŵr caled yn cael llai o glefyd y galon, ac mae cyfran y bobl sy'n marw o glefyd y galon yn is na'r gyfran mewn ardaloedd â dŵr meddal.

Mae'r gwahaniaethau yng nghlefyd y galon rhwng ardaloedd â dŵr caled ac ardaloedd â dŵr meddal yn eithaf bach, ac mae rhai astudiaethau wedi methu â chanfod cysylltiad o gwbl.

Mae nifer o glefydau eraill sy'n fwy cyffredin mewn ardaloedd â dŵr meddal; ac mae yna gred nad yw rhai o'r rhain yn gysylltiedig â'r dŵr yfed.

Mae pedair astudiaeth arbrofol reoledig heb ddangos cysylltiad rhwng naill ai caledwch dŵr yn gyffredinol, na lefelau calsiwm mewn dŵr, â chlefyd y galon.

Mae saith arbrawf rheoledig wedi edrych ar effeithiau magnesiwm mewn dŵr yfed ar y nifer o achosion o glefyd y galon. Er bod y canlyniadau'n gymysg, ar y cyfan, mae'n ymddangos bod yna rywfaint o effaith amddiffynnol yn erbyn clefyd y galon os yw lefel y magnesiwm yn y dŵr yn 10 mg/dm^3 neu'n fwy.

Dyma gasgliad Sefydliad Iechyd y Byd (World Health Organisation: WHO): 'Er bod nifer o astudiaethau epidemiolegol wedi dangos perthynas wrthdro ystadegol arwyddocaol rhwng caledwch dŵr yfed a chlefyd cardiofasgwlar, mae'r data sydd ar gael yn annigonol i ganiatáu'r casgliad bod y cysylltiad yn achosol.'

Cwestiynau

1. Ysgrifennwch gasgliadau'r WHO yn eich geiriau eich hun.
2. Mae rhannau o'r byd sydd â dŵr caled yn tueddu i gael llai o achosion o glefyd y galon na rhannau â dŵr meddal. Yn eich barn chi, pam mae hyn yn cael ei ystyried yn dystiolaeth eithaf gwan o blaid y rhagdybiaeth bod yfed dŵr caled yn lleihau clefyd y galon?
3. Ar sail y dystiolaeth, ydych chi'n meddwl bod achos dros ychwanegu halwynau calsiwm a magnesiwm at ddŵr yfed mewn ardaloedd â dŵr meddal?

Profwch eich hun

10. Sut mae distylliad yn gwahanu cymysgedd o hylifau?
11. Pa gemegion sy'n ffurfio haen o galch?
12. Beth yw'r gwahaniaeth cemegol rhwng dŵr caled dros dro a dŵr caled parhaol?
13. Pa ddulliau meddalu sy'n gallu cael eu defnyddio gyda dŵr caled parhaol?

Crynodeb o'r bennod

- Mae dŵr mewn cyflenwadau dŵr 'naturiol' yn cynnwys nwyon wedi'u hydoddi, ïonau, micro-organebau a llygryddion.
- Er mwyn sicrhau cyflenwad cynaliadwy o ddŵr, rhaid cymryd camau penodol, gan gynnwys lleihau faint o ddŵr rydym ni'n ei ddefnyddio a lleihau effaith amgylcheddol alldynnu, dosbarthu a thrin dŵr.
- Mae technegau gwaddodi, hidlo a chlorineiddio yn cael eu defnyddio i drin y cyflenwad dŵr cyhoeddus.
- Mae dadleuon o blaid ac yn erbyn fflworeiddio'r cyflenwad dŵr er mwyn atal pydredd dannedd.
- Gellir defnyddio technegau dihalwyno dŵr y môr er mwyn cyflenwi dŵr yfed ond mae pryderon ynghylch cynaliadwyedd y broses hon ar raddfa fawr.
- Rydym ni'n gallu gwahanu dŵr a hylifau cymysgadwy eraill trwy ddistylliad.
- Gellir mesur hydoddedd ar wahanol dymereddau er mwyn creu cromlin hydoddedd.
- Mae caledwch dŵr yn cael ei achosi gan ïonau calsiwm a magnesiwm ac mae'n bosibl gwahaniaethu rhwng dŵr caled a dŵr meddal ar sail eu hymddygiad â sebon.
- Mae dŵr caled dros dro yn cynnwys calsiwm hydrogencarbonad a magnesiwm hydrogencarbonad; cloridau a/neu sylffadau calsiwm a magnesiwm sy'n achosi dŵr caled parhaol.
- Rhai o'r prosesau sy'n cael eu defnyddio i feddalu dŵr yw berwi, ychwanegu sodiwm carbonad a chyfnewid ïonau; mae manteision ac anfanteision gan wahanol ddulliau o feddalu dŵr.
- Gall dŵr caled fod yn fuddiol i'n hiechyd ond gall hefyd gael effeithiau niweidiol.

Cwestiynau ymarfer

1. Bydd tri sampl o ddŵr tap A, B ac C yn cael eu profi am galedwch gan ddefnyddio hydoddiant sebon. Mae'n cael ei dybio mai sampl **A** yw'r mwyaf caled a sampl **C** yw'r lleiaf caled.

   a) Disgrifiwch arbrawf y gallwch ei wneud i ddangos bod y datganiad uchod yn wir. Nodwch yr arsylwadau rydych chi'n eu disgwyl. [4]

   b) Nodwch pam mae dŵr caled yn cael ei ystyried:
      i) yn dda ar gyfer ein hiechyd. [1]
      ii) yn broblem mewn tegelli a boeleri. [1]

2. Mae'r prosesau canlynol yn cael eu defnyddio i drin ein cyflenwad dŵr.

   gwaddodiad   hidliad   clorineiddiad

   a) Nodwch bwrpas pob proses. [3]

   Mae'n rhaid dihalwyno dŵr cyn i ni allu ei yfed.

   b) Nodwch beth yw ystyr *dihalwyno* ac enwch broses lle mae'n cael ei defnyddio. [2]

3. Mae'r graffiau yn Ffigur 3.12 yn dangos cromliniau hydoddedd dau sylwedd.

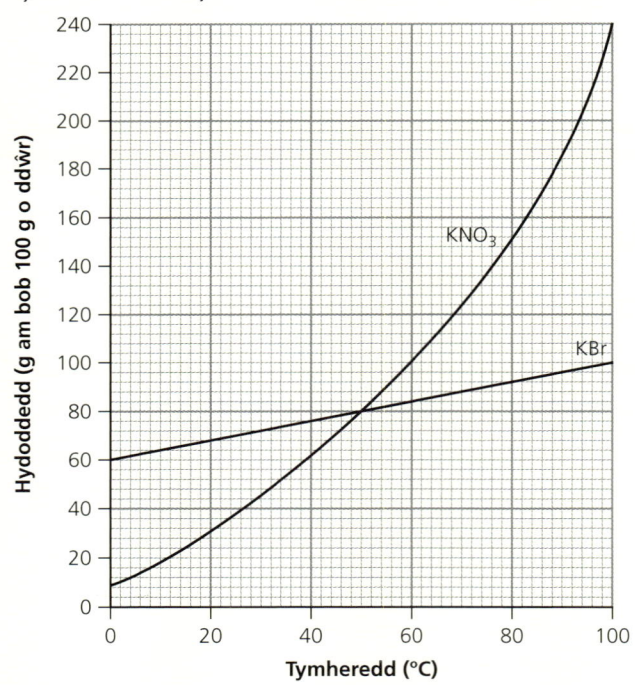

   Ffigur 3.12

   a) Defnyddiwch y graff i ddarganfod hydoddedd potasiwm bromid, KBr, ar 60 °C. [1]

   b) Mae myfyriwr yn gosod 200 g o botasiwm bromid mewn 200 g o ddŵr ar 60 °C ac yn ei droi nes bod dim mwy yn hydoddi. Cyfrifwch beth yw màs y solid sydd yn dal heb hydoddi. [2]

   c) Cymharwch hydoddedd potasiwm bromid a hydoddedd potasiwm nitrad rhwng 0 °C a 100 °C. [3]

   (O TGAU Cemeg C2 Uwch CBAC, haf 2015, cwestiwn 5)

4. Mae ychydig dros 6.1 miliwn o bobl yn y DU yn cael dŵr yfed sy'n cynnwys fflworid. Yn rhai o'r ardaloedd hynny, mae'r fflworid yn digwydd yn naturiol, ond mewn mannau eraill, mae'r fflworid yn cael ei ychwanegu'n artiffisial i'r dŵr. Mae tua 5.8 miliwn o bobl yn cael dŵr yfed mae fflworid wedi'i ychwanegu ato'n artiffisial.

   Mae fflworid yn helpu i leihau pydredd dannedd mewn sawl ffordd. Mae pydredd yn digwydd pan fydd asid sy'n cael ei gynhyrchu gan facteria mewn plac yn ymosod ar wyneb y dant. Mae'r asid yn achosi dadfwyneiddiad – sef pan mae'r halwynau calsiwm a'r ffosffadau yn cael eu hydoddi allan o orchudd enamel amddiffynnol y dant. I bob pwrpas, mae hyn yn torri'r enamel i lawr ac yn gwanhau'r dant. Fodd bynnag, mae'r cemegion sydd wedi'u hydoddi yn aros yn y plac, a phan mae'r asid yn cael ei niwtralu, gall rhai ohonynt ddychwelyd yn ôl i mewn i'r enamel (ailfwyneiddiad).

   Mae fflworid yn hyrwyddo ailfwyneiddiad ac yn gwella ansawdd yr enamel. Mae hefyd yn gwneud i enamel sy'n datblygu wrthsefyll ymosodiad asid yn well, ac yn atal gallu bacteria plac i gynhyrchu asid.

   Yn 2014, cyhoeddodd Iechyd Cyhoeddus Lloegr (PHE) adroddiad a oedd yn dangos bod fflworeiddio dŵr nid yn unig yn lleihau pydredd dannedd, ond y gall hefyd gael effeithiau buddiol eraill ar iechyd. Roedd yr adroddiad yn cymharu poblogaeth Newcastle (lle mae fflworid yn cael ei ychwanegu at ddŵr) a Manceinion lle nad oes fflworid. Roedd 28% yn llai o blant 5 mlwydd yn dangos pydredd dannedd yn Newcastle o'u cymharu â Manceinion. Roedd nifer y bobl a oedd yn dioddef o gerrig yr arennau a chanser y bledren yn llai yn Newcastle nag ym Manceinion.

   a) Pa ganran o'r bobl sy'n cael dŵr yfed wedi'i fflworeiddio sy'n ei gael wedi'i ychwanegu yn artiffisial? [1]

   b) Pa ïon sy'n cael ei ffurfio pan mae calsiwm yn hydoddi? [1]

   c) Defnyddiwch y wybodaeth yn y darn i awgrymu pam mae'n ymddangos bod fflworeiddiad yn arbennig o fuddiol i iechyd dannedd plant ifanc. [2]

   ch) Awgrymwch reswm pam gallwn fod yn eithaf hyderus yn y casgliad am bydredd dannedd o ddata'r PHE. [1]

   d) Nid yw'r adroddiad yn gwneud unrhyw honiad bod y gostyngiad yn yr achosion o gerrig yr arennau neu ganser y bledren yn uniongyrchol o ganlyniad i fflworeiddio. Awgrymwch reswm am hyn. [1]

4 Y Ddaear sy'n newid yn barhaus

> 🏠 **Cynnwys y fanyleb**
>
> Mae'r bennod hon yn ymdrin ag adran **1.4 Y Ddaear sy'n newid yn barhaus** yn y fanyleb TGAU Cemeg ac adran **2.4 Y Ddaear sy'n newid yn barhaus** yn y fanyleb TGAU Gwyddoniaeth (Dwyradd). Mae'n edrych ar adeiledd y Ddaear a chyfansoddiad yr atmosffer, gan ystyried sut mae'r ddau wedi newid dros amser. Mae'n egluro sut mae cydbwysedd o brosesau'n cynnal cyfansoddiad yr atmosffer a sut mae gweithgaredd dyn yn effeithio ar hyn.

▶ Adeiledd y Ddaear

Rydym ni'n gyfarwydd ag arwyneb y Ddaear, gan ein bod ni'n byw yno, ond pan mae llosgfynyddoedd yn echdorri ac yn bwrw allan lafa o'r ardaloedd islaw'r arwyneb, rydym ni'n cael tystiolaeth bod llawer mwy yn digwydd o dan yr arwyneb. Mewn gwirionedd, mae'r blaned yn cynnwys sawl haen, fel y gwelwn ni yn Ffigur 4.1.

Ffigur 4.1 Yr haenau sy'n ffurfio'r Ddaear.

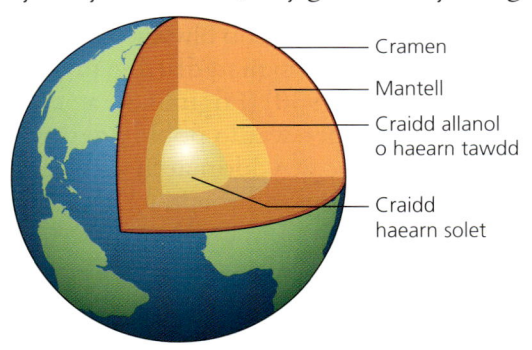

- Cramen
- Mantell
- Craidd allanol o haearn tawdd
- Craidd haearn solet

Y **craidd mewnol** yw rhan boethaf y Ddaear, gyda thymheredd o hyd at 5500 °C. Mae wedi'i wneud o haearn yn bennaf, gyda rhywfaint o nicel. Mae'r **craidd allanol** yn haen o hylif, sydd hefyd wedi'i wneud o haearn a nicel. Mae'r tymheredd yno bron mor uchel ag ydyw yn y craidd mewnol.

Y **fantell** yw haen fwyaf trwchus y Ddaear, ac mae'n cynnwys creigiau lled-dawdd (yn fwy solet yn yr ardaloedd allanol, ac yn fwy tawdd tuag at y canol).

Mae'r **gramen** yn haen denau o graig solet. Mae'r union drwch yn amrywio o le i le, ond mae hi hyd at 60 i 70 km o drwch, o'i chymharu â'r fantell, sydd 2900 km o drwch.

> 💬 **Pwynt trafod**
>
> Os yw'r craidd mewnol yn fwy poeth na'r craidd allanol a'r ddau wedi'u gwneud o haearn, pam mae'r craidd mewnol yn solet a'r craidd allanol yn dawdd?

▶ Newid yng ngolwg y Ddaear

Dros y biliynau o flynyddoedd ers ei ffurfio, mae golwg y Ddaear wedi newid yn araf ond yn gyson (gweler Ffigur 4.2).

Ddau gan miliwn o flynyddoedd yn ôl, roedd eangdiroedd y Ddaear i gyd gyda'i gilydd mewn un bloc. Heddiw, mae gwyddonwyr yn galw'r bloc hwn yn **Pangaea**. Efallai eich bod chi'n meddwl bod y cyfandiroedd yn aros yn yr un lle ond, mewn gwirionedd, maen nhw'n symud ar draws arwyneb y blaned. Yn Ffigur 4.2, mae'r llun modern yn ffotograff sydd wedi'i dynnu o'r gofod, 200 miliwn o flynyddoedd yn ôl roedd bodau dynol heb ymddangos eto ar y Ddaear, felly doedd neb yn tynnu ffotograffau. Mae hyn felly'n arwain at gwestiwn arall. Sut rydym ni'n gwybod bod y cyfandiroedd wedi symud?

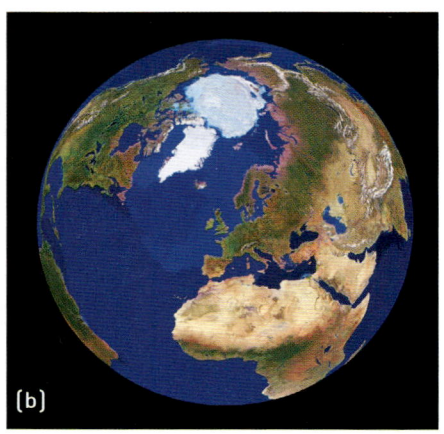

Ffigur 4.2 Y Ddaear 200 miliwn o flynyddoedd yn ôl (ochr chwith) ac fel mae hi heddiw (ochr dde).

Erbyn heddiw mae gwyddonwyr yn gwybod bod arwyneb y Ddaear, neu'r lithosffer, wedi'i wneud o saith **plât** mawr a rhai platiau llai. Mae'r rhain tua 70 km o drwch, ac maen nhw'n symud rhai centimetrau bob blwyddyn. Enw'r symudiad hwn yw **drifft cyfandirol**.

Cafodd syniad drifft cyfandirol ei gynnig gan Alfred Wegener (1880–1930) (Ffigur 4.3), ac mae'r problemau a wynebodd wrth geisio perswadio pobl i dderbyn ei syniadau'n rhoi enghraifft dda o sut mae gwyddoniaeth yn gweithio.

Mae cyfandiroedd y Ddaear, yn fras, yn ffitio i'w gilydd fel jig-so. Mae morlinau gorllewin Affrica a dwyrain De America yn ffitio'n arbennig o dda (gweler Ffigur 4.4).

I egluro hyn, roedd rhai pobl wedi awgrymu y gallai'r cyfandiroedd fod wedi symud, ond doedd dim tystiolaeth glir o blaid hyn heblaw bod y 'jig-so'n ffitio'. Roedd daearegwyr y bedwaredd ganrif ar bymtheg yn credu bod y cyfandiroedd wedi symud, ond dim ond i fyny ac i lawr (nid o ochr i ochr) wrth i arwyneb y Ddaear oeri a chyfangu (doedd dim tystiolaeth o blaid hyn ychwaith). Chwiliodd Alfred Wegener am dystiolaeth o blaid drifft cyfandirol, a daeth o hyd i ychydig:

▸ Mae ffurfiannau creigiau ar ddwy ochr Môr Iwerydd yn union yr un fath.

▸ Mae ffosiliau anifeiliaid a phlanhigion tebyg neu unfath yn cael eu darganfod mewn ardaloedd sydd wedi'u gwahanu gan gefnforoedd, e.e. mae ffosil malwen wedi'i ganfod yn Sweden a hefyd yn Newfoundland yng Nghanada, a does dim ffordd y gallai malwen nofio ar draws Môr Iwerydd!

▸ Mae rhai ffosiliau'n edrych fel eu bod nhw yn y 'lle anghywir', e.e. gweddillion ffosiliau rhywogaethau lled-drofannol yng ngogledd Norwy.

4 Y Ddaear sy'n newid yn barhaus

Fodd bynnag, roedd gwendid yn namcaniaeth drifft cyfandirol Wegener. Doedd neb yn gwybod am unrhyw fecanwaith a fyddai'n galluogi cyfandiroedd i symud trwy gramen y Ddaear heb adael unrhyw fath o 'ôl'. Cafodd model Wegener ei wrthod ar y pryd, a chynigiodd daearegwyr fodel gwahanol i ddisgrifio dosbarthiad rhyfedd rhai ffosiliau. Eu hawgrym nhw oedd bod 'pont dir' wedi bodoli rhwng cyfandiroedd ar ryw adeg, gan alluogi anifeiliaid a phlanhigion i groesi o un cyfandir i'r llall. Yna, diflannodd y pontydd tir hyn (heb adael unrhyw ôl, mae'n debyg) gan adael y cyfandiroedd wedi'u gwahanu.

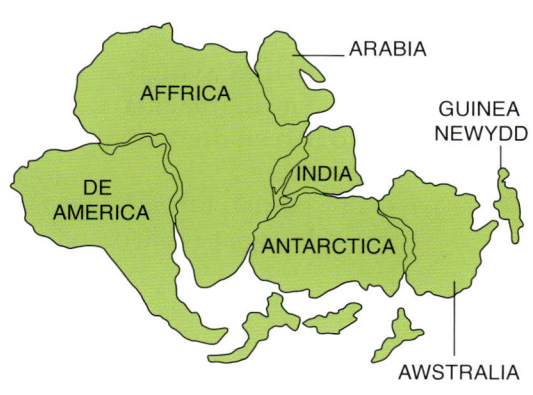

Ffigur 4.3 Alfred Wegener.

Ffigur 4.4 'Jig-so' y cyfandiroedd. Enw'r grŵp hwn o gyfandiroedd yw 'Gondwana'. Rydym ni'n meddwl bod ehangdir gwreiddiol Pangaea wedi rhannu'n ddau, sef Laurasia a Gondwana.

▶ Tectoneg platiau

I argyhoeddi pobl bod y cyfandiroedd yn gallu symud ar draws arwyneb y Ddaear, roedd angen tystiolaeth newydd. Yn y pen draw, daeth y dystiolaeth hon i'r amlwg.

- ▶ Dangosodd astudiaethau o lawr y cefnfor ei fod yn cynnwys cadwynau o fynyddoedd a chanionau. Pe bai llawr y cefnfor yn hynod o hen, dylai fod yn llyfn, oherwydd yr holl waddod sy'n llifo iddo o afonydd.
- ▶ Yn 1960, cafodd samplau craidd o lawr Môr Iwerydd eu dadansoddi a'u dyddio. Roedd y rhain yn dangos bod y creigiau yng nghanol yr Iwerydd yn llawer iau na'r creigiau ar yr ymylon gorllewinol a dwyreiniol.
- ▶ Doedd dim unrhyw ddarn o lawr y cefnfor yn hŷn na thua 175 miliwn o flynyddoedd, ond roedd creigiau wedi'u darganfod ar dir a oedd sawl biliwn o flynyddoedd oed.
- ▶ Mae creigiau'n cynnwys cofnod o faes magnetig y Ddaear, sy'n newid o bryd i'w gilydd. Roedd dadansoddiad o'r cofnodion magnetig hyn yn dangos bod Prydain wedi troelli a symud i'r gogledd yn y gorffennol, a bod y patrymau'n cyd-fynd yn union â rhai Gogledd America.

Daeth yn amlwg fod llawr newydd yn ffurfio ar waelod y cefnforoedd drwy'r amser ac yn lledaenu tuag allan, a'i fod yn suddo'n ôl i'r gramen mewn mannau'n agos at ymylon y cyfandiroedd. Dangosodd hyn fod cramen y Ddaear yn 'symudol'.

Ymyl distrywiol

Ymyl adeiladol

Ymyl cadwrol

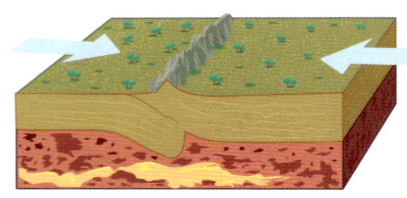

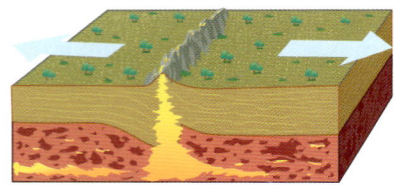

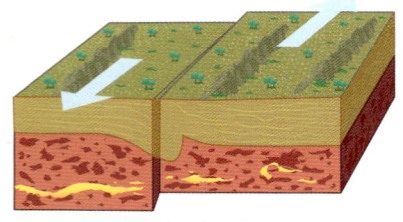

Ffigur 4.5 Mathau o symudiad platiau.

Erbyn yr 1960au, roedd pobl yn gyffredinol yn derbyn syniad drifft cyfandirol, a chafodd y ddamcaniaeth enw newydd: **tectoneg platiau**.

Mae tectoneg platiau'n ymwneud â'r ffaith fod cramen y Ddaear mewn gwirionedd yn cynnwys nifer o blatiau solet, sy'n ffitio i'w gilydd, gyda magma tawdd neu led-dawdd oddi tanynt. Gan eu bod ar wahân, gall y platiau hyn symud yn annibynnol ar ei gilydd. Pan fydd dau blât yn ymuno, mae tri math o symudiad yn bosibl:

▶ Gall y platiau wrthdaro ar **ymylon distrywiol**. Mae hyn yn 'crychu' ymylon y platiau, gan ffurfio cadwyni o fynyddoedd. Gall un plât lithro o dan y llall. Mae magma yn cael ei ryddhau a gall llosgfynyddoedd gael eu ffurfio.
▶ Gall y platiau symud ar wahân ar **ymylon adeiladol** – mae'r graig dawdd (magma) o dan yr wyneb yn cael ei ryddhau. Os bydd hyn yn digwydd o dan bwysau, bydd ffrwydrad folcanig yn digwydd.
▶ Gall y platiau lithro heibio i'w gilydd ar **ymylon cadwrol**, heb symud tuag at ei gilydd nac oddi wrth ei gilydd.

→ Gweithgaredd

Daeargrynfeydd a llosgfynyddoedd

Seismoleg yw'r astudiaeth o ddaeargrynfeydd a llosgfynyddoedd (Ffigur 4.6). Mae astudiaethau seismig wedi dangos bod daeargrynfeydd yn digwydd mewn patrwm, a heddiw rydym ni'n gwybod bod y patrwm hwn yn dangos yr ymylon rhwng platiau'r Ddaear (Ffigur 4.7).

Mae hyn yn golygu ein bod ni'n gallu rhagfynegi lle bydd daeargrynfeydd a llosgfynyddoedd newydd yn digwydd, a'n bod ni'n gallu defnyddio safleoedd llosgfynyddoedd a daeargrynfeydd hysbys i ganfod ymylon y platiau.

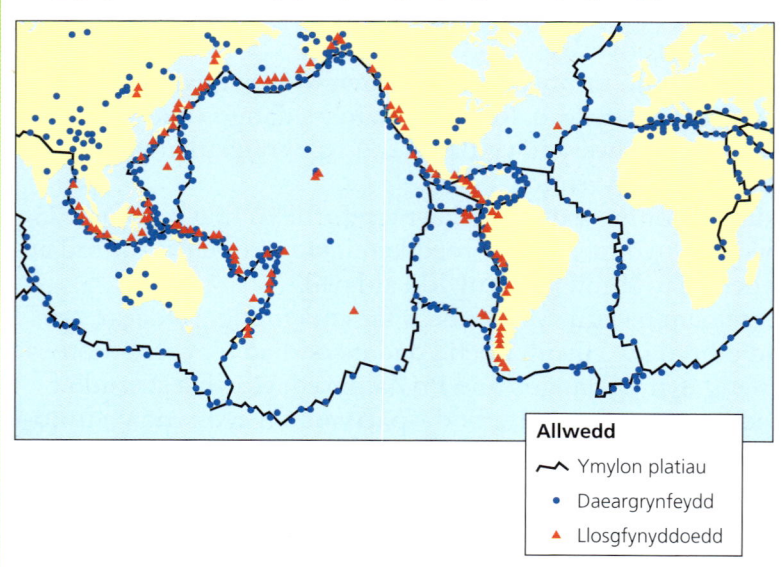

Allwedd
- ⌒ Ymylon platiau
- ● Daeargrynfeydd
- ▲ Llosgfynyddoedd

Ffigur 4.7 Mae patrwm y daeargrynfeydd a'r llosgfynyddoedd yn diffinio ymylon platiau. Er enghraifft, y cylch o losgfynyddoedd o gwmpas y Môr Tawel yw ymyl plât y Môr Tawel.

Ffigur 4.6 Mae llosgfynyddoedd yn digwydd pan mae craig dawdd (magma) yn dod trwy'r arwyneb dan wasgedd. Mae haenau o graig yn oeri ac yn caledu i ffurfio côn y llosgfynydd.

4 Y Ddaear sy'n newid yn barhaus

Cwestiynau

Edrychwch ar Ffigur 4.7.
1. Mae daeargrynfeydd yn digwydd ger rhai ymylon platiau lle does dim llosgfynyddoedd. Awgrymwch reswm am hyn.
2. Mae rhai mannau lle mae daeargrynfeydd a/neu losgfynyddoedd yn digwydd er nad ydyn nhw ar ymyl plât. Awgrymwch reswm am hyn.

✓ Profwch eich hun

1. Beth yw'r brif elfen gemegol yng nghraidd mewnol y Ddaear?
2. Allan o beth mae'r fantell wedi'i gwneud?
3. Pam mae llawr Môr Iwerydd yn hŷn ar yr ymylon?
4. Beth yw'r enw sy'n cael ei roi ar symudiad y cyfandiroedd?
5. Pa fath o ymyl plât sydd fwyaf tebygol o arwain at losgfynyddoedd?

▶ Esblygiad atmosffer y Ddaear

Oni bai am losgfynyddoedd, ni fyddai'r Ddaear wedi esblygu atmosffer sy'n gallu cynnal bywyd. Roedd atmosffer gwreiddiol y Ddaear yn cynnwys **hydrogen** a **heliwm** yn bennaf ond, yn fuan, dihangodd y nwyon dwysedd isel hyn o ddisgyrchiant y Ddaear gan ddrifftio i'r gofod.

Ar y pryd, roedd y Ddaear yn ifanc ac yn dal i oeri ar ôl ei ffurfio. Roedd llawer iawn o losgfynyddoedd ar yr arwyneb ac roedden nhw'n echdorri'n gyson. Roedd yr echdoriadau'n bwrw allan amrywiaeth o nwyon, gan gynnwys **anwedd dŵr, carbon deuocsid** ac **amonia**. Dechreuodd y nwyon hyn gronni yn yr atmosffer, a hydoddodd y carbon deuocsid yn y moroedd cynnar, a gafodd eu ffurfio wrth i'r anwedd dŵr oeri a chyddwyso ac o'r iâ yn y miliynau o gomedau fu'n taro'r Ddaear bryd hynny. Yn y pen draw, esblygodd math syml o fywyd yn y moroedd a oedd yn gallu defnyddio carbon deuocsid a golau'r haul i wneud bwyd trwy ffotosynthesis. Cafodd **ocsigen** ei ryddhau fel cynnyrch gwastraff, gan ei ychwanegu at yr atmosffer. Roedd ocsigen yn galluogi bywyd anifeiliaid i esblygu, gan fod angen ocsigen ar anifeiliaid i resbiradu. Roedd yr amonia gwenwynig a gafodd ei ryddhau o'r llosgfynyddoedd yn dadelfennu yng ngolau'r haul i ffurfio **nitrogen** a hydrogen. Dihangodd yr hydrogen o'r atmosffer, ond arhosodd y nitrogen, gan greu'r atmosffer fel y mae heddiw.

Mae'n bosibl echdynnu rhai o'r nwyon yn yr aer a'u defnyddio. Mae'r rhain yn cynnwys **nitrogen, ocsigen, neon** ac **argon** (Tabl 4.1).

Tabl 4.1 Cyfansoddiad yr atmosffer heddiw. Mae'r atmosffer hefyd yn cynnwys anwedd dŵr, ond mae'r swm yn amrywio.

Nwy	Swm mewn aer sych, yn ôl cyfaint
Nitrogen (N_2)	78.1%
Ocsigen (O_2)	20.9%
Argon (Ar)	0.9%
Carbon deuocsid (CO_2)	0.035%
Eraill: 　Neon (Ne) 　Heliwm (He) 　Crypton (Kr) 　Hydrogen (H_2) 　Oson (O_3) 　Radon (Rn)	0.065%

Cynnal yr atmosffer

Ar hyn o bryd mae yna bryder bod lefel y carbon deuocsid yn yr atmosffer yn cynyddu (byddwn ni'n dychwelyd i hyn yn nes ymlaen).

Mae hyn yn achos pryder am ei fod yn newydd – mae cyfrannau'r nwyon yn yr atmosffer wedi aros yn gyson am filiynau o flynyddoedd. Mae hyn er gwaethaf y ffaith bod organebau byw'n defnyddio ocsigen a charbon deuocsid, ac yn cynhyrchu'r ddau ohonyn nhw hefyd. Yn y gorffennol, mae'r prosesau sy'n defnyddio ocsigen wedi cael eu cydbwyso gan rai sy'n ei gynhyrchu, ac mae'r un peth wedi bod yn wir am garbon deuocsid. Mae cynhyrchu a defnyddio ocsigen yn dal i fod mewn cydbwysedd, ond erbyn hyn mae mwy o garbon deuocsid yn cael ei gynhyrchu nag sy'n cael ei ddefnyddio.

Ocsigen

Mae pob peth byw bron yn defnyddio ocsigen i gael egni o resbiradu. Mae planhigion yn cynhyrchu ocsigen yn ystod ffotosynthesis, a gan eu bod nhw'n cynhyrchu mwy nag sydd ei angen arnynt i resbiradu, maen nhw'n ei roi'n ôl yn yr amgylchedd. O ran ocsigen, mae resbiradu a ffotosynthesis yn cydbwyso ei gilydd (Ffigur 4.8).

Ffigur 4.8 Y cydbwysedd rhwng defnyddio ocsigen a'i gynhyrchu.

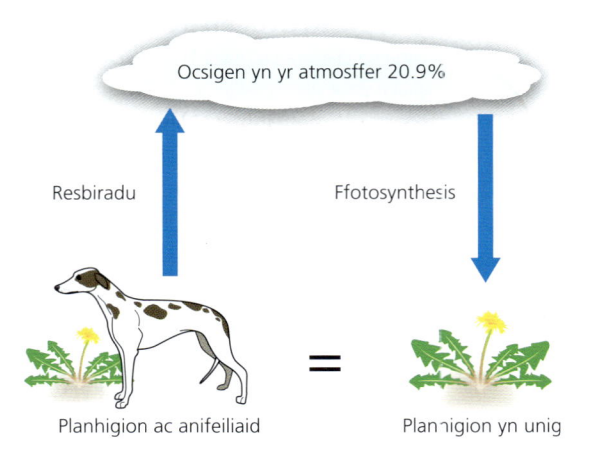

Ocsigen yn yr atmosffer 20.9%

Resbiradu   Ffotosynthesis

Planhigion ac anifeiliaid = Planhigion yn unig

Carbon deuocsid

Yn y gorffennol, mae'r gylchred garbon wedi cadw lefelau carbon deuocsid yn yr atmosffer yn gyson. Mae resbiradu a ffotosynthesis eto'n chwarae rhan yn hwn. Mae Ffigur 4.9 yn rhoi crynodeb o'r **gylchred garbon**.

Yn rhan 'naturiol' y gylchred garbon, mae symiau bach o garbon sydd ddim yn cael eu hailgylchu. Mae hyn oherwydd o dan rai amodau penodol mae cyrff marw planhigion ac anifeiliaid yn ffosileiddio yn hytrach nag yn pydru.

Mae'r carbon yn eu cyrff yn aros ynddynt yn hytrach na chael ei ryddhau'n ôl i'r atmosffer fel carbon deuocsid. Fel hyn, mae tanwyddau ffosil (olew, glo a nwy naturiol) wedi storio carbon ers miliynau o flynyddoedd. Mae glo wedi cael ei losgi ers cannoedd o flynyddoedd ac mae hyn wedi rhyddhau rhywfaint o garbon deuocsid i'r atmosffer.

Fodd bynnag, yn y 150 mlynedd diwethaf, mae darganfod olew a nwy naturiol ynghyd â'r twf enfawr mewn diwydiant wedi golygu bod llawer mwy o danwydd yn cael ei losgi. O ganlyniad, mae carbon sydd wedi cymryd miliynau o flynyddoedd i gronni yn y Ddaear wedi ei ryddhau'n gyflym i'r atmosffer ar ffurf carbon deuocsid. Mae'r broses hon o **hylosgi** (llosgi) tanwydd ffosil wedi tarfu ar y cydbwysedd a oedd yn bodoli cyn hyn, ac mae lefel y carbon deuocsid yn yr atmosffer wedi cynyddu yn hytrach nag aros yn gyson. Rydym ni'n meddwl bod y newid hwn wedi newid hinsawdd y Ddaear.

Ffigur 4.9 Y gylchred garbon.

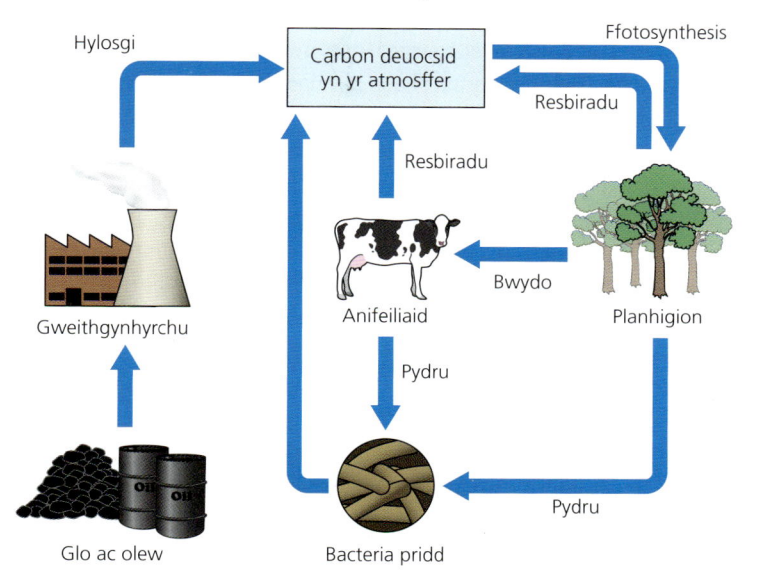

Pwynt trafod

Mae hylosgi tanwyddau ffosil yn defnyddio ocsigen ac yn cynhyrchu carbon deuocsid, ond eto dydy lefelau ocsigen yn yr atmosffer ddim wedi lleihau'n sylweddol. Awgrymwch reswm posibl am hyn.

Profwch eich hun

6 Pa ddau nwy a oedd yn atmosffer gwreiddiol y Ddaear?
7 Pa nwy yw'r un mwyaf cyffredin yn ein hatmosffer presennol?
8 Pa broses wnaeth arwain at gael ocsigen yn ein hatmosffer?
9 Allan o beth mae tanwyddau ffosil wedi eu ffurfio?

Gwaith ymarferol

$$Tanwydd + O_2 \rightarrow H_2O + CO_2$$

Cynhyrchion hylosgiad

Bydd eich athro/athrawes yn arddangos yr arbrawf hwn.

Mae llosgi'r hydrocarbonau mewn tanwyddau ffosil yn cynhyrchu carbon deuocsid a dŵr. Mae'r **papur cobalt clorid** yn nhiwb profi A yn dangos presenoldeb dŵr, gan droi o las i binc (Ffigur 4.10). Mae dwy ffordd o ddangos carbon deuocsid yn nhiwb B:

> defnyddio **dŵr calch**, sy'n troi'n gymylog pan mae carbon deuocsid yn bresennol
> defnyddio **dangosydd deucarbonad**, sy'n dangos newid mewn pH. Mae carbon deuocsid yn nwy asid ac mae hyn yn troi'r dangosydd deucarbonad o goch i felyn.

Cwestiynau

1 Awgrymwch un rheswm pam gallai fod yn well defnyddio dŵr calch yn yr arbrawf hwn na dangosydd deucarbonad.
2 Cynlluniwch arbrawf i brofi pa un o'r ddwy ffordd o ddangos presenoldeb carbon deuocsid yw'r un fwyaf sensitif (h.y. yn dangos llai o garbon deuocsid) gan ddefnyddio'r cyfarpar hwn.

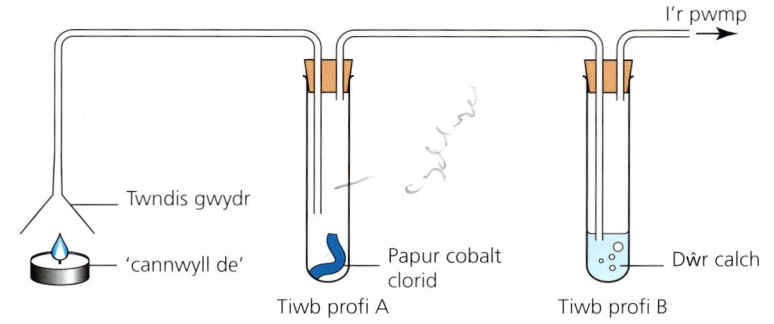

Ffigur 4.10 Arbrawf i ddangos cynhyrchion hylosgiad.

→ Gweithgaredd

Ydym ni'n achosi cynhesu byd-eang?

Mae cynhesu byd-eang a'i achosion posibl yn y newyddion yn gyson. Mae bron pob gwyddonydd sy'n ymchwilio i gynhesu byd-eang yn credu mai gweithgarwch pobl yw'r prif achos – llosgi tanwyddau ffosil yn bennaf. Fodd bynnag, mae rhai'n anghytuno, gan feddwl: (a) ffenomenon naturiol yw cynhesu byd-eang sy'n digwydd o bryd i'w gilydd yn hanes y Ddaear, (b) nad yw'n digwydd mewn gwirionedd, neu (c) ei fod yn digwydd, ond ei fod yn cael ei achosi gan rywbeth heblaw allyriadau carbon deuocsid o danwyddau ffosil.

Felly, pam mae gwyddonwyr yn methu cytuno wrth edrych ar dystiolaeth debyg? Ac os yw'r rhan fwyaf ohonynt yn credu mai pobl sy'n achosi cynhesu byd-eang, pam na allant brofi hynny?

Mae problem cynhesu byd-eang yn enghraifft dda o ba fath o beth yw gwyddoniaeth yn gweithio. Mae'r byd yn gymhleth dros ben ac anaml iawn y cawn ni atebion syml. Gyda chynhesu byd-eang, mae rhai ffeithiau'n rhoi tystiolaeth y naill ffordd a'r llall.

> Mae tymheredd arwyneb y Ddaear wedi codi dros y 100 mlynedd diwethaf (tystiolaeth o blaid cynhesu byd-eang).
> Mae lefel y carbon deuocsid yn yr atmosffer wedi codi ers tua 1750, ac mae'n ymddangos bod y duedd hon yn cyfateb i'r cynnydd yn nhymheredd y Ddaear (tystiolaeth o blaid carbon deuocsid yn achosi'r cynnydd).
> Mae tymheredd y Ddaear yn mynd trwy gylchredau naturiol o fod yn boeth neu'n oer, ac mae'n bosibl iawn ei bod hi'n bryd i ni gael cynnydd naturiol mewn tymheredd byd-eang (tystiolaeth yn erbyn y ddadl mai carbon deuocsid sy'n achosi'r cynnydd).
> Mae yna fecanwaith clir (yr effaith 'tŷ gwydr') i egluro sut byddai mwy o garbon deuocsid yn yr atmosffer yn achosi cynhesu byd-eang. Dydy hyn ddim wir yn dystiolaeth, ond mae'n eglurhad posibl.
> Mae'n debygol bod y cynnydd mewn tymheredd yn fwy nag y byddem ni'n ei ddisgwyl gan y gylchred dymheredd arferol (tystiolaeth bod carbon deuocsid yn achosi cynhesu byd-eang, ond dydy pawb ddim yn cytuno â hyn).
> Mae'r rhan fwyaf o wyddonwyr yn credu y dylai gweithgarwch diweddar yr Haul, sy'n achosi cylchredau tymheredd naturiol, fod yn gysylltiedig â gostyngiad mewn tymheredd ac nid cynnydd (tystiolaeth o blaid y ddadl mai pobl sy'n achosi cynhesu byd-eang, ond dydy pawb ddim yn cytuno gan fod y data'n gymhleth).

Mae llawer o ddarnau eraill o dystiolaeth y bydd pobl sy'n credu mewn newid hinsawdd, neu sydd ddim yn credu ynddo, yn eu dyfynnu er mwyn cefnogi eu hachos. Mae'r dystiolaeth mai pobl sy'n achosi cynhesu byd-eang (trwy losgi tanwyddau ffosil yn bennaf) yn gryf, ond dydy hi ddim yn gwbl argyhoeddiadol, ac mae'n debyg na fydd hi byth. Rhaid i bobl ddod i'w penderfyniadau eu hunain trwy farnu safon y dystiolaeth.

Mae'r **Panel Rhynglywodraethol ar Newid Hinsawdd (IPCC)**, grŵp o wyddonwyr cymwys iawn a gafodd ei sefydlu gan y Cenhedloedd Unedig yn 1988 i archwilio'r dystiolaeth dros newid hinsawdd, wedi dod i'r casgliad bod tebygolrwydd uwch na 90% bod y newid hinsawdd wedi digwydd o ganlyniad i gynnydd mewn nwyon tŷ gwydr sydd wedi'i achosi gan weithgarwch pobl.

Cwestiwn

1 Defnyddiwch y rhyngrwyd i wneud gwaith ymchwil i geisio dod o hyd i dystiolaeth sy'n cysylltu cynhesu byd-eang â lefelau uwch o garbon deuocsid. Penderfynwch pa mor gryf yw'r dystiolaeth hon yn eich barn chi, a chyfiawnhewch eich barn.

Mae carbon deuocsid a nwyon tŷ gwydr eraill yn yr atmosffer yn gweithredu fel ynysydd

Mae golau haul yn teithio trwy'r atmosffer. Caiff rhywfaint ohono ei adlewyrchu ac mae'r gweddill yn cynhesu arwyneb y Ddaear. Yna, mae gwres yn pelydru allan tuag at yr atmosffer, a chaiff rhywfaint ohono ei adlewyrchu'n ôl gan y nwyon tŷ gwydr (sy'n cynnwys carbon deuocsid)

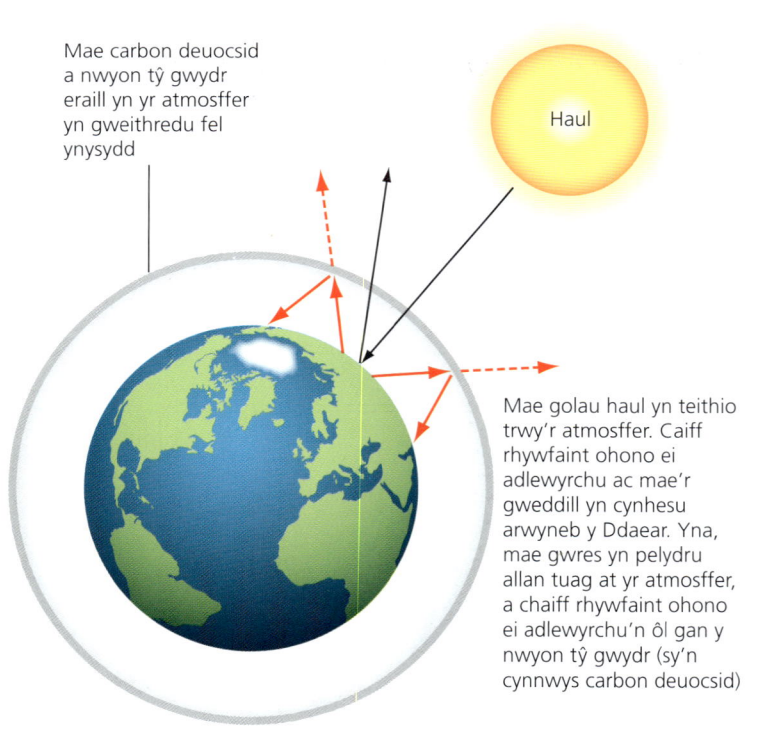

Ffigur 4.11 Yr effaith 'tŷ gwydr'.

Ffigur 4.12 Glaw asid sydd wedi difrodi'r cerflunwaith hwn, sydd wedi'i wneud o galchfaen.

Glaw asid

Yn ogystal â chynhyrchu nwyon tŷ gwydr, mae llosgi tanwyddau ffosil yn un o brif achosion glaw asid. Mae sylffwr deuocsid ac ocsidau nitrus (nwyon eraill sy'n cael eu cynhyrchu wrth losgi tanwydd ffosil) yn nwyon asidig sy'n adweithio â dŵr i ffurfio asidau.

ocsidau nitrus + dŵr → asid nitrig

sylffwr deuocsid + dŵr → asid sylffwrig

Mae'r nwyon hyn yn hydoddi yn yr anwedd dŵr yn yr atmosffer ac yn cyddwyso i ffurfio cymylau, sydd yn eu tro yn cynhyrchu glaw asid. Mae'r glaw asid yn gallu lladd bywyd gwyllt, gan effeithio'n arbennig ar bysgod a choed conwydd. Mae'r glaw asid hefyd yn difrodi adeiladau calchfaen gan fod asidau'n adweithio â chalchfaen, gan achosi iddo hydoddi mewn dŵr (Ffigur 4.12).

Gwaith ymarferol

Monitro glaw asid

Mae unrhyw law di-lygredd ychydig yn asidig (pH 5–6) oherwydd effeithiau lefelau naturiol carbon deuocsid (sy'n nwy asidig) yn yr atmosffer. Os yw pH glaw yn 4 neu'n llai, mae'n golygu mai llygredd sydd wedi achosi hyn.

Cyfarpar

> Papur neu hydoddiant dangosydd cyffredinol
> Eitemau eraill, gan ddibynnu ar eich cynllun unigol

Dull

1 Dyfeisiwch ddull o gasglu'r glaw sy'n bwrw ar eich ysgol chi.
2 Bob diwrnod pan fydd hi'n bwrw glaw, defnyddiwch hydoddiant neu bapur dangosydd cyffredinol i brofi'r pH. Lluniadwch dabl addas i gofnodi eich canlyniadau ynddo.
3 Nodwch brif gyfeiriad y gwynt bob dydd. Mae rhagolygon tywydd lleol fel rheol yn rhoi rhagolwg o hyn – gallwch chi gael y rhain ar y rhyngrwyd. Mae'n anoddach cael gwybod beth oedd cyfeiriad y prifwynt yn y gorffennol agos, felly cofiwch edrych ar y rhagolygon yn gynnar yn y bore neu ar y diwrnod cynt.
4 Parhewch â'r arolwg am o leiaf pythefnos (neu fwy os nad yw hi'n bwrw llawer o law).

Dadansoddi eich canlyniadau

1 Oedd y glaw yn eich ardal chi:
   a) heb ei lygru?
   b) wedi ei lygru?
   c) wedi ei lygru ar rai dyddiau ac yn 'lân' ar ddyddiau eraill?
2 Os daethoch chi o hyd i rywfaint o lygredd ond bod y lefel yn amrywio, oedd y glaw asid yn gysylltiedig ag unrhyw gyfeiriad gwynt penodol? Os oedd, allwch chi awgrymu rheswm am y cysylltiad hwn?

Rheoli newid yn yr atmosffer

Gallai cynhesu byd-eang arwain at ganlyniadau difrifol ar gyfer y Ddaear a'i thrigolion. Gall arwain at dywydd mwy eithafol (a pheryglus), lefelau'r môr yn codi ac yn boddi ardaloedd mawr o dir, a dinistrio cynefinoedd o ganlyniad i newid hinsawdd. Er mwyn lleihau'r problemau sy'n codi o gynnydd yn lefelau carbon deuocsid yr atmosffer, gall rhai pethau gael eu gwneud.

Defnyddio llai o danwyddau ffosil

Gall llywodraethau, diwydiant ac unigolion gymryd camau i leihau llosgi tanwyddau ffosil. Mae'r rhain yn cynnwys:

- Defnyddio pŵer niwclear ac adnewyddadwy yn hytrach na'r pŵer sy'n cael ei gynhyrchu trwy losgi glo, olew a nwy.
- Ailgylchu neu ailddefnyddio cynifer o ddefnyddiau ag sy'n bosibl, fel bod llai o danwyddau ffosil yn cael eu defnyddio i gynhyrchu rhai newydd yn eu lle.
- Datblygu a defnyddio cerbydau sy'n defnyddio tanwydd yn fwy effeithlon.
- Defnyddio llai o egni yn y cartref mewn amryw o ffyrdd (e.e. ynysu cartrefi yn effeithiol, gostwng tymheredd y gwres canolog radd neu ddwy, defnyddio bylbiau golau egni isel, peidio â gadael setiau teledu a chonsolau gemau yn segur, defnyddio a gwasanaethu boeleri sy'n defnyddio tanwydd yn effeithlon, ac ati).
- Defnyddio trafnidiaeth gyhoeddus (h.y. bysiau a threnau) yn hytrach na cherbydau personol, neu rannu ceir pan fydd hynny'n bosibl.

Rhoi hwb i waredu carbon deuocsid yn naturiol

Mae planhigion yn cael gwared ar garbon deuocsid o'r atmosffer. Gall plannu coed helpu, ond ni fydd hyn yn fawr o werth oni bai bod llai o ddatgoedwigo (h.y. torri coed) (Ffigur 4.13). Amcangyfrifwyd bod tua 7.5 miliwn hectar o goedwigoedd yn cael eu colli bob blwyddyn. Efallai nad yw hectar yn golygu llawer i chi, ond mae'r gyfradd ddatgoedwigo hon yn cyfateb i ardal maint 20 o gaeau pêl-droed bob munud! Ni all ailgoedwigo gystadlu. Mae data ar gael ar gyfer faint o ddatgoedwigo ac ailgoedwigo sydd wedi digwydd rhwng 2000 a 2012. Yn ystod y cyfnod hwnnw, cafodd arwynebedd o 2.3 miliwn cilometr sgwâr ei golli. Cyfanswm yr ailgoedwigo oedd 800 000 cilometr sgwâr.

Ffigur 4.13 Mae datgoedwigo yn disbyddu gallu'r blaned i amsugno carbon deuocsid o'r atmosffer.

Glanhau allyriadau tanwyddau

Mae'n bosibl cael gwared â rhai o'r nwyon niweidiol sy'n cael eu cynhyrchu trwy losgi tanwyddau ffosil cyn iddynt gyrraedd yr atmosffer. Ar hyn o bryd, dim ond ar raddfa fawr mae hyn yn ymarferol, mewn gorsafoedd pŵer er enghraifft.

Mae **dal carbon** yn gallu lleihau allyriadau carbon deuocsid gorsafoedd pŵer tua 90%. Mae'n broses dri cham:

- dal y CO_2 o orsafoedd pŵer a ffynonellau diwydiannol eraill
- ei gludo, trwy bibelli fel rheol, i fannau storio
- ei storio'n ddiogel mewn safleoedd daearegol fel meysydd olew a glo sydd wedi'u disbyddu (*depleted*).

Y ffordd fwyaf cyffredin o ddal carbon yw ei ddal ar ôl ei hylosgi. Mae hyn yn golygu dal y carbon deuocsid o'r nwyon sy'n cael eu rhyddhau wrth losgi. Caiff hydoddydd cemegol ei ddefnyddio i wahanu carbon deuocsid o'r nwyon gwastraff.

Mae technegau'n cael eu datblygu hefyd i gael gwared â sylffwr deuocsid o'r nwyon gwastraff sy'n cael eu cynhyrchu mewn gorsafoedd pŵer. Yr enw ar brosesau o'r fath yw **sgrwbio sylffwr**, a gall hyn leihau lefelau sylffwr deuocsid dros 95%.

▶ Profi am nwyon o'r aer

Mae profion ar gyfer rhai o'r prif nwyon sydd yn yr atmosffer. Maen nhw'n cael eu dangos yn Nhabl 4.2.

Tabl 4.2 Profi ar gyfer nwy.

Nwy	Profi gyda	Canlyniad positif
Ocsigen	Prennyn yn mudlosgi	Prennyn yn ailgynnau
Carbon deuocsid	Byrlymu trwy ddŵr calch	Dŵr calch yn mynd yn gymylog
Hydrogen	Prennyn wedi'i gynnau	Nwy yn llosgi â sŵn 'pop' gwichlyd

✓ Profwch eich hun

10 Beth yw prif gynhyrchion y broses o hylosgi tanwyddau ffosil?
11 Beth yw'r gwahaniaeth rhwng yr effaith tŷ gwydr a chynhesu byd-eang?
12 Pam mae sylffwr deuocsid yn achosi glaw asid?
13 Sut mae datgoedwigo'n cyfrannu at gynyddu lefelau carbon deuocsid yn yr atmosffer?
14 Mae nwy'n cael ei brofi â phrennyn wedi'i thanio a thrwy ei fyrlymu trwy ddŵr calch. Mae'n diffodd y prennyn ac yn troi'r dŵr calch yn gymylog. Pa nwy yw hwn?

⬇ Crynodeb o'r bennod

- Mae gan y Ddaear graidd haearn solet, craidd allanol o haearn tawdd, mantell a chramen.
- Cafodd y ddamcaniaeth tectoneg platiau ei datblygu o ddamcaniaeth gynharach Alfred Wegener am ddrifft cyfandirol.
- Ar ymylon platiau tectonig, gall platiau lithro heibio i'w gilydd, symud tuag at ei gilydd neu symud ar wahân.
- Cafodd gwir atmosffer cyntaf y Ddaear ei ffurfio pan gafodd nwyon, gan gynnwys carbon deuocsid ac anwedd dŵr, eu hallyrru o losgfynyddoedd.
- Mae'r atmosffer presennol wedi'i wneud o nitrogen, ocsigen, argon, carbon deuocsid a symiau bach iawn o nwyon eraill.
- Mae'r aer yn ffynhonnell nitrogen, ocsigen, neon ac argon.
- Mae cyfansoddiad yr atmosffer wedi newid dros amser daearegol.
- Mae prosesau resbiradu, hylosgi a ffotosynthesis yn cynnal y lefelau ocsigen a charbon deuocsid yn yr atmosffer.
- Mae allyrru carbon deuocsid a sylffwr deuocsid i'r atmosffer trwy hylosgi tanwyddau ffosil yn achosi cynhesu byd-eang a glaw asid.
- Rydym ni'n gallu defnyddio mesurau penodol er mwyn ceisio ymdrin â phroblemau cynhesu byd-eang a glaw asid.
- Mae ocsigen yn ailgynnau prennyn sy'n mudlosgi. Mae carbon deuocsid yn troi dŵr calch yn gymylog.
- Mae hydrogen yn llosgi â phop gwichlyd.

Cwestiynau ymarfer

1. **a)** Nodwch sut mae llosgi glo yn arwain at gynhyrchu sylffwr deuocsid, a nodwch pam mae hyn yn arwain at broblemau amgylcheddol pan mae'n cael ei ryddhau i'r atmosffer. Dylech gynnwys un enghraifft o'r niwed sy'n cael ei wneud i'r amgylchedd yn eich ateb. [3]

   Mae Ffigur 4.14 yn dangos swm y glo gafodd ei losgi a'r allyriadau sylffwr deuocsid yn UDA rhwng 1970 a 2008.

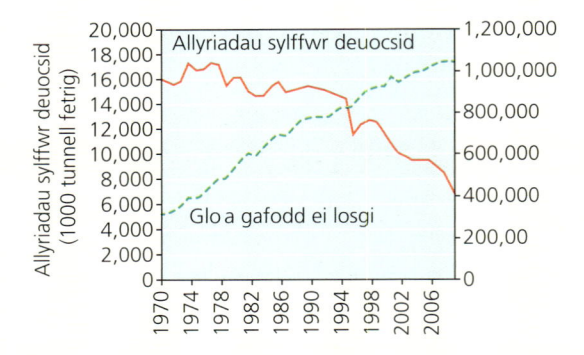

   Ffigur 4.14

   b) Nodwch pam dydy'r data sy'n cael eu dangos yn y graff hwn ddim fel byddech yn ei ddisgwyl. [2]

   c) Awgrymwch reswm posibl dros y data annisgwyl. [1]

   (O TGAU Cemeg C1 Uwch CBAC, haf 2013, cwestiwn 7)

2. Mae delweddau lloeren yn cael eu defnyddio i ddangos ardal iâ môr yr Arctig (Ffigur 4.15).

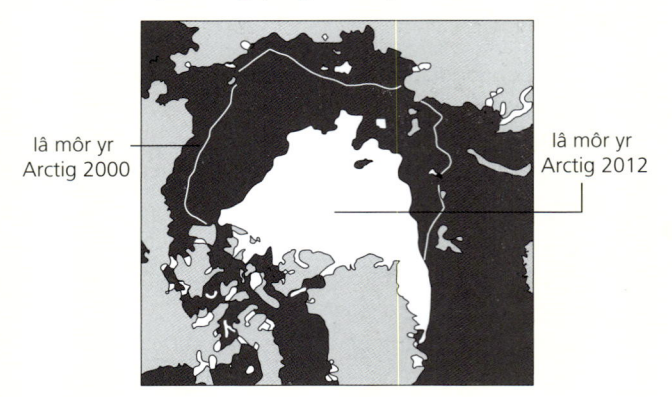

   Figure 4.15

   a) Mae grwpiau amgylcheddol yn dehongli crebachiad (*shrinking*) y cap iâ fel canlyniad cynhesu byd-eang. Nodwch ac eglurwch **brif** achos cynhesu byd-eang. [2]

   b) Rhowch un o ganlyniadau'r ffaith bod iâ môr yr Arctig yn lleihau. [1]

   Ar hyn o bryd mae gwyddonwyr wrthi'n datblygu proses o'r enw **dal a storio carbon** (*carbon capture and storage / CCS*) i leihau'r broblem o gynhesu byd-eang. Mae 3 phrif gam i CCS. Yn gyntaf, mae carbon deuocsid yn cael ei drapio (*trapped*) a'i wahanu oddi wrth nwyon eraill sy'n cael eu cynhyrchu mewn gorsafoedd trydan wedi'u pweru â glo. Mae'r carbon deuocsid gafodd ei ddal yn cael ei gludo i safle storio ac yna, yn olaf, mae'n cael ei storio ymhell i ffwrdd oddi wrth yr atmosffer (o dan ddaear neu'n ddwfn yn y cefnfor).

   c) Defnyddiwch y wybodaeth hon i awgrymu **dau** reswm pam dydy rhai gwyddonwyr ddim yn cefnogi defnyddio CCS. [2]

   (O TGAU Cemeg C1 CBAC, Ionawr 2014, cwestiwn 7)

3. Mae Ffigur 4.16 yn dangos sut mae cyfandiroedd y byd wedi'u trefnu heddiw.

   Ffigur 4.16

   Yn 1915, cynigiodd Alfred Wegener ddamcaniaeth drifft cyfandirol na chafodd ei derbyn gan wyddonwyr eraill.

   a) Nodwch beth awgrymodd Wegener am sut roedd y cyfandiroedd wedi'u trefnu'n wreiddiol. [1]

   b) Rhowch y dystiolaeth a ddefnyddiodd Wegener i gefnogi ei ddamcaniaeth. [3]

   Tua 50 mlynedd ar ôl i Wegener gyflwyno'i ddamcaniaeth, dechreuodd gwyddonwyr ei derbyn.

   c) Nodwch y dystiolaeth a arweiniodd at wyddonwyr eraill yn derbyn damcaniaeth Wegener. [1]

   (O TGAU Cemeg, C1 Uwch CBAC, Ionawr 2012, cwestiwn 8)

5 Cyfradd newid cemegol

> 🏠 **Cynnwys y fanyleb**
>
> Mae'r bennod hon yn ymdrin ag adran 1.5 Cyfradd newid cemegol yn y fanyleb TGAU Cemeg ac adran 2.5 Cyfradd newid cemegol yn y fanyleb TGAU Gwyddoniaeth (Dwyradd). Mae'n edrych ar effeithiau newidynnau ar gyfraddau newid cemegol ac mae'n gyfle i gynnal amrywiaeth eang o waith ymarferol ymchwiliol.

Mae'n cymryd amser ac arian i gynhyrchu cemegion ar raddfeydd mawr, diwydiannol (Ffigur 5.1). Yn wir, yn y diwydiant cemegion, mae amser yn arian! Yn gyffredinol, y cyflymaf y caiff cemegyn ei wneud, y mwyaf proffidiol ydyw, ond mae hefyd yn bwysig ystyried llawer o ffactorau eraill fel gofynion egni, argaeledd defnyddiau, y ffatri a'r gweithlu a chyflwr cyfredol y farchnad economaidd. Mae cemegwyr a pheirianwyr yn treulio llawer o amser ac ymdrech yn dadansoddi adweithiau cemegol i sicrhau bod adweithiau'n digwydd yn y ffordd gywir (i sicrhau eu bod nhw'n cael y cynnyrch cywir) a bod yr amodau gweithgynhyrchu wedi eu hoptimeiddio i gynhyrchu cymaint o gynnyrch â phosibl cyn gynted â phosibl.

Ffigur 5.1 Gwaith cemegion enfawr yn Billingham, Teeside.

▶ Mesur cyfradd adwaith

Mae llawer o ffyrdd o fesur cyfradd adwaith. Ystyr cyfradd yma yw 'faint o gynnyrch sy'n cael ei gynhyrchu mewn cyfnod penodol' (eiliad fel rheol). Gallwn ni bennu cyfradd adwaith trwy fesur faint o gynnyrch sy'n cael ei gynhyrchu (fel rheol yn ôl màs neu gyfaint) dros amser. Trwy astudio graff o swm o gynnyrch yn erbyn amser, gallwn ni bennu cyfradd adwaith trwy fesur graddiant y graff – mae hwn yn dweud wrthym ni faint o gynnyrch sy'n cael ei gynhyrchu ym mhob uned amser.

Mae tair ffordd syml o fesur cyfraddau adweithiau mewn labordy ysgol:

- Dal nwy sy'n cael ei gynhyrchu dros gyfnod o amser mewn adwaith a mesur ei gyfaint.
- Mesur a chofnodi newid màs mewn adwaith dros amser.
- Mesur a chofnodi faint o olau sy'n mynd trwy adwaith cemegol (e.e. wrth iddo gynhyrchu gwaddod) dros gyfnod o amser.

Gwaith ymarferol

Mesur cyfradd adwaith

A. Mesur adweithiau sy'n cynnwys nwyon

Mae'n eithaf syml astudio adweithiau cemegol sy'n rhyddhau nwy. Gallwn ni bennu cyfradd adwaith trwy ddadansoddi canlyniadau arbrofion lle mae cyfaint y nwy sy'n cael ei gynhyrchu yn cael ei fesur yn erbyn amser.

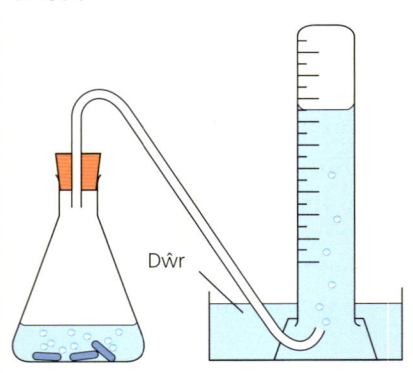

Ffigur 5.2 Yr adwaith rhwng calsiwm carbonad ac asid hydroclorig lle mae carbon deuocsid yn cael ei ffurfio a'i gasglu mewn tiwb graddedig.

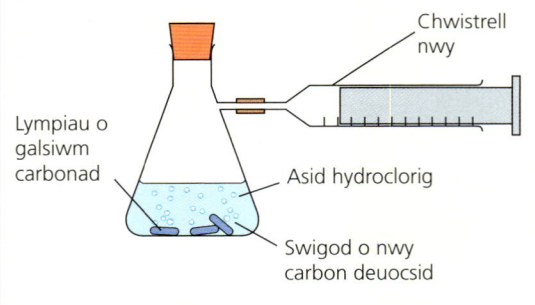

Ffigur 5.3 Yr un adwaith, ond gan gasglu'r carbon deuocsid mewn chwistrell nwy.

Yn y Gwaith ymarferol hwn, byddwch chi'n astudio adwaith calsiwm carbonad ag asid hydroclorig sy'n ffurfio calsiwm clorid, dŵr a nwy carbon deuocsid.

calsiwm + asid → calsiwm + dŵr + carbon
carbonad   hydroclorig   clorid   deuocsid

$CaCO_3(s) + 2HCl(d) \rightarrow CaCl_2(d) + H_2O(h) + CO_2(n)$

Byddwch chi'n mesur faint o nwy sy'n cael ei gynhyrchu mewn dwy ffordd.
- yn ôl dadleoliad dŵr
- trwy ddefnyddio chwistrell nwy.

Cyfarpar

- Sglodion calsiwm carbonad
- Asid hydroclorig gwanedig
- Fflasg gonigol
- Tiwb cludo nwy a thopyn
- Tiwb graddedig (silindr mesur/bwred wyneb i waered)
- Baddon dŵr â silff cwch gwenyn
- Fflasg gonigol braich ochr (fflasg Büchner) gyda thiwb cludo
- Chwistrell nwy gyda stand, clamp a chnap
- Stopwatsh

Dull

1. Gwnewch dabl i gofnodi cyfaint y nwy sy'n cael ei gynhyrchu bob 30 eiliad am tua 5 munud (ar gyfer y ddau ddull).
2. Bydd eich athro/athrawes yn dweud wrthych chi faint o bob sylwedd i'w ddefnyddio yn y ddau arbrawf.
3. Cydosodwch y cyfarpar fel yn Ffigur 5.2.
4. Rhowch y sglodion calsiwm carbonad yn y fflasg, arllwyswch yr asid hydroclorig i mewn a rhowch y caead yn ôl yn gyflym. **Dechreuwch y stopwatsh**.
5. Mesurwch a chofnodwch gyfaint y nwy sy'n cael ei gynhyrchu yn y tiwb graddedig bob 30 eiliad.
6. Daliwch ati nes bod y tiwb graddedig yn llawn nwy neu nes bod swm y nwy sydd wedi'i gynhyrchu yn aros yr un fath am 1 munud.
7. Defnyddiwch gyfarpar Ffigur 5.3 i ailadrodd yr arbrawf.

Dadansoddi eich canlyniadau a mesur cyfradd adwaith

Plotiwch graff o gyfaint y nwy a gafodd ei gynhyrchu yn erbyn amser ar gyfer y ddau ddull – ceisiwch blotio'r rhain ar echelinau ar yr un raddfa. Dylai eich graff (ar gyfer un o'r arbrofion) edrych fel y graff yn Ffigur 5.4.

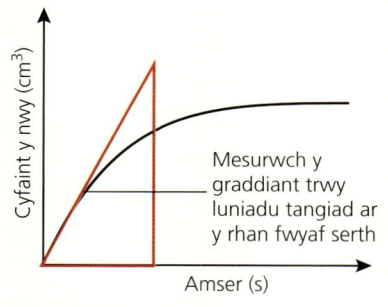

Ffigur 5.4 Cyfradd rhyddhau nwy.

1. Beth yw siâp eich graff?
2. Beth mae eich graff yn ei ddweud wrthych chi? Ble mae cyfradd yr adwaith ar ei chyflymaf?
3. Allwch chi ddweud pryd mae'r adwaith wedi'i gwblhau?
4. Cyfrifwch gyfradd yr adwaith ar ran fwyaf serth eich graff trwy luniadu llinell tangiad a mesur ei graddiant (yr unedau fydd cm^3/s).
5. Ailadroddwch gyfrifiad cyfradd yr adwaith ar gyfer y ddau ddull. A yw'r cyfraddau'r un fath? A ddylen nhw fod yr un fath? Pam gallai'r ddwy gyfradd fod yn wahanol?

B. Mesur adweithiau lle mae màs yn newid

Gallwn ni fesur yr un adwaith cemegol trwy ddefnyddio dull sy'n seiliedig ar fesur màs yr adweithyddion. Wrth i'r adwaith ryddhau nwy carbon deuocsid, bydd yn dianc o'r fflasg gonigol a bydd màs y fflasg a'r adweithyddion yn lleihau. Trwy blotio graff o fàs yn erbyn amser, gallwch chi gyfrifo cyfradd adwaith trwy fesur graddiant cromlin y màs ar unrhyw amser.

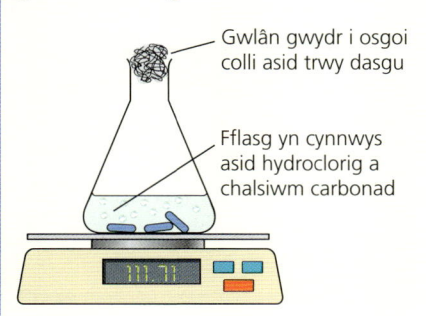

Ffigur 5.5. Pwyso fflasg.

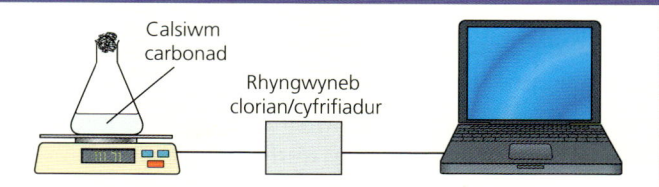

Ffigur 5.6 Cofnodi data colli màs.

Cyfarpar

> Sglodion calsiwm carbonad
> Asid hydroclorig gwanedig
> Fflasg
> Caead gwlân gwydr
> Stopwatsh
> Clorian electronig
> Cofnodwr data (dewisol)
> Cyfrifiadur a meddalwedd cofnodi data

Dull

1. Gwnewch dabl i gofnodi màs y fflasg a'i chynnwys bob 30 eiliad am tua 5 munud.
2. Bydd eich athro/athrawes yn dweud wrthych chi faint o bob sylwedd i'w defnyddio.
3. Cydosodwch y cyfarpar fel yn Ffigur 5.5, neu yn Ffigur 5.6 os ydych chi'n defnyddio'r cyfarpar cofnodi data.
4. Mae'n well dechrau'r arbrawf hwn trwy ychwanegu'r sglodion calsiwm carbonad at yr asid ac yna cau'r fflasg â chaead gwlân gwydr (i atal tasgu).
5. Mesurwch a chofnodwch fàs y system bob 30 eiliad am tua 5 munud.
6. Daliwch ati nes bod màs y fflasg a'i chynnwys yn aros yr un fath am ryw 1 munud.

Dadansoddi eich canlyniadau a mesur cyfradd adwaith

Plotiwch graff o fàs y fflasg a'i chynnwys yn erbyn amser, neu llwythwch i lawr y data sydd wedi'u cofnodi. Dylai eich graff edrych fel yr un yn Ffigur 5.7.

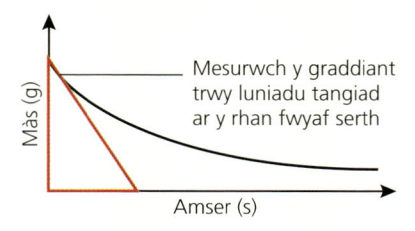

Ffigur 5.7 Graff o gyfanswm màs yn erbyn amser.

1. Beth yw siâp eich graff?
2. Beth mae eich graff yn ei ddweud wrthych chi? Ble mae cyfradd yr adwaith ar ei chyflymaf?
3. Allwch chi ddweud pryd mae'r adwaith wedi cwblhau?
4. Cyfrifwch gyfradd yr adwaith ar ran fwyaf serth eich graff trwy luniadu llinell tangiad a mesur ei graddiant (yr unedau fydd g/s).

C. Mesur cyfraddau adweithiau lle mae golau'n cael ei drawsyrru trwy waddod

Yn yr adwaith hwn, mae sodiwm thiosylffad yn adweithio ag asid hydroclorig i ffurfio sylffwr solet (melyn). Gallwch chi fesur cyfradd adwaith trwy gofnodi trawsyriant golau trwy'r hydoddiant wrth i'r gwaddod sylffwr ffurfio'n raddol, gan droi'r hydoddiant yn fwyfwy cymylog. Gallwch chi ddefnyddio cofnodwr data a synhwyrydd golau i fesur trawsyriant golau. Mae'n bosibl newid crynodiad (neu dymheredd) y sodiwm thiosylffad a chofnodi cyfradd yr adwaith ar gyfer gwahanol grynodiadau (neu dymereddau). Gallwch gyfrifo cyfradd adwaith pob crynodiad (neu dymheredd) o sodiwm thiosylffad trwy gyfrifo gwerth 1/amser adweithio. Gallwn ni grynhoi'r adwaith gyda'r hafaliad:

sodiwm + asid → sodiwm + dŵr + sylffwr + sylffwr
thiosylffad hydroclorig clorid   deuocsid

$Na_2S_2O_3$(d) + $2HCl$(d) → $2NaCl$(d) + H_2O(h) + SO_2(n) + S(s)

Tarian golau

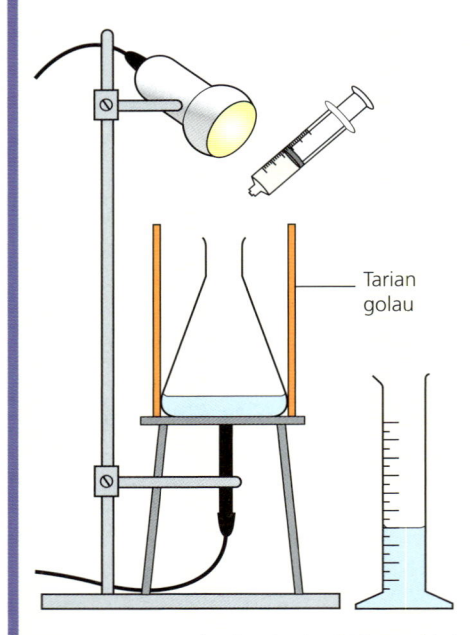

Ffigur 5.8 Mesur 'cyfradd adwaith' gan ddefnyddio trawsyriant golau trwy waddod.

Cyfarpar

> Hydoddiant sodiwm thiosylffad
> Asid hydroclorig gwanedig
> Chwistrell
> Fflasg
> Tarian golau (papur du)
> Trybedd
> Stand, cnap × 2, clamp × 2
> Bwlb golau prif gyflenwad a daliwr
> Synhwyrydd golau a mesurydd
> Stopwatsh
> Cofnodwr data, cyfrifiadur, meddalwedd cofnodi data (dewisol)

Nodyn diogelwch

Arbrawf i'w gynnal dim ond mewn labordy wedi'i awyru'n dda.

Dull

1. Gwnewch dabl i gofnodi eich canlyniadau – bydd angen i chi gofnodi'r amser mae'n ei gymryd i arddwysedd y golau ostwng i werth minimwm ar gyfer ystod o wahanol grynodiadau o sodiwm thiosylffad.
2. Cydosodwch y cyfarpar fel yn Ffigur 5.8.
3. Bydd eich athro/athrawes yn dweud wrthych chi faint o asid hydroclorig i'w ddefnyddio. Gallwch chi newid crynodiad y sodiwm thiosylffad trwy ychwanegu symiau gwahanol o ddŵr ato. Dechreuwch â 10 cm³ a dim dŵr. Wrth i chi gynnal yr arbrawf am yr ail dro gallwch chi ddefnyddio 8 cm³ o sodiwm thiosylffad a 2 cm³ o ddŵr, yna 6 cm³ o sodiwm thiosylffad a 4 cm³ o ddŵr ac yn y blaen.
4. Defnyddiwch y chwistrell i ychwanegu'r asid hydroclorig at yr hydoddiant sodiwm thiosylffad a dechreuwch y stopwatsh.
5. Mesurwch a chofnodwch yr amser y mae'n ei gymryd i arddwysedd y golau ostwng i'r gwerth lleiaf. Gallwch chi wneud hyn trwy stopio'r stopwatsh pan fydd y darlleniad ar y mesurydd golau wedi aros yn gyson am ddeg eiliad.
6. Cyfrifwch gyfradd yr adwaith trwy gyfrifo 1/amser adweithio.

Dadansoddi eich canlyniadau

Plotiwch graff o gyfradd yr adwaith yn erbyn cyfaint y sodiwm thiosylffad a gafodd ei ddefnyddio (sy'n berthnasol i'w grynodiad).

1. Beth yw siâp eich graff?
2. Beth mae eich graff yn ei ddweud wrthych chi? Ble mae cyfradd yr adwaith ar ei chyflymaf?

> ✓ **Profwch eich hun**
>
> 1 Beth yw ystyr **cyfradd** adwaith?
> 2 Eglurwch sut rydych chi'n defnyddio graff i fesur cyfradd adwaith.
> 3 Trwy edrych ar graff cyfradd adwaith, sut gallwch chi ddweud ble mae'r adwaith:
>   a) ar ei gyflymaf?
>   b) wedi cwblhau?
> 4 Mewn adwaith rhwng calsiwm carbonad ac asid hydroclorig, mae myfyriwr yn casglu'r nwy carbon deuocsid ac yn llunio'r graff cyfradd adwaith sydd i'w weld yn Ffigur 5.9. Ar gopi o'r graff hwn, brasluniwch y graff y byddech chi'n ei ddisgwyl o gynnal arbrofion tebyg gydag:
>   a) yr un cyfaint o asid, ar yr un tymheredd, ond ddwywaith y crynodiad
>   b) yr un faint o'r ddau gemegyn, ond ar dymheredd uwch.
>
>   Eglurwch eich brasluniau.
>
> **Ffigur 5.9**

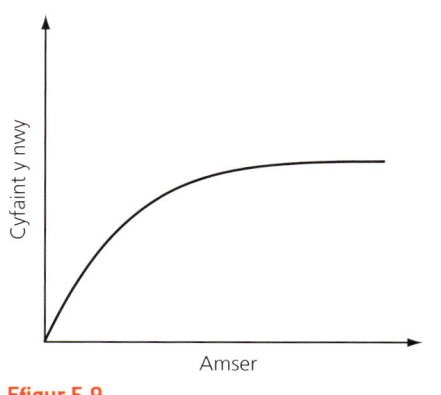

Egluro cyfradd adwaith

Mae adwaith cemegol yn digwydd wrth i'r moleciwlau, yr atomau neu'r ïonau sy'n adweithio wrthdaro â'i gilydd. Dydy pob gwrthdrawiad ddim yn arwain at adwaith cemegol, ond pan fydd digon o egni mewn gwrthdrawiad i fondiau dorri a chael eu hailffurfio, mae adwaith yn gallu digwydd. Mae nifer y gwrthdrawiadau llwyddiannus yn ganran bach o gyfanswm y gwrthdrawiadau sy'n digwydd mewn unrhyw gyfnod penodol – enw nifer y gwrthdrawiadau llwyddiannus yr eiliad yw'r amlder gwrthdrawiadau. Yr uchaf yw'r amlder gwrthdrawiadau, yr uchaf yw cyfradd yr adwaith. Yr adweithiau hawsaf eu dychmygu yw'r rhai sy'n digwydd rhwng nwyon. Mae gronynnau'r ddau nwy'n symud ar hap drwy'r amser, gan wrthdaro â'i gilydd ac â waliau'r cynhwysydd sy'n eu dal ac, yn hollbwysig, â gronynnau'r nwy arall.

Mae Ffigur 5.10 yn dangos gronynnau dau nwy gwahanol yn adweithio (wedi'u dangos mewn melyn a choch). Mae'r gronynnau i gyd yn symud ar fuanedd uchel ac i gyfeiriadau ar hap. Pan fydd un o'r gronynnau coch yn gwrthdaro ag un o'r gronynnau melyn â digon o egni, bydd yr adwaith yn digwydd.

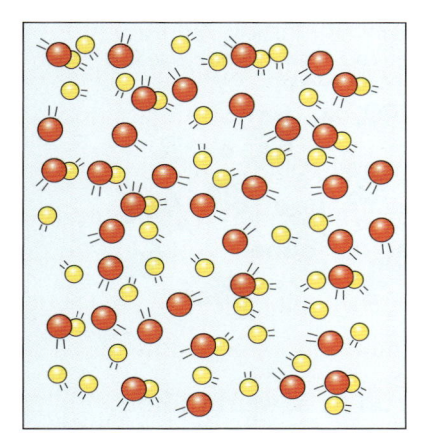

Ffigur 5.10 Mae gronynnau nwy'n symud ar hap.

Ffactorau sy'n effeithio ar gyfradd adwaith cemegol

1 **Tymheredd yr adweithyddion** – mae tymheredd uwch yn golygu cyfradd adwaith uwch (Ffigur 5.11). Mae cynyddu tymheredd adwaith yn cynyddu buanedd cymedrig y gronynnau. Os yw'r gronynnau'n symud yn gyflymach, mae'n debygol y byddant yn gwrthdaro â'i gilydd gyda'r egni angenrheidiol yn amlach – mae amlder y gwrthdrawiadau'n cynyddu. Mae amlder gwrthdrawiadau uwch yn golygu cyfradd adwaith uwch. Bydd yr adwaith yn gyflymach. Mewn nifer o adweithiau, mae cynnydd 10 °C yn y tymheredd yn dyblu cyfradd yr adwaith.

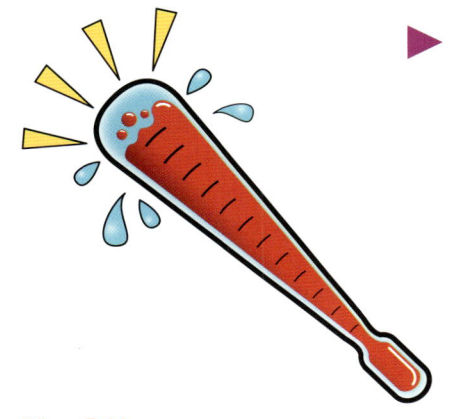

Ffigur 5.11

2 **Crynodiad yr adweithyddion** – mae crynodiad uwch yn golygu cyfradd adwaith uwch. Effaith cynyddu crynodiad yr adweithyddion yw cynyddu cyfanswm nifer y gronynnau sy'n adweithio yn yr un cyfaint. Os oes mwy o ronynnau, mae'n debygol y bydd mwy o wrthdrawiadau â digon o egni – mae amlder y gwrthdrawiadau'n cynyddu, ynghyd â chyfradd yr adwaith.

3 **Arwynebedd arwyneb yr adweithyddion** – mae arwynebedd arwyneb mwy'n golygu cyfradd adwaith uwch (Ffigur 5.12).

Ffigur 5.12

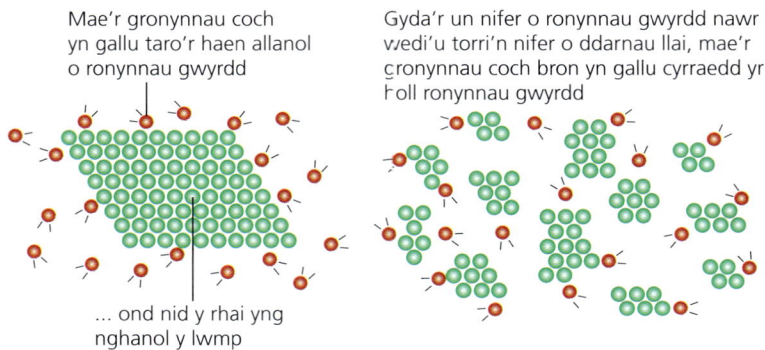

Mae'r gronynnau coch yn gallu taro'r haen allanol o ronynnau gwyrdd

... ond nid y rhai yng nghanol y lwmp

Gyda'r un nifer o ronynnau gwyrdd nawr wedi'u torri'n nifer o ddarnau llai, mae'r gronynnau coch bron yn gallu cyrraedd yr holl ronynnau gwyrdd

Ffigur 5.13

Mae Ffigur 5.13 yn dangos, pan mae un o'r adweithyddion mewn lwmp mawr, nad yw'r adweithydd arall yn gallu adweithio â'r gronynnau sydd yng nghanol y lwmp. Pan gaiff y lwmp ei dorri'n ddarnau, gan **gynyddu'r arwynebedd arwyneb**, mae mwy o'r adweithyddion yn gallu gwrthdaro â'i gilydd gyda'r egni angenrheidiol. Mae hyn yn cynyddu amlder y gwrthdrawiadau a chyfradd yr adwaith. Y mwyaf yw'r arwynebedd arwyneb, yr uchaf fydd cyfradd yr adwaith – neu, mewn geiriau eraill, mae adweithyddion ar ffurf powdr yn adweithio'n gynt na lympiau o adweithyddion!

4 **Defnyddio catalydd** – mae catalydd yn gallu cynyddu cyfradd adwaith. Mae catalyddion yn sylweddau sy'n cynyddu cyfradd adwaith cemegol ond sydd ddim wedi newid yn gemegol erbyn diwedd yr adwaith. Mae nifer o gatalyddion sydd ond yn gweithio ar gyfer un adwaith penodol, ac mae angen defnyddio catalydd i wneud rhai adweithiau diwydiannol yn bosibl ar raddfa fawr. Mae catalydd yn gweithio am ei fod yn rhoi 'arwyneb' lle gall y moleciwlau sy'n adweithio wrthdaro â'i gilydd – mae hyn yn golygu bod angen llai o egni ar wrthdrawiad iddo fod yn llwyddiannus. Mae llai o egni'n golygu y bydd mwy o ronynnau'n gallu adweithio mewn amser penodol, gan gynyddu amlder y gwrthdrawiadau a chynyddu cyfradd yr adwaith.

▶ Pwysigrwydd catalyddion

Mae cemegwyr a pheirianwyr cemegol yn amcangyfrif bod catalyddion yn cael eu defnyddio rywbryd ym mhrosesau cynhyrchu 90% o'r holl gynhyrchion cemegol sy'n cael eu gweithgynhyrchu'n fasnachol. Caiff catalyddion eu defnyddio wrth gynhyrchu cemegion swmp, fel asid sylffwrig, amonia a pholymerau; cemegion manwl (*fine*) fel llifynnau a moddion; petrocemegion, fel petrol a diesel; ac wrth brosesu bwyd, yn enwedig wrth gynhyrchu margarin. Mae hydrogen perocsid (H_2O_2) yn gyfrwng cannu diwydiannol pwysig sy'n cael ei ddefnyddio i wneud papur. Mae hydrogen perocsid yn ansefydlog ac mae'n dadfeilio'n araf i ocsigen a dŵr dan amodau arferol. I gynyddu'r gyfradd ddadfeilio ac i wella ei allu i gannu mwydion coed, caiff manganîs(IV) deuocsid ei ddefnyddio fel catalydd. Mae hyn yn cyflymu dadfeiliad yn sylweddol ac yn gwneud y broses cannu'n fwy cost-effeithlon. Yn 2015, cafodd catalyddion eu defnyddio i gynhyrchu gwerth dros £500 biliwn o gynhyrchion cemegol ledled y byd, sydd yr un faint â holl gynnyrch mewnwladol crynswth (CMC) Awstralia!

Mae defnyddio catalyddion mewn prosesau cemegol yn bwysig iawn, ac nid dim ond oherwydd ffactorau economaidd. Mae catalyddion yn lleihau faint o egni sydd ei angen i gynhyrchu cynhyrchion cemegol. Yn ei dro mae hyn yn arbed cronfeydd tanwydd y byd ac yn lleihau effeithiau amgylcheddol llosgi tanwyddau ffosil a'i ddylanwad ar yr effaith tŷ gwydr a chynhesu byd-eang.

✓ Profwch eich hun

5 Beth yw catalydd?
6 Sut mae'n bosibl cynyddu cyfradd adwaith calsiwm carbonad ag asid hydroclorig?
7 Pan mae magnesiwm yn adweithio ag asid hydroclorig, mae nwy hydrogen yn cael ei gynhyrchu. Mewn arbrawf penodol ar 20 °C, cafodd 50 cm³ o nwy hydrogen ei gynhyrchu mewn 3 munud. Beth fyddai canlyniad yr adwaith pe bai'r un symiau o adweithyddion yn cael eu defnyddio ond bod yr adwaith yn cael ei gynnal ar 30 °C?
8 Pam mae'n bwysig i gwmni cemegol gynyddu cynnyrch pob adwaith?
9 Pam mae'n bwysig er lles yr amgylchedd bod catalyddion yn cael eu defnyddio wrth gynhyrchu cemegion?

Gweithgaredd

Efelychu cyfraddau adwaith

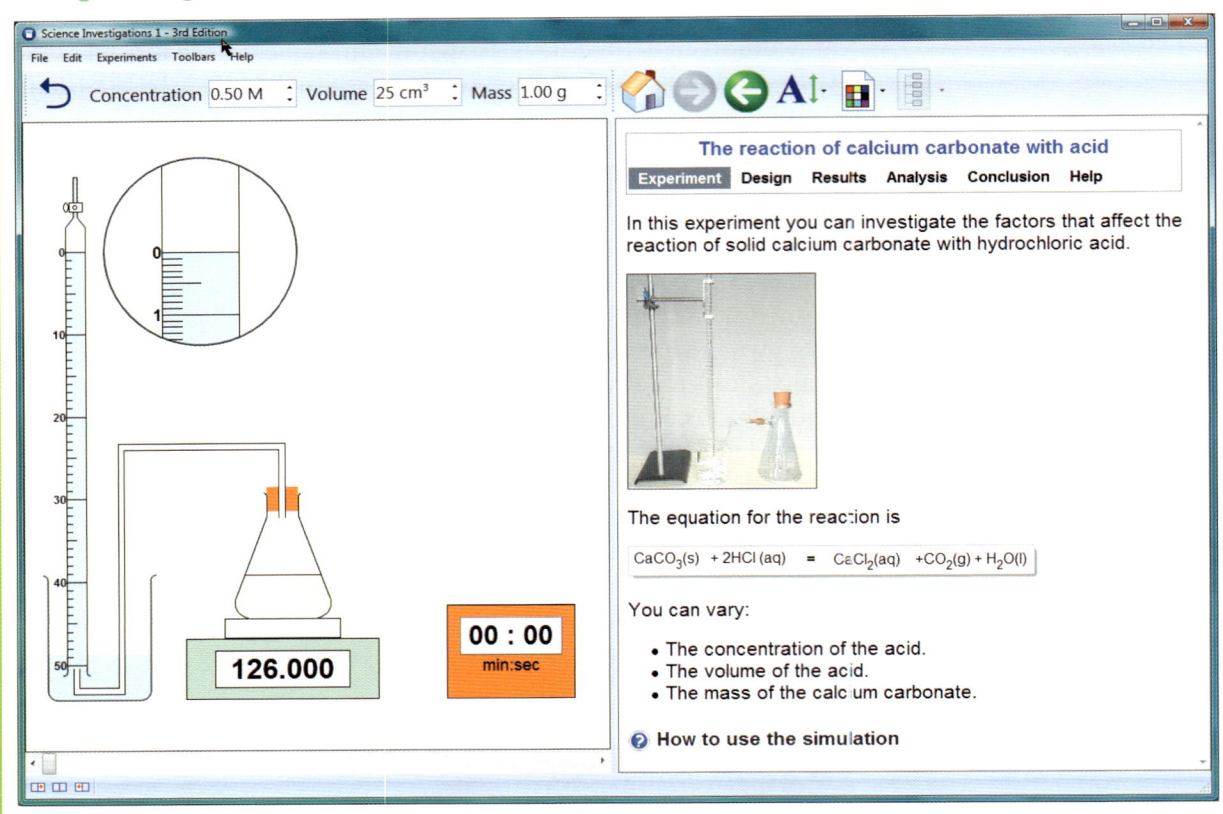

Ffigur 5.14 Efelychydd cyfradd adwaith gwyddonol.
Wedi'i atgynhyrchu trwy ganiatâd Focus Educational Software Ltd.

Mae llawer o efelychiadau meddalwedd gwyddonol yn eich galluogi i ymchwilio i'r ffactorau sy'n effeithio ar gyfradd adwaith. Rydych chi'n mynd i ddefnyddio un o'r efelychiadau hyn (neu bydd eich athro/athrawes yn arddangos un i chi) i fodelu adwaith penodol (Ffigur 5.14). Rhaid i chi ymchwilio i bob un o'r pedwar ffactor sy'n effeithio ar gyfradd adwaith: tymheredd, arwynebedd arwyneb, crynodiad ac effaith defnyddio catalydd. Ar gyfer pob ffactor, rhaid i chi gynhyrchu tabl data, graff cyfradd adwaith a graff yn dangos effaith pob ffactor ar gyfradd yr adwaith. Gallech chi ddefnyddio Excel i grynhoi eich data a llunio eich graffiau.

Gwaith ymarferol penodol

Ymchwilio i gyfradd adwaith

Cynlluniwch a chynhaliwch arbrawf i ymchwilio i effaith un ffactor ar gyfradd adwaith (os byddwch chi'n dewis tymheredd, ni ddylid defnyddio tymheredd uwch na 50 °C). Dylech ddefnyddio'r adwaith rhwng sodiwm thiosylffad ac asid hydroclorig gwanedig. Bydd angen i chi weithio gyda phartner. Defnyddiwch y rhestr wirio ganlynol i gynnal eich ymchwiliad:

> Dewiswch pa adwaith a pha ffactor y byddwch chi'n ymchwilio iddynt. Ysgrifennwch gyflwyniad i'r ymchwiliad gan gynnwys: hafaliad geiriau a hafaliad symbolau cytbwys ar gyfer yr adwaith; datganiad o'r hyn rydych chi'n disgwyl iddo ddigwydd (gyda rhesymu gwyddonol); diagram o'ch arbrawf; a rhestr o'r cyfarpar y byddwch chi'n ei ddefnyddio. Os byddwch chi'n dewis tymheredd, ni ddylid defnyddio tymheredd uwch na 50 °C.
> Cynlluniwch ffordd addas o gydosod yr arbrawf ymarferol er mwyn cynnal eich ymchwiliad yn ddiogel.
> Dylai'r dull ddefnyddio symiau bach o adweithyddion, h.y. 5/10 ml.

5 Cyfradd newid cemegol

- Gwnewch restr o gyfarpar priodol a chysylltwch â'ch athro/athrawes a'ch technegydd gwyddoniaeth i archebu'r cyfarpar.
- Cynlluniwch dabl cofnodi data addas i gasglu a chofnodi eich mesuriadau.
- Ysgrifennwch 'Dull' ar gyfer eich arbrawf.
- Cydosodwch eich cyfarpar a chynhaliwch eich arbrawf, gan weithio'n ofalus ac yn ddiogel i fesur a chofnodi unrhyw ddata arbrofol perthnasol.
- Os gallwch chi (bydd eich athro/athrawes yn dweud wrthych chi a oes gennych chi ddigon o amser), ailadroddwch eich mesuriadau, neu cysylltwch â grŵp arall i gael cyfres o fesuriadau ailadroddol (gan ofalu bod yr ailadroddiadau'n 'brofion teg'). Defnyddiwch eich ailadroddiadau i bennu gwerthoedd cymedrig.
- Lluniadwch graffiau cyfradd adwaith a defnyddiwch nhw i fesur y gyfradd adwaith gyflymaf ar gyfer pob un o werthoedd y newidyn rydych chi'n ymchwilio iddo.
- Lluniadwch graff o gyfradd adwaith yn erbyn y ffactor newidiol rydych chi'n ymchwilio iddo.
- Ysgrifennwch ddadansoddiad o'r graff cyfradd adwaith yn erbyn ffactor newidiol:
  - Nodwch siâp/tuedd/patrwm y graff.
  - Defnyddiwch y siâp/tuedd/patrwm i bennu'r berthynas rhwng cyfradd adwaith a'r ffactor newidiol rydych chi wedi ymchwilio iddo.
  - Beth yw eich casgliad chi o edrych ar eich canlyniadau?
- Ysgrifennwch werthusiad o'ch arbrawf trwy feddwl am y canlynol:
  - Y dull arbrofol a sut gallech chi ei wella.
  - Ansawdd y data rydych chi wedi'u casglu a sut gallech chi wella eu hansawdd.
  - I ba raddau mae eich data'n cefnogi eich casgliad? (Pa mor sicr ydych chi am eich casgliad gan ystyried y data rydych chi wedi'u casglu?)
- Coladwch eich adroddiad a'i gyflwyno i gael ei asesu gan eich athro/athrawes. Dylai gynnwys y canlynol:
  - cyflwyniad
  - asesiad risg
  - tabl(au) data
  - graffiau
  - dadansoddiad ysgrifenedig
  - gwerthusiad ysgrifenedig.

▶ Ensymau – catalyddion biolegol

Mae ensymau yn gatalyddion biolegol sy'n cael eu cynhyrchu i gatalyddu adweithiau biocemegol arbennig o dan amodau penodol, gan gynnwys tymheredd y corff fel arfer. Heb yr ensymau byddai adweithiau biocemegol y corff yn digwydd yn rhy araf. Mae ensymau yn cael eu defnyddio yn ystod treuliad i gyflymu'r broses o dorri moleciwlau bwyd cadwyn hir i lawr. Ymhlith prosesau eraill, maen nhw'n cael eu defnyddio i reoli metabolaeth a phrosesau celloedd ac ar gyfer homeostasis. Mae ensymau hefyd yn cael eu defnyddio mewn powdr golchi biolegol, yn y broses fragu ac wrth gynhyrchu caws.

⬇ Crynodeb o'r bennod

- Mae angen i chi allu cynllunio a chynnal arbrofion i astudio effaith unrhyw ffactor perthnasol ar gyfradd adwaith cemegol, gan ddefnyddio technoleg briodol, e.e. synhwyrydd golau a chofnodwr data i ddilyn gwaddodiad sylffwr yn ystod yr adwaith rhwng sodiwm thiosylffad ac asid hydroclorig.
- Mae angen i chi allu dadansoddi'r data sy'n cael eu casglu yn ystod arbrofion cyfradd adwaith er mwyn llunio casgliadau am yr adweithiau. Mae angen i chi hefyd roi gwerthusiad beirniadol o'r dull o gasglu data, ansawdd y data ac i ba raddau mae'r data'n cefnogi'r casgliad.
- Dylech chi allu llunio a defnyddio goledd tangiad i gromlin fel mesur o gyfradd newid.
- Mae angen i chi allu archwilio eglurhad y ddamcaniaeth gronynnau o newidiadau cyfradd, sy'n deillio o newid crynodiad (gwasgedd), tymheredd a maint gronynnau, gan ddefnyddio amrywiaeth o ffynonellau gan gynnwys gwerslyfrau ac efelychiadau cyfrifiadurol.
- Mae catalydd yn cynyddu cyfradd newid cemegol heb newid yn gemegol ei hun, ac mae'n golygu bod angen llai o egni er mwyn i wrthdrawiad fod yn llwyddiannus.
- Mae pwysigrwydd economaidd ac amgylcheddol mawr i ddatblygu catalyddion newydd gwell, o ran cynyddu cynnyrch, arbed defnyddiau crai, lleihau costau egni, etc.

Cwestiynau ymarfer

1 Mae ymchwiliad yn cael ei wneud i ddarganfod effaith ffactorau gwahanol ar gyfradd adwaith calsiwm carbonad ac asid hydroclorig (Ffigur 5.15).

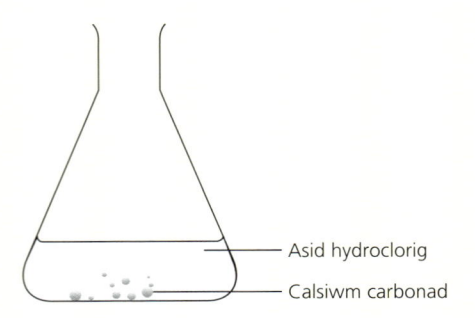

Ffigur 5.15

Mae'r amser y mae'n ei gymryd i'r calsiwm carbonad ddiflannu ym mhob arbrawf yn cael ei ddangos yn Nhabl 5.1.

Tabl 5.1

Rhif arbrawf	Ffurf y calsiwm carbonad	Tymheredd yr asid (°C)	Amser y mae'n ei gymryd i'r calsiwm carbonad ddiflannu (eiliadau)
1	Sglodion marmor	20	600
2	Powdr	20	150
3	Sglodion marmor	40	400

a) i) Defnyddiwch y canlyniadau i ddisgrifio effaith y newid mewn tymheredd ar gyfradd yr adwaith. *[1]*

ii) Enwch y ffactor sydd wedi newid rhwng arbrawf 1 ac arbrawf 2 a disgrifiwch pa effaith mae'r ffactor hwn yn ei chael ar amser yr adwaith. *[2]*

iii) Nodwch **ddau** ffactor *arall* a ddylai aros yr un peth er mwyn gwneud yr ymchwiliad yn brawf teg. *[1]*

b) Gallwn hefyd ymchwilio i gyfradd adwaith trwy gofnodi'r newid mewn màs (Ffigur 5.16). Eglurwch beth fydd yn digwydd i'r màs yn ystod yr adwaith. *[2]*

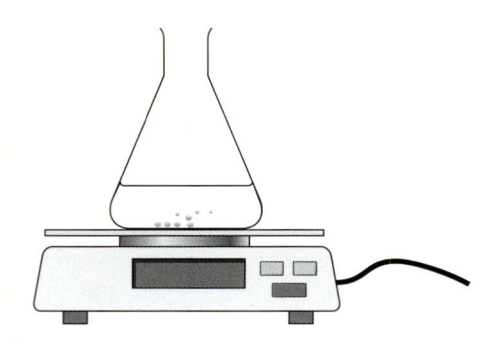

Ffigur 5.16

(O TGAU Cemeg C2 Sylfaenol CBAC, Ionawr 2015, cwestiwn 3)

2 Mae disgybl yn ymchwilio i effaith tymheredd ar gyfradd eplesu gan ddefnyddio'r cyfarpar yn Ffigur 5.17.

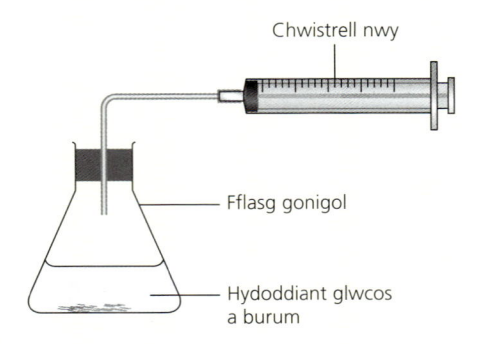

Ffigur 5.17

Mae'r arbrawf yn cael ei wneud dair gwaith ar bum tymheredd gwahanol. Mae cyfaint y nwy sy'n cael ei gasglu ar ôl 10 munud yn cael ei gofnodi bob tro. Mae Tabl 5.2 yn dangos y canlyniadau.

Tabl 5.2

Tymheredd (°C)	Cyfaint y nwy sydd wedi'i gasglu ar ôl 10 munud (cm^3)			
	1	2	3	Mean
20	9	8	7	8
30	38	40	(32)	39
40	52	53	54	53
50	35	32	33	33
60	12	11	12	13

a) Awgrymwch pam mae'r gwerth sydd mewn cylch yn cael ei ystyried yn afreolaidd. *[1]*

b) Defnyddiwch y data yn y tabl i blotio graff o gyfaint **cymedrig** y nwy sydd wedi'i gasglu yn erbyn y tymheredd. *[2]*

c) Nodwch pa gasgliadau y gallwn ni eu gwneud o'r graff. *[2]*

ch) Ysgrifennwch hafaliad **geiriau** ar gyfer yr adwaith sy'n digwydd. *[2]*

d) Mae burum yn cynhyrchu catalydd sy'n caniatáu i'r adwaith hwn ddigwydd. Enwch y **math** o gatalydd sy'n cael ei gynhyrchu gan y burum. *[1]*

3 Pan mae hydoddiant sodiwm thiosylffad yn adweithio gydag asid hydroclorig gwanedig, mae sylffwr yn ffurfio fel gwaddod. Mae'r gwaddod yn achosi i'r hydoddiant fynd yn gymylog. Mae'n bosibl mesur cyfradd yr adwaith drwy osod croes o dan y fflasg a mesur yr amser mae'n cymryd i'r groes ddiflannu (Ffigur 5.18).

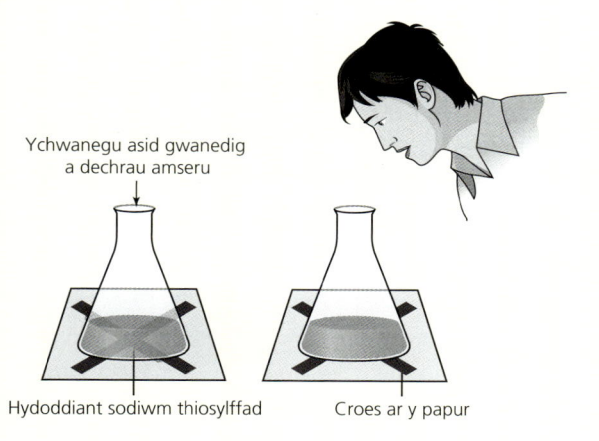

Ychwanegu asid gwanedig a dechrau amseru

Hydoddiant sodiwm thiosylffad   Croes ar y papur

Ffigur 5.18

Astudiodd disgybl effaith tymheredd ar yr adwaith a chael y canlyniadau sy'n cael eu dangos yn Nhabl 5.3.

Tabl 5.3

Tymheredd (°C)	20	30	40	50	60
Amser y mae'n ei gymryd i'r groes ddiflannu (s)	50	32	25	20	17

a) i) Plotiwch y canlyniadau ar ffurf graff a thynnwch linell addas. *[3]*

ii) Disgrifiwch y duedd (*trend*) yn y canlyniadau. *[1]*

iii) Gwnaeth ail fyfyriwr yr un arbrawf gan ddefnyddio crynodiad uwch o asid. Tynnwch y llinell y byddech yn disgwyl iddo ei chael ar yr un graff. *[1]*

b) Awgrymodd myfyriwr arall ddefnyddio synhwyrydd golau a chofnodydd data i astudio cyfradd yr adwaith (Ffigur 5.19).

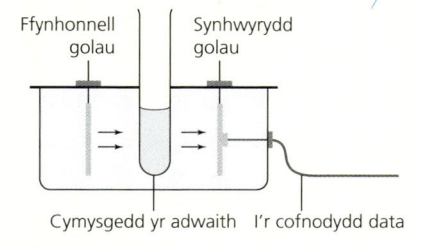

Ffynhonnell golau   Synhwyrydd golau

Cymysgedd yr adwaith   I'r cofnodydd data

Ffigur 5.19

Disgrifiwch sut byddai arddwysedd y golau sy'n cael ei ganfod gan y synhwyrydd yn newid yn ystod yr adwaith a rhowch **un** o fanteision defnyddio synhwyrydd golau. *[2]*

(O TGAU Cemeg C2 Sylfaenol CBAC, Ionawr 2014, cwestiwn 6)

4 Mae hydoddiant sodiwm thiosylffad yn adweithio ag asid hydroclorig gwanedig gan ffurfio gwaddod melyn. Mae'n bosibl defnyddio'r offer yn Ffigur 5.20 i ymchwilio i'r adwaith hwn. Mae'r gwaddod melyn sy'n cael ei ffurfio yn ystod yr adwaith yn achosi i lai o olau gyrraedd y synhwyrydd golau.

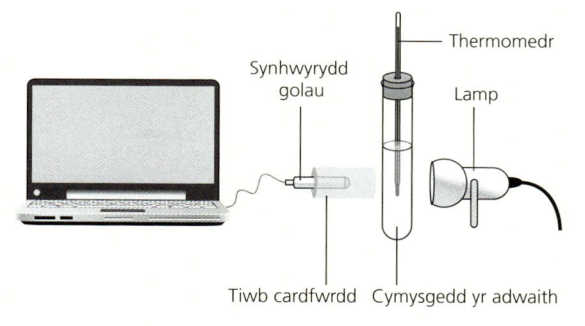

Thermomedr
Synhwyrydd golau
Lamp
Tiwb cardfwrdd   Cymysgedd yr adwaith

Ffigur 5.20

Mae 5 cm^3 o asid hydroclorig gwanedig yn cael ei ychwanegu ar wahân at 10 cm^3 o hydoddiant sodiwm thiosylffad ar bedwar tymheredd gwahanol. Mae pob ffactor yn cael ei gadw yr un peth. Mae'r canlyniadau'n cael eu dangos yn Ffigur 5.21.

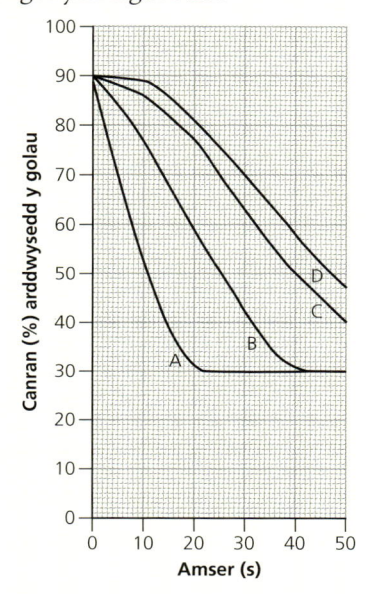

Ffigur 5.21

a) Rhowch y llythyren **A**, **B**, **C** neu **D** o'r graff sy'n cynrychioli'r adwaith a gafodd ei wneud ar y tymheredd uchaf a rhowch reswm dros eich dewis. *[1]*

b) Mae'n bosibl cyfrifo cyfradd yr adwaith drwy ddefnyddio'r fformiwla:

$$\text{Cyfradd} = \frac{1}{\text{amser}}$$

Mae'r adwaith yn cael ei ystyried yn gyflawn pan fydd canran arddwysedd y golau yn cyrraedd 30%. Defnyddiwch y fformiwla i ganfod y gyfradd gymedrig ar gyfer arbrawf A. *[2]*

Gan ddefnyddio damcaniaeth gronynnau, nodwch ac eglurwch eich casgliad o'r ymchwiliad. *[3]*

(O TGAU Cemeg C2 Uwch CBAC, Ionawr 2015)

5 Mae'r hafaliad geiriau canlynol yn cynrychioli'r adwaith rhwng sinc ac asid hydroclorig gwanedig.

sinc + asid hydroclorig → sinc clorid + hydrogen

Mae gofyn i chi wneud arbrawf i ddangos sut mae **maint gronynnau** yn effeithio ar gyflymder yr adwaith hwn.

a) i) Disgrifiwch sut byddech chi'n gwneud yr arbrawf [2]

ii) Nodwch sut byddech chi'n ei wneud yn brawf teg. [2]

iii) Nodwch sut byddech chi'n gwybod pa faint gronyn sy'n rhoi'r adwaith cyflymaf. [1]

b) Mae catalydd yn cael ei ychwanegu at gymysgedd yr adwaith uchod.

i) Nodwch sut byddai'r catalydd yn effeithio ar yr **amser** sydd ei angen i gynhyrchu cyfaint penodol o hydrogen. [1]

ii) Nodwch sut byddech chi'n disgwyl i'r catalydd effeithio ar gyfanswm cyfaint yr hydrogen sy'n cael ei gynhyrchu. [1]

(O TGAU Cemeg C2 Sylfaenol, CBAC Haf 2013, cwestiwn 7)

6 Mae hydoddiant hydrogen perocsid, H_2O_2, yn dadelfennu i ffurfio ocsigen a dŵr.

Mae'r adwaith yn araf iawn ar dymheredd ystafell ond mae modd ei gyflymu drwy ychwanegu rhai powdrau ocsid metel, sy'n ymddwyn fel cataiyddion.

Mae'n bosibl mesur cyfradd yr adwaith drwy gofnodi cyfaint yr ocsigen sy'n cael ei gynhyrchu dros amser.

Mae Ffigur 5.22 yn dangos cyfaint yr ocsigen sy'n cael ei gynhyrchu drwy ddefnyddio tri ocsid metel gwahanol.

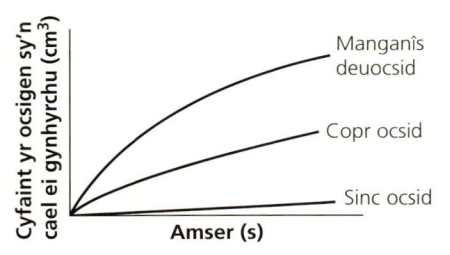

Ffigur 5.22

a) i) Cymharwch y canlyniadau ar gyfer pob ocsid metel. [2]

ii) Rhowch **dair** ffordd o sicrhau bod yr arbrawf yn brawf teg. [2]

b) Mae cataiyddion yn cael eu defnyddio i gyflymu prosesau diwydiannol. Eglurwch pam mae hyn yn bwysig. [2]

(O TGAU Cemeg C2 Uwch CBAC, haf 2013, cwestiwn 5)

7 Eglurwch, gan ddefnyddio damcaniaeth gronynnau, sut y mae'r gyfradd adweithio yn dibynnu ar grynodiad a thymheredd. [6]

(O TGAU Cemeg C2 Uwch CBAC, haf 2013, cwestiwn 10)

8 Mae hydoddiant sodiwm thiosylffad yn adweithio ag asid hydroclorig gwanedig gan ffurfio gwaddod melyn. Mae'n bosibl ymchwilio'r adwaith yma trwy ddefnyddio'r arbrawf 'croes yn diflannu'. Mae'r gwaddod melyn sy'n ffurfio yn ystod yr arbrawf yn achosi i groes sydd ar ddarn o bapur gwyn ddiflannu (gweler Ffigur 5.23). Mae'n bosibl mesur yr amser y mae'n ei gymryd i hyn ddigwydd.

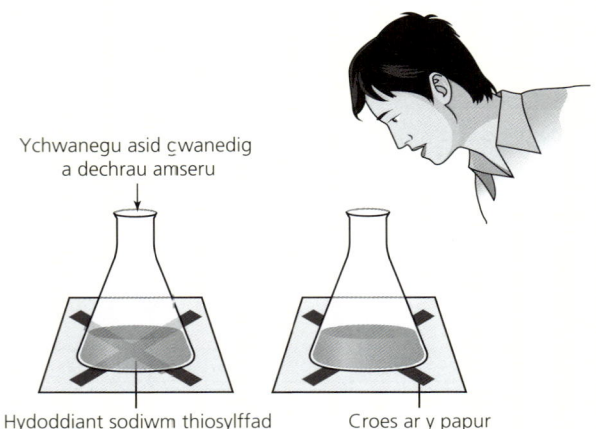

Ffigur 5.23

Mae 10 cm³ o asid hydroclorig gwanedig yn cael ei ychwanegu ar wahân at 50 cm³ o hydoddiannau sodiwm thiosylffad o bump crynodiad gwahanol. Mae'r canlyniadau i'w gweld isod.

Tabl 5.4

Crynodiad hydoddiant sodiwm thiosylffad (g/dm³)	Amser y mae'n ei gymryd i'r groes ddiflannu (s)			
	1	2	3	Cymedr
8	37	38	39	38
16	20	17	17	18
24	10	8	12	10
32	10	7	7	8
40	3	7	8	6

a) Nodwch pa grynodiad sy'n rhoi'r set o ganlyniadau mwyaf ailadroddadwy *(repeatable)*. Rhowch reswm dros eich dewis. [2]

b) Ar wahân i gymryd mwy o ddarlleniadau, awgrymwch **un** ffordd o wella pa mor rhwydd yw ailadrodd y darlleniadau. [1]

c) Ar wahân i gyfaint y ddau adweithydd a chrynodiad yr asid, enwch y ffactor **pwysicaf** sy'n rhaid ei gadw'r un peth yn ystod pob arbrawf. [1]

ch) Gan ddefnyddio damcaniaeth gronynnau, nodwch ac esboniwch eich casgliad o'r ymchwiliad.

(O TGAU Cemeg C2 CBAC, Ionawr 2013, cwestiwn 2)

6 Calchfaen

> **🏠 Cynnwys y fanyleb**
>
> Mae'r bennod hon yn ymdrin ag adran **1.6 Calchfaen** yn y fanyleb TGAU Gwyddoniaeth. Mae'n edrych ar sefydlogrwydd a dadelfeniad thermol carbonadau, yn ogystal ag adweithiau calchfaen a sut mae'n cael ei ddefnyddio. Mae'r bennod hefyd yn ystyried yr agweddau cymdeithasol ac amgylcheddol sy'n gysylltiedig â chwarela calchfaen.

Mae calchfaen yn ddefnydd diwydiannol pwysig. Mae'n cael ei ddefnyddio fel defnydd adeiladu, a hefyd i wneud sment a choncrid. Mae'n cynnwys calsiwm carbonad, $CaCO_3$, yn bennaf. Yn y bennod hon byddwn ni'n edrych ar bwysigrwydd a phriodweddau calchfaen, ac yn rhoi peth ystyriaeth i garbonadau metel eraill.

▶ Sefydlogrwydd carbonadau metel

Mae dadelfeniad thermol yn un o adweithiau nodweddiadol carbonadau metel. Pan maen nhw'n cael eu gwresogi, maen nhw'n dadelfennu i gynhyrchu'r ocsid metel a charbon deuocsid. Er enghraifft, mae gwresogi magnesiwm carbonad yn rhoi:

$$MgCO_3(s) \rightarrow MgO(s) + CO_2(n)$$

Mae pa mor hawdd maen nhw'n dadelfennu yn amrywio o fewn y grŵp. Mae magnesiwm yn fetel Grŵp 2, ac mae magnesiwm carbonad yn dadelfennu'n gymharol hawdd. Wrth i chi fynd i lawr y grŵp, fodd bynnag, mae'r carbonadau metel yn dod yn fwy sefydlog ac yn anoddach eu dadelfennu gan wres.

Mae sefydlogrwydd y carbonadau yn ymwneud â safle'r metel yn y gyfres adweithedd (gweler Tabl 6.1). Yr uchaf i fyny yn y gyfres adweithedd y mae metel, y mwyaf sefydlog y bydd ei garbohydrad, felly mae gan y metelau lleiaf adweithiol y carbonadau sy'n dadelfennu'n fwyaf rhwydd.

Tabl 6.1 Cyfres adweithedd metelau.

Metel	
Potasiwm	Mwyaf adweithiol
Sodiwm	↑
Calsiwm	
Magnesiwm	
Alwminiwm	
Sinc	
Haearn	
Tun	
Plwm	
Copr	
Arian	
Aur	↓
Platinwm	Lleiaf adweithiol

Gwaith ymarferol penodol

Sefydlogrwydd thermol carbonadau metel

Cyfarpar
- Tiwbiau berwi, 2 (fesul carbonad)
- Tiwb cludo (ar ongl sgwâr)
- Sbatwla
- Llosgydd Bunsen
- Clamp a stand
- Dŵr calch
- Samplau o garbonadau sodiwm, calsiwm a chopr

Nodyn diogelwch
Golchwch eich dwylo'n drylwyr ar ddiwedd yr arbrofion hyn, gan fod rhai o'r carbonadau metel yn wenwynig.

Dull
1. Gwisgwch sbectol ddiogelwch.
2. Rhowch lond sbatwla mawr o'r carbonad sy'n cael ei brofi i mewn i diwb berwi.
3. Gosodwch diwb cludo ac yna clampiwch y tiwb berwi fel bod y tiwb cludo'n dipio i mewn i ail diwb berwi sy'n cynnwys 5 cm^3 o ddŵr calch (gweler Ffigur 6.1).
4. Gwresogwch y solid yn ysgafn i ddechrau, ac yna'n gryfach.
5. **Codwch y tiwb cludo o'r dŵr calch cyn i'r gwres gael ei ddiffodd, er mwyn osgoi 'ôl-sugniad'.**
6. Nodwch beth sy'n digwydd i'r dŵr calch a faint o amser mae'n ei gymryd i droi'n llaethog. Nodwch unrhyw newidiadau yn ymddangosiad y carbonad. Cofnodwch eich canlyniadau mewn tabl.
7. Ailadroddwch yr arbrawf gyda'r carbonadau metel eraill sydd genrych.

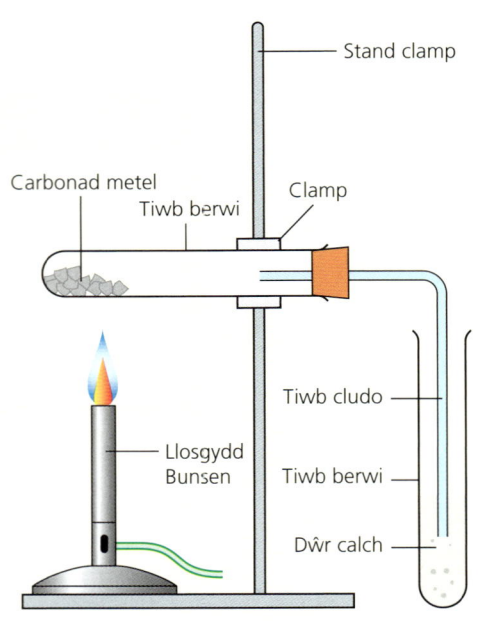

Ffigur 6.1 Cydosodiad yr arbrawf.

Dadansoddi eich canlyniadau
A yw eich canlyniadau chi'n cyd-fynd â'r rhagdybiaeth bod carbonadau metelau sy'n uwch yn y gyfres adweithedd yn gwrthsefyll dadelfeniad thermol yn well? Pa mor gryf yw'r dystiolaeth?

Cyfansoddion calsiwm

Mae gan galsiwm carbonad, calsiwm ocsid a chalsiwm hydrocsid gymwysiadau pwysig.

Rydym ni wedi gweld eisoes bod **calchfaen** wedi'i wneud o **galsiwm carbonad**. Bydd rhagor o fanylion am y defnydd o galchfaen yn nes ymlaen yn y bennod.

Mae **calsiwm ocsid** yn cael ei adnabod fel **calch brwd**. Ei fformiwla yw CaO. Mae'n cael ei ffurfio trwy ddadelfeniad thermol calsiwm carbonad.

$$\text{calsiwm carbonad} \rightarrow \text{calsiwm ocsid} + \text{carbon deuocsid}$$
$$CaCO_3(s) \rightarrow CaO(s) + CO_2(n)$$

Mae calsiwm ocsid yn gynhwysyn allweddol wrth wneud sment, ac yn y gorffennol, byddai'n cael ei ddefnyddio i wneud rhyw fath o blastr.

Mae **calsiwm hydrocsid** yn cael ei adnabod fel **calch tawdd** ac mae'n cael ei wneud wrth i galsiwm ocsid adweithio â dŵr. Mae hwn yn adwaith ecsothermig cryf (h.y. mae'n rhoi allan llawer o wres).

$$\text{calsiwm ocsid} + \text{dŵr} \rightarrow \text{calsiwm hydrocsid}$$
$$\text{CaO(s)} + \text{H}_2\text{O(h)} \rightarrow \text{Ca(OH)}_2\text{(d)}$$

Mae gan galsiwm tawdd amrywiaeth eang o ddefnyddiau, llawer ohonynt yn gysylltiedig â niwtralu asidau mewn cyd-destunau gwahanol, gan fod calsiwm hydrocsid yn alcali cryf. Pan mae'n cael ei hydoddi mewn dŵr, mae'n cael ei adnabod fel dŵr calch, a chaiff ei ddefnyddio fel prawf ar gyfer carbon deuocsid. Mae'r carbon deuocsid yn adweithio â'r calsiwm hydrocsid i ffurfio calsiwm carbonad gwyn, sy'n anhydawdd ac felly'n troi'r dŵr calch yn 'llaethog'.

$$\text{calsiwm hydrocsid} + \text{carbon deuocsid} \rightarrow \text{calsiwm carbonad} + \text{dŵr}$$
$$\text{Ca(OH)}_2\text{(d)} + \text{CO}_2\text{(n)} \rightarrow \text{CaCO}_3\text{(s)} + \text{H}_2\text{O(h)}$$

Rydym ni wedi gweld y gall y tri chyfansoddyn hyn gael eu rhyng-drawsnewid mewn nifer o ffyrdd, fel sy'n cael ei ddangos yn Ffigur 6.2.

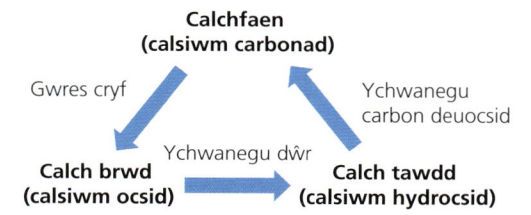

Ffigur 6.2 Rhyng-drawsnewidiad calchfaen, calch brwd a chalch tawdd.

▶ Defnyddio calchfaen

Mae calchfaen yn cael ei ddefnyddio mewn llawer o ffyrdd, ac mae'r rhan fwyaf ohonynt yn ymwneud ag adeiladwaith a'r diwydiant adeiladu (Ffigur 6.3).

Cynhyrchu haearn a dur

Mae calchfaen yn cael ei ddefnyddio wrth gynhyrchu haearn a dur er mwyn helpu'r broses o echdynnu haearn o fwyn haearn. Mae llawer o'r amhureddau sy'n bresennol yn y mwyn yn amhureddau mwynau asidig (e.e. silicon deuocsid ar ffurf tywod). Mae'r rhain yn adweithio â chalchfaen i ffurfio slag tawdd, ac mae'r rhan fwyaf ohono yn cynnwys calsiwm silicad. Mae'r slag yn llai dwys na haearn tawdd, felly mae'n arnofio ar ei ben a gellir cael gwared arno.

Mae ffurfiant calsiwm silicad yn digwydd fel hyn. Mae dadelfeniad thermol y calchfaen yn golygu bod calsiwm ocsid a charbon deuocsid yn cael eu ffurfio; yna, mae'r calsiwm ocsid yn adweithio â'r silicon deuocsid i ffurfio calsiwm silicad.

$$\text{calsiwm carbonad} \rightarrow \text{calsiwm ocsid} + \text{carbon deuocsid}$$
$$\text{CaCO}_3\text{(s)} \rightarrow \text{CaO(s)} + \text{CO}_2\text{(n)}$$

$$\text{calsiwm ocsid} + \text{silicon deuocsid} \rightarrow \text{calsiwm silicad}$$
$$\text{CaO(s)} + \text{SiO}_2\text{(s)} \rightarrow \text{CaSiO}_3\text{(s)}$$

Adeiladu ffyrdd

Mae'n bosibl defnyddio'r slag gwastraff o weithgynhyrchu haearn a dur i adeiladu ffyrdd, ond gall calsiwm wedi'i falu (agreg) hefyd gael ei ddefnyddio yn uniongyrchol. Mae'n cywasgu'n dda ac yn cael ei ddefnyddio fel defnydd sylfaen ar gyfer ffyrdd a llwybrau.

Gwneud sment

Mae sment yn cael ei wneud trwy wresogi calchfaen a chlai yn gryf mewn odyn (*kiln*). Mae'r calchfaen yn mynd trwy ddadelfeniad thermol i ffurfio calsiwm ocsid, sydd wedyn yn adweithio â'r clai i ffurfio silicadau calsiwm, fel sy'n cael ei ddisgrifio uchod wrth wneud haearn a dur. Pan fydd dŵr yn cael ei ychwanegu at bowdr sment sych, mae cyfres gymhleth o adweithiau'n digwydd. Mae'r rhain yn arwain at ffurfio silicadau wedi'u hydradu. Canlyniad hyn yw'r broses galedu. Mae sment yn gynhwysyn allweddol wrth wneud concrid, sy'n cael ei ddefnyddio'n eang fel defnydd adeiladu.

Defnydd amaethyddol

Mae calsiwm carbonad yn alcalïaidd ac mae hyn yn caniatáu defnyddio calchfaen wedi'i falu i niwtralu pridd asid. Dydy llawer o blanhigion ddim yn tyfu'n dda os oes pH isel gan y pridd, gan fod asidedd yn cyfyngu ar argaeledd mwynau pridd pwysig, fel ffosffadau, sy'n angenrheidiol ar gyfer tyfu planhigion. Mae'n rhaid i'r calchfaen sy'n cael ei ddefnyddio gynnwys tua 90% neu fwy o galsiwm carbonad i allu cael ei ddefnyddio'n amaethyddol.

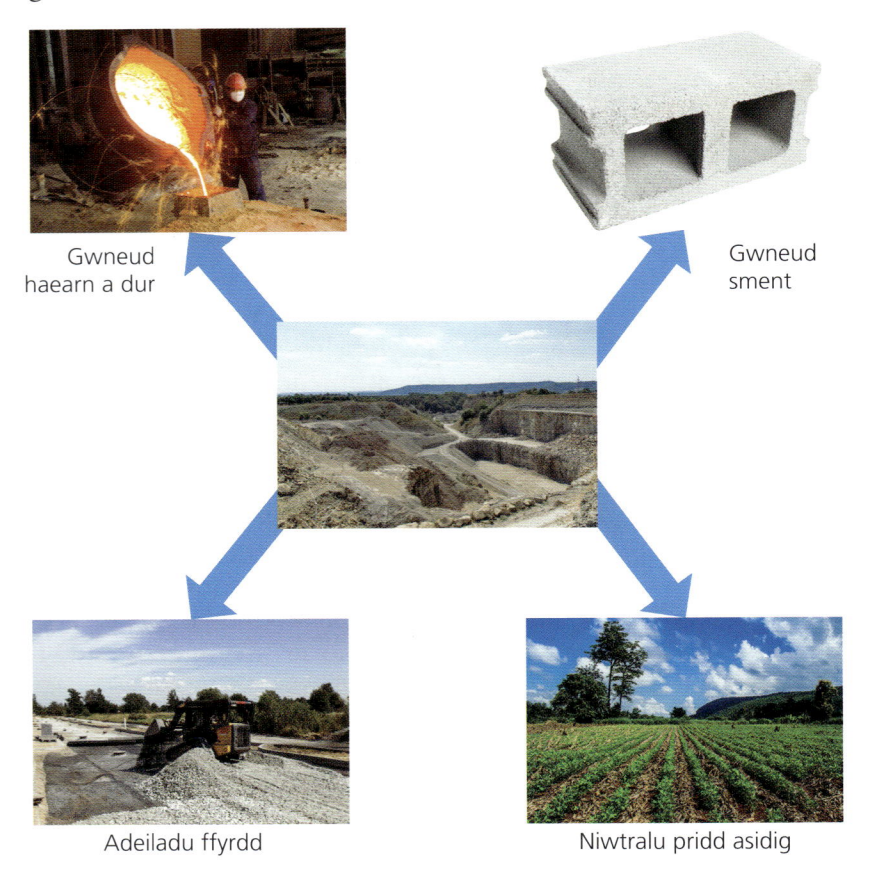

Gwneud haearn a dur

Gwneud sment

Adeiladu ffyrdd

Niwtralu pridd asidig

Ffigur 6.3 Rhai o ddefnyddiau calchfaen.

→ Gweithgaredd

Materion sy'n codi ynghylch chwarela calchfaen

Mae chwarela calchfaen yn codi nifer o faterion cymdeithasol, economaidd ac amgylcheddol. Mae yna gais i adeiladu chwarel yn agos at bentref lle mae 750 o bobl yn byw. Mae un siop gyffredinol yn y pentref. Mae Ffigur 6.4 yn dangos barn rhai o'r bobl y bydd y prosiect yn effeithio arnynt. Dychmygwch eich bod chi'n byw yn y pentref. Beth yw eich teimladau cyntaf ynghylch a fyddai'r chwarel yn beth da ai peidio? Pa wybodaeth neu ddata ychwanegol fydd eu hangen arnoch chi er mwyn dod i benderfyniad ar sail yr holl wybodaeth sydd ar gael?

Cynrychiolydd y cwmni (o blaid)
'Mae llawer o alw am galchfaen yn y diwydiant adeiladu, ac mae'n rhaid i ni gael chwareli yn rhywle. Dydy'r safle hwn ddim yn hynod o brydferth, ond fe fydden ni'n tirlunio'r safle fel na fydd yn bosibl ei weld o'r pentref lleol. Rydyn ni'n teimlo y bydd isadeiledd ffyrdd yr ardal yn gallu ymdopi â'r traffig i'r safle ac oddi yno. Bydden ni'n cyflogi tua 50 person o'r ardal leol.'

Un o'r trigolion lleol (yn erbyn)
'Rydw i'n poeni am y sŵn a'r llwch o'r chwarel, a'r traffig cynyddol a fydd yn mynd heibio fy nhŷ. Rydw i'n teimlo y bydd datblygu'r chwarel yn gostwng gwerth fy eiddo.'

Dyn di-waith (o blaid)
'Rydw i wedi bod yn ddi-waith am flwyddyn. Does dim llawer o swyddi ar gael yn yr ardal hon, a hoffwn i aros yma gan mai yma y ces i fy magu. Bydd datblygiad y chwarel yn rhoi cyfle i mi gael swydd heb orfod symud oddi yma.'

Amgylcheddwr (yn erbyn)
'Mae chwareli'n bethau hyll, ac mae'r safle'n un gwledig ar hyn o bryd. Er bod y cwmni'n bwriadu cuddio'r olygfa o'r pentref, byddai'r olygfa'n llawer llai prydferth i gerddwyr ar nifer o'r llwybrau lleol. Rydyn ni hefyd yn pryderu y bydd llwch yn setlo ar eiddo a cheir yn yr ardal leol pan fydd y gwynt yn chwythu i gyfeiriad y gorllewin.'

Perchennog siop leol (o blaid)
'Rydw i'n brwydro i gadw fy siop bentre ar agor. Gallai'r arian ychwanegol a fyddai'n cael ei greu trwy gyflogi pobl leol, a'r fasnach ychwanegol gan y gyrwyr a fydd yn dod i'r safle, olygu'r gwahaniaeth rhwng cadw fy siop ar agor neu gorfod ei chau. Os bydda i'n cau, mae'n golygu na fydd siop yn y pentref, a bydd y trigolion yn gorfod teithio 10 milltir i'r dref agosaf i brynu eu nwyddau.'

Un o'r trigolion lleol (yn erbyn)
'Fy mhrif bryder i yw fy mod i'n asthmatig. Rydw i'n meddwl y bydd y llwch yn yr aer o ganlyniad i'r chwarela'n gwneud fy nghyflwr yn waeth. Efallai y bydd y pentref yn elwa o gael y chwarel yma, ond rydw i'n poeni am fy iechyd.'

Ffigur 6.4 Rhai safbwyntiau ynghylch datblygu chwarel galchfaen.

✓ Profwch eich hun

1. Pa un o'r carbonadau metel hyn sydd hawsaf ei ddadelfennu pan fydd yn cael ei wresogi – calsiwm carbonad neu alwminiwm carbonad? Rhowch reswm dros eich ateb.
2. Beth yw enw cemegol
   a) calch brwd?
   b) calch tawdd?
3. Mae'r adwaith rhwng calsiwm ocsid a dŵr yn eithriadol o ecsothermig. Beth yw ystyr hyn?
4. Beth yw swyddogaeth calchfaen yn y broses o gynhyrchu haearn a dur?
5. Pa gyfansoddyn sy'n gyfrifol am y lliw 'llaethog' rydym ni'n ei weld pan mae carbon deuocsid yn cael ei fyrlymu trwy ddŵr calch (calsiwm hydrocsid)?
6. Pa un o briodweddau calsiwm carbonad sy'n ei wneud yn ddefnyddiol yn y diwydiant amaeth?

▼ Crynodeb o'r bennod

- Mae sefydlogrwydd carbonadau metel a'u dadelfeniad thermol i gynhyrchu ocsidau a charbon deuocsid yn dangos tuedd, ac mae gan y metelau mwy adweithiol garbonadau mwy sefydlog sydd angen mwy o wres er mwyn sicrhau dadelfeniad thermol.
- Calsiwm carbonad, calsiwm ocsid a chalsiwm hydrocsid yw'r enwau cemegol am galchfaen, calch brwd a chalch tawdd, yn y drefn honno.
- Mae cylchred o adweithiau sy'n cynnwys calchfaen a chynnyrch wedi'i wneud ohono, gan gynnwys adwaith ecsothermig calch brwd â dŵr (i gynhyrchu calch tawdd) ac adwaith dŵr calch â charbon deuocsid (i gynhyrchu calsiwm carbonad).
- Mae calchfaen yn cael ei ddefnyddio i gynhyrchu haearn a dur, adeiladu ffyrdd, niwtralu asidedd pridd ac i wneud sment.
- Mae manteision ac anfanteision yn gysylltiedig â chwarela calchfaen, o safbwynt cymdeithasol, economaidd ac amgylcheddol.

Cwestiynau ymarfer

1 Mae'r siart llif yn Ffigur 6.5 yn amlinellu'r camau sydd ynghlwm â pharatoi dŵr calch o galchfaen.

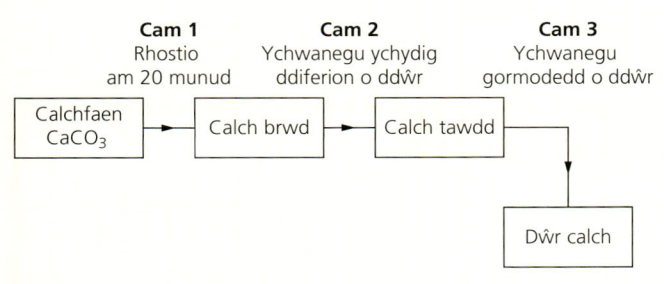

Cam 1 Rhostio am 20 munud
Cam 2 Ychwanegu ychydig ddiferion o ddŵr
Cam 3 Ychwanegu gormodedd o ddŵr

Calchfaen $CaCO_3$ → Calch brwd → Calch tawdd → Dŵr calch

Ffigur 6.5

a) Ysgrifennwch **hafaliad symbolau cytbwys** ar gyfer yr adwaith sy'n digwydd yn **Cam 2**. [3]

b) Rhowch y cam yn y siart llif sy'n
   i) ecsothermig iawn. [1]
   ii) dangos dadelfeniad thermol. [1]

c) Disgrifiwch brawf syml y byddech chi'n ei wneud i ddangos bod dŵr calch yn cael ei ffurfio yn **Cam 3**. Bydd angen cynnwys canlyniad y prawf. [1]

ch) Mae calchfaen yn ddefnydd crai pwysig, ac mae'n rhaid chwarela i'w gael. Mae manteision ac anfanteision yn gysylltiedig â chwarela calchfaen. Yn eich barn chi, ydy manteision chwarela am galchfaen yn gorbwyso (*outweigh*) yr anfanteision? Rhowch **ddau** reswm i gefnogi eich ateb. [2]

(O TGAU Cemeg C3 Uwch CBAC, haf 2013, cwestiwn 6)

2 Mae Carl yn ymchwilio i ddadelfeniad carbonadau. Mae e'n gwresogi 10.0 g o gopr(II) carbonad gwyrdd mewn tiwb berwi ac yn pwyso'r tiwb bob 30 eiliad.

Mae ei ganlyniadau i'w gweld yn Nhabl 6.2.

Tabl 6.2

Amser (s)	0	30	60	90	120	150	180
Màs y tiwb a'r powdr (g)	19.6	17.2	15.8	15.0	14.6	14.6	14.6
Màs y powdr (g)	10	7.6	6.2	.....	5.0	5.0	5.0

a) Defnyddiwch y wybodaeth yn y tabl i gyfrifo màs y powdr sy'n bresennol yn y tiwb berwi ar ôl 90 eiliad. [2]

b) Ar ddiwedd yr arbrawf, mae powdr du ar ôl yn y tiwb. Enwch y powdr du. [1]

c) Ysgrifennwch hafaliad symbol cytbwys i ddangos dadelfeniad thermol copr(II) carbonad. [3]

(O TGAU Cemeg C3 Uwch CBAC, haf 2011, cwestiwn 4)

3 a) Mae'r tabl isod yn dangos gwybodaeth am dri sylwedd. Copïwch a llenwch y tabl. [3]

Enw cyffredin	Enw cemegol	Fformiwla gemegol
	calsiwm carbonad	$CaCO_3$
calch brwd	calsiwm ocsid	
calch tawdd		$Ca(OH)_2$

b) Mae grŵp o ddisgyblion yn ymchwilio i gyfansoddiad plisg wyau. Maen nhw'n amau bod y plisg wyau'n cynnwys calsiwm carbonad. Maen nhw'n cynnal y profion canlynol.

   i) Prawf fflam

   Dewiswch o'r rhestr isod y lliw y byddech chi'n disgwyl ei weld os yw plisg wyau yn cynnwys ïonau calsiwm. [1]

   coch brics   lelog   gwyn   gwyrdd   melyn

   ii) Profi am ïonau carbonad trwy ychwanegu asid hydroclorig gwanedig

   Enwch y nwy sy'n cael ei ffurfio os yw plisg wyau yn cynnwys ïonau carbonad. Disgrifiwch y prawf y byddech chi'n ei wneud i adnabod y nwy hwn. Dylech chi gynnwys y canlyniad ar gyfer eich prawf. [2]

   iii) Dywedwyd wrth y disgyblion bod 2.0 g o blisgyn wy yn cynnwys 1.9 g o galsiwm carbonad. Cyfrifwch y canran o galsiwm carbonad yn y plisg wyau hyn. [2]

c) Mae chwarel galchfaen newydd yn cael ei chynnig mewn ardal. Mae gan y trigolion lleol nifer o bryderon yn ei chylch. Maen nhw'n pryderu am lygredd – llygredd llwch a llygredd sŵn o ganlyniad i ffrwydro'r graig ac o'r lorïau sy'n mynd i mewn ac allan o'r safle. Maen nhw'n ofni hefyd y bydd y pyllau chwarel yn hyll ac y bydd cynefinoedd yn cael eu dinistrio yn sgil cloddio ar y safle. Mae perchennog y chwarel yn awgrymu y bydd plannu coed o amgylch y chwarel yn lleihau effaith llygredd sŵn a hefyd yn cysgodi'r safle o'r golwg.

   i) Awgrymwch ddau beth arall y gallai perchennog y chwarel eu gwneud i leihau effaith y chwarel ar yr amgylchedd lleol. [2]

   ii) Awgrymwch ddwy fantais o chwarela calchfaen i'r ardal leol. [2]

7 Bondio, adeiledd a phriodweddau

🏠 Cynnwys y fanyleb

Mae'r bennod hon yn ymdrin ag adran **1.7 Bondio, adeiledd a phriodweddau** yn y fanyleb TGAU Cemeg ac adran **2.5 Bondio, adeiledd a phriodweddau** yn y fanyleb TGAU Gwyddoniaeth (Dwyradd). Mae'n edrych ar briodweddau metelau, cyfansoddion ïonig, a sylweddau cofalent syml ac enfawr. Mae'r bennod yn egluro'r newidiadau mewn atomau ac adeiledd electronau yn ystod bondio ïonig a chofalent, ac mae'n cysylltu'r rhain ag adeileddau'r sylweddau sy'n ganlyniad i'r newidiadau hyn. Mae hefyd yn disgrifio priodweddau nanoddefnyddiau a defnyddiau clyfar a sut maen nhw'n cael eu defnyddio.

Yn y bennod hon, byddwn ni'n darganfod beth yw'r berthynas rhwng priodweddau defnyddiau a'u hadeiledd, a pham mae priodweddau gwahanol gan ddefnyddiau gwahanol. Byddwn ni'n dechrau trwy edrych ar bedwar grŵp cyffredin o ddefnyddiau (Ffigur 7.1).

dŵr — moleciwl cofalent syml
copr — metel
sodiwm clorid — cyfansoddyn ïonig
graffit, diemwnt — moleciwl cofalent enfawr

defnyddiau

Ffigur 7.1 Pedwar grŵp o ddefnyddiau.

Priodweddau metelau

> **Termau allweddol**
>
> **Priodwedd ffisegol** Unrhyw briodwedd y gellir ei mesur ac y mae ei gwerth yn disgrifio cyflwr neu ymddangosiad ffisegol.
>
> **Priodwedd gemegol** Nodwedd sylwedd, sy'n cael ei harsylwi yn ystod adwaith cemegol.

Yn aml, bydd gwyddonwyr yn grwpio pethau gyda'i gilydd er mwyn trefnu gwybodaeth. Mae aelodau grŵp yn rhannu rhai pethau cyffredin, ac mae metelau yn enghraifft o grŵp o'r fath. Mae gan fetelau **briodweddau ffisegol** a **chemegol** tebyg sy'n eu gwahaniaethu oddi wrth yr anfetelau.

Dyma briodweddau cyffredinol metelau:

- **Cryf**: Mae cryf yn derm sydd braidd yn niwlog mewn bywyd pob dydd, a gall olygu llawer o bethau gwahanol. Mewn gwyddoniaeth, mae defnydd cryf yn un nad yw'n hawdd ei dorri. Brau yw'r gwrthwyneb i gryf. Mae metelau'n gryf ar y cyfan, er bod rhai yn llawer cryfach na'i gilydd.
- **Hydrin a hydwyth**: Mae'r rhain yn briodweddau tebyg er eu bod yn wahanol i'w gilydd hefyd. Mae hydrin yn golygu y gall defnydd gael ei blygu, ei forthwylio neu ei wasgu i mewn i wahanol siapiau parhaol. Mae hydwyth yn golygu y gall defnydd gael ei estyn i ffurfio gwifrau.
- **Ymdoddbwyntiau a berwbwyntiau uchel**: Eithriad i hyn yw mercwri, sy'n hylif ar dymheredd ystafell.
- **Dargludyddion trydan da**: Mae pob metel yn dargludo trydan i ryw raddau, er bod eu dargludedd yn amrywio'n sylweddol (gweler Ffigur 7.2).
- **Dargludyddion gwres da**: Mae gan y metelau **ddargludedd thermol** uchel. Mae'r rhai sy'n dda ar gyfer dargludo trydan hefyd yn dda ar gyfer dargludo gwres.
- **Sgleiniog ar ôl cael eu llathru** (*polish*): Weithiau, mae'r briodwedd hon yn cael ei disgrifio fel **gloyw** (*shiny*). Mae metelau mwy adweithiol haen ocsid yn ffurfio ar arwyneb (e.e. rhwd ar haearn) wrth iddynt adweithio ag ocsigen yn yr aer, sy'n eu pylu.
- **Dwysedd uchel**: Mae'r ffordd mae atomau metel yn bondio â'i gilydd yn tueddu i roi dwysedd uchel iddynt.
- **Adweithio ag ocsigen i ffurfio ocsidau sylfaenol**: mae adweithedd metelau yn amrywio cryn dipyn. Platinwm, aur ac arian yw'r metelau lleiaf adweithiol, a dydyn nhw ddim yn ffurfio ocsidau yn naturiol.

Ffigur 7.2 Dargludedd trydanol metelau gwahanol.

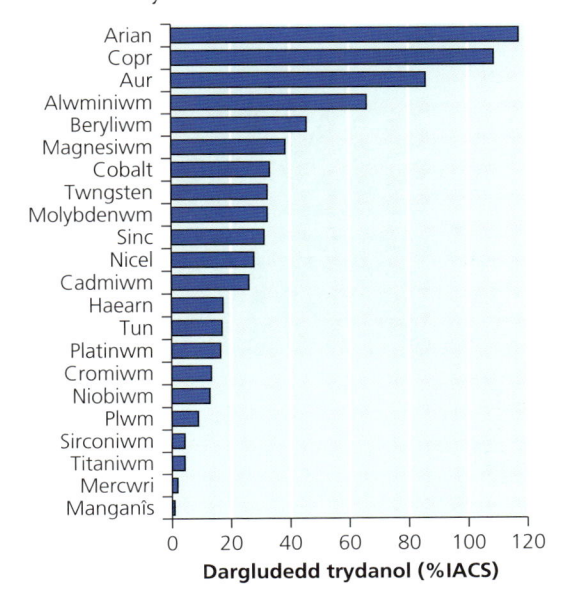

Egluro dargludedd metelau

Mae copr yn arbennig o dda ar gyfer dargludo trydan a gwres, ac mae'n cael ei ddefnyddio fel enghraifft yma. Mae gan gopr, fel pob metel solet, adeiledd ar ffurf **dellten** (patrwm rheolaidd 3 dimensiwn) o ïonau positif y mae 'môr' o **electronau rhydd** yn gallu symud drwyddo. Mae'r ïonau positif a'r 'môr' o electronau negatif yn rhyngweithio i ffurfio bondiau metelig. Yr electronau rhydd yw electronau allanol yr atomau copr, sy'n cael eu tynnu oddi ar yr atomau pan maen nhw'n rhewi at ei gilydd i wneud y copr solet; mae gweddill yr atom yn ffurfio'r creiddiau ïonau positif.

Mae'r model dellten/electronau rhydd yn egluro dargludedd trydanol a thermol uchel metelau, gan gynnwys copr. Mae'r môr o electronau rhydd yn gallu symud yn rhwydd trwy adeiledd y metel. Mae electronau'n cludo gwefr negatif, felly cerrynt trydanol yw symudiad yr electronau rhydd trwy'r adeiledd – o negatif i bositif. Mae'r ïonau positif yn agos at ei gilydd ac mae bondiau metelig yn eu bondio nhw â'i gilydd. Mae'n hawdd i'r adeiledd basio dirgryniad gronynnau poeth o un gronyn i'r gronyn nesaf; hefyd, mae'r electronau rhydd yn gallu symud yn fwy cyflym wrth iddynt gael eu gwresogi gan drosglwyddo'r gwres o boeth i oer trwy'r adeiledd – mae hyn yn egluro pam mae metelau'n ddargludyddion thermol da. Mae trefn yr ïonau positif mewn copr a nifer yr electronau rhydd yn golygu bod copr yn arbennig o dda am ddargludo trydan a gwres (Ffigurau 7.3 a 7.4).

Ffigur 7.3 Mae copr yn ddargludydd trydanol a thermol da iawn. Am y rhesymau hyn, mae'n cael ei ddefnyddio i wneud gwifrau trydanol a sosbenni coginio.

Ffigur 7.4 Adeiledd metelig copr.

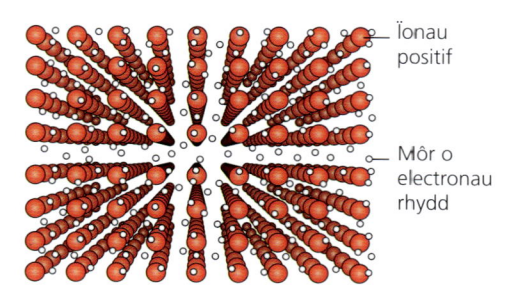

> ✓ **Profwch eich hun**
>
> 1 Pa ddwy o briodweddau metelau sy'n gwneud copr yn ddefnydd hynod o addas ar gyfer gwifrau trydanol?
> 2 Fel arfer, anfetel yw'r handlen ar sosbenni coginio. Awgrymwch reswm am hyn.
> 3 Pam mae'r metelau llai adweithiol (e.e. arian ac aur) yn fwy sgleiniog na'r rhai mwy adweithiol?
> 4 Pam mae metelau'n ddargludyddion trydan da?

▶ Cyfansoddion ïonig a bondiau ïonig

Mae cyfansoddion ïonig yn rhai lle mae'r gronynnau wedi'u huno gan fondiau ïonig. Mae bondiau ïonig yn cael eu ffurfio rhwng gronynnau sydd wedi'u gwefru'n ddirgroes i'w gilydd (**ïonau**). Rydym ni wedi gweld ym Mhennod 2 bod gronynnau ar eu mwyaf sefydlog pan fydd ganddynt blisgyn allanol llawn o electronau. Mae atomau sydd â phlisgyn allanol eithaf llawn (anfetelau) yn tueddu i ennill electronau ac felly'n datblygu gwefr negatif. Bydd atomau gydag ychydig iawn o electronau yn eu plisgyn allanol (metelau) yn tueddu i golli'r electronau hynny ac felly'n datblygu gwefr bositif. Mae gronynnau wedi'u gwefru'n bositif a gronynnau wedi'u gwefru'n negatif yn atynnu ei gilydd. Os yw elfen fetelig ac elfen anfetelig yn agos at ei gilydd, bydd y metel yn rhoi un neu fwy o electronau i'r anfetel, a bydd y ddau ïon wedi'u gwefru wedyn yn bondio â'i gilydd. Mae Ffigur 7.5 yn dangos y broses hon ar gyfer ffurfio sodiwm clorid.

Ffigur 7.5 Atomau ac ïonau sodiwm a chlorin

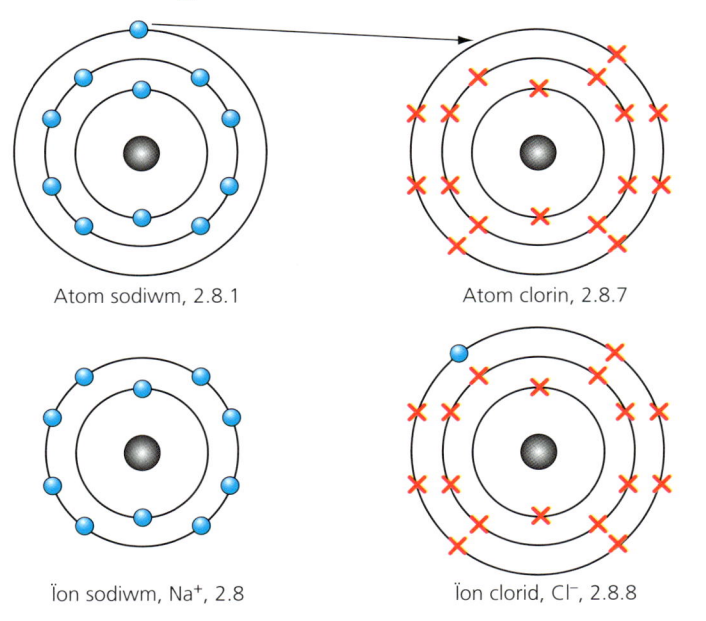

Atom sodiwm, 2.8.1   Atom clorin, 2.8.7

Ïon sodiwm, Na$^+$, 2.8   Ïon clorid, Cl$^-$, 2.8.8

Pan fydd sodiwm yn adweithio â chlorin i wneud sodiwm clorid, bydd angen i'r atom sodiwm golli ei electron mwyaf allanol (i ganiatáu i'w blisgyn allanol newydd fod yn llawn), a bydd angen i glorin ennill electron (i lenwi ei blisgyn allanol). Bydd yr atomau sodiwm yn troi'n ïonau sodiwm, Na$^+$ (gan eu bod wedi colli electron), a bydd yr atomau clorin yn troi'n ïonau clorid, Cl$^-$ (gan eu bod wedi ennill electron). Bydd atyniad electrostatig cryf rhwng yr ïonau sydd wedi'u gwefru'n ddirgroes – bond ïonig yw'r enw ar hyn.

I grynhoi, mae bondiau ïonig yn cael eu ffurfio **trwy drosglwyddo electronau o un atom** i'r llall i ffurfio ïonau sy'n atynnu ei gilydd.

Mae gan yr halwynau sy'n cael eu ffurfio pan mae metelau'n adweithio ag anfetelau enwau sy'n adlewyrchu'r ïon metel a'r ïon anfetel. Mae'r ïonau metel yn rhannu'r un enw a'u hatom, felly mae atomau sodiwm yn troi'n ïonau sodiwm. Mae enwau ïonau anfetelau ychydig yn wahanol. Mae ocsigen yn ffurfio ocsidau, fflworin yn ffurfio fflworidau, clorin yn ffurfio cloridau, bromin yn ffurfio bromidau ac mae ïodin yn ffurfio ïodidau.

Rydym ni'n gallu defnyddio fformiwlâu'r ïonau yn Nhablau 7.1 a 7.2 i ysgrifennu fformiwlâu cyfansoddion ïonig syml. Pryd bynnag mae cyfansoddion ïonig yn cael eu ffurfio o fetelau ac anfetelau, bydd y cyfansoddion yn drydanol niwtral – bydd nifer y gwefrau positif yn cydbwyso nifer y gwefrau negatif. Mae sodiwm clorid yn hawdd. Yr ïon sodiwm yw Na^+ a'r ïon clorid yw Cl^-. Y fformiwla yw $(Na^+)(Cl^-)$, ac rydym ni'n ei hysgrifennu fel NaCl fel arfer.

Yr ïon calsiwm yw Ca^{2+}. Mae hyn yn golygu bod angen dau ïon clorid i gydbwyso'r un ïon calsiwm. Y fformiwla ar gyfer calsiwm clorid yw $(Ca^{2+})(2Cl^-)$, ac rydym ni fel arfer yn ei hysgrifennu fel $CaCl_2$.

Tabl 7.1 Fformiwlâu rhai ïonau positif.

Gwefr +1		Gwefr +2		Gwefr +3	
Sodiwm	Na^+	Magnesiwm	Mg^{2+}	Alwminiwm	Al^{3+}
Potasiwm	K^+	Calsiwm	Ca^{2+}	Haearn(III)	Fe^{3+}
Lithiwm	Li^+	Bariwm	Ba^{2+}	Cromiwm(III)	Cr^{3+}
Amoniwm	NH_4^+	Copr(II)	Cu^{2+}		
Arian	Ag^+	Plwm(II)	Pb^{2+}		
		Haearn(II)	Fe^{2+}		

Tabl 7.2 Fformiwlâu rhai ïonau negatif.

Gwefr −1		Gwefr −2		Gwefr −3	
Clorid	Cl^-	Ocsid	O^{2-}	Ffosffad	PO_4^{3-}
Bromid	Br^-	Sylffad	SO_4^{2-}		
Ïodid	I^-	Carbonad	CO_3^{2-}		
Hydrocsid	OH^-				
Nitrad	NO_3^-				

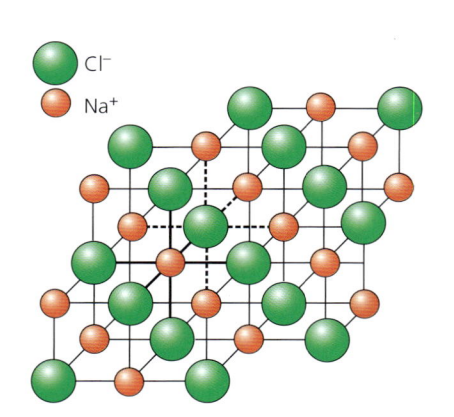

Ffigur 7.6 Dellten ïonau sodiwm clorid.

Priodweddau cyfansoddion ïonig

Byddwn ni'n defnyddio sodiwm clorid fel enghraifft nodweddiadol o gyfansoddyn ïonig. Mae'r miliynau o ïonau sodiwm ac ïonau clorid mewn crisial sodiwm clorid yn cael eu dal at ei gilydd mewn dellten rheolaidd 3 dimensiwn (adeiledd rheolaidd ailadroddol) gan rymoedd electrostatig cryf (gweler Ffigur 7.6). Rydym ni'n cyfeirio at hyn fel **adeiledd ïonig enfawr**.

Mae'r ïonau mewn grisialau sodiwm clorid wedi'u trefnu mewn **dellten giwbig**, lle mae pob ïon wedi'i amgylchynu gan y chwe chymydog agosaf sydd â gwefr ddirgroes iddo. Mae Ffigur 7.6 yn dangos hyn. Mae'r ffordd symlaf o dynnu llun o drefniant yr ïonau yn y ddellten i'w gweld yn Ffigur 7.7 – **cell uned** sodiwm clorid yw'r enw ar hyn.

Mae **ymdoddbwyntiau uchel** cyfansoddion ïonig, yn enwedig sodiwm clorid, yn gallu cael eu hegluro gan y ffaith bod pob ïon sodiwm yn atynnu'r holl ïonau clorid sydd o'i gwmpas, ac i'r gwrthwyneb, felly mae angen llawer o egni i oresgyn y grym

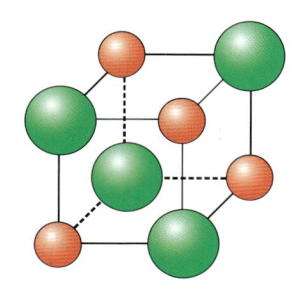

Ffigur 7.7 Cell uned sodiwm clorid.

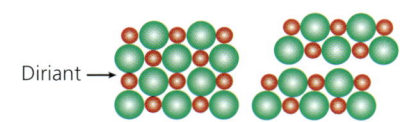

Ffigur 7.8 Mae halen yn frau.

atynnol. Gallwn ni ddarparu'r egni hwn trwy wresogi, ond mae angen tymheredd uchel i roi digon o egni i dorri'r bondiau ïonig.

Dydy cyfansoddion ïonig solet ddim yn dargludo trydan oherwydd mae'r ïonau sodiwm a'r ïonau clorid wedi'u dal mewn safleoedd penodol o fewn eu delten a dydyn nhw ddim yn rhydd i symud. Os nad oes gronynnau wedi'u gwefru yn symud, does dim dargludiad trydanol. **Pan mae cyfansoddion ïonig yn dawdd, neu pan maen nhw wedi'u hydoddi mewn dŵr, dydyn nhw ddim yn dargludo trydan** oherwydd mae'r ddelten yn ymddatod ac mae'r ïonau'n rhydd i symud – mae'r ïonau symudol yn creu cerrynt trydanol.

Mae sylweddau ïonig yn frau. Os caiff grisial ei roi dan ddiriant (straen), gan symud yr haenau ïonau ychydig, bydd yr haenau ïonau'n tueddu i neidio dros ei gilydd (Ffigur 7.8). Bydd hyn yn rhoi ïonau â'r un wefr wrth ochr ei gilydd a byddant yn gwrthyrru ei gilydd ac felly yn torri.

> ✓ **Profwch eich hun**
>
> 5 Beth yw ïon?
> 6 Sut mae ïonau sodiwm a chlorid yn cael eu ffurfio o atomau sodiwm a chlorin?
> 7 Mae Calsiwm (Ca) yng Ngrŵp 2 y Tabl Cyfnodol. Beth yw fformiwla ïon calsiwm? Eglurwch eich ateb.
> 8 Sut mae bondiau ïonig yn cael eu ffurfio?
> 9 Mae sodiwm clorid tawdd a hydoddiant sodiwm clorid yn dargludo trydan, ond nid yw hyn yn wir am sodiwm clorid solet. Eglurwch.
> 10 Mae calsiwm ocsid yn gyfansoddyn ïonig. Mae gan galsiwm ddau electron yn ei blisgyn allanol, ac mae gan ocsigen chwech electron yn ei blisgyn allanol. Lluniadwch ddiagramau dot a chroes i ddangos sut mae calsiwm ocsid yn cael ei ffurfio trwy drosglwyddo electronau o atomau calsiwm i atomau ocsigen.

Cyfansoddion cofalent a bondiau cofalent

Mae hi'n anodd iawn i rai atomau lenwi eu plisgyn allanol trwy ennill neu golli electronau. Unwaith y mae electron yn cael ei golli, er enghraifft, bydd y wefr bositif sy'n dilyn yn tueddu i atynnu electronau, ac felly yn ei gwneud hi'n anodd colli un arall. Dydy atomau sy'n gorfod colli neu ennill tri neu bedwar o electronau er mwyn cael plisgyn allanol llawn ddim yn ffurfio ïonau yn aml, os o gwbl. Maen nhw'n ffurfio cyfansoddion trwy greu **bondiau cofalent** sy'n **rhannu electronau**. Mae dŵr yn enghraifft o gyfansoddyn cofalent.

Pan fydd dau neu ragor o atomau yn uno â'i gilydd trwy fondiau cofalent, **moleciwl** yw'r enw sy'n cael ei roi ar yr adeiledd sy'n dilyn.

Pan mae moleciwlau dŵr yn ffurfio wrth i hydrogen adweithio ag ocsigen, mae dau atom hydrogen yn uno ag un atom ocsigen. Mae un electron ym mhlisgyn allanol hydrogen, ac mae angen un arall i gael dau a llenwi ei blisgyn allanol. Mae chwe electron ym mhlisgyn allanol ocsigen, ac mae angen cael dau arall i lenwi ei blisgyn allanol.

Mae Ffigur 7.9 yn dangos diagram dot a chroes hydrogen ac ocsigen yn ffurfio dŵr. Mae'r atom ocsigen a'r ddau atom hydrogen yn rhannu electronau – yna mae plisgyn electronau allanol llawn gan bob atom.

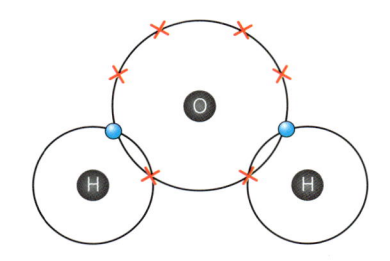

Ffigur 7.9 Moleciwl dŵr yn dangos sut mae bondiau cofalent yn cael eu ffurfio.

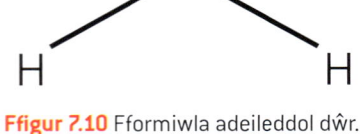

Pâr o electronau sy'n cael ei rannu rhwng dau atom yw'r bond cofalent. Mae bondiau cofalent yn gryf iawn. Mae'n cymryd llawer o egni i'w torri. Fodd bynnag, dim ond atyniad gwan iawn sydd rhwng y moleciwlau, gan fod pob moleciwl yn niwtral. Mae hyn yn golygu bod ymdoddbwyntiau isel gan sylweddau cofalent solet, oherwydd does dim angen llawer o egni i wahanu'r moleciwlau a throi'r solid yn hylif. Mae'r grymoedd rhyngfoleciwlaidd gwan hyn yn egluro pam mae cynifer o gyfansoddion cofalent fel dŵr yn hylifau neu'n nwyon ar dymheredd ystafell. Fel rheol, caiff bondiau cofalent eu cynrychioli gan linell rhwng yr atomau i ddangos ble mae'r bond. Enw'r math hwn o ddiagram yw fformiwla adeileddol, ac er bod y moleciwlau eu hunain mewn tri dimensiwn, caiff fformiwlâu adeileddol eu lluniadu mewn dau ddimensiwn fel rheol. Mae Ffigur 7.10 yn dangos fformiwla adeileddol dŵr.

Ffigur 7.10 Fformiwla adeileddol dŵr.

Priodweddau cyfansoddion cofalent

Fel y nodwyd uchod, mae'r grymoedd rhyngfoleciwlaidd gwan mewn cyfansoddion cofalent yn golygu bod ganddynt **ymdoddbwyntiau a berwbwyntiau isel**. Ar dymheredd ystafell, mae'r rhan fwyaf o gyfansoddion cofalent yn nwyon, hylifau neu'n solidau. **Dydyn nhw ddim yn dargludo trydan** gan nad oes ganddynt electronau rhydd ac nad ydyn nhw'n ffurfio ïonau, felly dydyn nhw ddim yn gallu cludo cerrynt. Rydych chi bob amser yn cael eich cynghori i gadw trydan a dŵr ar wahân oherwydd y risg o gael sioc. Ond eto i gyd, prin bod dŵr pur yn dargludo trydan o gwbl, gan ei fod yn gyfansoddyn cofalent. Fodd bynnag, mae dŵr yn hydoddi cyfansoddion ïonig ac mae'r ïonau sy'n cael eu ffurfio yn dargludo trydan, ac mewn bywyd pob dydd yn anaml iawn y byddwn ni'n dod ar draws dŵr heb unrhyw amhureddau ynddo, a dyna pam mae 'dŵr' yn cael ei ystyried yn ddargludydd da.

▶ Sylweddau cofalent enfawr

Ffigur 7.11 Diemwnt a graffit.

Mae rhai sylweddau cofalent yn bodoli ar ffurf adeileddau enfawr ag ymdoddbwyntiau uchel, oherwydd mae'r atomau i gyd wedi'u dal at ei gilydd gan fondiau cofalent cryf iawn. Er bod gan sylweddau cofalent ymdoddbwyntiau a berwbwyntiau isel fel arfer o ganlyniad i'r grymoedd rhyngfoleciwlaidd gwan, mae sylweddau cofalent enfawr, i bob pwrpas, yn un moleciwl mawr. Mae graffit a diemwnt yn enghreifftiau o adeileddau cofalent enfawr. Mae diemwnt a graffit yn ddwy ffurf ffisegol wahanol o garbon – enw'r rhain yw **alotropau** (ffurfiau ffisegol gwahanol o'r un sylwedd). Mae diemwnt

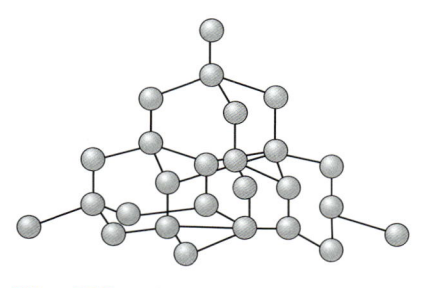

Ffigur 7.12 Adeiledd diemwnt.

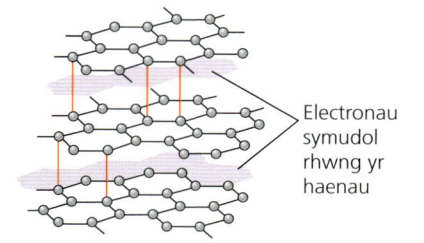

Ffigur 7.13 Adeiledd graffit.

Electronau symudol rhwng yr haenau

a graffit ill dau'n cynnwys bondiau cofalent rhwng atomau carbon (Ffigurau 7.12 a 7.13).

Mae'r atomau carbon mewn diemwnt i gyd wedi'u cysylltu â phedwar atom carbon arall gan fond cofalent cryf. Mae'r adeiledd yn ddellten 3 dimensiwn yn seiliedig ar gell uned detrahedrol, gyda phob atom carbon ar gornel tetrahedron (gweler Ffigur 7.14).

Mae priodweddau graffit yn wahanol iawn i briodweddau diemwnt er gwaetha'r ffaith bod y ddau wedi'u gwneud o atomau carbon wedi'u huno gan fondiau cofalent yn unig (gweler Tabl 7.3). Mae hyn oherwydd bod yr atomau wedi'u trefnu mewn ffordd wahanol. Mae graffit wedi ei wneud o haenau o atomau carbon, wedi'u trefnu mewn cylchoedd hecsagonol. Mae pob atom carbon yn ffurfio bond cofalent cryf â thri arall yn yr un haen. Fodd bynnag, mae'r bondiau rhwng yr haenau'n eithaf gwan ac yn galluogi'r haenau o gylchoedd hecsagonol i lithro dros ei gilydd.

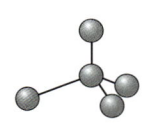

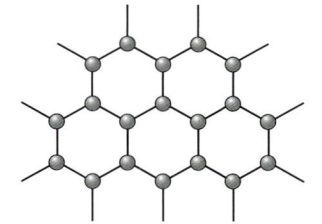

Ffigur 7.14 Cell uned detrahedrol diemwnt.   **Ffigur 7.15** Adeiledd haenau hecsagonol graffit.

Tabl 7.3 Priodweddau ffisegol diemwnt a graffit

Priodweddau ffisegol diemwnt	Priodweddau ffisegol graffit
Tryloyw a grisialog – yn cael ei ddefnyddio fel carreg mewn gemwaith	Solid sgleiniog llwyd/du
Caled dros ben – yn cael ei ddefnyddio i dorri gwydr, a chaiff diemwntau diwydiannol bach eu defnyddio mewn ebillion dril (*drill bit*) i archwilio am olew ac ati	Meddal iawn – yn cael ei ddefnyddio fel iraid ac mewn pensiliau
Ynysydd trydanol	Anfetel sy'n dargludo trydan. Caiff graffit ei ddefnyddio i wneud electrodau mewn rhai prosesau gweithgynhyrchu
Ymdoddbwynt uchel iawn, dros 3500°C	Ymdoddbwynt uchel iawn, dros 3600°C

Egluro prif nodweddion ffisegol diemwnt a graffit

Mae'r atomau carbon yn yr haenau o graffit wedi'u dal at ei gilydd gan dri bond cofalent cryf, sy'n ffurfio'r haen o gylchoedd hecsagonol. Mae carbon yn elfen Grŵp 4, felly mae ganddo bedwar electron allanol; mae angen iddo rannu pedwar electron arall i gael plisgyn electronau allanol llawn. Mae'n cael tri o'r electronau hyn o'r atomau carbon yn y cylch hecsagonol. Mae'r pedwerydd electron o bob atom, sydd ddim yn cael ei ddefnyddio yn y bondiau **o fewn** yr haenau, yn ymuno â system ddadleoledig o electronau **rhwng** yr haenau o atomau carbon. Mae graffit yn dargludo trydan ar hyd yr haenau gan fod ganddo electronau wedi'u gwefru sy'n rhydd i symud, gan ffurfio cerrynt trydanol. Dydy graffit ddim yn dargludo trydan ar draws yr haenau. Mae'r haenau hecsagonol mewn graffit yn gallu llithro ar draws ei gilydd (oherwydd bod y bondiau rhwng yr haenau'n wan iawn), sy'n rhoi teimlad llithrig a phriodweddau iro i'r graffit. Mae bondiau cofalent cryf yn dal yr atomau carbon at

Sylweddau cofalent enfawr

89

ei gilydd, felly dydy gwres ddim yn cael llawer o effaith ar graffit ac mae ei ymdoddbwynt yn uchel.

Mewn diemwnt, mae'r pedwar electron allanol i gyd yn bondio'n gofalent â phedwar atom carbon arall. Canlyniad hyn yw adeiledd cofalent anhyblyg enfawr. Dyma beth sy'n gwneud diemwnt yn anhygoel o galed ac yn rhoi ymdoddbwynt uchel iddo, oherwydd mae angen llawer o egni i dorri'r ddellten. Does dim electronau rhydd i ddargludo trydan.

> ### ✓ Profwch eich hun
>
> 11 Sut mae bond cofalent yn cael ei ffurfio rhwng dau atom?
> 12 Pam mae cyfansoddion cofalent syml yn tueddu i fod ag ymdoddbwyntiau a berwbwyntiau isel?
> 13 Lluniadwch ddiagram dot a chroes i ddangos y bondiau cofalent yn y moleciwlau canlynol:
>   a) nwy hydrogen clorid (HCl)
>   b) amonia (NH_3)
>   c) methan (CH_4)
> 14 Eglurwch pam mae graffit yn dargludo trydan yn dda, er ei fod yn anfetel.
> 15 Eglurwch pam mae diemwnt mor galed.

▶ Ffwlerenau, nanotiwbiau a graffen

Mae'r ffwlerenau yn grŵp o alotropau carbon. Maen nhw'n cael eu gwneud o beli, 'cewyll' neu diwbiau o atomau carbon.

Nanotiwbiau

Mae nanotiwbiau carbon yn un math o ffwleren. Maen nhw'n diwbiau ar raddfa foleciwlaidd o ffurf ar garbon tebyg i graffit, ac mae ganddynt briodweddau arbennig. Mae nanotiwbiau carbon ymysg y ffibrau cryfaf a mwyaf anystwyth sy'n hysbys i ni ac mae ganddynt briodweddau electronig anhygoel: gan ddibynnu ar eu hunion adeiledd, gallant ddargludo trydan yn well na chopr – a hyn i gyd mewn tiwb sydd tua 10000 gwaith yn fwy tenau na blewyn dynol.

Caiff nanotiwbiau carbon eu creu pan mae haenau graffit yn ffurfio ac yna'n rholio i wneud tiwbiau yn lle cael eu gosod mewn haenau (Ffigur 7.16). Mae bondiau cofalent yr haenau carbon hecsagonol yn golygu bod nanotiwbiau carbon yn anhygoel o gryf, ac mae'r electronau rhydd yn golygu eu bod nhw'n dargludo trydan yn dda. Un ffordd arfaethedig o ddefnyddio nanotiwbiau carbon yw ar gyfer cysylltiadau mewn cylchedau electronig bach iawn. Wrth i gylchedau electronig fynd yn llai, dydy cysylltiadau confensiynol ddim yn ymarferol, ac efallai mai technoleg nanotiwbiau fydd yr ateb. Y broblem ar hyn o bryd yw trefnu miloedd o nanotiwbiau mewn patrwm diffiniedig i wneud cylched – dydy'r dechnoleg ddim yn gadael i ni wneud hyn eto. Hyd yma, mae'r defnydd o nanotiwbiau carbon ar y cyfan yn seiliedig ar eu cryfder. Caiff defnyddiau swmp (*bulk*) eu gwneud o fàs o nanotiwbiau a'u defnyddio ar gyfer cydrannau beiciau, cyrff cychod a resinau epocsi i fondio cydrannau perfformiad uchel mewn tyrbinau gwynt a chyfarpar chwaraeon (Ffigur 7.17).

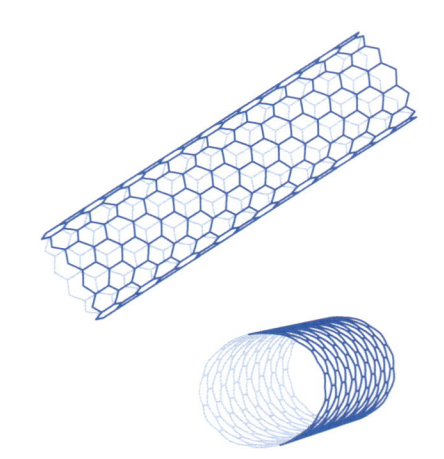

Ffigur 7.16 Nanotiwbiau carbon.

Ffigur 7.17 Mae nanotiwbiau carbon yn cael eu defnyddio i atgyfnerthu'r resin sy'n dal y ffibrau carbon at ei gilydd mewn fframiau beiciau.

Mae nanotiwbiau carbon hefyd wedi eu defnyddio mewn microsgopau grym atomig, mewn sgaffaldau ar gyfer meinwe esgyrn ac wrth drin canser.

Ffwlerenau eraill

Mae gan ffwlerenau eraill siapiau gwahanol i nanotiwbiau – naill ai peli neu 'cewyll'. Mae un enghraifft, Buckminsterfullerene (sy'n cael ei alw'n 'buckyballs' weithiau) yn cael ei ddangos yn Ffigur 7.18.

Mae'n cynnwys moleciwl enfawr o 60 o atomau carbon ar ffurf pêl. Gall y peli hyn ffitio i'w gilydd i ffurfio solid melyn tryloyw o'r enw ffwlerit. Mae 'buckyballs' eraill wedi cael eu gwneud o 70, 76 a 84 o atomau carbon. Mae'r priodweddau'n gyffredinol debyg i briodweddau nanotiwbiau, ac unwaith eto maen nhw'n gryf iawn. Fodd bynnag mae'r adeiledd caeedig yn golygu eu bod yn gallu dal moleciwlau eraill, ac felly mae ganddynt gymwysiadau ychwanegol fel cludo cyffuriau i rannau penodol o'r corff, neu mewn cosmetigau gan eu bod yn gallu amsugno radicalau rhydd niweidiol.

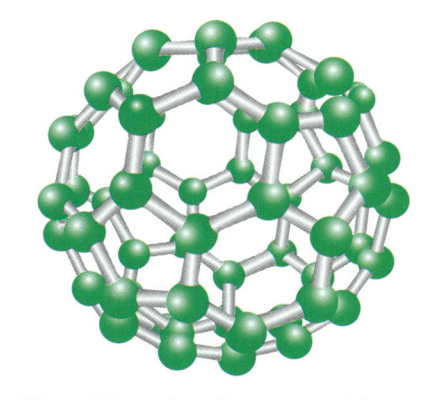

Ffigur 7.18 Adeiledd Buckminsterfullerene.

Graffen

Mae'r enw graffen yn awgrymu rhyw fath o berthynas â graffit, ac mewn gwirionedd mae graffen yn debyg i un haen o foleciwl graffit. Mae'n cynnwys haen unigol o atomau carbon sydd wedi'u bondio â'i gilydd mewn dellten diliau (*honeycomb*) hecsagonol. Mae ganddo nifer o briodweddau anghyffredin.

- Dyma'r defnydd teneuaf sy'n hysbys i ddyn (dim ond un atom o drwch).
- Dyma'r defnydd ysgafnaf hysbys (mae 1 metr sgwâr o graffen yn pwyso tua 0.77 miligram).
- Mae graffen tua 100 i 300 gwaith yn gryfach na dur, sy'n golygu mai dyma'r defnydd cryfaf sy'n bod.
- Dyma'r dargludydd gwres gorau ar dymheredd ystafell a'r dargludydd trydan gorau.

I ddechrau, y broblem oedd bod angen cemegion gwenwynig i'w gynhyrchu a'i fod yn ddrud iawn, ond mae ymchwil yn parhau i geisio ei gynhyrchu'n haws fel y bydd ar gael yn fwy eang. Mae ganddo nifer o ddefnyddiau posibl:

- Mae mor denau fel y gall gael ei gynnwys mewn inciau argraffu, gan ganiatáu argraffu cylchredau ar bapur neu ar ddefnyddiau eraill.
- Mae'n anadweithiol iawn, ac felly gallai gael ei gynnwys mewn paent a fyddai, er enghraifft, yn atal metel peintiedig rhag rhydu.
- Mae ei gryfder yn golygu y gall fod yn bosibl iddo gymryd lle Kevlar, y defnydd sy'n cael ei ddefnyddio ar hyn o bryd i wneud festiau gwrth-fwledi.

▶ Adeileddau a phriodweddau

Wrth edrych ar ddiemwnt, graffit, ffwlerenau a graffen, rydym ni eisoes wedi gweld y gall priodweddau casgliadau mawr o atomau fod yn unigryw oherwydd trefn yr atomau yn hytrach na'r union atomau sydd dan sylw. Mae'r holl ddefnyddiau hyn yn cynnwys atomau carbon yn unig, ac eto mae ganddynt briodweddau eithaf gwahanol. Enghraifft arall o hyn yw gronynnau arian **nanoraddfa**. Mae gronyn nanoraddfa yn 1–100 nanometr (nm) mewn diamedr, ac ar y maint hwn mae gan arian briodweddau gwahanol i'r rhai sydd yn yr arian metelig sy'n cael ei ddarganfod yn naturiol, fel y gwelwn ni yn yr adran nesaf. (1 nm = 1×10^{-9} m, neu biliynfed o fetr.)

Nanoronynnau

Pan fyddwch chi'n cerdded trwy archfarchnad, fe welwch chi gynhyrchion sy'n cynnwys symiau bach o fetelau fel arian. Mae'r rhain yn cael eu hychwanegu at y cynnyrch fel cyfryngau gwrthfacteria, gwrthfirysau a gwrthffyngau. Mae'r cynnyrch yn cwmpasu ystod eang o sebon llaw i oergelloedd.

Mae gwyddonwyr wedi gwybod ers canrifoedd fod gan arian effaith wrthfacteria. Roedd y Phoeniciaid yn byw tua 1000 CCC mewn ardal yn nwyrain Môr y Canoldir, ac roedden nhw'n defnyddio poteli arian i storio dŵr a finegr i'w hatal rhag difetha, yn enwedig ar fordeithiau hir. Mae'r system dŵr yfed ar yr Orsaf Ofod Ryngwladol yn defnyddio arian fel diheintydd.

Erbyn hyn mae gwyddonwyr yn gwybod bod yr ïon arian (Ag^+) yn fioactif ac y bydd crynodiadau digonol ohono'n lladd bacteria mewn dŵr. Mae'r ïonau arian yn gwneud difrod parhaol i ensymau allweddol yng nghellbilenni'r micro-organebau. Mae arian hefyd yn lladd y bacteria sydd mewn clwyfau allanol mewn meinweoedd byw. Mae meddygon a pharafeddygon yn defnyddio gorchuddion clwyfau sy'n cynnwys arian sylffadeuasin neu nanoddefnyddiau arian i drin heintiau allanol.

Mae nifer o gynhyrchion heddiw'n cynnwys gronynnau bach iawn o arian a metelau eraill fel sinc er mwyn cynyddu eu gallu i ladd micro-organebau. Mae rhai metelau eraill, fel plwm neu fercwri, yn cael yr un effaith ar ficro-organebau, ond arian sy'n cael ei ddefnyddio amlaf gan mai arian yw'r lleiaf gwenwynig i fodau dynol.

Mae'r symiau o arian sy'n cael eu hychwanegu at y cynhyrchion yn eithaf bach, ac fel rheol caiff yr arian ei ychwanegu ar ffurf y cyfansoddyn arian nitrad.

Mae pob un o'r uchod yn briodweddau gronynnau arian 'safonol', ond weithiau mae priodweddau nanoronynnau yn wahanol i briodweddau'r defnydd swmp, oherwydd bod ganddynt arwynebedd arwyneb mawr iawn ar gyfer eu maint o'i gymharu â gronynnau arferol. Mae effaith wrthfacteria gronynnau arian nanoraddfa yn llawer cryfach nag arian arferol, oherwydd mae eu maint bach yn golygu y gallant gyrraedd lleoedd nad yw gronynnau arferol yn medru eu cyrraedd, a gallant fod yn ddigon bach i fynd i mewn i gelloedd byw hyd yn oed.

Ar hyn o bryd mae ymchwil i ronynnau nanoraddfa yn destun diddordeb gwyddonol dwys oherwydd yr amrywiaeth eang o gymwysiadau posibl mewn meysydd biofeddygol, optegol ac electronig. Ond mae rhai pobl yn poeni am y defnydd o nanoronynnau ar raddfa fawr, yn enwedig arian, ac yn enwedig mewn cynhyrchion gwrthfacteria fel sebon a diheintyddion, ac mewn dillad. Yn 2008, adroddodd y BBC fod y Comisiwn Brenhinol ar Lygredd Amgylcheddol yn galw am 'weithredu rheoleiddio brys' ar y defnyddiau nanoraddfa sy'n cael eu defnyddio'n eang mewn diwydiant.

Dywedodd y Comisiwn nad oedd y defnyddiau wedi dangos unrhyw dystiolaeth o wneud niwed i bobl neu i'r amgylchedd hyd yn hyn, ond bod 'bwlch mawr' yn yr ymchwil i risgiau posibl y defnyddiau, sydd i'w cael mewn dros 600 o gynhyrchion yn fyd-eang. Mewn geiriau eraill, rydym ni'n gwybod y gall priodweddau nanoronynnau arian fod yn wahanol i briodweddau gronynnau arian arferol, ond dydym ni ddim yn gwybod beth yw'r gwahaniaethau hyn i gyd. Dywedodd cadeirydd y Comisiwn, yr Athro Syr John Lawton, hefyd na fyddai'n argymell dillad ag arian nanoraddfa. 'Rydym ni'n pryderu am arian nanoraddfa mewn dillad yn mynd i mewn i'r amgylchedd oherwydd gallai fod yn niweidiol iawn ... mae'n anodd iawn rhagfynegi ei ymddygiad yn yr amgylchedd ac yn y corff.' Mae arian nanoraddfa wedi cael ei gynnwys mewn ffabrigau dillad i atal bacteria rhag cronni ac achosi aroglau. Ond, gan ei fod yn cael ei dreulio pan gaiff dillad eu golchi, gallai priodweddau lladd bacteria arian nanoraddfa achosi difrod mawr i ecosystemau bregus neu i systemau dŵr gwastraff trefol sy'n dibynnu ar facteria. Dywedodd Syr John 'Fyddwn i ddim yn argymell dillad arian nanoraddfa nac yn eu gwisgo nhw fy hun.'

Mae titaniwm deuocsid yn solid gwyn sy'n cael ei ddefnyddio mewn paent i'r ty ac fel caen (coating) ar rai siocledi. Mae nanoronynnau titaniwm deuocsid mor fach fel nad ydyn nhw'n adlewyrchu golau gweladwy, felly maen nhw'n anweledig. Maen nhw'n cael eu defnyddio mewn eli haul gan y gallant atal golau uwchfioled niweidiol heb ymddangos yn wyn ar y croen. Mae'r gronynnau mor fach fel mae'r croen yn eu hamsugno'n hawdd, ac felly rhaid iddynt gael eu gorchuddio i osgoi rhai mathau o lid ar y croen.

Mae titaniwm deuocsid i'w gael yn aml mewn cynhyrchion bwyd (e.e. eisin gwyn), ac mae'n ymddangos y bydd rhai nanoronynnau o ditaniwm deuocsid yn bresennol hyd yn oed os nad ydynt wedi cael eu hychwanegu yn fwriadol. Mae titaniwm deuocsid cyffredin yn ddiniwed, ond unwaith eto mae rhai pobl yn gofidio nad ydym ni'n hollol sicr bod nanoronynnau o ditaniwm deuocsid yn ddiniwed er nad oes tystiolaeth uniongyrchol eu bod yn niweidiol.

▶ Defnyddiau clyfar

Beth yw defnyddiau clyfar? Pam defnyddio'r gair 'clyfar'? Mae gan ddefnyddiau clyfar briodweddau sy'n newid gyda newid yn eu hamgylchoedd ond sydd hefyd yn gildroadwy (yn gallu newid yn ôl). Mae pigmentau clyfar, er enghraifft, sy'n cael eu defnyddio mewn rhai paentiau, yn newid lliw mewn ymateb i newidiadau yn eu hamgylchedd.

Mae **pigmentau thermocromig** yn ddefnyddiau sy'n sail i baentiau arbennig sy'n newid eu lliw ar dymheredd penodol (Ffigur 7.19).

Ffigur 7.19 Cymwysiadau paent thermocromig – mae'r mŵg yn newid lliw wrth iddo fynd yn boeth.

Mae'r rhan fwyaf o ddefnyddiau thermocromig wedi'u seilio ar dechnoleg grisialau hylif, yn debyg i'r defnyddiau sy'n cael eu defnyddio mewn setiau teledu sgrin fflat. Ar dymheredd penodol, mae'r grisialau hylif yn eu haildrefnu eu hunain ac mae'r lliw i bob golwg yn newid. Pan mae'r tymheredd yn gostwng, maen nhw'n mynd yn ôl i'w safle a'u lliw gwreiddiol. Mae pigmentau thermocromig wedi cael eu defnyddio mewn mygiau sy'n newid lliw pan mae hylif poeth ynddynt, mewn dangosyddion pŵer batri ac mewn crysau T sy'n newid lliw gan ddibynnu ar dymheredd y corff!

Mae **pigmentau ffotocromig** yn newid lliw yn ôl arddwysedd golau. Mae pigmentau ffotocromig yn cynnwys moleciwlau organig arbennig sy'n newid lliw mewn golau, yn enwedig golau uwchfioled. Mae'r golau'n torri bond yn y moleciwl, sydd yna'n ei aildrefnu ei hun, gan ffurfio moleciwl sydd â lliw gwahanol. Pan gaiff y moleciwl ei symud o'r golau, mae'n mynd yn ôl i'w ffurf wreiddiol. Fel rheol, bydd gwneuthurwyr yn cynnig pedwar lliw sylfaenol – fioled, glas, melyn a choch – ac mae'n bosibl gwneud lliwiau eraill trwy gymysgu'r rhain. Mae pigmentau ffotocromig wedi cael eu defnyddio mewn crysau T, ond efallai mai'r ffordd fwyaf cyffredin o'u defnyddio yw yn y lensys mewn sbectol ffotocromig (Ffigur 7.20). Mae'r rhain yn caniatáu i sbectol presgripsiwn weithio fel sbectol haul hefyd – maen nhw'n tywyllu mewn golau haul llachar.

(a)

(b)

Ffigur 7.20 Crysau T (a) a lensys ffotocromig (b).

Mae **polymerau sy'n cofio siâp** yn 'blastigion' sy'n gallu adennill eu siâp gwreiddiol wrth gael eu gwresogi. Pan gaiff ei wresogi am y tro cyntaf mae'r polymer yn meddalu, a gall gael ei estyn neu ei anffurfio – neu ei wasgu i siâp penodol gan beiriant. Pan fydd yn oeri, mae'n cadw ei siâp newydd. Pan gaiff ei wresogi eto, mae'n 'cofio' ei siâp gwreiddiol ac yn mynd yn ôl i'r siâp hwnnw. Enw'r briodwedd hon yw dargadwedd siâp. Mae polymerau sy'n cofio siâp yn cael eu defnyddio yn y diwydiant adeiladu i selio o gwmpas fframiau ffenestri ac i gynhyrchu dillad chwaraeon fel helmedau a thariannau ceg.

Dwy ffordd bosibl o ddefnyddio'r rhain yw i dynnu tolc o gorff car plastig trwy ei wresogi, ac i wneud pwythau meddygol sy'n addasu'n awtomatig i'r tensiwn cywir ac yn fioddiraddadwy, fel na fydd angen llawdriniaeth i'w tynnu.

Mae **aloion sy'n cofio siâp** yn aloion metel sydd hefyd yn adennill eu siâp gwreiddiol wrth gael eu gwresogi (fel polymerau sy'n cofio siâp). Mae rhai aloion, yn enwedig rhai aloion nicel/titaniwm (sy'n aml yn cael eu galw'n NiTi neu'n nitinol) ac aloion copr/alwminiwm/nicel, yn dangos dwy briodwedd arbennig: ffug-elastigedd (mae'n ymddangos eu bod nhw'n elastig), a dargadwedd siâp (os ydynt wedi cael eu hanffurfio, maen nhw'n dychwelyd i'w siâp gwreiddiol ar ôl cael eu gwresogi).

Rhai ffyrdd o ddefnyddio'r rhain yw mewn fframiau sbectol sy'n gallu cael eu hanffurfio (Ffigur 7.21); platiau llawfeddygol i uno toresgyrn (wrth i'r corff gynhesu'r platiau, maen nhw'n rhoi mwy o dyniant ar y torasgwrn na phlatiau confensiynol); gwifrau llawfeddygol sy'n cymryd lle tendonau; thermostatau i ddyfeisiau trydanol fel potiau coffi; ac yn y diwydiant awyrennau, er enghraifft, gellir defnyddio cerrynt trydanol i wresogi gwifrau aloi sy'n cofio siâp i wneud iddynt symud fflapiau adenydd yn lle'r systemau hydrolig confensiynol.

Mae **hydrogeliau** yn bolymerau sy'n amsugno neu'n allyrru dŵr ac yn chwyddo neu'n crebachu (hyd at 1000 gwaith eu cyfaint) oherwydd newidiadau mewn pH neu dymheredd. Mae hydrogeliau yn bolymerau sydd wedi'u trawsgysylltu ac sydd, oherwydd natur agored yr adeiledd trawsgysylltiedig, yn galluogi amsugno dŵr (neu rai hydoddiannau dyfrllyd) i'r adeiledd gan achosi iddo chwyddo. Mae newidiadau bach i'r ysgogiad (naill ai pH neu dymheredd) yn rheoli faint maen nhw'n chwyddo neu'n crebachu.

Rhai ffyrdd o ddefnyddio'r rhain yw: cyhyrau artiffisial; ychwanegu gronigion (*granules*) at gompost planhigion tŷ; llenwad ar gyfer cewynnau i estyn cyfnod eu defnyddio cyn eu newid; ac mewn tai sydd dan fygythiad gan danau coedwig lle gall hydrogeliau fod yn fwy effeithiol nag ewyn diffodd tân.

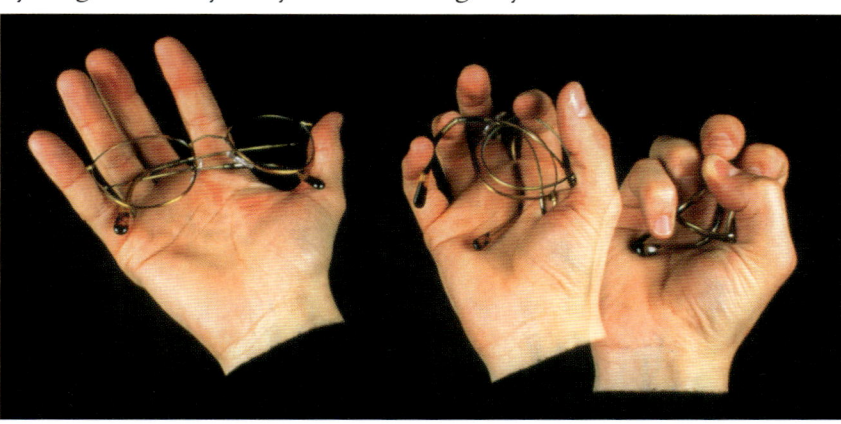

Ffigur 7.21 Sbectol sy'n gallu cael ei hanffurfio.

Defnyddiau clyfar

Profwch eich hun

16 Beth yw enw'r grŵp o ddefnyddiau sy'n cynnwys nanotiwbiau a pheli Bucky (*buckyballs*)?
17 Sawl atom carbon sydd mewn Buckminsterfullerene?
18 Pam byddai'n fanteisiol ychwanegu graffen at y paent sy'n cael ei ddefnyddio ar y paneli dur mewn ceir?
19 Os ydych chi'n plygu aloi sy'n cofio siâp, beth fydd rhaid i chi ei wneud er mwyn adennill ei siâp gwreiddiol?
20 Beth yw mantais defnyddio geliau polymer y tu mewn i gewynnau parod?

Crynodeb o'r bennod

- Mae metelau, cyfansoddion ïonig, sylweddau cofalent moleciwlaidd syml a sylweddau cofalent enfawr yn grŵp o ddefnyddiau ac mae pob grŵp yn rhannu rhai priodweddau penodol.
- Gallwn ni ddefnyddio model adeileddol y 'môr' o electronau/dellten o ïonau positif i egluro priodweddau ffisegol metelau.
- Mae bondio ïonig yn golygu colli neu ennill electronau. Mae'r ïonau sy'n cael eu creu gan hyn yn cael eu dal at ei gilydd gan rymoedd electrostatig.
- Mae adeiledd sylweddau ïonig enfawr yn egluro priodweddau ffisegol cyfansoddion ïonig.
- Mae bondiau cofalent yn cael eu ffurfio pan mae atomau'n rhannu electronau.
- Mae'r grymoedd rhyngfoleciwlaidd gwan mewn sylweddau cofalent syml yn egluro eu berwbwyntiau a'u hymdoddbwyntiau isel.
- Gallwn ni egluro priodweddau diemwnt, graffit, ffwlerenau, nanotiwbiau a graffen yn nhermau adeiledd a bondio.
- Nid oes gan ddefnyddiau swmp yr un priodweddau ag atomau unigol, fel y gwelwn gyda diemwnt, graffit, ffwlerenau, nanotiwbiau carbon a graffen, sydd â phriodweddau gwahanol er gwaetha'r ffaith bod pob un ohonynt yn cynnwys atomau carbon yn unig. Gwelwn hyn hefyd gyda gronynnau arian nanoraddfa sy'n arddangos priodweddau nad ydynt i'w gweld mewn arian swmp.
- Mae rhai o briodweddau gronynnau arian a thitaniwm deuocsid nanoraddfa yn eu gwneud yn ddefnyddiol mewn antiseptig (arian) a chosmetigau (titaniwm deuocsid).
- Mae yna risgiau posibl yn gysylltiedig â defnyddio nanoronynnau arian a thitaniwm deuocsid.
- Mae'r ymchwil sydd ar y gweill ym maes gronynnau nanoraddfa yn debygol o arwain at ffyrdd newydd o'u defnyddio.
- Ymhlith y defnyddiau 'clyfar' mae pigmentau thermocromig, pigmentau ffotocromig, geliau polymer, aloion sy'n cofio siâp a pholymerau sy'n cofio siâp. Mae eu priodweddau clyfar yn arwain at ffyrdd penodol o'u defnyddio.

Cwestiynau ymarfer

1 **Defnydd clyfar** yw'r enw ar amrediad o ddefnyddiau modern sydd â'u priodweddau'n newid wrth i'w hamgylchoedd (*surroundings*) newid.

a) Mae pigmentau thermocromig yn cael eu defnyddio mewn thermomedr oergell (Ffigur 7.22). Disgrifiwch briodwedd arbennig pigmentau thermocromig sy'n golygu eu bod yn gallu cael eu defnyddio fel hyn. [1]

Ffigur 7.22 Thermomedr oergell

b) Enwch y **math** o ddefnydd clyfar sy'n cael ei ddefnyddio i wneud lens sbectol sy'n tywyllu yng ngolau'r haul. [1]

Mae nitinol yn enghraifft o aloi sy'n cofio siâp.

c) Nodwch beth sy'n rhaid ei wneud i ddarn torchog o nitinol er mwyn iddo adennill ei siâp gwreiddiol. [1]

Mae math arall o ddefnydd clyfar yn cael ei ddefnyddio i wneud corff car sy'n atgyweirio'i hunan. Gall tolciau bach yng nghyrff ceir gael eu hatgyweirio'n hawdd.

ch) Enwch y **math** o ddefnydd clyfar sy'n cael ei ddefnyddio i wneud corff car sy'n atgyweirio'i hunan. [1]

d) Disgrifiwch briodwedd arbennig y defnydd clyfar rydych wedi'i enwi yn rhan (ch). [1]

(O TGAU Cemeg C2 Uwch CBAC, haf 2011, cwestiwn 5)

2 Mae Tabl 7.4 yn dangos adeiledd electronig pedair elfen.

Tabl 7.4

Elfen	Adeiledd electronig
Hydrogen	1
Carbon	2,4
Fflworin	2,7
Sodiwm	2,8,1

a) Dangoswch trwy gyfrwng diagram, y newidiadau electronig sy'n digwydd wrth i sodiwm fflworid gael ei ffurfio o sodiwm a fflworin. [3]

b) Dangoswch trwy gyfrwng diagram, y bondio mewn moleciwl methan, CH_4. [2]

Mae Ffigur 7.23 yn dangos tair ffurf wahanol o'r elfen carbon.

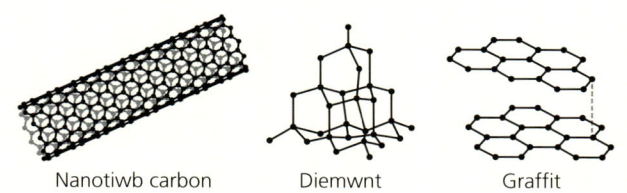

Nanotiwb carbon   Diemwnt   Graffit

Ffigur 7.23

c) Enwch y **math** o fondio ac adeiledd sy'n gyffredin i bob un o'r tair ffurf o garbon. [2]

(O TGAU Cemeg C2 Uwch CBAC, haf 2012, cwestiwn 6)

3 Darllenwch y darn isod, ac atebwch y cwestiynau sy'n dilyn.

Mae nanotiwbiau carbon wedi eu gwneud o atomau carbon sydd wedi'u cysylltu mewn siapiau hecsagonol, gyda phob atom carbon wedi'i fondio'n gofalent â thri atom carbon arall. Mae electronau rhydd y tu mewn i'r nanotiwb. Mae eu henw yn dod o'u hadeiledd hir, gwag, a'u waliau sydd wedi'u ffurfio o haenau o garbon o drwch atom, o'r enw graffen. Mae gan nanotiwbiau ddiamedrau mor fach â 1 nm a hydoedd hyd at sawl centimetr. Fel 'buckyballs', mae nanotiwbiau carbon yn gryf, a dydyn nhw ddim yn frau. Mae'n bosibl eu plygu, a phan maen nhw'n cael eu rhyddhau, maen nhw'n adennill eu siâp gwreiddiol.

Nanotiwbiau carbon yw'r defnyddiau mwyaf cryf a mwyaf anhyblyg i'w darganfod hyd yn hyn, ac maen nhw'n ddargludyddion trydan a gwres eithriadol o dda, sy'n rhoi amrywiaeth eang o ddefnyddiau iddynt.

a) Pa nodweddion sydd gan nanotiwbiau sy'n eu gwneud yn ddargludyddion trydan da? [2]

b) Beth mae 'nano' ar ddechrau gair yn ei awgrymu? [1]

c) Sut mae bond cofalent yn cael ei ffurfio? [1]

ch) Mae'r darn yn sôn am 'buckyballs'. Sut mae adeiledd 'buckyball' yn wahanol i adeiledd nanotiwb? [1]

d) O ran eu strwythur, a yw nanotiwbiau yn debycach i graffit neu i ddiemwnt? Eglurwch eich ateb. [2]

8 Asidau, basau a halwynau

> 🏠 **Cynnwys y fanyleb**
>
> Mae'r bennod hon yn ymdrin ag adran **2.2 Asidau, basau a halwynau** yn y fanyleb TGAU Cemeg ac adran **5.2 Asidau, basau a halwynau** yn y fanyleb TGAU Gwyddoniaeth (Dwyradd). Mae'n edrych ar adweithiau asidau yn ymarferol ac mae'n cynnwys y ddamcaniaeth niwtralu, cysyniadau titradiad a dealltwriaeth am brosesau adweithio.

▶ Taith newydd i'r blaned Gwener?

Yn 1975, glaniodd Venera 9, chwiliedydd gofod o Rwsia, ar y blaned Gwener (Ffigur 8.1). Llwyddodd Venera 9 i drawsyrru lluniau am 53 munud cyn iddo gyrydu'n llwyr! Cafodd y chwiliedydd gofod ei fwyta (yn llythrennol!) gan y crynodiadau uchel o asid sylffwrig yn atmosffer y blaned Gwener. Felly, un o'r problemau niferus sy'n wynebu pobl o ran archwilio'r blaned Gwener yw'r asid yn yr atmosffer. Mae'r asid hwn mor grynodedig fel y bydd y rhan fwyaf o ddefnyddiau'n adweithio ag ef ar unwaith. Fe ddinistriodd casin amddiffynnol llong ofod Venera 9. Mae'n ymddangos yn annhebygol iawn na fydd bodau dynol byth yn cerdded ar y blaned Gwener!

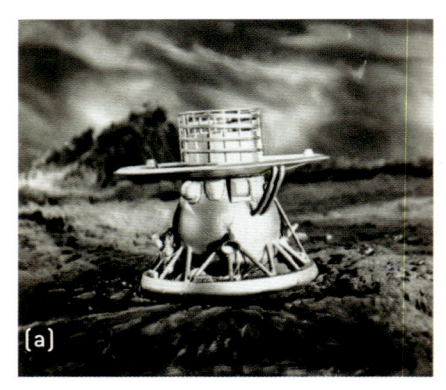

Ffigur 8.1 Y chwiliedydd gofod Venera 9 (a) ac arwyneb digroeso'r blaned Gwener (b).

▶ Sut mae dosbarthu asidedd defnyddiau?

Rydym ni'n defnyddio'r **raddfa pH** i ddosbarthu asidau (ac alcalïau). Mae'r raddfa'n rhedeg o 0 i 14 ac mae'n mesur crynodiad yr ïonau hydrogen mewn sylwedd. Mae pob asid yn cynnwys ïonau H^+ mewn dŵr – y mwyaf yw crynodiad yr ïonau H^+ (wedi'u mesur mewn $môl/dm^3$), yr isaf yw'r pH a'r cryfaf yw'r asid. Caiff asid hydroclorig ei wneud pan mae'r nwy hydrogen clorid (HCl) yn adweithio â dŵr, gan ffurfio ïonau hydrogen ac ïonau clorid:

$$HCl(n) \; (+ \; dŵr) \rightarrow H^+(d) + Cl^-(d)$$

Mae sylweddau'n alcalïaidd os ydyn nhw'n cynnwys ïonau hydrocsid, OH^-. Pan mae'r cyfansoddyn sodiwm hydrocsid yn hydoddi mewn dŵr, caiff ïonau hydrocsid ac ïonau sodiwm eu ffurfio:

$$NaOH(s) \; (+ \, dŵr) \rightarrow Na^+(d) + OH^-(d)$$

Os yw crynodiad yr ïonau OH^- yn uchel, mae'r pH yn uchel ac mae'r hydoddiant yn alcali cryf.

Caiff y raddfa pH ei defnyddio i ddosbarthu sylweddau fel rhai asidig, alcalïaidd neu niwtral. Mae sylweddau â pH isel (llai na 7) yn asidig, mae sylweddau â pH o 7 yn niwtral, ac mae sylweddau â pH uwch na 7 yn alcalïaidd. Yna, gallwn ni ddefnyddio'r raddfa pH i isrannu asidau ac alcalïau'n rhai cryf neu'n rhai gwan. Mae Ffigur 8.2 yn dangos hyn ac yn rhoi pH rhai cemegion cyffredin yn y cartref.

1	2	3	4	5	6	7	8	9	10	11	12	13	14
asidau cryf		asidau gwan					alcalïau gwan			alcalïau cryf			
asid hydroclorig sy'n cael ei secretu gan leinin y stumog	sudd lemwn, asid gastrig (asid y stumog), finegr	grawnffrwyth, sudd oren, dŵr soda, gwin	tomatos, glaw asid, cwrw	dŵr yfed meddal, coffi du, glaw pur	troeth, melynwy, poer, llaeth buwch	dŵr pur	dŵr môr	dŵr sebon	Y Llyn Halen Mawr, llaeth magnesia, glanedydd	hydoddiant amonia, defnyddiau glanhau'r tŷ	soda golchi	canyddion, defnyddiau glanhau ffwrn, soda brwd	defnyddiau hylifol i lanhau draeniau

yn mynd yn fwy asidig   niwtral   yn mynd yn fwy alcalïaidd

Ffigur 8.2 Y raddfa pH.

Cryf, gwan, gwanedig neu grynodedig

Gall y raddfa pH wedyn gael ei defnyddio i isrannu asidau ac alcalïau yn rhai cryf neu'n rhai gwan. Mae gan asidau cryf grynodiad uchel o ïonau H^+, ac mae gan alcalïau cryf grynodiad uchel o ïonau OH^-. Mae gan asidau neu alcalïau gwan grynodiad isel o ïonau H^+ neu OH^-. Mae asid hydroclorig yn cael ei ystyried yn asid cryf oherwydd pan mae'r moleciwlau HCl yn hydoddi mewn dŵr, mae bron pob un o'r atomau hydrogen yn ffurfio ïonau H^+. Mae asid ethanöig yn cael ei ystyried yn asid gwan gan mai dim ond ychydig (tua 1%) o'r moleciwlau asid ethanöig sy'n ffurfio ïonau H^+.

Gall asidau ac alcalïau gael eu dosbarthu hefyd fel rhai gwanedig neu rai crynodedig, gan ddibynnu ar faint o ddŵr sy'n bresennol. Mae gan asid gwanedig fwy o foleciwlau dŵr wedi'u cymysgu â'r ïonau H^+, ac mae gan asid crynodedig lai o foleciwlau dŵr wedi'u cymysgu â'r ïonau H^+.

Mae asidau cryf ac asidau gwan yn adweithio mewn ffyrdd sy'n debyg ac yn wahanol i'w gilydd. Pan mae'r ddau fath o asid yn adweithio â magnesiwm, mae'r ddau'n cynhyrchu nwy hydrogen. Pan mae'r ddau fath o asid yn adweithio â chalsiwm carbonad, mae'r ddau'n cynhyrchu nwy carbon deuocsid. Yn y ddwy achos, bydd y ddau fath o asid yn cynhyrchu'r un maint (cyfaint) o nwy (ar gyfer yr un crynodiadau), ond bydd **cyfradd** yr **adwaith** yn gyflymach ar gyfer yr asid cryf.

▶ Mesur pH

Mae dwy ffordd o fesur pH. Un o'r ffyrdd gorau yw defnyddio dangosydd cemegol. Mae dangosyddion cemegol yn gemegion sydd yn un lliw mewn amodau asidig ac yn lliw arall mewn amodau alcalïaidd. Maen nhw'n ddefnyddiol iawn i ymchwilio i'r adweithiau rhwng asidau ac alcalïau – mae'r ymchwiliadau hyn yn defnyddio techneg gemegol o'r enw **titradiad**. Caiff y dangosydd ei ddefnyddio i ddangos diweddbwynt yr adwaith, sef pan mae un cemegyn wedi adweithio'n llwyr â'r llall. Mae **dangosydd cyffredinol** yn gymysgedd clyfar o nifer o wahanol ddangosyddion cemegol. Mae i'w gael naill ai ar ffurf hydoddiant neu bapur prawf (sef darn o bapur hidlo â'r hydoddiant wedi ei amsugno a'i sychu). Mae Dangosydd Cyffredinol yn troi'n wahanol liwiau gan ddibynnu ar y pH (gweler Ffigur 8.3) – coch mewn asidau cryf, melyn mewn asidau gwan, gwyrdd mewn hydoddiannau niwtral, glas mewn alcalïau gwan a phorffor mewn alcalïau cryf. Ffordd arall fwy cywir o fesur pH yw defnyddio synhwyrydd pH electronig. Mae'r synwyryddion hyn naill ai'n chwiliedyddion/mesuryddion sy'n gweithio ar eu pennau eu hunain neu sy'n dod fel rhan o system cofnodi data.

Ffigur 8.3 Papur dangosydd cyffredinol a chwiliedydd pH a recordydd data.

Gwaith ymarferol

Ymchwilio i ffyrdd i fesur pH

Cyfarpar

> Papur pH
> Hydoddiant dangosydd cyffredinol
> System chwiliedydd pH a recordydd data
> Mesurydd pH electronig
> Hydoddiannau wedi'u labelu A–D
> Tiwbiau profi
> Rhesel tiwbiau profi
> Diferyddion
> Sbectol ddiogelwch

Dull

Gwisgwch sbectol ddiogelwch.

Bydd eich athro/athrawes yn rhoi amrywiaeth o wahanol ddulliau mesur pH i chi. Bydd y rhain yn cynnwys dangosyddion cemegol (rhai ar ffurf hydoddiant a rhai ar ffurf papur) a mesuryddion pH electronig. Hefyd, cewch chi gasgliad o bum hydoddiant di-liw gwahanol. Bydd yr hydoddiannau wedi'u labelu o A–D. Eich tasg chi yw defnyddio pob techneg mesur pH i fesur pH pob hydoddiant, yna defnyddio eich mesuriadau i ddosbarthu pob hydoddiant yn asid cryf, asid gwan, niwtral, alcali gwan neu alcali cryf. Yna, byddwch chi'n defnyddio eich canlyniadau, eich arsylwadau a'ch profiad o ddefnyddio'r gwahanol ddulliau i benderfynu pa un yw'r dull gorau i fesur pH hydoddiant.

1 Gweithiwch gyda phartner. Bydd angen i chi weithio'n drefnus er mwyn cwblhau'r dasg yn gywir. Bydd eich athro/athrawes yn dangos amrywiaeth o wahanol offer y gallwch chi eu defnyddio fel rhan o'ch ymchwiliad.
2 Cynlluniwch ddull safonol gyda'ch partner, gan gynnwys pa offer y byddwch chi'n eu defnyddio a pha ddull y byddwch chi'n ei ddilyn wrth gynnal yr arbrofion.
3 I gwblhau'r dasg, bydd angen i chi ddylunio tabl i gofnodi eich arsylwadau a'i lenwi. Hefyd, bydd angen i chi roi dadansoddiad ysgrifenedig o'r gwahanol dechnegau, gan drafod cryfderau a gwendidau pob dull, a'ch casgliad.

Beth ddigwyddodd i Venera 9?

Roedd y gwyddonwyr a'r peirianwyr o Rwsia a ddyluniodd ac a adeiladodd Venera 9 yn gwybod bod atmosffer y blaned Gwener yn cynnwys llawer o asid sylffwrig. Felly, roedden nhw'n gwybod mai dim ond am rai oriau y byddai'r chwiliedydd yn para ar yr arwyneb cyn i'r asid adweithio â'r casin metel a dinistrio'r chwiliedydd. Roedden nhw hefyd yn gwybod bod rhaid i'r chwiliedydd fod yn eithaf ysgafn i ffitio ar y lansiwr rocedi ac i'w godi i'r gofod er mwyn hedfan i'r blaned Gwener. Pe bai'r chwiliedydd yn rhy drwm, ni fyddai'r roced a'r chwiliedydd yn gallu cludo digon o danwydd i gwblhau'r daith hir i'r blaned Gwener. Felly, roedd y dyluniad yn gyfaddawd. Roedd rhaid i'r casin fod wedi'i wneud o fetel cryf a allai wrthsefyll glanio; roedd rhaid i'r metel fod mor anadweithiol â phosibl ag asid sylffwrig crynodedig; ac roedd rhaid i'r paneli metel fod yn ddigon tenau i fod yn ddigon ysgafn i'r roced a'r chwiliedydd allu cludo digon o danwydd i gyrraedd y blaned Gwener. Problem go iawn!

✓ Profwch eich hun

1. Mae sodiwm a lithiwm yn adweithio ag asid mewn ffordd debyg. Ysgrifennwch hafaliadau geiriau ar gyfer adweithiau:
   a) sodiwm ac asid sylffwrig
   b) lithiwm ac asid nitrig.
2. Pan mae calsiwm yn adweithio ag asidau mae'n ffurfio: calsiwm clorid ($CaCl_2$) ag asid hydroclorig; calsiwm sylffad ($CaSO_4$) ag asid sylffwrig; a chalsiwm nitrad $Ca(NO_3)_2$ ag asid nitrig. Ysgrifennwch hafaliadau geiriau a hafaliadau symbolau cytbwys ar gyfer adweithiau calsiwm ag:
   a) asid hydroclorig
   b) asid sylffwrig
   c) asid nitrig.
3. Mae rwbidiwm (Rb) yn fetel alcalïaidd sydd hyd yn oed yn fwy adweithiol na photasiwm.
   a) Ysgrifennwch hafaliadau symbolau cytbwys ar gyfer adweithiau ffrwydrol rwbidiwm ag asid hydroclorig, asid sylffwrig ac asid nitrig.
   b) Os yw adwaith potasiwm â dŵr yn ffrwydrol, pa amodau arbennig rydych chi'n meddwl sydd eu hangen i arsylwi adwaith rwbidiwm ag asid cryf?

Sut mae metelau'n adweithio ag asidau?

Mae adwaith asidau â metelau'n rhan sylfaenol iawn o gemeg. Mae rhai metelau'n adweithio'n ffrwydrol ag asidau gwan hyd yn oed, ond mae eraill sydd ddim yn adweithio o gwbl bron – dim ond ag asidau crynodedig iawn ac ar dymereddau uchel (yr union amodau sydd i'w cael ar y blaned Gwener). Mae tri asid cyffredin – asid hydroclorig (HCl), asid sylffwrig (H_2SO_4) ac asid nitrig (HNO_3). Mae pob un o'r rhain yn bodoli'n naturiol. Pan mae asid hydroclorig yn adweithio â metelau mae'n ffurfio cyfansoddion o'r enw cloridau; mae asid sylffwrig yn ffurfio sylffadau; ac mae asid nitrig yn ffurfio nitradau.

Gallwn ni osod metelau yn nhrefn eu hadweithedd â sylweddau cyffredin fel dŵr ac asidau. Mae Tabl 8.1 yn dangos cyfres adweithedd metelau, gan gynnwys rhai o'r metelau mwyaf cyffredin. Mae adweithiau potasiwm, sodiwm a chalsiwm ag asid yn egnïol iawn. Mae pob adwaith yn cynhyrchu llawer o wres, ac mae'r nwy hydrogen sy'n cael ei gynhyrchu yn ystod yr adwaith yn ffrwydro gyda'r ocsigen yn yr aer. Mae angen i'r adweithiau hyn ddigwydd dan amodau rheoledig iawn a dydyn nhw ddim yn bosibl mewn labordy myfyrwyr.

potasiwm + asid hydroclorig → potasiwm clorid + hydrogen

$2K(s) + 2HCl(d) \rightarrow 2KCl(d) + H_2(n)$

Tabl 8.1 Y gyfres adweithedd.

Mwy adweithiol ↑	Potasiwm
	Sodiwm
	Calsiwm
	Magnesiwm
	Alwminiwm
	Sinc
	Haearn
	Tun
	Plwm
	Arian
Llai adweithiol	Aur

Gwaith ymarferol

Ymchwilio i adweithiau metelau ag asidau

Bydd eich athro/athrawes yn rhoi detholiad o wahanol fetelau cyffredin i chi ynghyd â photeli o asidau hydroclorig, sylffwrig a nitrig gwanedig.

Cyfarpar

> Tiwbiau profi
> Rhesel tiwbiau profi
> Thermomedr
> Detholiad o fetelau cyffredin
> Asid gwanedig: hydroclorig; sylffwrig; nitrig
> Prenynnau
> Sbectol ddiogelwch

Dull

1 Gwisgwch sbectol ddiogelwch.
2 Ymchwiliwch i adweithiau pob un o'r metelau â phob un o'r asidau. Rhowch tuag 1 cm³ o asid gwanedig mewn tiwb profi ac ychwanegwch ddarn bach o fetel. Arsylwch yr adwaith. Mae rhai o'r adweithiau'n eithaf hawdd eu gweld, a bydd nwy hydrogen yn cael ei gynhyrchu (Ffigur 8.4).
3 Profwch am nwy hydrogen trwy wrando am y pop gwichlyd wrth i chi ddefnyddio prennyn sy'n llosgi. Mae rhai o'r adweithiau'n anodd iawn eu harsylwi, neu dydyn nhw ddim yn digwydd o gwbl.
4 Arsylwch bob adwaith a nodwch unrhyw newidiadau lliw a/neu faint o eferwad (swigod) sy'n digwydd.
5 Defnyddiwch thermomedr i fesur newidiadau mewn tymheredd.
6 Golchwch bob tiwb profi â digonedd o ddŵr oer cyn ei ailddefnyddio ar gyfer adwaith arall.

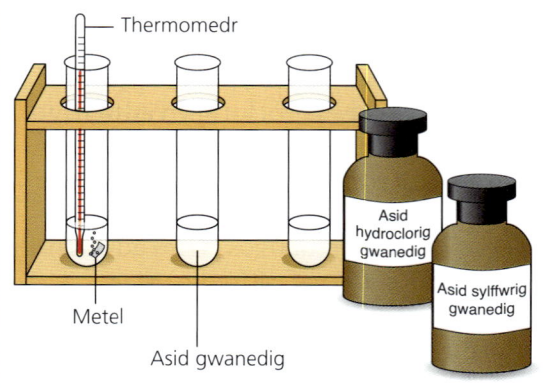

Ffigur 8.4 Cyfarpar yr ymchwiliad.

7 Copïwch Dabl 8.2 a'i lenwi. Mae angen i chi roi sylwadau am: newidiadau lliw; eferwad (swigod); canlyniadau'r prawf nwy hydrogen (os yw'n berthnasol); newidiadau mewn tymheredd.

Os nad oes unrhyw adweithiau gweladwy, cofnodwch 'DAG' ('dim adwaith gweladwy').

Tabl 8.2

Metel, symbol	Adwaith ag asid hydroclorig	Adwaith ag asid sylffwrig
Magnesiwm, Mg		
Sinc, Zn		
Haearn, Fe		
Tun, Sn		
Plwm, Pb		
Copr, Cu		

Dadansoddi eich canlyniadau

1 Ar gyfer pob adwaith gweladwy:
  a) Ysgrifennwch hafaliad geiriau
  b) Dewch o hyd i fformiwla gemegol pob halwyn metel sy'n cael ei gynhyrchu
  c) Ysgrifennwch hafaliad symbolau cytbwys.
2 Oes unrhyw amrywiadau ymysg adweithiau metelau unigol ag asidau unigol?
3 Gan ddefnyddio popeth sydd yn eich tabl arsylwadau, lluniwch gyfres adweithedd yn seiliedig ar eich arsylwadau. Sut mae eich cyfres yn cymharu â'r un yn Nhabl 8.1?
4 Pam mae'n arodd rhoi metelau fel copr a phlwm mewn cyfres adweithedd yn seiliedig ar yr arbrawf hwn?
5 Pa arbrofion eraill y gallech chi eu gwneud i bennu cyfres adweithedd y metelau mwy anadweithiol fel copr a phlwm?

→ Gweithgaredd

Pa fetel y byddech chi'n ei ddewis ar gyfer chwiliedydd gofod i fynd i'r Blaned Gwener?

Mae llawer o fetelau sydd heb eu cynnwys yn y gyfres adweithedd syml yn Nhabl 8.1. Wrth gynllunio chwiliedydd gofod i lanio ar y blaned Gwener, mae angen ystyried tair o briodweddau metelau. Yn y pen draw, mae peirianneg ofod bob tro yn fater o gyfaddawd. Yn y dasg hon, byddwch chi'n astudio cyfres adweithedd fanylach (Tabl 8.3) sy'n cynnwys llawer mwy o fetelau ynghyd â gwybodaeth am gryfder y metelau a'u dwysedd. Astudiwch y tabl – y metelau uchaf yn y tabl yw'r rhai mwyaf adweithiol.

Tabl 8.3 Priodweddau metelau yn nhrefn adweithedd.

	Metel, symbol	Adweithedd	Dwysedd (kg/m^3)	Cryfder (GPa)
Mwy adweithiol	Potasiwm, K	Yn adweithio â dŵr	890	3.53
	Sodiwm, Na	Yn adweithio â dŵr	968	10
	Lithiwm, Li	Yn adweithio â dŵr	534	4.9
	Strontiwm, Sr	Yn adweithio â dŵr	2640	15.7
	Calsiwm, Ca	Yn adweithio â dŵr	1550	20
	Magnesiwm, Mg	Yn adweithio ag asid	1738	45
	Alwminiwm, Al	Yn adweithio ag asid	2700	70
	Sinc, Zn	Yn adweithio ag asid	7140	108
	Cromiwm, Cr	Yn adweithio ag asid	1790	279
	Haearn, Fe	Yn adweithio ag asid	7874	211
	Cadmiwm, Cd	Yn adweithio ag asid	8650	50
	Cobalt, Co	Yn adweithio ag asid	8900	209
	Nicel, Ni	Yn adweithio ag asid	8908	200
	Tun, Sn	Yn adweithio ag asid	7365	50
	Plwm, Pb	Yn adweithio ag asid	10660	16
	Copr, Cu	Yn adweithio ag asidau cryf pan gaiff ei wresogi a'i wasgeddu	8940	128
	Arian, Ag	Yn adweithio ag asidau cryf pan gaiff ei wresogi a'i wasgeddu	10490	83
	Mercwri, Hg (hylif – ymdoddbwynt = −38°C)	Yn adweithio ag asidau cryf pan gaiff ei wresogi a'i wasgeddu	13534 (hylif)	Amherthnasol
	Aur, Au	Yn adweithio ag asidau cryf pan gaiff ei wresogi a'i wasgeddu	19300	79
Llai adweithiol	Platinwm, Pt	Yn adweithio ag asidau cryf pan gaiff ei wresogi a'i wasgeddu	21450	168

Cwestiynau

1 Pa fetel yn y tabl yw'r un:
   a) lleiaf adweithiol?
   b) lleiaf dwys?
   c) cryfaf?
2 Pa mor ddefnyddiol fyddai'r tri metel yn eich ateb i gwestiwn 1 fel defnyddiau i adeiladu chwiliedydd gofod i fynd i'r blaned Gwener?
3 Yn eich barn chi pa fetel sy'n cynnig y cyfaddawd gorau i adeiladu chwiliedydd gofod i fynd i'r blaned Gwener? Eglurwch eich ateb.

> **Pwynt trafod**
>
> Gall rhai metelau gael eu cymysgu â'i gilydd i ffurfio aloion. Mae priodweddau aloion yn tueddu i fod yn gymysgedd o briodweddau'r metelau sy'n eu gwneud nhw. Pe baech chi'n dylunio aloi metel newydd ar gyfer chwiliedydd gofod i fynd i'r blaned Gwener, pa fetelau y byddech chi'n ceisio eu cymysgu a pham?

▶ Beth mae atmosffer y blaned Gwener yn ei wneud i'r creigiau?

Yn raddol, mae'r asid sylffwrig crynodedig yn atmosffer y blaned Gwener yn bwyta rhai o'r creigiau sy'n ffurfio lithosffer (arwyneb creigiog) y blaned. Mae Ffigur 8.5 yn dangos delwedd lliwiau ffug o ran o arwyneb Gwener sydd wedi'i rhoi at ei gilydd o ddelweddau radar a gymerwyd o chwiliedydd gofod Magellan rhwng 1990 ac 1994. Gallwch chi weld effaith yr hindreulio cemegol oherwydd y 'glaw' asid sylffwrig yn y delweddau. Mae arweddion yr arwyneb yn tueddu i ymdoddi i'w gilydd, yn debyg i sut mae glaw asid ar y Ddaear yn hindreulio creigiau a gafodd eu defnyddio i adeiladu adeiladau a cherfluniau.

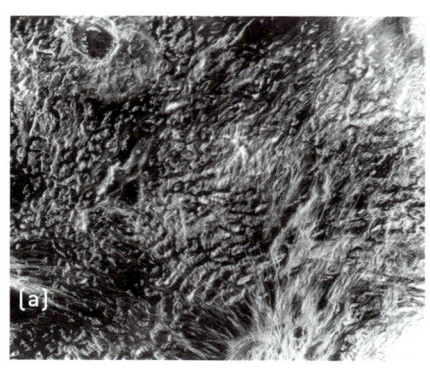

Ffigur 8.5 Mae arwyneb y blaned Gwener (a) yn cael ei erydu gan yr atmosffer asidig mewn ffordd debyg iawn i sut mae glaw asid yn erydu calchfaen ar y Ddaear (b).

Mae asidau'n adweithio ag ocsidau metel, hydrocsidau (basau yw'r enw ar y rhain), ac â charbonadau. Mae'r rhan fwyaf o'r creigiau sy'n bodoli yng Nghysawd yr Haul yn cynnwys cyfansoddion metel fel y rhain. Ar y blaned Gwener mae sylffadau, sy'n cael eu ffurfio wrth i'r cyfansoddion hyn adweithio â'r asid sylffwrig, yn raddol yn cymryd lle'r cyfansoddion yn y lithosffer. **Niwtralu** yw'r enw ar adwaith asid â bas neu ag alcali (sef, bas wedi'i hydoddi mewn dŵr) – mae ïonau hydrogen (H^+) yn adweithio ag ïonau hydrocsid (OH^-) i ffurfio moleciwlau dŵr niwtral. Y fformiwla gemegol gyffredinol ar gyfer niwtralu yn nhermau ïonau yw:

$$H^+(d) + OH^- \rightarrow H_2O(h)$$

Mewn adwaith niwtralu o'r math hwn, mae asid yn adweithio â'r bas neu'r alcali, gan ffurfio halwyn metel a dŵr.

$$asid + bas \rightarrow halwyn + dŵr$$

8 Asidau, basau a halwynau

Er enghraifft:

asid sylffwrig + magnesiwm ocsid → magnesiwm sylffad + dŵr

$H_2SO_4(d) + MgO(s) → MgSO_4(d) + H_2O(h)$

Er enghraifft:

asid hydroclorig + sodiwm hydrocsid → sodiwm clorid + dŵr

$HCl(d) + NaOH(d) → NaCl(d) + H_2O(h)$

Mae carbonadau'n adweithio ag asid mewn ffordd wahanol. Yn ogystal â'r halwyn metel a dŵr, mae'r nwy carbon deuocsid yn cael ei ffurfio:

asid + carbonad → halwyn + dŵr + carbon deuocsid

Er enghraifft:

asid hydroclorig + calsiwm carbonad → calsiwm clorid + dŵr + carbon deuocsid

$2HCl(d) + CaCO_3(s) → CaCl_2(d) + H_2O(h) + CO_2(n)$

Mae adweithiau asid â basau, alcalïau a charbonadau i gyd yn **ecsothermig** – mae hyn yn golygu eu bod nhw'n rhyddhau egni ar ffurf gwres.

Gwaith ymarferol

Mesur gwres niwtraliad adweithiau asid/bas

Mae adwaith asid sylffwrig a'r cyfansoddion yn y creigiau ar y blaned Gwener yn cynyddu tymheredd arwyneb y blaned. Gwener yw'r blaned boethaf yng Nghysawd yr Haul yn barod, ac mae hyn yn rhannol oherwydd ei geocemeg eithafol. Gallwn ni fesur faint o wres mae adwaith niwtralu'n ei gynhyrchu yn ôl y newid yn nhymheredd yr asid yn ystod yr adwaith.

Cyfarpar

> Tiwbiau profi
> Rhesel tiwbiau profi
> Thermomedr digidol
> Clorian
> Detholiad o fasau metel
> Asid hydroclorig gwanedig, asid sylffwrig gwanedig
> Bicer 100 cm^3
> Diferydd
> Sbectol ddiogelwch

Dull

Gwisgwch sbectol ddiogelwch.
Yn yr arbrawf hwn, byddwch chi'n ychwanegu gormodedd o asid at fàs penodol o'r bas metel. Felly byddwch chi'n mesur newid tymheredd pob uned màs. Dim ond tua 2 cm^3 o asid sydd ei angen ar gyfer pob adwaith. Golchwch bob tiwb profi â digonedd o ddŵr oer cyn ei ailddefnyddio mewn adwaith arall.

1. Rhowch ddarn o bapur glân ar ben y glorian a phwyswch y botwm TARE i gael darlleniad sero.
2. Mesurwch tua 0.5 g o un o'r basau metel.
3. Arllwyswch y bas metel yn ofalus i diwb profi.
4. Arllwyswch tuag 20 cm^3 o asid hydroclorig gwanedig i ficer bach.
5. Defnyddiwch y thermomedr i fesur tymheredd yr asid a chofnodwch y tymheredd hwn.
6. Rhowch y thermomedr yn y tiwb profi.
7. Defnyddiwch ddiferydd i roi 2 cm^3 o'r asid yn y tiwb profi.
8. Mesurwch dymheredd uchaf y gormodedd asid yn ystod yr adwaith, a'i gofnodi.
9. Cyfrifwch newid tymheredd yr adwaith.

10 Ailadroddwch y broses gyda'r basau metel eraill.
11 Ailadroddwch yr holl broses gyda'r ddau asid arall.
12 Cofnodwch eich mesuriadau mewn tabl addas. Bydd angen tabl ar wahân arnoch chi i bob asid.

Dadansoddi eich canlyniadau

1 Pa adwaith gynhyrchodd y newid tymheredd uchaf?
2 Oes unrhyw batrymau yn y newidiadau tymheredd mae'r tri gwahanol asid yn eu cynhyrchu?
3 Pa fas metel gynhyrchodd y newid tymheredd cyfartalog uchaf ar draws pob un o'r tri asid?
4 Ar gyfer pob adwaith, ysgrifennwch:
   a) hafaliad geiriau
   b) hafaliad symbolau cytbwys.
5 Sut gallech chi ddefnyddio mesuriad gwres sydd wedi'i gymryd yn ystod adwaith rhwng bas metel ac asid i adnabod yr adweithyddion?

Gwaith ymarferol penodol

Titradiadau a chrynodiadau

Cyfarpar

- Bwred
- Twndis
- Piped wydr 25 cm^3 a llenwad
- Fflasg gonigol
- Sawl bicer 100 cm^3
- Hydoddiant dangosydd
- Dysgl anweddu
- Llosgydd Bunsen, mat gwrth-wres, trybedd a rhwyllen
- Asid hydroclorig gwanedig (~0.01 M)
- Sodiwm hydrocsid (crynodiad hysbys) gwanedig
- (Estyniad) asid sylffwrig gwanedig

Dull

Yn yr arbrawf hwn, byddwch chi'n gwneud titradiad safonol. Mae'r arbrawf hwn mewn dwy ran. Yn gyntaf, bydd yn rhaid i chi wneud y titradiad rhwng yr asid a'r alcaliau er mwyn pennu brasamcan o ddiweddbwynt yr adwaith gan ddefnyddio dangosydd addas. Yna byddwch yn ailadrodd y titradiad er mwyn cael dau werth sydd o fewn 0.2 cm^3 i'w gilydd.

Gweithiwch gyda phartner. Mae'r asid tua'r un crynodiad â'r alcalïau sydd â chrynodiad penodol (e.e. 0.1 môl/dm^3 – bydd eich athro/athrawes yn rhoi union grynodiad yr alcalïau i chi).

Rhan A – Pennu brasamcan o ddiweddbwynt yr adwaith

Dull safonol:

1 Gwisgwch sbectol ddiogelwch.
2 Defnyddiwch y cyfarpar fel bydd eich athro/athrawes yn dangos i chi.
3 Defnyddiwch y biped i arllwys 25.0 cm^3 o'r alcali a ddewisoch chi (sydd â chrynodiad hysbys) i mewn i fflasg gonigol.
4 Ychwanegwch ddau ddiferyn neu dri o ddangosydd (bydd eich athro/athrawes yn dweud wrthych chi pa un sydd fwyaf addas).
5 Arllwyswch 100 cm^3 o asid i mewn i ficer.
6 Defnyddiwch dwndis i arllwys 50 cm^3 o'r alcali'n ddiogel i fwred sydd wedi'i mowntio ar stand addas (Ffigur 8.6).
7 Addaswch yr asid yn y fwred nes ei bod yn dangos 0 cm^3.
8 Ychwanegwch yr asid at yr alcali yn y fflasg yn araf, tua 1 cm^3 ar y tro.
9 Cofnodwch gyfaint yr asid sydd ei angen i niwtralu'r alcali yn y fflasg yn gyfan gwbl – dyma'n union pryd mae'r dangosydd yn newid lliw.

Rhan B – Mesur y diweddbwynt yn fanwl gywir

Dull safonol:

1 Defnyddiwch y dull yn Rhan A i gydosod yr adwaith.
2 Ychwanegwch tua **5 cm^3** yn llai na diweddbwynt y cyfaint y gwnaethoch ei gofnodi yn Rhan A 9.
3 Yn araf iawn, parhewch i ychwanegu'r asid at yr alcali, 0.1 cm^3 ar y tro, gan chwyrlïo'r fflasg gonigol wrth i chi fync yn eich blaen, nes bod y dangosydd yn dechrau newid lliw fymryn.
4 Mesurwch a chofnodwch gyfaint yr asid sydd ei angen i niwtralu'r alcali.
5 Ailadroddwch y dull hyd nes y cewch chi ddau werth sydd o fewn 0.2 cm^3 i'w gilydd.

Ffigur 8.6 Cyfarpar titradu.

Rhan C – Paratoi halwyn hydawdd

Dull safonol:

1. Defnyddiwch biped i roi 25.0 cm³ o sodiwm hydrocsid mewn fflasg gonigol. PEIDIWCH AG YCHWANEGU DANGOSYDD. Ychwanegwch yr union gyfaint o asid sydd ei angen i niwtralu'r alcali yn Rhan B.
2. Arllwyswch ychydig o'r hydoddiant (sy'n cynnwys yr halwyn a'r dŵr i ddysgl anweddu – peidiwch â llenwi'r ddysgl yn fwy na hanner llawn.
3. Gwresogwch yr hydoddiant er mwyn anweddu'r rhan fwyaf o'r dŵr. Gwnewch yn siŵr eich bod yn tynnu'r gwres oddi yno yn syth cyn i'r hydoddiant olaf ddiflannu. Byddwch yn ofalus, bydd yr hydoddiant yn tasgu!
4. Gadewch i'r ddysgl anweddu oeri, yna crafwch yr halwyn solet sy'n weddill ar dywel papur. Dyma eich halwyn hydawdd.

Dadansoddi eich canlyniadau

1. Ysgrifennwch hafaliadau geiriau a hafaliadau symbolau cytbwys ar gyfer yr adwaith.
2. Cyfrifwch union grynodiad pob asid gan ddefnyddio'r hafaliad:

$$\text{crynodiad yr asid} = \text{crynodiad yr alcali} \times \left(\frac{25 \text{ cm}^3}{\text{cyfaint yr asid a ddefnyddiwyd, cm}^3} \right)$$

Rhan Ch – Titradiadau sy'n cynnwys asid sylffwrig

Ailadroddwch yr arbrawf cyfan gan ddefnyddio asid sylffwrig. Bydd angen i chi ysgrifennu a chydbwyso'r hafaliad yn gyntaf, a sylwi nad yw'r adweithyddion yn adweithio mewn cymhareb 1:1. Bydd hyn yn newid yr hafaliad sy'n cael ei ddefnyddio i gyfrifo crynodiad yr asid. Gydag asid sylffwrig a sodiwm hydrocsid (neu botasiwm hydrocsid), mae 1 môl o asid sylffwrig yn adweithio â dau fôl o sodiwm hydrocsid, felly maen nhw'n adweithio mewn cymhareb o 1:2. I gyfrifo nifer y molau sy'n bresennol yn y naill hydoddiant neu'r llall, gallwch ddefnyddio'r hafaliad:

$$\text{nifer y molau} = \text{crynodiad yr hydoddiant} \times \frac{\text{cyfaint yr hydoddiant (cm)}}{1000 \text{ cm}}$$

Trwy ad-drefnu'r hafaliad hwn, gallwch chi gyfrifo'r crynodiad, os ydych chi'n gwybod nifer y molau sy'n bresennol a'r cyfaint a ddefnyddiwyd. Gall eich athro/athrawes eich helpu i gyfrifo crynodiad yr asid sylffwrig.

✓ Profwch eich hun

4. Mae myfyriwr yn titradu 25.0 cm³ o botasiwm hydrocsid 0.2 môl/dm³ ag asid hydroclorig.
   a) Ysgrifennwch hafaliad geiriau ar gyfer yr adwaith hwn.
   b) Ysgrifennwch hafaliad symbolau cytbwys ar gyfer yr adwaith hwn.
   c) Mae angen 12.5 cm³ o asid i niwtralu'r potasiwm hydrocsid. Cyfrifwch grynodiad yr asid.
5. Mae angen 32.0 cm³ o asid sylffwrig i niwtralu 25.0 cm³ o sodiwm hydrocsid 0.25 môl/dm³.
   a) Ysgrifennwch hafaliad geiriau a hafaliad symbolau cytbwys ar gyfer yr adwaith hwn.
   b) Cyfrifwch grynodiad yr asid sylffwrig.
6. Cyfrifwch gyfaint yr asid hydroclorig 0.10 môl/dm³ sydd ei angen i niwtralu 25.0 cm³ o sodiwm hydrocsid 0.05 môl/dm³.

▶ Asidau a charbonadau

Pan mae asidau'n adweithio â charbonadau, maen nhw'n eferwi (cynhyrchu swigod nwy). Mae'r adwaith yn cynhyrchu nwy carbon deuocsid. Ar y blaned Gwener, caiff nwy carbon deuocsid ei gynhyrchu pan mae'r asid sylffwrig yn yr atmosffer yn adweithio â charbonadau yn y creigiau. Mae'n symud i'r atmosffer, gan gynyddu crynodiad y carbon deuocsid ac ychwanegu at effaith tŷ gwydr enfawr Gwener.

Os cewch chi sylwedd a'ch bod chi'n meddwl y gallai fod yn garbonad, gallwch chi brofi'r nwy sy'n cael ei ryddhau wrth iddo adweithio ag asid trwy basio'r nwy trwy ddŵr calch (hydoddiant calsiwm hydrocsid). Pan gaiff swigod carbon deuocsid eu pasio trwy ddŵr calch, maen nhw'n ffurfio gwaddod gwyn o galsiwm hydrocsid. Os pasiwch chi'r carbon deuocsid drwyddo am amser hir, bydd y gwaddod gwyn yn diflannu gan adael hydoddiant di-liw.

Gwaith ymarferol

Profi am garbonadau

Cyfarpar

- 2 diwb profi (neu diwbiau berwi)
- Sbatwla
- Tiwb cludo
- Dŵr calch
- Asid hydroclorig gwanedig
- Diferydd
- Powdr calsiwm carbonad
- Sbectol ddiogelwch

Dull

1. Gwisgwch sbectol ddiogelwch.
2. Ychwanegwch asid hydroclorig gwanedig at y carbonad. Gosodwch y topyn yn y tiwb (gweler Ffigur 8.7).
3. Pasiwch y nwy drwy gyfaint bychan o ddŵr calch.
4. Dylai gwaddodiad gwyn, sy'n cael ei ddynodi gan hylif cymylog, gadarnhau presenoldeb carbonad. Mae rhai'n dweud bod 'y dŵr calch yn mynd yn llaethog'.

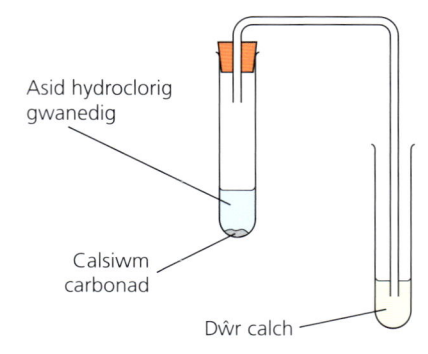

Ffigur 8.7 Cyfarpar ar gyfer prawf CO_2

Profi am sylffad

Y prawf cemegol safonol ar gyfer carbonad yw adwaith carbonad ag asid, gan gynhyrchu nwy carbon deuocsid. Mae'r prawf cemegol safonol ar gyfer ïonau sylffad yn cynnwys adwaith cemegol gwahanol. Mae'n cynnwys adweithio hydoddiant sylffad â hydoddiant bariwm clorid. Mae gwaddod gwyn o fariwm sylffad anhydawdd yn cael ei ffurfio (Ffigur 8.8). Fel enghraifft, mae sodiwm sylffad yn adweithio â bariwm clorid i ffurfio sodiwm clorid (sy'n hydawdd) a gwaddod bariwm sylffad:

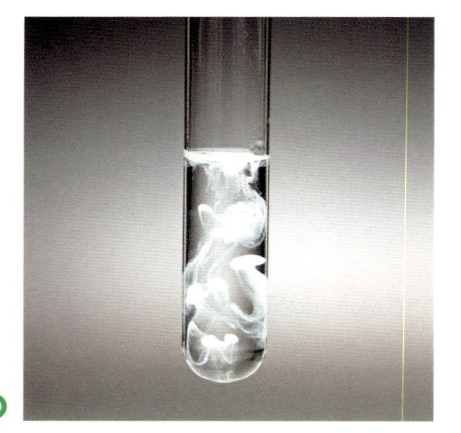

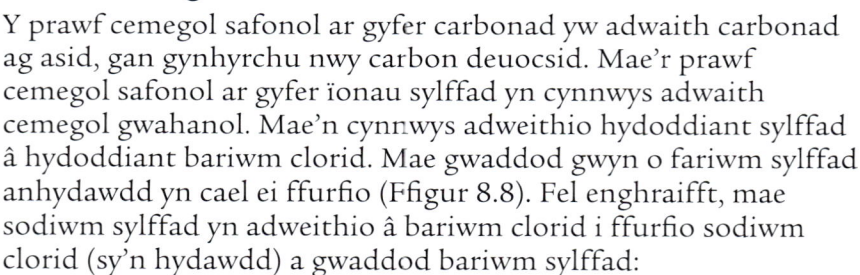

sodiwm sylffad + bariwm clorid → sodiwm clorid + bariwm sylffad

$Na_2SO_4(d) + BaCl_2(d) → 2NaCl(d) + BaSO_4(s)$

$Ba^{2+}(d) + SO_4^{2-}(d) → BaSO_4(s)$

Ffigur 8.8 Y prawf ar gyfer sylffad – mae gwaddod gwyn o fariwm sylffad anhydawdd yn cael ei ffurfio.

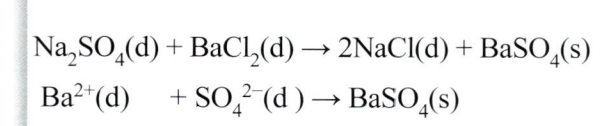

Gallwch baratoi halwynau anhydawdd solid, e.e. bariwm sylffad, o hydoddiannau fel hyn trwy hidlo'r hydoddiant. Mae'r halwyn anhydawdd yn cael ei ddal gan y papur hidlo, ac mae'r hydoddiant halwyn hydawdd yn mynd trwyddo. Yna, bydd yr halwyn anhydawdd a gafodd ei ddal yn cael ei olchi â dŵr distyll, a'i sychu ar y papur hidlo cyn cael ei grafu i ffwrdd (Ffigur 8.9).

8 Asidau, basau a halwynau

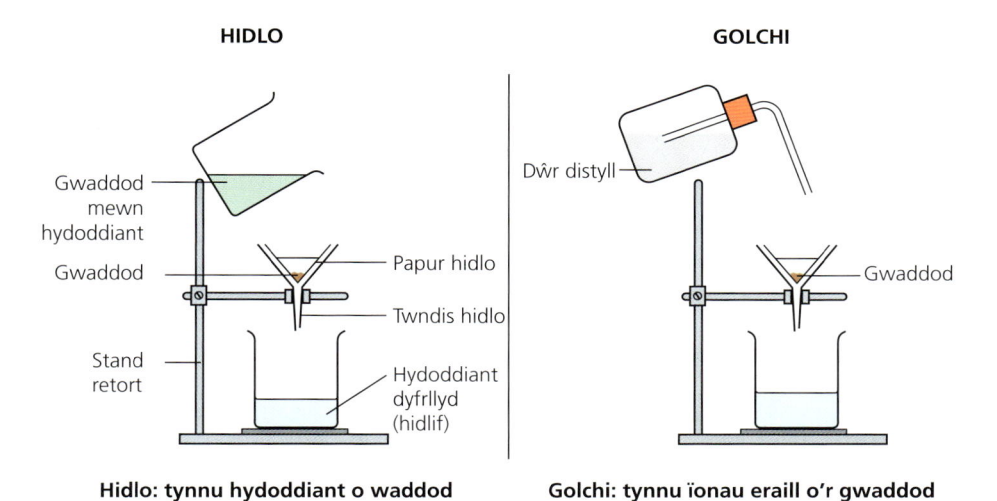

HIDLO	GOLCHI
Gwaddod mewn hydoddiant — Gwaddod — Stand retort — Papur hidlo — Twndis hidlo — Hydoddiant dyfrllyd (hidlif)	Dŵr distyll — Gwaddod
Hidlo: tynnu hydoddiant o waddod	**Golchi: tynnu ïonau eraill o'r gwaddod**

Ffigur 8.9 Y prawf ar gyfer sylffad – mae gwaddod gwyn o fariwm sylffad anhydawdd yn cael ei ffurfio.

Gwaith ymarferol

Magnesiwm – ond pa fath?

Byddwch chi'n cael dysglau'n cynnwys pedwar powdr, wedi'u labelu A, B, C ac Ch. Un yw metel magnesiwm, un yw magnesiwm carbonad, un yw magnesiwm ocsid ac un yw magnesiwm sylffad. Dydych chi ddim yn gwybod pa lythyren sy'n cyfateb i ba bowdr. Eich tasg chi yw cynnal profion cemegol i adnabod y pedwar powdr.

Cyfarpar
Darllenwch y dull safonol a phenderfynwch pa offer sydd eu hangen arnoch.

Dull safonol
1. Gwisgwch sbectol ddiogelwch.
2. Dewch o hyd i'r profion am bob sylwedd.
3. Casglwch offer addas i gynnal pob prawf.
4. Cynhaliwch y prawf a chofnodwch eich arsylwadau a/neu fesuriadau ar fformat addas.

Dadansoddi eich canlyniadau
1. Defnyddiwch eich arsylwadau a'ch mesuriadau i enwi sylweddau A, B, C ac Ch.
2. Ysgrifennwch hafaliad geiriau a hafaliad symbolau cytbwys ar gyfer eich adweithiau.

Grisialau Gwener?

Mae cynhyrchion yr adweithiau cemegol sy'n digwydd rhwng yr asid sylffwrig a'r cyfansoddion yn lithosffer y blaned Gwener yn creu adeileddau grisialog gwych. Mae'r lluniau a gymerodd Venera 9 yn awgrymu i'r chwiliedydd gofod lanio ar arwyneb wedi'i orchuddio â grisialau. Mae'r cyfuniad o grynodiadau uchel o asid ynghyd â'r tymheredd a gwasgedd uchel yn golygu bod gan arwyneb Gwener botensial i fod yn 'ardd grisialau'. Mae grisialau'n ffurfio pan mae sylweddau'n dod allan o hydoddiant (dŵr fel arfer) ac yn dechrau ffurfio rhesi rheolaidd solet o ronynnau'r sylwedd. Os yw'r amodau'n addas, mae'r grisialau bach yn dod yn 'hadau' i risialau llawer mwy, ac weithiau mae adeileddau grisialog enfawr yn cael eu ffurfio.

Yn y labordy, gallwn ni wneud grisialau bach trwy anweddu'r hydoddiannau sy'n cael eu cynhyrchu yn ystod adweithiau niwtralu. Os yw'r halwyn sy'n cael ei gynhyrchu o ganlyniad i'r adwaith niwtralu yn hydawdd, bydd gwresogi hydoddiant yr halwyn metel yn ysgafn mewn dysgl anweddu yn ein galluogi ni i anweddu'r dŵr a gadael grisialau bach solet o'r halwyn yng ngwaelod y ddysgl anweddu. Yna, gallwn ni ddefnyddio'r grisialau bach hyn fel 'hadau' i 'dyfu' grisialau mwy o'r halwyn, trwy eu hongian mewn hydoddiant crynodedig iawn o'r halwyn. Wrth i'r 'hedyn-risial' eistedd yn yr hydoddiant crynodedig o'u halwyn, mae'r dŵr yn yr hydoddiant crynodedig yn anweddu'n raddol. Mae hyn yn cynyddu crynodiad yr halwyn yn uwch fyth. Yn y pen draw, mae'r halwyn yn dechrau dod allan o'r hydoddiant, ac wrth iddo ffurfio mae'n 'ymuno' â'r hadau bach ac yn 'tyfu' ar ffurf grisial.

Ffigur 8.10 Mae grisialau'n gorchuddio arwyneb y blaned Gwener

Gwaith ymarferol penodol

Gwneud grisialau o gopr(II) sylffad a chopr(II) clorid

Gallwn ni wneud grisialau copr(II) clorid o gopr(II) ocsid ac asid hydroclorig gwanedig:

copr(II) ocsid + asid hydroclorig → copr(II) clorid + dŵr

$CuO(s) + 2HCl(d) \rightarrow CuCl_2(d) + H_2O(h)$

I wneud grisialau copr(II) sylffad (Ffigur 8.11), defnyddiwch gopr(II) ocsid neu gopr(II) carbonad ac asid sylffwrig gwanedig:

copr(II) ocsid + asid sylffwrig → copr(II) sylffad + dŵr

$CuO(s) + H_2SO_4(d) \rightarrow CuSO_4(d) + H_2O(h)$

copr(II) carbonad + asid sylffwrig → copr(II) sylffad + dŵr + carbon deuocsid

$CuCO_3(s) + H_2SO_4(d) \rightarrow CuSO_4(d) + H_2O(h) + CO_2(n)$

Ym mhob achos, mae angen rhoi'r hydoddiant halwyn copr sy'n ffurfio mewn dysgl anweddu i'w anweddu dros fflam Bunsen isel. Stopiwch wresogi'r ddysgl cyn gynted ag y bydd grisialau'n dechrau ffurfio.

Cyfarpar

- Asid hydroclorig gwanedig
- Asid sylffwrig gwanedig
- Powdr copr(II) carbonad
- Powdr copr(II) ocsid
- Sbatwla
- Bicer
- Rhoden droi
- Twndis
- Papur hidlo
- Fflasg gonigol
- Dysgl anweddu
- Llosgydd Bunsen; trybedd; rhwyllen; mat gwrth-wres

8 Asidau, basau a halwynau

> Hedyn-risialau
> Hydoddiant halwyn copr crynodedig
> Edau gotwm
> Bicer bach
> Microsgop
> Tâp gludiog
> Sleid glir ar gyfer microsgop
> Sbectol ddiogelwch

Nodyn diogelwch
Cymerwch ofal mawr i ddiffodd y llosgydd Bunsen cyn gynted ag y bydd grisialau'n ffurfio.

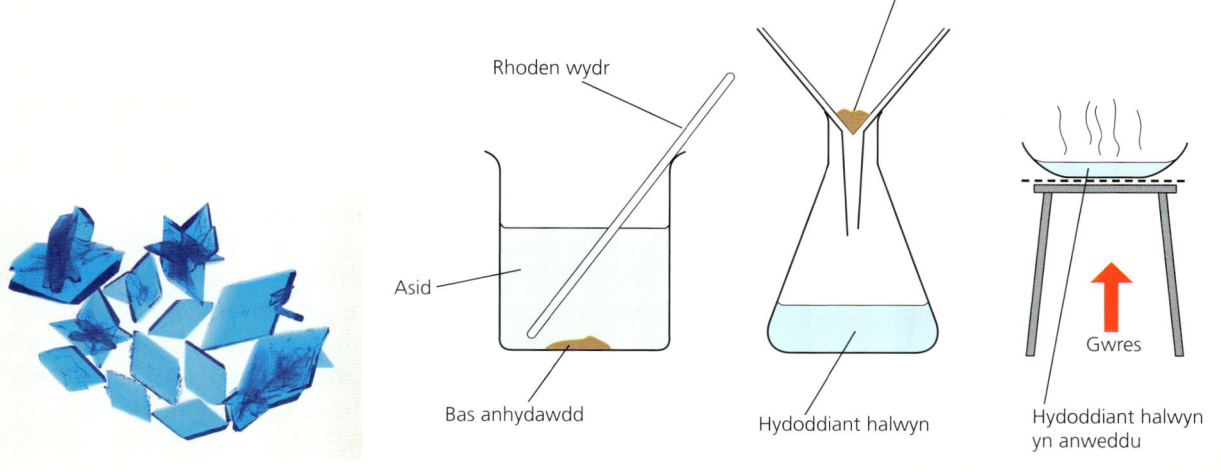

Ffigur 8.11 Grisialau mawr, rheolaidd o gopr(II) sylffad.

Ffigur 8.12 Paratoi hydoddiant halwyn hydawdd trwy niwtralu asid.

Dull safonol
1 Gwisgwch sbectol ddiogelwch.
2 Gweithiwch gyda phartner.
3 Dewiswch un o'r adweithiau sy'n cael eu dangos uchod.
4 Cynhaliwch yr arbrawf fel mae Ffigur 8.12 yn ei ddangos. Cofiwch, bydd copr carbonad yn eferwi gyda'r asid sylffwrig.
5 Byddwch yn ofalus pan mae'r hylif bron i gyd wedi anweddu o'r ddysgl anweddu ac arhoswch nes bod y grisialau'n ffurfio.
6 Arhoswch i'r ddysgl anweddu oeri, yna crafwch swm bach o'r grisialau ar sleid microsgop, gorchuddiwch nhw â stribed o dâp gludiog clir ac arsylwch y grisialau dan ficrosgop ar bŵer isel.
7 Tynnwch fraslun o rai o'ch grisialau chi. Efallai y bydd eich athro/athrawes yn rhoi sleidiau o risialau eraill i chi eu harsylwi gyda'r microsgop. Tynnwch frasluniau o'r grisialau hyn hefyd – gofalwch eich bod chi'n labelu pob braslun ag enw'r grisial a chwyddhad y microsgop.
8 Mae'n debyg y bydd y grisialau a wnaethoch chi'n rhy fach i fod yn hadau mewn gardd tyfu grisialau. Bydd eich athro/athrawes yn rhoi hedyn-risialau mwy i chi i dyfu grisialau mwy. Clymwch ddarn byr o gotwm o gwmpas un o'r hedyn-risialau a glynwch ben arall y cotwm at roden wydr. Rhowch yr hedyn-risial mewn daliant o hydoddiant crynodedig o'r halwyn mewn bicer bach (Ffigur 8.13). Gadewch y bicer mewn man cynnes, neu ar silff ffenestr i 'dyfu'. Bydd y grisial yn parhau i dyfu nes bydd lefel yr hydoddiant wedi mynd yn is na lefel y grisial.

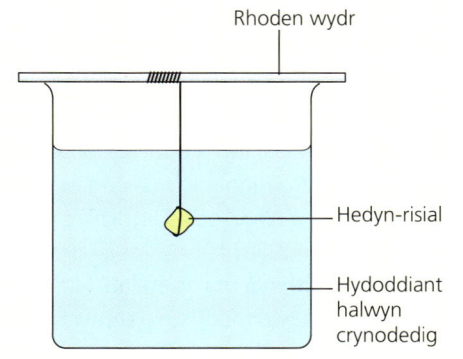

Ffigur 8.13 Pwy sy'n gallu tyfu'r grisial mwyaf?

> ✓ **Profwch eich hun**
>
> 7 Mae strontiwm yn fetel adweithiol yn yr un grŵp â chalsiwm a magnesiwm yn y Tabl Cyfnodol.
>   a) Pa risialau sy'n gallu cael eu ffurfio o adwaith strontiwm ocsid (SrO) ag asid sylffwrig?
>   b) Awgrymwch sut mae'r grisialau'n gallu ffurfio o'r adwaith hwn.
> 8 Ysgrifennwch hafaliadau geiriau a hafaliadau symbolau cytbwys ar gyfer adweithiau strontiwm carbonad ag:
>   a) asid hydroclorig
>   b) asid nitrig.
> 9 Sut byddech chi'n tyfu grisialau mawr o strontiwm sylffad?

▶ Ar werth! Cartref dymunol ar y blaned Gwener

Mae'r blaned Gwener yn lle dieflig. Mae'r tymheredd yn ystod y dydd yn ddigon poeth i doddi plwm, mae'r gwasgedd atmosfferig yn uchel iawn ac mae cymylau enfawr o asid sylffwrig crynodedig ym mhobman (Ffigur 8.14). Mae'n bosibl nad oes unman anoddach i bobl anfon chwiliedyddion gofod iddo, heb sôn am fyw ynddo. Mae maint a màs Gwener tua'r un maint â'r Ddaear, ac mae grym disgyrchiant tua'r un mor gryf. Yn bwysig, mae'n 'adlewyrchiad' o sut y gallai'r Ddaear fod os na fyddwn ni'n llwyddo i reoli cynhesu byd-eang. Os na fydd pobl yn rheoli'r carbon deuocsid sy'n cael ei ryddhau i'r atmosffer, bydd angen i genedlaethau o bobl yn y dyfodol adael y Ddaear gan y bydd wedi mynd bron mor ddieflig â Gwener. I ble gallwn ni fynd?

Ffigur 8.14 Y blaned Gwener – lle deniadol i fyw?

> ⬇ **Crynodeb o'r bennod**
>
> - Dylech chi allu gwneud cyfrifiadau sy'n ymwneud â chyfeintiau a chrynodiadau hydoddiannau.
> - Gallwn ni ddosbarthu sylweddau fel rhai asidig, alcalïaidd neu niwtral yn unol â'r raddfa pH.
> - Gallwn ni ddosbarthu asidau ac alcalïau fel rhai gwan neu rai cryf, gan ddibynnu ar eu pH nhw.
> - Mae asidau cryf a gwan yn adweithio mewn ffyrdd tebyg ond mae cyfradd adwaith asidau cryf yn uwch.
> - Mae hydoddiannau asidau'n cynnwys ïonau hydrogen ac mae hydoddiannau alcalïau'n cynnwys ïonau hydrocsid.
> - Mae niwtraliad yn digwydd pan mae ïonau hydrogen yn adweithio ag ïonau hydrocsid i ffurfio dŵr
> $H^+(d) + OH^-(d) \rightarrow H_2O(h)$
> - Mae asidau'n adweithio â rhai metelau. Mae safle'r metel yn y gyfres adweithedd yn pennu i ba raddau y byddant yn adweithio â'i gilydd.
> - Enw adwaith asidau gwanedig â basau (ac ag alcalïau) yw niwtralu, ac mae'r adweithiau hyn yn ecsothermig (yn rhyddhau gwres).
> - Mae titradiad yn ddull o baratoi hydoddiannau o halwynau hydawdd a gellir ei ddefnyddio i bennu crynodiad cymharol a gwir grynodiad hydoddiannau asidau neu alcalïau.
> - Mae crynodiad hydoddiant yn cael ei fesur mewn môl/dm³.
> - Gellir gwneud cyfrifiadau ar adweithiau niwtralu mewn hydoddiant er mwyn cyfrifo cyfaint neu grynodiad un o'r adweithyddion, gan ddefnyddio hafaliad cemegol cytbwys.
> - Mae adweithiau sy'n cynnwys asid hydroclorig yn ffurfio cloridau, rhai sy'n cynnwys asid nitrig yn ffurfio nitradau a rhai sy'n cynnwys asid sylffwrig yn ffurfio sylffadau.
> - I brofi am ïon sylffad, rhaid ei adweithio â bariwm clorid – bydd gwaddod gwyn anhydawdd o fariwm sylffad yn ffurfio.
> - Mae adwaith carbonadau ac asidau gwanedig hefyd yn ecsothermig; mae carbonadau'n eferwi mewn asid, gan ryddhau nwy carbon deuocsid.
> - Y prawf i adnabod nwy carbon deuocsid yw pasio'r nwy trwy ddŵr calch. Os yw'n troi'n llaethog, yna carbon deuocsid yw'r nwy.
> - Gallwn ni wneud halwynau hydawdd, fel copr(II) sylffad, trwy adweithio basau anhydawdd a charbonadau ag asidau. Mae'r halwynau hydawdd hyn yn gallu ffurfio grisialau.
> - Gallwn ni ddefnyddio hafaliadau geiriau a hafaliadau symbolau cytbwys i ddisgrifio adweithiau metelau, basau (gan gynnwys alcalïau) a charbonadau ag asid hydroclorig, asid nitrig ac asid sylffwrig.

8 Asidau, basau a halwynau

Cwestiynau ymarfer

1 a Un dull o baratoi crisialau sylffad copr(II) sych yw trwy adweithio carbonad ag asid gwanedig. Mae'r wybodaeth yn Ffigur 8.15 yn dangos y camau mae myfyriwr yn eu dilyn i wneud crisialau copr(II) sylffad.

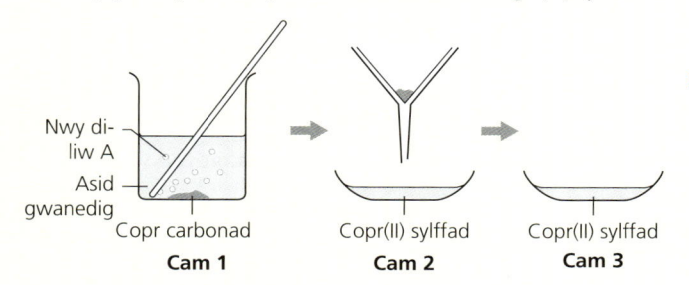

Ffigur 8.15

- Nwy di-liw A
- Asid gwanedig
- Copr carbonad
- **Cam 1**
- Copr(II) sylffad
- **Cam 2**
- Copr(II) sylffad
- **Cam 3**

   i) Enwch yr asid sy'n cael ei ddefnyddio yn y broses. [1]

   ii) Enwch Nwy A sy'n cael ei ffurfio yng Ngham 1. [1]

   iii) Enwch y sylweddau sy'n cael eu tynnu allan yn ystod Cam 3. [1]

b) Mae lliw glas grisialau sylffad copr(II) hydradol yn ganlyniad i bresenoldeb moleciwlau dŵr. Gall y moleciwlau dŵr hyn gael eu symud trwy eu gwresogi'n ysgafn i ffurfio powdr sylffad copr(II) anhydrus gwyn gan ddefnyddio'r cyfarpar a ddangosir yn Ffigur 8.16.

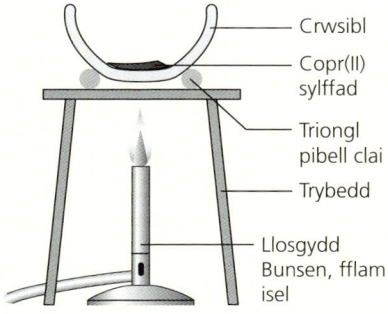

Ffigur 8.16

- Crwsibl
- Copr(II) sylffad
- Triongl pibell clai
- Trybedd
- Llosgydd Bunsen, fflam isel

Cafodd 6.25 g o gopr(II) sylffad hydradol glas ei wresogi'n ysgafn mewn crwsibl nes bod y màs a oedd ar ôl yn gyson 4.00 g.

   i) Cyfrifwch fàs y dŵr a gafodd ei gymryd allan yn ystod y cynhesu. [1]

   ii) Defnyddiwch yr hafaliad isod i gyfrifo canran y dŵr yn y copr(II) sylffad glas. [2]

$$\text{canran y dŵr yn y copr(II) sylffad glas} = \frac{\text{màs y dŵr}}{\text{màs y copr(II) sylffad glas}} \times 100$$

   iii) Mae'r hafaliad isod yn cynrychioli'r adwaith sy'n digwydd.

$$CuSO_4.5H_2O \rightleftharpoons CuSO_4 + 5H_2O$$

Nodwch ac eglurwch beth y byddech yn disgwyl ei weld petai dŵr yn cael ei ychwanegu at y powdr copr(II) sylffad anhydrus gwyn. [3]

(O TGAU Cemeg (9–1) CBAC, Cysyniadau mewn Cemeg, S DAE, cwestiwn 8)

2 a Mae disgybl yn ymchwilio i sut y mae tymheredd yn newid pan fydd asid hydroclorig gwanedig yn adweithio â hydoddiant sodiwm hydrocsid gwanedig. Ychwanegwyd 80 cm³ o asid gwanedig, 10 cm³ ar y tro, at 25 cm³ o alcali mewn fflasg gonigol. Y tymheredd uchaf a gyrhaeddwyd gafodd ei gofnodi bob tro. Mae'r graff yn Ffigur 8.17 yn dangos y canlyniadau.

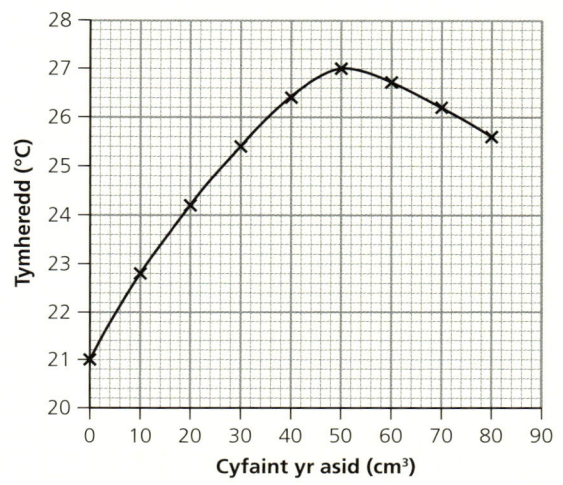

Ffigur 8.17

   i) Defnyddiwch y graff i bennu'r newid tymheredd uchaf a gafodd ei arsylwi yn ystod yr adwaith. [1]

   ii) Disgrifiwch ac eglurwch siâp y graff mewn perthynas â'r adwaith cemegol sy'n digwydd. [3]

   iii) Mae'r arbrawf yn cael ei ailadrodd ond gyda hydoddiant dangosydd cyffredinol wedi'i ychwanegu at y fflasg ar y dechrau (Tabl 8.4).

Ffigur 8.17

Lliw	Coch	Oren	Melyn	Gwyrdd	Glas	Glas tywyll	Porffor
pH	1–2	3–4	5–6	7–8	9–10	11–12	13–14

Nodwch liw y dangosydd sy'n cael ei weld wrth ychwanegu'r cyfeintiau canlynol o asid: 30 cm³, 50 cm³ a 70 cm³ [2]

   iv) Dywedodd y disgybl fod gan yr asid hydroclorig grynodiad uwch na'r sodiwm hydrocsid. Ydych chi'n cytuno? Rhowch reswm dros eich ateb. [1]

b) Mae Ffigur 8.18 yn ddangos dau adwaith gwahanol o asid hydroclorig gwanedig.

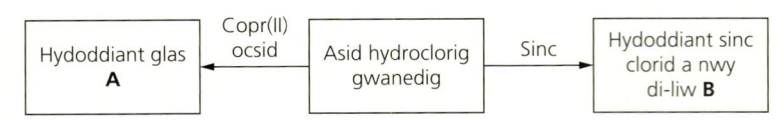

Copr(II) ocsid → Asid hydroclorig gwanedig + Sinc → Hydoddiant sinc clorid a nwy di-liw **B**
Hydoddiant glas **A** ←

Ffigur 8.18

    i) Enwch hydoddiant glas A. [1]

    ii) Enwch nwy B a disgrifiwch brawf er mwyn cadarnhau beth ydyw. [1]

(O TGAU Cemeg (9–1) CBAC, Cysyniadau mewn Cemeg, S DAE, cwestiwn 11)

3 Mae'n bosibl gwneud magnesiwm sylffad drwy ychwanegu gormodedd o fagnesiwm ocsid at asid sylffwrig. Mae magnesiwm ocsid yn anhydawdd mewn dŵr.

  a) Nodwch pam mae gormodedd o fagnesiwm ocsid yn cael ei ychwanegu. [1]

  b) Mae'n bosibl defnyddio'r offer yn Ffigur 8.19 i dynnu'r gormodedd o fagnesiwm ocsid o'r hydoddiant. Cwblhewch y labeli ar y diagram. [2]

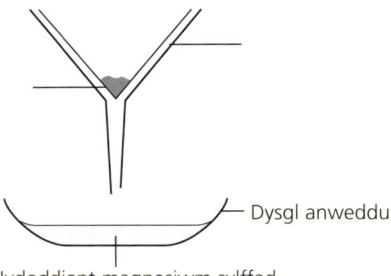

— Dysgl anweddu

Hydoddiant magnesiwm sylffad

Ffigur 8.19

  c) Nodwch sut gallwch chi gael grisialau o'r hydoddiant. [1]

  ch) Cwblhewch yr hafaliad geiriau ar gyfer yr adwaith. [1]

    magnesiwm + asid → _____ + _____
    ocsid   sylffwrig   _____

  d) Pe bai'r adwaith yn defnyddio asid hydroclorig, yn lle asid sylffwrig, byddai magnesiwm clorid yn cael ei ffurfio. Ysgrifennwch y fformiwla gemegol ar gyfer magnesiwm clorid. [1]

(O Cemeg TGAU C1 Sylfaenol CBAC, haf 2015, cwestiwn 4)

4 Mae'r tabl canlynol yn dangos pH rhai sylweddau cyffredin.

Tabl 8.5

Sylwedd	pH
Dŵr calch	10.5
Poer (*saliva*)	6.4
Sudd lemwn	2.2
Sudd oren	2.6
Llaeth magnesia	10.0

  a) Defnyddiwch wybodaeth o'r tabl yn unig i ateb rhannau (i) **a** (ii).

    i) Enwch yr asid mwyaf cryf. [1]

    ii) Enwch y sylwedd sydd agosaf at fod yn niwtral. [1]

  b) Mae llaeth magnesia'n cael ei ddefnyddio i drin diffyg traul (*indigestion*). Mae'n cynnwys magnesiwm hydrocsid sy'n adweithio â gormodedd o asid hydroclorig yn y stumog.

    i) Ysgrifennwch yr hafaliad geiriau ar gyfer yr adwaith sy'n digwydd.

    ii) Mae meddyginiaeth (*remedy*) diffyg traul arall yn cynnwys calsiwm carbonad. Enwch y nwy sy'n cael ei gynhyrchu pan fydd calsiwm carbonad yn adweithio ag asid hydroclorig a nodwch sut mae'n bosibl adnabod y nwy hwn. [2]

(O TGAU Cemeg C1 Sylfaenol CBAC, Ionawr 2015, cwestiwn 4)

5 Mae Ffigur 8.20 yn dangos rhai o adweithiau asid hydroclorig gwanedig.

Asid hydroclorig gwanedig:
- Sinc → Hydoddiant sinc clorid a nwy hydrogen
- Alcali **C** → Hydoddiant sodiwm clorid
- Copr(II) carbonad → Hydoddiant glas **A** a nwy di-liw **B**
- Copr(II) ocsid → Hydoddiant glas **A**

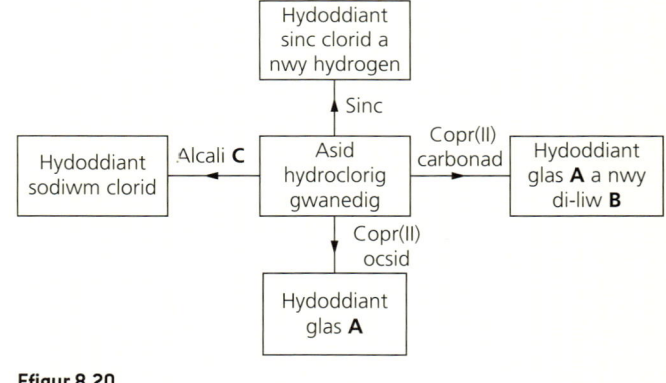

Ffigur 8.20

  a) Enwch y sylweddau canlynol.

    i) hydoddiant glas A. [1]

    ii) nwy di-liw B. [1]

    iii) alcali C. [1]

  b) Ysgrifennwch hafaliad symbol cytbwys ar gyfer yr adwaith rhwng sinc ac asid hydroclorig gwanedig. [1]

(O TGAU Cemeg C1 Sylfaenol CBAC, Ionawr 2014, cwestiwn 8)

8 Asidau, basau a halwynau

114

6 Mae Ffigur 8.21 yn dangos y raddfa pH a gwerthoedd pH rhai sylweddau cyffredin.

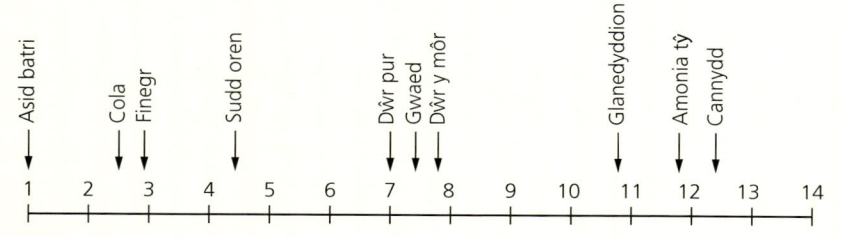

Ffigur 8.21

Asid batri → 1
Cola, Finegr → 3
Sudd oren → 4
Dŵr pur, Gwaed, Dŵr y môr → 7–8
Glanedyddion → 11
Amonia tŷ → 12
Cannydd → 13

a) O'r sylweddau uchod, enwch

   i) yr asid mwyaf cryf. [1]
   ii) yr alcali mwyaf gwan. [1]
   iii) sylwedd niwtral. [1]

b) Mae John yn astudio adweithiau asidau gyda thri sylwedd gwahanol, A, B ac C. Mae'n cofnodi ei arsylwadau a'r newidiadau yn y tymheredd yn Nhabl 8.6.

Tabl 8.6

Sylwedd gafodd ei ychwanegu at yr asid	Arsylwadau	Newid tymheredd (°C)
A	Swigod o nwy'n cael eu cynhyrchu, nwy sy'n cael ei gasglu'n troi dŵr calch yn llaethog (milky), sylwedd yn adweithio i gynhyrchu hydoddiant glas	+4
B	Dim nwy wedi'i gynhyrchu, sylwedd yn adweithio i gynhyrchu hydoddiant glas	0
C	Dim newid i'w weld	+8

Enwch A, B ac C o'r sylweddau yn y blwch isod. [3]

| copr(II) carbonad | copr(II) ocsid | magnesiwm |
| sodiwm clorid | sodiwm hydrocsid | |

(O TGAU Cemeg C1 Sylfaenol CBAC, haf 2013, cwestiwn 2)

7 a) Cafodd gwyddonydd bwyd ei ofyn i wirio ansawdd potel o finegr. Mae finegr yn cynnwys asid ethanöig, CH_3COOH. Mae'r cyfarpar a ddangosir yn Ffigur 8.22 yn cael ei ddefnyddio i ddod o hyd i grynodiad yr asid ethanöig mewn finegr.

Ychwanegwyd sodiwm hydrocsid gwanedig â chrynodiad o 0.90 môl/dm³ ychydig ar y tro at 25.0 cm³ o finegr nes bod y dangosydd yn newid lliw. Mae'r weithdrefn yn cael ei gwneud dair gwaith (Tabl 8.7).

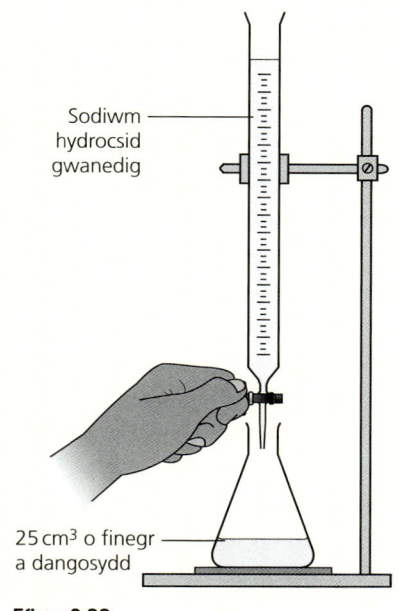

Sodiwm hydrocsid gwanedig

25 cm³ o finegr a dangosydd

Ffigur 8.22

Tabl 8.7

	Tro 1	Tro 2	Tro 3
Cyfaint y sodiwm hydrocsid sy'n cael ei ychwanegu (cm³)	24.1	23.9	24.0

Mae asid ethanöig yn adweithio â hydoddiant sodiwm hydrocsid yn ôl yr hafaliad:

$CH_3COOH(d) + NaOH(d) \rightarrow CH_3COONa(d) + H_2O(h)$

   i) Cyfrifwch gyfaint cymedrig y sodiwm hydrocsid sydd ei angen i niwtralu 25.0 cm³ o finegr. [1]
   ii) Gan ddefnyddio cyfaint cymedrig y sodiwm hydrocsid, cyfrifwch grynodiad yr asid ethanöig mewn môl/dm³. [3]

Mae'r label ar y botel finegr yn datgan bod o leiaf 5g o asid ethanöig CH_3COOH, mewn 100 cm³ o finegr.

iii) Cyfrifwch fàs moleciwlaidd cymharol, M_r, yr asid ethanöig. *[1]*

iv) Dangoswch a yw'r wybodaeth ar y label yn gywir. *[2]*

b) Gall calsiwm carbonad gael ei ddefnyddio i brofi presenoldeb asid ethanöig. Ysgrifennwch hafaliad symbol cytbwys ar gyfer yr adwaith. *[2]*

c) Eglurwch pam mae gan asid ethanöig pH is nag asid hydroclorig gwanedig o'r un crynodiad. *[2]*

(O TGAU Cemeg (9–1) CBAC, Cysyniadau mewn Cemeg, U DAE, cwestiwn 10)

8 a) Mae Ffigur 8.23 yn dangos rhai o adweithiau asid nitrig gwanedig

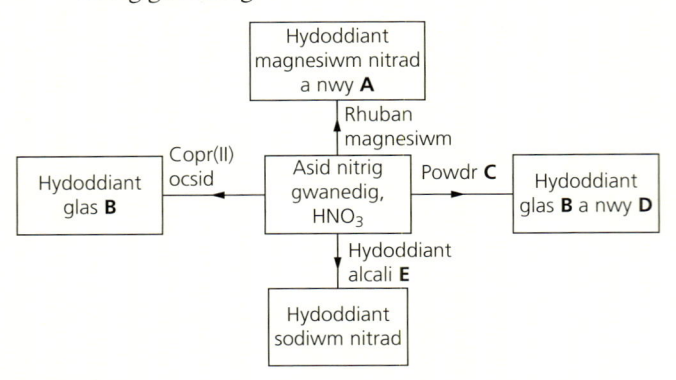

Ffigur 8.23

i) Enwch y sylweddau canlynol: powdr C, hydoddiant B, alcali E. *[3]*

ii) Enwch y nwyon A a D a disgrifiwch sut mae'n bosibl eu hadnabod. *[4]*

b) Pan fydd sodiwm hydrocsid yn adweithio ag asid sylffwrig mae hydoddiant sodiwm sylffad yn cael ei gynhyrchu.

i) Rhowch fformiwla sodiwm sylffad. *[1]*

ii) Disgrifiwch sut mae'n bosibl cael grisialau sodiwm sylffad o hydoddiant sodiwm sylffad. *[2]*

c) Mae asid ffosfforig yn gallu cael ei ddefnyddio i gael gwared ar rwd (*rust*), Fe_2O_3. Cydbwyswch yr hafaliad ar gyfer yr adwaith sy'n digwydd. *[1]*

Fe_2O_3 + _____ H_3PO_4 → _____ $FePO_4$ + _____ H_2O

(O TGAU Cemeg C1 Uwch CBAC, Ionawr 2015, cwestiwn 5)

9 Mae Ffigur 8.24 yn dangos rhai o adweithiau asid hydroclorig gwanedig.

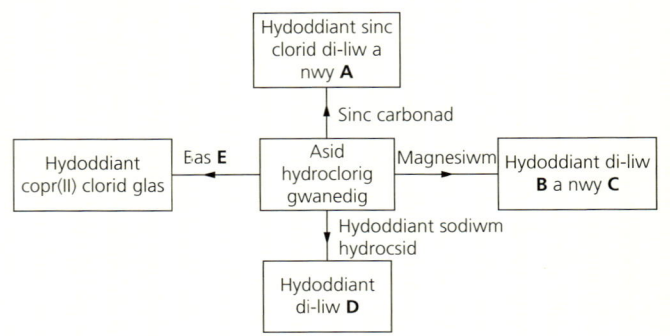

Ffigur 8.24

a) Rhowch enwau pob un o'r sylweddau A i E. *[5]*

b) Rhowch fformiwla gemegol sinc clorid. *[1]*

(O TGAU Cemeg C1 Uwch CBAC, haf 2014, cwestiwn 5)

9 Metelau ac echdynnu metelau

> 🏠 **Cynnwys y fanyleb**
>
> Mae'r bennod hon yn ymdrin ag adran 2.3 Metelau ac echdynnu metelau yn y fanyleb TGAU Cemeg ac adran 5.3 Metelau ac echdynnu metelau yn y fanyleb TGAU Gwyddoniaeth (Dwyradd). Mae'n edrych ar y prosesau sy'n ymwneud ag echdynnu metelau, yn seiliedig ar waith dechreuol y gyfres adweithedd ac adweithiau cysylltiedig. Mae'n ystyried manteision ac anfanteision gwahanol ddulliau ac yn cyflwyno syniadau mwy cymhleth fel electrolysis a hafaliadau ïonig.

▶ **Metel trwm o Gymru?**

Mae rhywbeth am Gymru a metelau! Mae'r diwydiannau mwyngloddio, cynhyrchu a gweithio metelau wedi bod yn rhan o asgwrn cefn diwydiant Cymru ers cyfnodau cynhanes. Ymddangosodd yr offer metel cyntaf yng Nghymru tua 2500 CCC – rhai copr yn gyntaf, a rhai wedi'u gwneud o'r aloi efydd yn fuan ar ôl hynny. Dechreuodd gemwaith aur ymddangos tua'r un pryd, ac un o drysorau gorau'r DU o'r Oes Efydd yw Mantell yr Wyddgrug, sef addurn ysgwydd aur wedi'i wneud o un ingot aur (Ffigur 9.1). Cafodd ei ddarganfod mewn beddrod (*burial tomb*) ym Mryn yr Ellyllon, Sir y Fflint yn 1833. Mae'r fantell dros 3500 o flynyddoedd oed. Mae'n rhaid bod pobl yn mwyngloddio ac yn gweithio metelau am gannoedd o flynyddoedd cyn gallu dangos y fath grefft wrth gynhyrchu peth mor hardd.

Mae haearn a dur wedi bod yn gysylltiedig â De Cymru ers amser maith (Ffigur 9.2). Y gwythiennau mwyn haearn helaeth yng nghymoedd Morgannwg a Sir Fynwy a oedd yn gyrru'r Chwyldro Diwydiannol rhwng 1730 ac 1850. Ar yr un pryd, arweiniodd y cynnydd yn y diwydiannau glo a haearn at ffrwydrad enfawr ym mhoblogaeth De Cymru. Cododd poblogaeth Sir Fynwy'n unig o 45 000 yn 1801 i 300 000 yn 1901. Roedd y gwaith metel (a glo) yn llythrennol yn creu tirwedd ddaearyddol a dynol newydd.

Ffigur 9.1 Mae Mantell yr Wyddgrug wedi'i gwneud o un ingot aur.

Ffigur 9.2 Gwaith haearn yn Ne Cymru yn yr 1800au.

Ym mis Medi 2009, daeth diwedd ar echdynnu alwminiwm o'i fwyn yng ngwaith Alwminiwm Môn yng Nghaergybi (Ffigur 9.3). Roedd y gwaith wedi bod yn cynhyrchu alwminiwm ers 1971, ond wedi i Atomfa Wylfa gael ei datgomisiynu, methodd y cwmni sicrhau cyflenwad trydan dichonadwy, ac roedd rhaid rhoi'r gorau i echdynnu'r mwyn. Am gyfnod roedd y gwaith yn dal i fwyndoddi alwminiwm wedi'i ailgylchu, ond erbyn hyn mae popeth wedi cau. Caiff alwminiwm ei gynhyrchu trwy electrolysis, sydd, ar raddfa ddiwydiannol, yn defnyddio symiau enfawr o drydan. Dim ond dau waith echdynnu alwminiwm sydd ar ôl yn y Deyrnas Unedig.

Yn ei anterth roedd y gwaith dur enfawr ym Mhort Talbot yn cynhyrchu 5 miliwn tunnell fetrig o ddur slab bob blwyddyn (Ffigur 9.4) yn bennaf i'r diwydiant gwneud ceir ac ar gyfer nwyddau domestig.

Ffigur 9.3 Gwaith Alwminiwm Môn yng Nghaergybi.

Ffigur 9.4 Gwaith dur Port Talbot.

Sut rydym ni'n cael metelau o'r ddaear?

Cafodd y talp mwyaf o aur erioed ei ddarganfod yn 1869 yn Victoria, Awstralia gan ddau ddyn o Gernyw, Richard Oates a John Deason, a oedd yn gyn-fwynwyr tun. Enw'r talp oedd y Welcome Stranger ac roedd yn pwyso 72 kg! Cafodd ei ddarganfod ychydig o dan arwyneb y ddaear wrth fôn coeden, a phan aethon nhw i'w gyfnewid yn y banc cawson nhw £9381, a fyddai bron yn £2 miliwn heddiw. Diwrnod eithaf da o waith! Mae Ffigur 9.5 yn dangos replica modern o'r Welcome Stranger, ynghyd â'r ffotograff gwreiddiol.

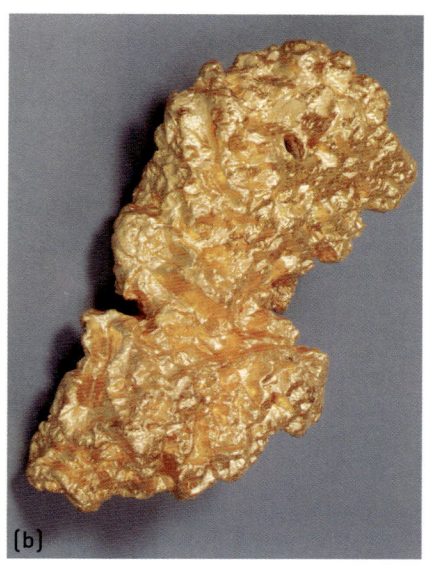

Ffigur 9.5 Y Welcome Stranger (a) a replica modern (b).

Dim ond chwe metel sy'n bodoli'n naturiol mewn ffurf bur – aur ac arian yw'r enghreifftiau amlwg. Y metelau eraill sy'n bodoli yn eu cyflwr naturiol yw platinwm, copr, haearn (ond dim ond o feteorynnau) a mercwri (ond dim ond gyda'r mwyn sinabar). Cafodd y talp mwyaf o arian ei ddarganfod yn 1894 yn Colorado, UDA ac roedd yn pwyso 835 kg!

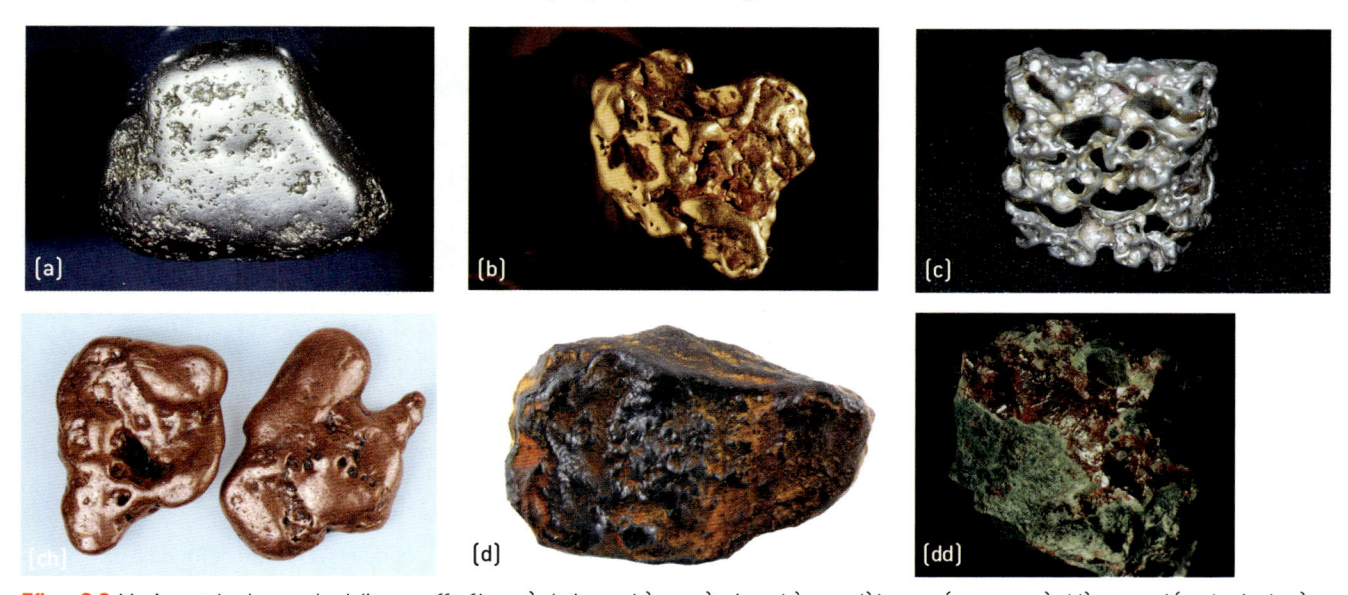

Ffigur 9.6 Mae'r metelau hyn yn bodoli mewn ffurf bur: a) platinwm; b) aur; c) arian; ch) copr; d) haearn (meteoryn); dd) mercwri (gyda sinabar).

Cyfres adweithedd	Dulliau echdynnu
K, Na, Ca, Mg, Al	electrolysis
C	
Zn, H, Fe, Ni, Sn, Pb	adwaith dadleoli â charbon
Cu, Hg	gwresogi'n uniongyrchol mewn aer
Ag, Au, Pt	yn bodoli fel metel 'naturiol'

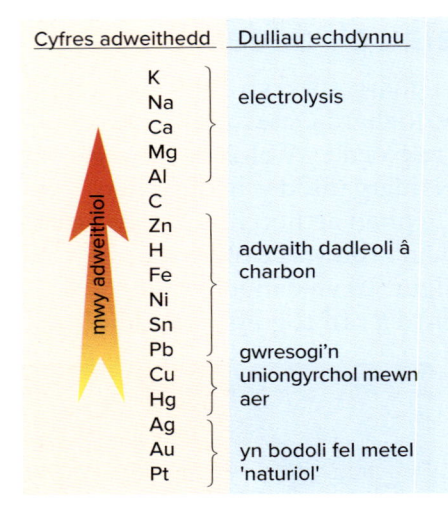

Ffigur 9.7 Y gyfres adweithedd, yn dangos dulliau echdynnu.

Mae pob un o'r metelau 'naturiol' yn anadweithiol iawn. Wrth i fetelau fynd yn fwy adweithiol, maen nhw'n bodoli mewn cyfuniad ag elfennau eraill yn unig, sef anfetelau gan amlaf. Mwynau – creigiau sy'n cynnwys cyfansoddion metel – yw'r enw ar y rhain. Rhaid echdynnu'r metelau o'u mwynau naill ai trwy ddefnyddio adweithiau cemegol gyda gwres, neu drwy electrolysis.

Mae Tabl 9.1 yn dangos rhai mwynau cyffredin.

Mae dull echdynnu metel o'i fwyn yn dibynnu ar ei safle yn y gyfres adweithedd (Ffigur 9.7). Mae'r metelau ar waelod y gyfres adweithedd yn bodoli'n naturiol, mae'r rhai yn y canol fel rheol yn cael eu hechdynnu trwy adwaith dadleoli â charbon, ac mae'n rhaid defnyddio electrolysis i echdynnu'r metelau mwyaf adweithiol.

Mae unrhyw fetel yn y gyfres adweithedd yn gallu dadleoli metel sy'n is nag ef yn y gyfres o gyfansoddyn sy'n cynnwys y metel hwnnw. Fe welwch chi fod carbon wedi'i gynnwys yn y gyfres adweithedd, er nad yw'n fetel. Gallwn ni ddefnyddio carbon i echdynnu'r metelau sy'n is nag ef yn y gyfres adweithedd o'u mwynau.

Tabl 9.1 Enghreifftiau o rai mwynau cyffredin.

Elfen	Mwyn	Fformiwla'r mwyn	Enghraifft
Haearn	Haematit, mwyn ocsid	Fe_2O_3	
Haearn	Pyrit haearn (aur ffyliaid)	FeS_2	
Haearn	Siderit, mwyn carbonad	$FeCO_3$	
Alwminiwm	Bocsit, mwyn ocsid	$Al_2O_3.3H_2O$	
Plwm	Galena, mwyn sylffid	PbS	
Magnesiwm	Epsomit (halwynau Epsom), mwyn sylffad	$MgSO_4.7H_2O$	
Titaniwm	Rwtil	TiO_2	

Gwaith ymarferol penodol

Dadleoli metelau

Yn y dasg ymarferol hon, byddwch chi'n defnyddio adweithiau dadleoli i gymharu adweithedd y metelau amrywiol.

Cyfarpar

> Teilsen sbotio
> Darnau bach o fetelau amrywiol
> Hydoddiannau halwynau metel sy'n cynnwys y metelau sydd ar gael
> Diferyddion
> Sbectol ddiogelwch

Nodyn diogelwch

Mae rhai o'r cemegion y byddwch chi'n eu defnyddio yn niweidiol.

9 Metelau ac echdynnu metelau

Dull

Y ffordd orau o gynnal yr arbrawf hwn yw mewn parau. Mae hwn yn arbrawf eithaf anodd ei drefnu. Mae angen i chi a'ch partner weithio'n systematig er mwyn darganfod pa fetelau a fydd yn dadleoli ei gilydd. Bydd y gyfres adweithedd yn eich helpu ond efallai na fyddwch chi'n gallu arsylwi'r adwaith yn y labordy (efallai y bydd yr adwaith yn cymryd llawer o amser, neu efallai y bydd angen ei gwresogi).

Bydd eich athro/athrawes yn dweud pa fetelau sydd ar gael i chi a pha hydoddiannau halwyn y gallwch chi eu defnyddio. Y metelau sydd ar gael yn gyffredinol yw: magnesiwm, alwminiwm, sinc, haearn, nicel, tun, plwm a chopr. Efallai y gallwch chi ddefnyddio halwynau clorid, nitrad a sylffad pob un o'r metelau hyn.

1. Gwisgwch sbectol ddiogelwch.
2. Rhestrwch y metelau a'r halwynau metel sydd ar gael i chi.
3. Dyluniwch grid yn seiliedig ar y deilsen sbotio, i brofi cynifer â phosibl o'r metelau gyda chynifer o'r hydoddiannau halwynau metel – efallai y bydd angen mwy nag un deilsen sbotio i wneud hyn. Mae Ffigur 9.8 yn dangos un ffordd o gynllunio eich arbrawf.
4. Lluniadwch dabl i gofnodi eich arsylwadau – bydd y rhain yn cynnwys newidiadau yn lliwiau'r hydoddiannau halwyn a'r metelau, ac unrhyw solidau sy'n ymddangos ym mhantau'r teils sbotio.
5. Gan ddefnyddio diferydd glân ar gyfer pob hydoddiant, llenwch y pantau fesul rhes (gw. Ffigur 9.8) nes bod gennych res gyfan o bob un o'r hydoddiannau halwyn.
6. Rhowch ddarn bach o un o bob un o'r metelau ym mhob hydoddiant fel mae Ffigur 9.8 yn ei ddangos.
7. Cynhaliwch eich arbrofion yn drefnus ar y teils sbotio. Cofnodwch eich arsylwadau.
8. Dilynwch gyfarwyddiadau eich athro/athrawes wrth glirio eich arbrawf. Peidiwch ag arllwys cynnwys y teils sbotio i lawr y sinc.

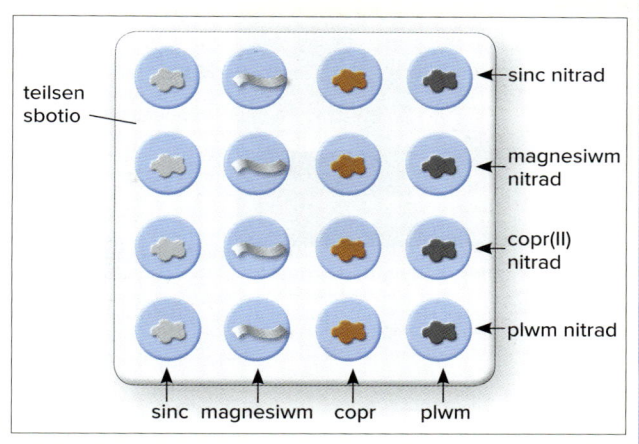

Ffigur 9.8 Enghraifft o sut i drefnu'r metelau a'r hydoddiannau.

Adwaith enghreifftiol

Bydd metel magnesiwm lliw arian yn dadleoli copr o hydoddiant glas o gopr(II) sylffad. Mae'r hafaliad canlynol yn disgrifio'r adwaith dadleoli:

magnesiwm + copr sylffad → magnesiwm + copr sylffad

$$Mg(s) + CuSO_4 (d) \rightarrow MgSO_4 (d) + Cu(s)$$

Dadansoddi eich canlyniadau

1. Defnyddiwch eich arsylwadau i adeiladu eich cyfres adweithedd 'arbrofol'.
2. Sut mae eich cyfres adweithedd yn cymharu â'r gyfres yn Ffigur 9.7?
3. Bydd eich athrawes/athro'n rhoi i chi fformiwla pob un o'r halwynau metel rydych chi wedi eu defnyddio. Ar gyfer pob adwaith llwyddiannus (un lle gwnaethoch chi arsylwi adwaith), ysgrifennwch yr hafaliad dadleoli fel hafaliad geiriau ac fel hafaliad symbolau cytbwys.

Pwynt trafod

Pam nad yw hi'n bosibl defnyddio'r metelau lithiwm, sodiwm, potasiwm na chalsiwm i wneud yr arbrawf hwn yn labordy'r ysgol?

▶ Yr adwaith thermit

Bydd metel mwy adweithiol yn disodli ocsigen o ocsid metel llai adweithiol pan gaiff cymysgedd o'r ddau ei wresogi – adwaith cystadleuaeth yw'r enw ar hyn. Un enghraifft ddiddorol a thrawiadol o hyn yw'r thermit (neu'r adwaith thermit, gweler Ffigurau 9.9 a 9.10). Pan gaiff cymysgedd o bowdr alwminiwm a haearn(III) ocsid ei danio â ffiws tymheredd uchel, mae'n ffurfio haearn tawdd. Mae'r diwydiant rheilffordd yn defnyddio'r adwaith hwn i weldio cledrau at ei gilydd ar drac.

Ffigur 9.9 Defnyddio'r adwaith thermit i weldio cledrau.

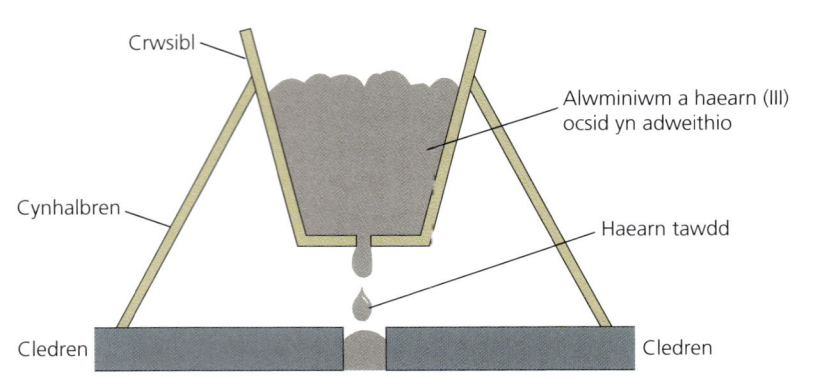

Ffigur 9.10 Yr adwaith thermit.

▶ Gwneud metelau – ocsidiad neu rydwythiad?

Mewn adweithiau diwydiannol fel yr adwaith thermit lle mae'r adwaith yn cael ei ddefnyddio i weldio cledrau at ei gilydd, neu mewn ffwrnais chwyth lle caiff carbon ei ddefnyddio i echdynnu haearn o'i fwyn, y gamp yw defnyddio elfen fwy adweithiol i 'ddadleoli' y metel targed o'i ocsid. Yn y ddwy enghraifft hyn, y metel targed yw haearn, ar ffurf haearn(III) ocsid. Yn yr adweithiau hyn, mae ocsigen yn cael ei dynnu o'r haearn (rydym ni'n dweud bod yr haearn yn cael ei rydwytho) ac mae'r elfen fwy adweithiol (alwminiwm neu garbon yn yr achosion hyn) yn ennill ocsigen (rydym ni'n dweud ei bod yn cael ei hocsidio).

- Rhydwythiad = colli ocsigen
- Ocsidiad = ennill ocsigen

Mae hefyd yn bosibl mynegi ocsidiad a rhydwythiad yn nhermau ennill neu golli electronau gan atomau neu ïonau:

Ocsidiad = colli electronau
Rhydwythiad = ennill electronau

Gallwch ddefnyddio'r cofair Saesneg OILRIG i gofio hyn:
Oxidation
Is
Loss of electrons
Reduction
Is
Gain of electrons
Hafaliad yr adwaith thermit yw:

alwminiwm + haearn(III) ocsid → alwminiwm ocsid + haearn

ocsidio
$$2Al(s) + Fe_2O_3(s) \rightarrow Al_2O_3(s) + 2Fe(s)$$
rhydwytho

Mae haearn yn cael ei ffurfio yn ei gyflwr hylifol oherwydd ei fod yn cyrraedd tymheredd sy'n uwch na'i ymdoddbwynt.

9 Metelau ac echdynnu metelau

▶ Gwneud haearn

Mae haearn yn fetel sy'n cael ei echdynnu o'i fwynau trwy rydwytho cemegol â charbon, sy'n fwy adweithiol na haearn. Er bod y diwydiant haearn a dur wedi lleihau yn y blynyddoedd diwethaf, yn enwedig yng Nghymru, mae'n dal i fod yn ddiwydiant pwysig iawn ledled y byd.

Mae'r echdynnu'n digwydd mewn ffwrnais chwyth – mae Ffigur 9.11 yn dangos hyn. Caiff mwyn haearn, golosg a chalchfaen eu gwresogi mewn ffwrnais chwyth i wneud haearn. Y broblem yw troi'r haearn(III) ocsid sydd yn y mwyn haearn yn haearn. Mae hyn yn golygu tynnu ocsigen ohono. Caiff aer poeth ei chwythu i'r ffwrnais, lle mae'n cyfuno â'r golosg (carbon gan mwyaf) gan ffurfio carbon monocsid a rhyddhau gwres. Mae'r carbon monocsid yn adweithio â'r haearn(III) ocsid yn uchel yn y ffwrnais i ffurfio haearn tawdd, sy'n ymgasglu yng ngwaelod y ffwrnais. Hafaliad yr adwaith yw:

carbon monocsid + haearn(III) ocsid → carbon deuocsid + haearn
$$3CO(n) + Fe_2O_3(s) → 3CO_2(n) + 2Fe(h)$$

Yn yr adwaith hwn, caiff haearn(III) ocsid ei rydwytho a chaiff y carbon (yn y carbon monocsid) ei ocsidio.

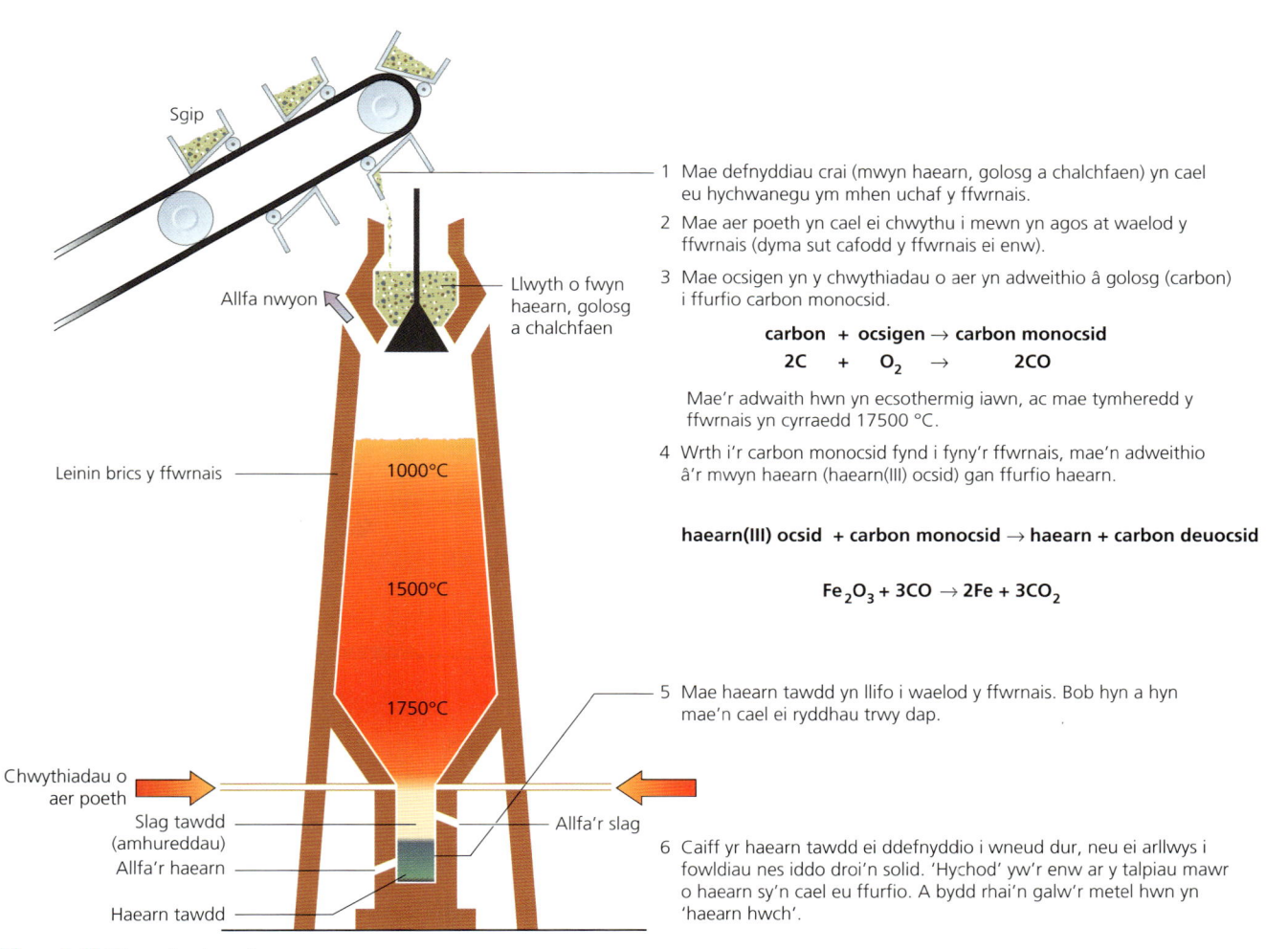

1 Mae defnyddiau crai (mwyn haearn, golosg a chalchfaen) yn cael eu hychwanegu ym mhen uchaf y ffwrnais.

2 Mae aer poeth yn cael ei chwythu i mewn yn agos at waelod y ffwrnais (dyma sut cafodd y ffwrnais ei enw).

3 Mae ocsigen yn y chwythiadau o aer yn adweithio â golosg (carbon) i ffurfio carbon monocsid.

carbon + ocsigen → carbon monocsid
$$2C + O_2 → 2CO$$

Mae'r adwaith hwn yn ecsothermig iawn, ac mae tymheredd y ffwrnais yn cyrraedd 17500 °C.

4 Wrth i'r carbon monocsid fynd i fyny'r ffwrnais, mae'n adweithio â'r mwyn haearn (haearn(III) ocsid) gan ffurfio haearn.

haearn(III) ocsid + carbon monocsid → haearn + carbon deuocsid
$$Fe_2O_3 + 3CO → 2Fe + 3CO_2$$

5 Mae haearn tawdd yn llifo i waelod y ffwrnais. Bob hyn a hyn mae'n cael ei ryddhau trwy dap.

6 Caiff yr haearn tawdd ei ddefnyddio i wneud dur, neu ei arllwys i fowldiau nes iddo droi'n solid. 'Hychod' yw'r enw ar y talpiau mawr o haearn sy'n cael eu ffurfio. A bydd rhai'n galw'r metel hwn yn 'haearn hwch'.

Ffigur 9.11 Ffwrnais chwyth.

Mae'r golosg ei hun yn gallu cymryd rhan mewn rhydwytho'r haearn:

carbon + haearn(III) ocsid → carbon monocsid + haearn
$3C(s) + Fe_2O_3(s) → 3CO(n) + 2Fe(h)$

Caiff yr haearn(III) ocsid ei rydwytho a chaiff y carbon ei ocsidio.

Mae'r calchfaen yn tynnu defnyddiau tywodlyd o'r mwyn metel i gynhyrchu slag tawdd o galsiwm silicad sy'n arnofio ar ben yr haearn tawdd. Pan mae'r calchfaen yn cael ei wresogi mae'n mynd trwy ddadelfeniad thermol i galsiwm ocsid (neu galch brwd):

$CaCO_3(s) → CaO(s) + O_2(n)$

Mae hwn wedyn yn adweithio â'r tywod (silicon deuocsid) sy'n halogi'r mwyn haearn (mewn adwaith niwtralu asid/bas), gan ffurfio'r slag calsiwm silicad:

$CaO(s) + SiO_2(s) → CaSiO_3(h)$

Caiff y slag ei ddefnyddio fel craidd caled i ffyrdd ac ym maes adeiladu. Caiff y nwyon gwastraff ym mhen uchaf y ffwrnais eu defnyddio i ragboethi'r chwythiad o aer yn y gwaelod. Mewn rhai ffwrneisi, caiff yr aer hwn ei gyfoethogi ag ocsigen.

Mae'r haearn sy'n cael ei gynhyrchu gan y ffwrnais chwyth yn aml yn cael ei alw'n 'haearn hwch' (gan fod y mowldiau gwreiddiol i wneud ingotau haearn mewn gwaith haearn yn edrych fel moch bach yn sugno tethi hwch). Mae'n fetel brau gan ei fod yn cynnwys swm sylweddol o garbon, hyd at 4.5%. I droi'r haearn yn ddur, sy'n fwy defnyddiol, mae angen cael gwared ar rywfaint o'r carbon trwy chwythu ocsigen trwyddo. Mae dur yn galetach ac yn llawer llai brau na haearn hwch.

> **Gweithgaredd**

Dur gwyrdd?

Mae dur yn ddefnydd pwysig ac felly mae'n cael ei ailgylchu ar raddfa fawr. Mae ailgylchu dur:

> yn arbed hyd at 50% o gostau egni o'i gymharu â chynhyrchu dur newydd
> yn helpu i warchod mwyn haearn
> yn lleihau allyriadau nwyon tŷ gwydr o'r ffwrneisi.

Yn wreiddiol, tyfodd y diwydiant haearn a dur yng Nghymru oherwydd bod y defnyddiau crai, sef glo, mwyn haearn a chalchfaen, ar gael yn lleol (Ffigur 9.12). Fodd bynnag, mae'r diwydiant wedi lleihau dros y blynyddoedd diwethaf, ac mae nifer o weithfeydd wedi cau. Cafodd hyn effaith ddinistriol iawn ar gymunedau a oedd yn dibynnu ar fwyngloddio a'r gweithfeydd haearn.

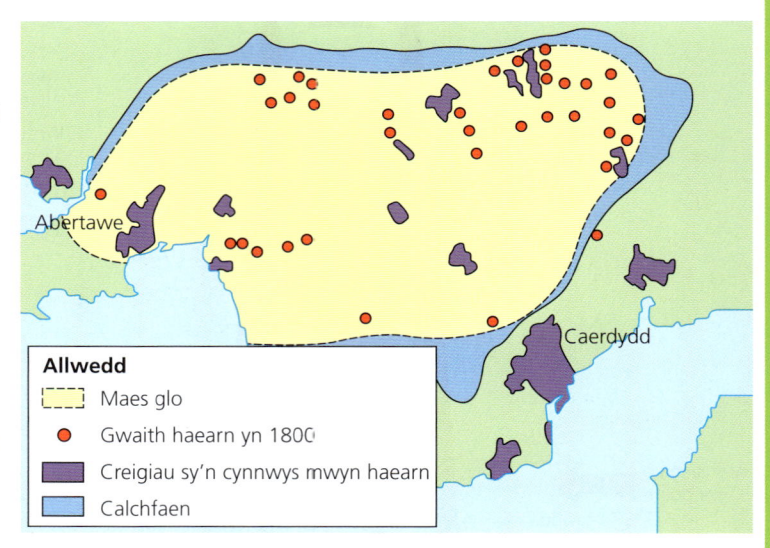

Allwedd
- Maes glo
- Gwaith haearn yn 1800
- Creigiau sy'n cynnwys mwyn haearn
- Calchfaen

Ffigur 9.12 Y diwydiant haearn a dur yn Ne Cymru.

Collodd miloedd o bobl eu swyddi wrth i'r pyllau a'r gweithfeydd gau, a dim ond yn gymharol ddiweddar y mae buddsoddiad newydd a swyddi eraill wedi dychwelyd i'r ardal mewn niferoedd mawr. Mae'r dirwedd gyfan wedi'i siapio gan y diwydiannau glo a haearn. Mae adfywio a thirweddu wedi bod yn broses hir a drud, ac mae'r ardal yn dal i gynnwys safleoedd diwydiannol sylweddol sydd heb eu clirio eto.

Yn y Deyrnas Unedig, mae mwyafrif llethol y defnyddiau crai ar gyfer cynhyrchu dur nawr yn cael eu mewnforio trwy ddociau enfawr. Mae'r dociau hyn yn rhoi digon o le i'r llongau swmp enfawr sy'n dod â'r defnyddiau crai i'r gweithfeydd dur (Ffigur 9.13).

Cwestiynau

1 Pam mae dur yn fetel mor bwysig?
2 Beth yw manteision byd-eang ailgylchu dur?
3 Pam rydych chi'n meddwl bod llawer o'r pyllau glo a'r gweithfeydd haearn a dur yn Ne Cymru wedi cau?
4 Beth oedd yr effaith ar y boblogaeth leol wedi i'r pyllau glo a'r gweithfeydd dur gau ar raddfa fawr?
5 Mae echdynnu a chynhyrchu haearn a dur wedi achosi problemau amgylcheddol sylweddol, gan gynnwys llygredd aer, llygredd dŵr a thir, colli cynefinoedd a newidiadau arwyddocaol i'r dirwedd naturiol. Er bod llawer iawn o'r gwaith echdynnu a chynhyrchu wedi dod i ben, mae problemau amgylcheddol yn parhau. Pa broblemau sy'n bodoli o hyd yn eich barn chi a sut gallwn ni eu datrys?

Ffigur 9.13 Mae defnyddiau crai'n cael eu mewnforio i'r Deyrnas Unedig trwy ddociau enfawr.

💬 Pwynt trafod

1 Pam mae hi mor anodd ailddechrau defnyddio hen safleoedd diwydiannol yn ddiogel heddiw?
2 Mae digonedd o lo a mwynau haearn yn Ne Cymru o hyd. Pam rydych chi'n meddwl bod y rhan fwyaf o ddefnyddiau crai ar gyfer gwaith dur Port Talbot yn cael eu mewnforio o wledydd fel Brasil?

▶ Electrolysis a gwneud alwminiwm

Mae electrolysis yn adwaith cemegol sy'n digwydd pan gaiff cerrynt trydan ei basio trwy hylif dargludol. Enw'r hylif dargludol yw'r electrolyt ac mae'n cynnwys ïonau â gwefr bositif (catïonau), ac ïonau â gwefr negatif (anïonau). Mae'r cerrynt yn mynd i'r electrolyt trwy ddau ddargludydd solet o'r enw electrodau. Enw'r electrod positif yw'r anod, ac enw'r electrod negatif yw'r catod. Caiff y cerrynt ei gludo trwy'r electrolyt wrth i'r ïonau symud. Mae'r anïonau negatif yn symud tuag at yr anod. Mae'r catïonau positif yn cael eu hatynnu at y catod.

Mae'r achos symlaf o electrolysis yn un lle mae'r electrolyt yn cynnwys dau ïon yn unig. Un enghraifft yw electrolyt o sinc clorid tawdd, $ZnCl_2$ (Ffigur 9.14). Mae sinc clorid yn ymdoddi ar dymheredd eithaf uchel, felly mae'n rhaid ei wresogi mewn crwsibl ac mae angen gofal er mwyn gwneud yr arbrawf hwn yn ddiogel. Mae rhodenni carbon yn cael eu defnyddio fel electrodau. Dim ond ïonau sinc (y catïonau) ac ïonau clorid (yr anïonau) sydd mewn sinc clorid tawdd.

Mae Ffigur 9.15 yn dangos cydosodiad nodweddiadol ar gyfer arbrawf electrolysis.

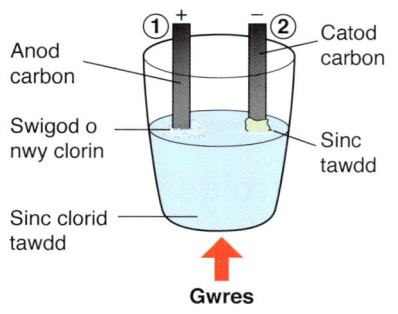

① Mae ïonau clorid yn troi'n nwy clorin wrth iddynt golli electronau i'r anod
$2Cl^-(h) \rightarrow Cl_2(n) + 2e^-$

② Mae ïonau sinc yn cael eu newid yn atomau sinc wrth iddynt ennill electronau o'r catod $Zn^{2+}(h) + 2e^- \rightarrow Zn(s)$

Ffigur 9.14 Electrolysis sinc clorid tawdd.

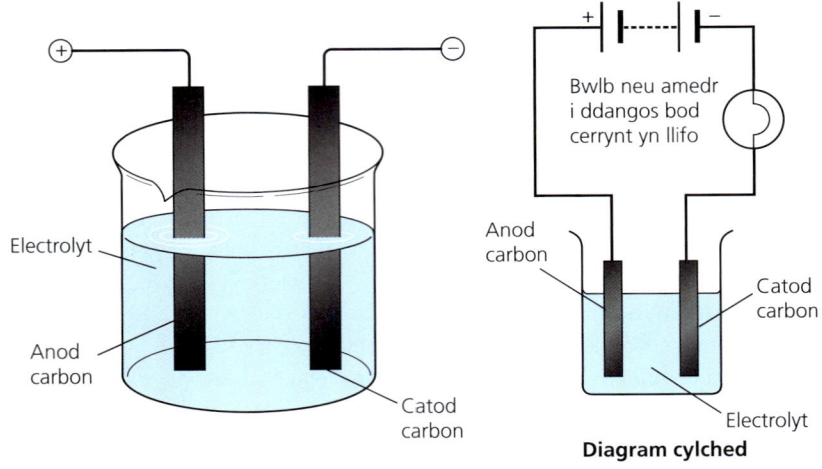

Ffigur 9.15 Cyfarpar electrolysis.

> ### 💡 Gwaith ymarferol
>
> ### Electrolysis sinc clorid
>
> Yn yr arddangosiad hwn, caiff cerrynt trydan ei basio trwy'r electrolyt sinc clorid tawdd. Caiff nwy clorin ei ffurfio ar yr anod a metel sinc ei ffurfio ar y catod.
>
> #### Dull
> Bydd eich athro/athrawes yn arddangos electrolysis sinc clorid tawdd i chi mewn cwpwrdd gwyntyllu.
>
> Dydych chi ddim yn cael cynnal yr arbrawf hwn eich hun.
>
> 1 Lluniadwch ddiagram cynllunio i ddangos electrolysis sinc clorid.
> 2 Ysgrifennwch hafaliadau electrod ïonig i ddangos sut mae'r ïonau yn yr halwyn tawdd yn ffurfio nwy clorin a metel sinc ar y ddau electrod.

> ### ✓ Profwch eich hun
>
> 1 Eglurwch ystyr y geiriau canlynol: electrod, electrolyt, anïon, catïon, catod, anod
> 2 Ysgrifennwch hafaliadau electrod ar gyfer electrolysis yr halwynau tawdd canlynol:
> a) sodiwm clorid
> b) magnesiwm ocsid
> c) lithiwm ïodid
> ch) calsiwm ocsid
> d) plwm bromid
> dd) copr(II) clorid

▶ Cynhyrchu alwminiwm trwy electrolysis

Mae'r elfennau metelig adweithiol iawn fel rheol yn cael eu hechdynnu o fwynau trwy electrolysis, oherwydd dydy hi ddim yn hawdd eu dadleoli trwy adweithiau rhydwytho cemegol. Mae alwminiwm yn fetel adweithiol iawn, er ei bod yn bosibl ei ddefnyddio ar gyfer fframiau ffenestri ac at ddibenion adeiladu eraill. Y rheswm pam nad yw'n ymddangos yn adweithiol yw fod haen denau iawn o alwminiwm ocsid gwarchodol yn ffurfio ar arwyneb y metel. Mae'r haen hon yn gwarchod y metel rhag unrhyw adwaith pellach.

Ffynhonnell fwyaf cyffredin alwminiwm yw'r mwyn bocsit. Caiff y bocsit ei drin yn gemegol i gael gwared ar amhureddau, gan adael alwminiwm ocsid solet gwyn, Al_2O_3. Weithiau, caiff alwminiwm ocsid ei alw'n alwmina. Mae ganddo ymdoddbwynt uchel iawn. Er mwyn electroleiddio alwminiwm ocsid (Ffigur 9.16), rhaid ei hydoddi mewn cryolit tawdd (mwyn – sodiwm alwminiwm fflworid – sy'n gweithredu fel hydoddydd i alwminiwm ocsid). Mae'r gell yn gweithio ar dymheredd sydd tua 950 °C.

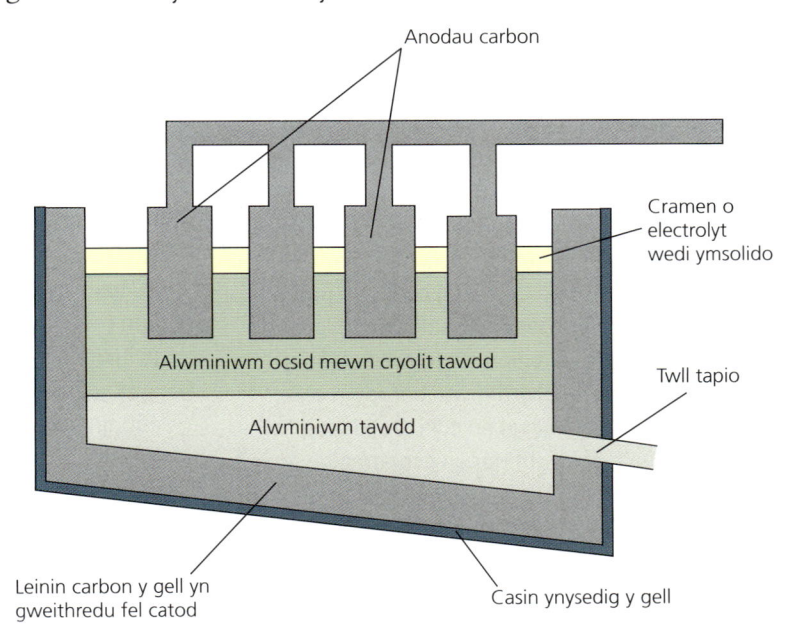

Ffigur 9.16 Electrolysis alwminiwm ocsid.

Mae'r ïonau alwminiwm yn cael eu hatynnu at y catod lle maen nhw'n ennill electronau ac yn ffurfio metel alwminiwm:

$$Al^{3+} + 3e^- \rightarrow Al$$
ïon alwminiwm → atom alwminiwm

Caiff yr ïonau ocsid eu hatynnu at yr anod lle maen nhw'n colli electronau ac yn ffurfio nwy ocsigen.

$$2O^{2-} \rightarrow O_2 + 4e^-$$
ïon ocsid → moleciwl ocsigen

Caiff nwy ocsigen ei ffurfio ar yr anodau carbon, ac ar dymheredd uchel mae'r anodau'n adweithio ag ocsigen, gan losgi i ffwrdd. O ganlyniad, rhaid cael rhai newydd o bryd i'w gilydd. Caiff y metel alwminiwm ei dynnu allan o bryd i'w gilydd, caiff y gramen ei thorri, a chaiff mwy o alwminiwm ocsid ei ychwanegu.

→ Gweithgaredd

Stori drist Alwminiwm Môn

Mae angen llawer iawn o drydan i gynhyrchu alwminiwm trwy electrolysis. Roedd y gwaith mwyndoddi (echdynnu) alwminiwm yng Nghaergybi ar Ynys Môn (gweler Ffigur 9.17) yn defnyddio 250 MW, a oedd ar un adeg yn fwy na 12% o'r holl bŵer a oedd yn cael ei ddefnyddio yng Nghymru. Yn aml, mae gweithfeydd alwminiwm yn agos i gyflenwad pŵer rhad, er enghraifft, ger ffynonellau pŵer trydan dŵr. Yn achos Alwminiwm Môn, roedd y gwaith wedi'i adeiladu'n agos at atomfa Wylfa. Roedd dau adweithydd niwclear Wylfa'n cynhyrchu cyfanswm o 980 MW o allbwn pŵer trydanol – ac roedd gwaith Alwminiwm Môn yn defnyddio tua chwarter holl allbwn yr atomfa.

Mae'r ffactorau i'w hystyried wrth adeiladu gwaith mwyndoddi alwminiwm yn bwysig iawn. Yng Nghymru, cafodd safle Ynys Môn ei ddewis am ei fod yn cynnig porthladd môr dwfn a chysylltiadau ffordd a rheilffordd da â chwsmeriaid yn y Deyrnas Unedig a'r Undeb Ewropeaidd. Câi alwminiwm ocsid a golosg eu mewnforio ar y môr. Fodd bynnag, y prif reswm oedd bod y Grid Cenedlaethol yn gallu cyflenwi pŵer trydanol o atomfa Wylfa gerllaw.

Ar 20 Gorffennaf 2006, cyhoeddodd perchenogion safle Wylfa, yr Awdurdod Datgomisiynu Niwclear (NDA), y byddai'r atomfa yn cau yn 2010 gan y byddai cynhyrchu trydan yn mynd yn 'gwbl aneconomaidd'. Ar 15 Ionawr 2009, cyhoeddodd perchenogion Alwminiwm Môn y byddai'r gwaith echdynnu alwminiwm hefyd yn cau, ac y byddai 500 o swyddi'n cael eu colli. Doedden nhw ddim yn gallu dod o hyd i ffynhonnell economaidd arall o 250 MW o drydan i sicrhau bod y gwaith mwyndoddi'n ddichonadwy. Ar 25 Chwefror 2009, cyhoeddodd yr NDA eu bod nhw'n ystyried cadw'r atomfa ar agor tan 2014. Ym mis Medi 2009, stopiodd Alwminiwm Môn echdynnu alwminiwm ac erbyn 2013 roedd y gwaith wedi cau.

Mae'r costau egni uchel sy'n gysylltiedig â chynhyrchu alwminiwm yn golygu bod ei ailgylchu'n economaidd iawn. Mae cost egni pob tunnell fetrig o alwminiwm wedi'i ailgylchu tua 5% o gost egni pob tunnell fetrig o alwminiwm wedi'i gynhyrchu o focsit. Hefyd, mae'r broses electrolytig yn treulio'r anodau carbon ac yn cynhyrchu carbon deuocsid – nwy tŷ gwydr.

Cwestiynau

1 Beth yw'r brif ystyriaeth wrth gynllunio gwaith echdynnu alwminiwm?
2 Beth arall sydd angen ei ystyried?
3 Pam mae gwaith mwyndoddi Lochaber Aluminium yn yr Alban wedi'i leoli wrth ymyl pwerdy trydan dŵr?
4 Pam roedd rhaid rhoi'r gorau i echdynnu alwminiwm yn Alwminiwm Môn ym mis Medi 2009?
5 Eglurwch pam mae cau gwaith mawr fel Alwminiwm Môn yn achosi problemau cymdeithasol enfawr yn yr ardal leol.
6 Roedd Alwminiwm Môn yn amcangyfrif y byddai'n cymryd 12 mis i ddatgomisiynu'r gwaith. Ydych chi'n meddwl, ar ôl iddo gael ei lanhau, y bydd safle'r gwaith yn lle da i adeiladu stad o dai? Pa fath o weithgareddau a fyddai'r rhai mwyaf addas i'r math hwn o safle yn eich barn chi?

Ffigur 9.17 Gwaith mwyndoddi Alwminiwm Môn (chwith) ac atomfa Wylfa (dde).

> **Pwynt trafod**
> Pam mae ailgylchu alwminiwm mor bwysig, o safbwyntiau economaidd ac amgylcheddol?

Electrolysis hydoddiannau dyfrllyd

Gall electrolysis hefyd gael ei wneud mewn hydoddiant dyfrllyd. Pan fydd halwynau'n hydoddi mewn dŵr, bydd ïonau positif a negatif yn cael eu rhyddhau. Gall yr ïonau hyn symud trwy'r moleciwlau dŵr sy'n ffurfio'r hydoddiant, wedi'u hatynnu at un o'r electrodau. Un enghraifft o'r math hwn o broses yw electrolysis hydoddiant copr(II) clorid (Ffigur 9.18).

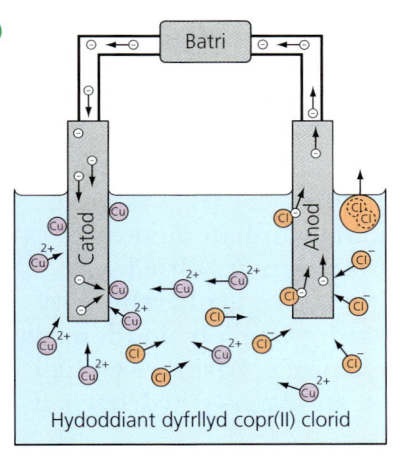

Ffigur 9.18 Electrolysis hydoddiant copr(II) clorid.

Yn yr achos hwn, mae ïonau Cu^{2+} yn cael eu hatynnu at y catod negatif, yn ennill dau electron (rhydwythiad) o'r catod ac yn ffurfio atomau copr:

$$Cu^{2+}(d) + 2e^- \rightarrow Cu(s)$$

Ar yr anod, mae dau ïon clorid ($2Cl^-$) yn colli un electron yr un (ocsidiad), ac yn ffurfio dau atom clorin, sydd wedyn yn cyfuno i ffurfio moleciwl deuatomig o nwy clorin:

$$2Cl^-(d) \rightarrow Cl_2(n) + 2e^-$$

★ Enghraifft wedi'i datrys

Electrolysis hydoddiant sodiwm clorid

Pan mae'r electrolysis yn cynnwys halwyn metel adweithiol, fel sodiwm (er enghraifft mewn hydoddiant sodiwm clorid), mae'r hydoddiant yn cynnwys ïonau positif y metel adweithiol ac ïonau hydrogen positif o'r dŵr, yn ogystal â'r anïonau negatif (megis yr ïonau clorid). Yn ystod y prosesau electrolysis hyn, mae cystadleuaeth rhwng yr ïonau sodiwm a'r ïonau hydrogen ar y catod. Mae'r ïonau hydrogen yn ennill electronau'n haws na'r ïonau sodiwm ac felly mae nwy hydrogen yn cael ei gynhyrchu ar y catod:

$$2H^+(d) + 2e^- \rightarrow H_2(n)$$

Mae ïonau'r metel adweithiol yn aros yn yr hydoddiant. Yn yr enghraifft hon, mae nwy clorin yn cael ei gynhyrchu ar yr anod.

🧪 Gwaith ymarferol penodol

Electrolysis copr(II) clorid dyfrllyd

Cyfarpar
> Bicer 100 cm³
> Electrodau carbon neu rodenni ffibr carbon
> Clipiau crocodeil a lidiau cyswllt
> Cyflenwad pŵer 6 V d.c.
> Hydoddiant copr(II) clorid 0.5 môl/dm³

Ffigur 9.19 Electrolysis copr(II) clorid dyfrllyd.

Nodyn diogelwch
Mae hydoddiant copr(II) clorid 0.5 môl/dm³ yn gemegyn perygl isel.

Dull
1. Gwisgwch sbectol ddiogelwch.
2. Arllwyswch tua 75 cm³ o hydoddiant copr(II) clorid i mewn i'r bicer neu'r gell electrocemegol.
3. Cysylltwch gyflenwad pŵer 6 V c.u. i'r electrodau carbon (Ffigur 9.19).
4. Trowch y cerrynt ymlaen ac arsylwch a chofnodwch yr adweithiau electrocemegol sy'n digwydd ar bob electrod.

Esboniad
Ar y catod, mae'r ïonau copr yn cael eu rhydwytho (yn ennill electronau), gan ffurfio atomau copr – dyma'r lliw pinc samwn ar yr electrod.

$$Cu^{2+}(d) + 2e^- \rightarrow Cu(s)$$

Ar yr anod, mae'r ïonau clorid yn cael eu hocsideiddio (yn colli electronau), ac mae nwy clorin yn cael ei gynhyrchu:

$$2Cl^-(d) \rightarrow Cl_2(n) + 2e^-$$

Dulliau eraill o ddefnyddio electrolysis

Cynhyrchu nwy clorin

Y defnydd crai ar gyfer gwneud clorin yw sodiwm clorid, sy'n cael ei dynnu o ddŵr y môr. Roedd ïodin yn arfer cael ei echdynnu o ddŵr y môr ond dydy hyn ddim yn cael ei ystyried yn economaidd ddichonadwy bellach. Mae dulliau modern o gynhyrchu ïodin yn defnyddio heli (*brine*) sy'n gysylltiedig â dyddodion olew neu nwy. Mae clorin yn cael ei gynhyrchu trwy electrolysis heli (sodiwm clorid crynodedig wedi'i hydoddi mewn dŵr). Yn y broses hon, caiff cerrynt trydanol ei basio trwy'r heli. Mae hyn yn cynhyrchu nwy clorin ar yr anod a nwy hydrogen ar y catod (Ffigur 9.20).

Ffigur 9.20 Offer ar gyfer electrolysis heli.

Gwaith ymarferol

Gwneud nwy clorin

Yn ymarferol, y ffordd orau o gynnal yr arbrawf hwn yw trwy ddefnyddio tiwb U (Ffigur 9.21).

Cyfarpar

> Uned cyflenwi pŵer trydanol 0–12 V c.u.
> Lidiau trydanol
> Clipiau crocodeil
> Electrodau graffit a daliwr
> Cell electrolysis tiwb U
> Hydoddiant o heli a hydoddiant dangosydd cyffredinol
> Sbectol ddiogelwch

Dull

1. Gwisgwch sbectol ddiogelwch.
2. Cydosodwch yr arbrawf fel yn Ffigur 9.21, gan ddefnyddio dalwyr electrodau addas.
3. Gwnewch hydoddiant o heli gan ddefnyddio 2 sbatwla o sodiwm clorid mewn 75 cm^3 o ddŵr distyll.
4. Ychwanegwch 4 diferyn o hydoddiant dangosydd cyffredinol.
5. Arllwyswch yr hydoddiant heli gwyrdd i'r tiwb U fel mae Ffigur 9.21 yn ei ddangos.
6. Cysylltwch y gylched allanol a rhowch y cyflenwad pŵer ar 10 V, yn dibynnu pa gyflenwad pŵer rydych chi'n ei ddefnyddio.
7. Trowch y cyflenwad pŵer ymlaen ac arsylwch yn ofalus beth sy'n digwydd yn y tiwb U.
8. Diffoddwch y cyflenwad pŵer cyn gynted ag y byddwch chi'n dechrau arogli arogl 'cannydd pwll nofio' – mae'n debygol y bydd hyn yn llai na munud.

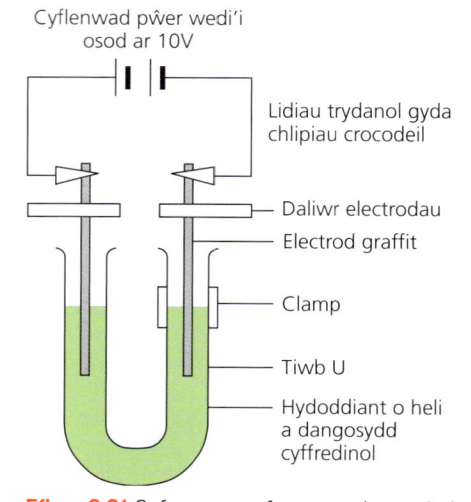

Ffigur 9.21 Cyfarpar ar gyfer gwneud nwy clorin.

9. Datgysylltwch yr holl gyfarpar trydanol oddi wrth y gell electrolysis, ond gadewch i'ch athro neu dechnegydd gwyddoniaeth wagio'r gell.

Y broses cloralcali

Mae Ffigur 9.22 yn dangos sut caiff clorin ei echdynnu o heli ar raddfa ddiwydiannol. Enw'r broses hon yw'r broses cloralcali. Mae'r broses hon yn defnyddio pilen cyfnewid ïonau anathraidd yng nghanol y gell, sy'n caniatáu i'r ïonau sodiwm (Na+) basio i'r ail siambr lle mae sodiwm hydrocsid yn ffurfio. Bydd **nwy clorin** yn cael ei gasglu o'r anod a **nwy hydrogen** yn cael ei gasglu o'r catod.

9 Metelau ac echdynnu metelau

Dadansoddi eich canlyniadau

1. Pa elfen sy'n ffurfio ar yr
   a) yr anod?
   b) y catod?
2. Mae'r hydoddiant heli yn cynnwys ïonau clorid (Cl⁻), ïonau sodiwm (Na⁺), ïonau hydrogen (H⁺) (o'r dŵr) ac ïonau hydrocsid (OH⁻) (o'r dŵr). Mae'r ïonau hyn yn cystadlu â'i gilydd i ffurfio ar y ddau electrod. Gan ddefnyddio Ffigur 9.22, pa atomau sy'n cael eu ffurfio o'u hïonau ar y ddau electrod?
3. Pe bai atomau sodiwm yn ffurfio ar y catod (sydd ddim yn digwydd), beth fyddai'n digwydd iddynt ar unwaith?
4. Astudiwch ddiagram y broses cloralcali (Ffigur 9.22). Beth sy'n debyg ac yn wahanol rhwng y dechneg hon a'r dechneg roeddech chi'n ei defnyddio yn y labordy?

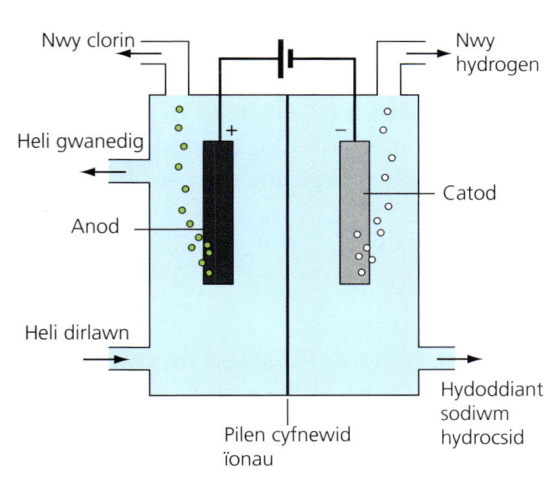

Ffigur 9.22 Cynhyrchu clorin ar raddfa ddiwydiannol.

Electroplatio a phuro copr

Mae electroplatio yn dechneg sy'n defnyddio electrolysis i roi araen o un metel ar fetel arall. Fel arfer, haen denau o fetel drud, megis aur neu arian, sy'n cael ei 'blatio' ar arwyneb gwrthrych wedi'i wneud o fetel rhatach fel dur. Fel hyn, gall gwrthrych rhad, fel plât cinio metel, gael ei orchuddio â haen denau o arian, gan wella ei olwg a chynyddu ei werth, heb orfod defnyddio llawer iawn o'r metel drutach. Gall electroplatio hefyd gael ei ddefnyddio i addasu priodweddau eraill y gwrthrych sy'n cael ei blatio, er enghraifft faint mae'n gwrthsefyll cyrydu (e.e. platio nicel), faint mae'n gwrthsefyll sgraffinio a threulio, ac i leihau gwrthiant trydanol (jac clustffonau wedi'i blatio ag aur).

Gall metel copr hefyd gael ei buro trwy electrolysis. Yn yr achos hwn, mae'r ddau electrod mewn cell electrocemegol yn cael eu gwneud o gopr, ac mae electrolyt o gopr(II) sylffad yn cael ei ddefnyddio. Yn raddol, mae'r electrod copr negatif (y catod) yn cael ei orchuddio ag atomau copr ac ar yr un pryd mae copr yn cael ei ddisbyddu ar yr anod.

Mae'r hafaliadau ïonig ar gyfer y broses hon isod.

Ar y catod, mae copr yn cael ei ddyddodi trwy rydwythiad:

$$Cu^{2+}(d) + 2e^- \rightarrow Cu(s)$$

Ar yr anod, mae atomau copr yn cael eu hocsidio ac yn mynd i hydoddiant:

$$Cu(s) \rightarrow Cu^{2+}(s) + 2e^-$$

Mae'r anod yn floc mawr o gopr amhur, mae'r catod yn ddarn tenau o gopr pur ac mae'r electrolyt yn hydoddiant copr(II) sylffad.

Electrolysis dŵr

Mewn electrolysis dŵr mae cerrynt trydan yn cael ei basio trwy ddŵr. Mae nwy ocsigen yn ffurfio ar yr anod (yr electrod positif); mae nwy hydrogen yn ffurfio ar y catod (yr electrod negatif). Fel arfer, mae'r ddau electrod wedi'u gwneud o stribedi metel platinwm. At ei gilydd, yr hafaliad sy'n crynhoi'r broses hon yw:

$$\text{dŵr} \rightarrow \text{hydrogen} + \text{ocsigen}$$
$$2H_2O(h) \rightarrow 2H_2(n) + O_2(n)$$

Gallwch chi weld o'r hafaliad, ac o Ffigur 9.23, fod dwywaith cymaint o nwy hydrogen yn cael ei gynhyrchu â nwy ocsigen.

Mae nifer fach o foleciwlau dŵr yn cynhyrchu ïonau fel a ganlyn:

$$H_2O(n) \rightarrow 2H^+(d) + OH^-(d)$$

Ar yr anod mae adwaith ocsidio yn digwydd:

$$4OH^-(d) \rightarrow 2H_2O(h) + O_2(n) + 4e^-$$

Ar y catod, mae adwaith rhydwytho yn digwydd:

$$4H^+(d) + 4e^- \rightarrow 2H_2(n)$$

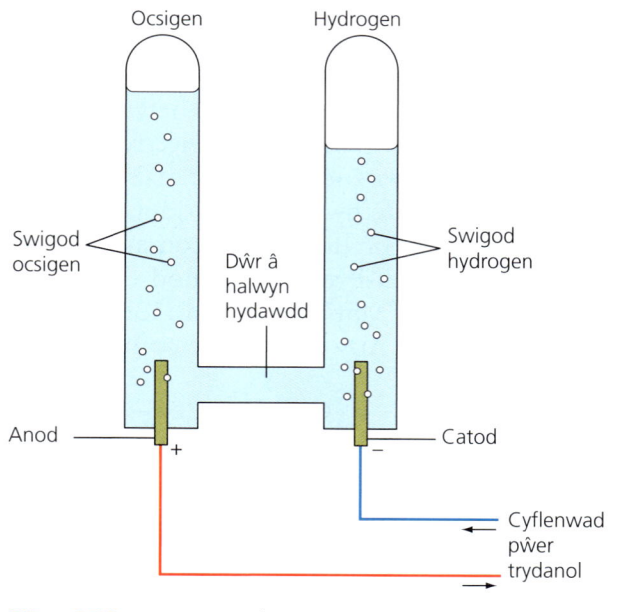

Ffigur 9.23 Electrolysis dŵr.

▶ Defnyddio metelau

Mae haearn (dur), alwminiwm, copr a thitaniwm yn bedwar metel masnachol pwysig iawn. Caiff y metelau hyn eu defnyddio mewn ffyrdd gwahanol gan ddibynnu ar briodweddau'r metel. Mae Tabl 9.2 yn crynhoi rhai o briodweddau'r metelau hyn ynghyd â rhai ffyrdd o'u cymhwyso a'u defnyddio.

Tabl 9.2 Priodweddau a dulliau defnyddio pedwar metel pwysig

Metel	Priodweddau	Ffyrdd o'i gymhwyso a'i ddefnyddio
Haearn (dur)	• Haearn (a duroedd) yn gallu cael eu magneteiddio • Dargludydd gwres da • Dargludydd trydan da Dur carbon isel: • Gwydn • Hydwyth • Hawdd ei siapio (hydrin) • Cryf • Ddim yn gwrthsefyll cyrydiad yn dda Dur carbon uchel: • Caled • Cryf iawn • Yn gwrthsefyll treulio • Mwy brau na dur carbon isel Dur gwrthstaen: • Gwrthgyrydol	• Magnetau • Creiddiau haearn ar gyfer newidyddion Dur carbon isel: • Paneli ar gyfer cyrff ceir Dur carbon uchel: • Offer torri • Pelferynnau (*ball bearings*) • Leiniau rheilffyrdd Dur gwrthstaen: • Cyllyll a ffyrc • Offer cegin
Alwminiwm	• Cryf • Dwysedd isel (tua 2.7 g/cm^3, o'i gymharu â haearn, 7.9 g/cm^3) • Dargludydd gwres da • Dargludydd trydan da • Gwrthgyrydol (oherwydd yr haen denau o ocsid ar ei arwyneb)	• Ceblau pŵer foltedd uchel i'r Grid Cenedlaethol; mae'r ffaith ei fod mor ysgafn yn golygu bod y peilonau'n gallu bod yn adeiladweithiau ysgafn (er mai o ddur y caiff y rhain eu gwneud) • Sosbenni, ffoil coginio alwminiwm (oherwydd ei fod yn dargludo gwres yn dda a'i fod yn ddiwenwyn) • Mae'r ffaith ei fod mor gryf ac ysgafn yn ei wneud yn addas i adeiladu fframiau ffenestri a thai gwydr • Caniau diodydd, gan ei fod yn ysgafn ac yn ddiwenwyn • Gweithgynhyrchu cyrff awyrennau a cheir, oherwydd ei ddwysedd isel a'i gryfder tynnol uchel
Copr	• Dargludydd gwres da iawn • Dargludydd trydan da iawn • Hydrin – mae'n hawdd creu gwahanol siapiau ohono • Hydwyth – mae'n hawdd ei dynnu'n wifren hir heb ei dorri • Lliw deniadol • Gloyw – 'sgleiniog'	• Gwneud aloion fel efydd a phres • Gemwaith ac addurniadau • Peipiau copr mewn plymwaith • Gwifrau cysylltu mewn cylchedau trydanol, moduron a nwyddau trydanol eraill • Mae llawer o sosbenni dur gwrthstaen yn cynnwys gwaelod copr i ddargludo gwres yn well
Titaniwm	• Caled • Cryf • Dwysedd isel (4.59 g/cm^3) • Gwrthgyrydol • Ymdoddbwynt uchel (1941 °C, o'i gymharu â haearn, 1536 °C)	• Darnau peiriannau jet • Darnau llongau gofod • Darnau i weithfeydd diwydiannol • Darnau cerbydau modur • Cryfhau dur • Mewnblaniadau meddygol • Gemwaith • Cyfarpar chwaraeon (racedi tennis, fframiau beiciau)

> ### ✓ Profwch eich hun
>
> 3. Pam mae alwminiwm yn cael ei ddefnyddio ar gyfer ceblau trydanol uwchben?
> 4. Eglurwch pam mae llawer o duniau bwyd wedi'u gwneud o alwminiwm. Pam nad yw titaniwm yn cael ei ddefnyddio ar gyfer tuniau bwyd, yn eich barn chi?
> 5. Pam mai dim ond gwaelod sosbenni o safon uchel sydd wedi'i wneud o gopr?
> 6. Pam mae cymalau clun newydd metel yn cael eu gwneud o ditaniwm, yn hytrach nag alwminiwm, er bod titaniwm ddwywaith mor ddwys?
> 7. Yn aml, caiff fframiau ffenestri eu gwneud o alwminiwm. Pam nad yw titaniwm a chopr yn cael eu defnyddio at y diben hwn?
> 8. Pam mae llafnau gwyntyllau peiriannau jet yn cael eu gwneud o ditaniwm?
> 9. Chi sy'n gyfrifol am ddylunio math newydd o degell i'w ddefnyddio ar yr Orsaf Ofod Ryngwladol. Brasluniwch eich syniadau ar gyfer y dyluniad, gan nodi'n benodol y defnyddiau y byddech chi'n eu defnyddio ar gyfer gwahanol ddarnau eich dyluniad. Ar gyfer pob defnydd, nodwch pam rydych chi wedi ei ddefnyddio.
> 10. Pam mae creiddiau newidyddion wedi'u gwneud o haearn?
> 11. Eglurwch pam mae paneli ceir wedi'u gwneud o ddur carbon isel yn hytrach na dur carbon uchel.
> 12. Pam mae ebillion dril a llafnau llif wedi'u gwneud o ddur carbon uchel?
> 13. Eglurwch pam y byddai dur gwrthstaen yn ddefnydd da ar gyfer gwneud offer llawfeddygol megis cyllell llawfeddyg a gefeiliau.

▶ Metelau trosiannol

Y metelau trosiannol yw'r elfennau metelig sydd i'w gweld yng nghanol y Tabl Cyfnodol (Ffigur 9.24).

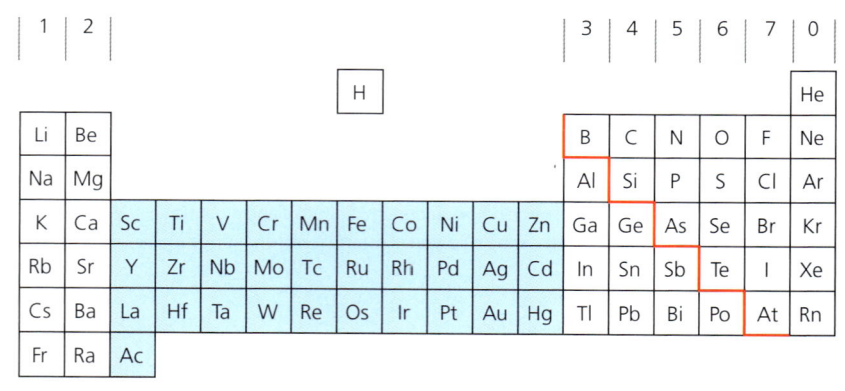

Ffigur 9.24 Y metelau trosiannol (yn cael eu dangos mewn glas).

Mae gan fetelau trosiannol y priodweddau ffisegol a chemegol hyn:

- Maen nhw'n hydrin, felly mae'n hawdd eu plygu neu eu morthwylio i mewn i siapiau.
- Mae ganddynt ymdoddbwyntiau uchel (ac eithrio mercwri, sy'n hylif ar dymheredd ystafell).
- Maen nhw'n dda ar gyfer dargludo trydan a gwres.
- Maen nhw'n gallu ffurfio ïonau ac iddynt wefrau gwahanol, er enghraifft, gall copr golli un electron a ffurfio ïonau Cu^+ neu gall golli dau electron a ffurfio ïonau Cu^{2+}.

- Maen nhw'n llai adweithiol yn gemegol na'r metelau alcalïaidd fel sodiwm a photasiwm.
- Mae lliw gan eu cyfansoddion cemegol.

> ## Gwaith ymarferol
>
> ### Adnabod ïonau copr a haearn
>
> Yn y dasg ymarferol hon, byddwch chi'n cynnal prawf cemegol syml i adnabod ïonau Cu^{2+}, Fe^{2+} a Fe^{3+} mewn hydoddiant.
>
> #### Cyfarpar
>
> - Tiwbiau profi a rhesel tiwbiau profi
> - Hydoddiant sodiwm hydrocsid gwanedig (0.1 M)
> - Hydoddiant copr(II) sylffad; hydoddiant haearn(III) clorid; hydoddiant haearn(II) sylffad (0.1 M)
> - Diferyddion
> - Sbectol ddiogelwch
>
> #### Nodyn diogelwch
>
> Mae rhai o'r cemegion y byddwch chi'n eu defnyddio yn cael eu dosbarthu fel rhai llidus neu rai perygl isel.
>
> #### Dull
>
> 1. Gwisgwch sbectol ddiogelwch.
> 2. Defnyddiwch ddiferydd i ychwanegu 1 cm³ o hydoddiant copr(II) sylffad i diwb profi glân.
> 3. Defnyddiwch ddiferydd gwahanol i ychwanegu 1 cm³ o hydoddiant sodiwm hydrocsid gwanedig i'r tiwb profi.
> 4. Arsylwch a chofnodwch yr adwaith.
> 5. Ailadroddwch yr adwaith gyda hydoddiant haearn(III) clorid a hydoddiant haearn(II) sylffad.
> 6. Cymharwch eich arsylwadau chi â'r rhai yn Nhabl 9.3.
>
> **Tabl 9.3** Y profion ar gyfer rhai o ïonau metelau trosiannol.
>
> | Ïon metel trosiannol | Canlyniad y prawf cemegol (ychwanegu hydoddiant sodiwm hydrocsid gwanedig) |
> |---|---|
> | Cu^{2+} | Gwaddod glas (fel jeli neu gelaidd) o $Cu(OH)_2$ (s) |
> | Fe^{2+} | Gwaddod gwyrdd (fel jeli neu gelaidd) o $Fe(OH)_2$ (s) |
> | Fe^{3+} | Gwaddod brown lliw rhwd (fel jeli neu gelaidd) o $Fe(OH)_3$ (s) |

▶ Aloion

Cymysgedd o fetelau yw aloi. Weithiau, bydd angen darnau metel â phriodweddau penodol iawn ar ddylunwyr a pheirianwyr ar gyfer cymwysiadau penodol iawn. Mewn llawer o achosion, nid yw'r priodweddau hyn gan y metelau naturiol, neu mae cost metelau naturiol ar gyfer y cymwysiadau hyn yn rhy uchel ac felly'n aneconomaidd. Yn yr achosion hyn, caiff aloion eu defnyddio. Mae gwyddonwyr defnyddiau wedi dod yn fedrus iawn wrth gymysgu metelau tawdd â'i gilydd i ffurfio aloion newydd â phriodweddau wedi'u haddasu. Mae pres yn enghraifft dda iawn o hyn. Aloi ydyw sydd wedi'i wneud o gopr a sinc.

Mae pres yn fetel melyn euraidd, disglair, cymharol galed. Mae'n bosibl amrywio ei gyfansoddiad trwy amrywio cyfrannau copr a sinc (Ffigur 9.25), a hyd yn oed trwy ychwanegu metelau eraill fel alwminiwm, sy'n ei wneud yn galetach. Trwy addasu'r cyfansoddiad, mae'n bosibl gwneud pres ag amrywiaeth eang o wahanol briodweddau, sy'n golygu y gallwn ni ddefnyddio'r aloi ar gyfer cyplyddion peipiau, offerynnau cerdd a sgriwiau sefydlu (*fixing screws*), yn ogystal â nifer fawr o gymwysiadau eraill. Hefyd, gan fod pres wedi'i wneud o gopr a sinc, mae'n gymharol rad.

Mae dur gwrthstaen (Ffigur 9.26) yn aloi arall. Caiff ei ddefnyddio i wneud sosbenni, cyllyll a ffyrc a sinciau. Mae fframiau sbectolau metel yn cael eu gwneud o amrywiaeth o aloion. Mae aloion nicel ac aloion titaniwm yn cael eu defnyddio'n gyffredin, ac mae rhai fframiau modern yn cael eu gwneud o aloion clyfar sy'n adennill eu siâp ar ôl cael eu plygu neu eu hanffurfio.

> **Profwch eich hun**
>
> 14 Beth yw aloi?
> 15 Pam gallai pres fod yn ddefnydd da i wneud offerynnau cerdd ohono?
> 16 Mae ychwanegu tun at bres yn gwneud iddo ffurfio araen warchodol denau iawn o ocsid. Pam mae'r math hwn o bres yn ddefnyddiol iawn i wneud darnau cychod, fel cleddau a handlenni drysau?
> 17 Mae cyfuniadau o haearn, alwminiwm, silicon a manganîs yn gwneud i bres allu gwrthsefyll traul a gwisgo. At ba ddibenion ydych chi'n meddwl y byddai'r mathau hyn o bres yn dda?

Ffigur 9.25 Fel rheol, caiff pres ei wneud o 35% sinc a 65% copr.

Ffigur 9.26 Fel rheol, caiff dur ei wneud o 83% haearn, 13% cromiwm, 1% nicel ac 1% carbon.

Ffigur 9.27 Fel rheol, caiff efydd ei wneud o 87.5% copr a 12.5% tun.

Crynodeb o'r bennod

- Mae mwynau sydd i'w cael yng nghramen y Ddaear yn cynnwys metelau wedi'u cyfuno ag elfennau eraill. Gallwn ni ddefnyddio adweithiau cemegol i echdynnu'r metelau hyn.
- Gallwn ni ganfod rhai metelau anadweithiol (e.e. aur) heb eu cyfuno ag elfennau eraill.
- Y mwyaf yw adweithedd metel, y mwyaf anodd yw echdynnu'r metel hwnnw.
- Gallwn ni ymchwilio i adweitheddau cymharol metelau trwy gynnal adweithiau dadleoli ac adweithiau cystadleuaeth.
- Rhydwytho yw cael gwared ar ocsigen (o gyfansoddyn metel); ocsidio yw pan mae metel yn ennill ocsigen.
- Mwyn haearn, golosg a chalchfaen yw'r defnyddiau crai sy'n cael eu defnyddio i echdynnu haearn.
- Yr hafaliadau geiriau a symbolau ar gyfer rhydwytho haearn(III) ocsid â charbon monocsid yw:

  carbon monocsid + haearn(III) ocsid ⟶ carbon deuocsid + haearn

  $3CO(n) + Fe_2O_3(s) \rightarrow 3CO_2(n) + 2Fe(h)$

- Mae angen mwy o egni mewnbwn i echdynnu alwminiwm nag i echdynnu haearn. Rydyn ni'n echdynnu'r metelau mwyaf adweithiol (gan gynnwys alwminiwm) trwy ddefnyddio dull electrolysis.
- Gallwn ni egluro proses electrolysis cyfansoddion ïonig tawdd yn nhermau symudiad ïonau ac ennill/colli electronau, gan ddefnyddio'r termau electrod, anod, catod ac electrolyt.
- Caiff alwminiwm ei echdynnu ar raddfa ddiwydiannol gan ddefnyddio electrolysis ar raddfa fawr. Gallwn ni grynhoi hyn yn nhermau gwefr ac atomau gyda'r hafaliadau electrod canlynol:
  $Al^{3+} + 3e^- \rightarrow Al$
  $2O^{2-} \rightarrow O_2 + 4e^-$
- Mae llawer o faterion amgylcheddol, cymdeithasol ac economaidd yn gysylltiedig ag echdynnu a defnyddio metelau fel haearn ac alwminiwm. Mae'r rhain yn cynnwys: lleoliad gweithfeydd, costau tanwydd ac egni, allyriadau tŷ gwydr ac ailgylchu.
- Gallwn ni egluro sut caiff dur, alwminiwm, copr a thitaniwm eu defnyddio yn nhermau'r priodweddau perthnasol canlynol:
  - dur (haearn) – cryf iawn, dargludydd gwres a thrydan da, gellir ei fagneteiddio
  - alwminiwm – cryf, dwysedd isel, dargludydd gwres a thrydan da, gwrthgyrydol
  - copr – dargludydd gwres a thrydan da iawn, hydrin a hydwyth, lliw deniadol a gloywedd
  - titaniwm – caled, cryf, dwysedd isel, gwrthgyrydol, ymdoddbwynt uchel.
- Cymysgedd yw aloi a gaiff ei wneud trwy gymysgu metelau tawdd. Mae'n bosibl newid ei briodweddau trwy newid ei gyfansoddiad.
- Gallwn ni hefyd egluro rhydwytho yn nhermau ennill electronau ac ocsidio yn nhermau colli electronau.
- Dylech chi allu llunio cysylltiad rhwng y syniadau hyn a gwaith cyfrifo a chymarebau mewn masau adweithio.
- Gall metelau trosiannol ffurfio ïonau sydd â gwefrau gwahanol, maen nhw'n llai adweithiol na'r metelau alcalïaidd, maen nhw'n ffurfio halwynau lliw, maen nhw'n hydrin ac yn ddargludyddion gwres a thrydan da.
- Gallwn ni adnabod hydoddiannau sy'n cynnwys ïonau Cu^{2+}, Fe^{2+} a Fe^{3+} trwy edrych ar eu hadweithiau gwaddod ag ïonau hydrocsid dyfrllyd.
- Mae electrolysis dŵr yn cynhyrchu nwy hydrogen ar y catod a nwy ocsigen ar yr anod.
- Mae'n bosibl cynnal electrolysis ar hydoddiannau dyfrllyd halwynau metel hefyd. Mae ïonau metel yn cael eu hatynnu at y catod a'r ïonau anfetel yn cael eu hatynnu at yr anod.
- Gallwn ni ddefnyddio electrolysis gydag electroplatio.
- Mae electrolysis yn cael ei ddefnyddio i buro copr ac i gynhyrchu sodiwm hydrocsid (a nwy hydrogen a nwy clorin).

Cwestiynau ymarfer

1 a) Mae'r siart bar yn Ffigur 9.28 yn dangos canran y tri phrif nwy mewn aer.

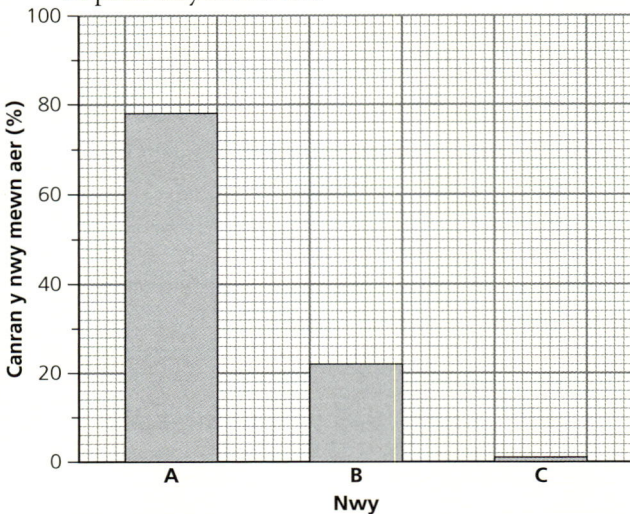

Ffigur 9.28

Dewiswch enwau'r nwyon **A**, **B** ac **C** o'r blwch isod. [3]

| argon | clorin | hydrogen |
| methan | nitrogen | ocsigen |

b) Aer yw un o'r defnyddiau crai sy'n cael ei ddefnyddio wrth echdynnu haearn o fwyn haearn yn y ffwrnais chwyth. Mae'r diagram llif yn Ffigur 9.29 yn crynhoi'r broses.

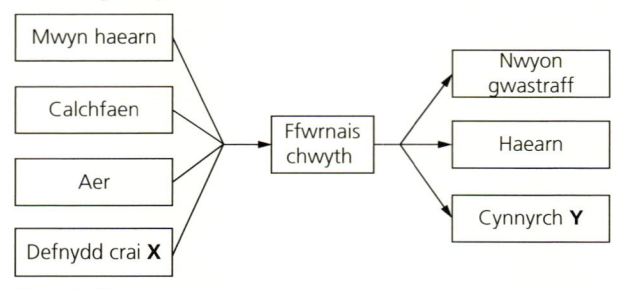

Ffigur 9.29

i) Rhowch enwau'r defnydd crai **X** a chynnyrch **Y**. [2]

ii) Enwch y nwy yn yr aer sy'n cael ei ddefnyddio i gyd yn ystod hylosgiad yn y ffwrnais chwyth. [1]

iii) Cydbwyswch yr hafaliad symbol canlynol sy'n cynrychioli adwaith sy'n digwydd yn y ffwrnais chwyth. [1]

$$Fe_2O_3 + 3CO \rightarrow \_\_\_Fe + \_\_\_CO_2$$

(O TGAU Cemeg C1 Sylfaenol CBAC, haf 2015, cwestiwn 3)

2 a) Pan fydd cymysgedd o haearn(III) ocsid a phowdr alwminiwm (thermit) yn cael ei wresogi yn yr offer yn Ffigur 9.30, mae yna adwaith ffyrnig. Mae yna fflam llachar, mae gwreichion yn cael eu cynhyrchu ac mae haearn tawdd yn cael ei ffurfio.

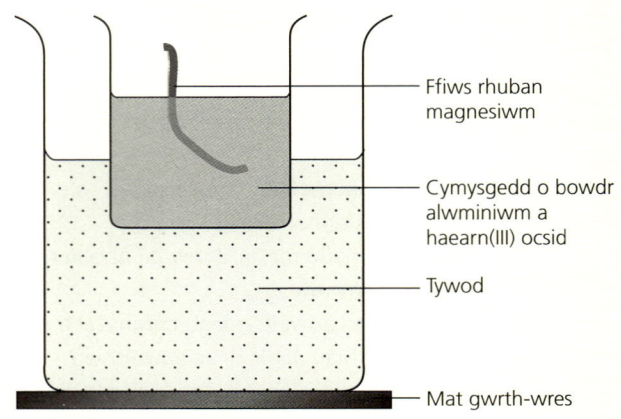

Ffigur 9.30

i) Ysgrifennwch hafaliad **geiriau** ar gyfer yr adwaith sy'n digwydd. [2]

ii) Eglurwch yr adwaith hwn yn nhermau adweithedd. [2]

iii) Nodwch sut byddai'r arsylwadau'n wahanol pe bai cymysgedd o bowdr copr ac alwminiwm ocsid yn cael ei ddefnyddio yn lle'r cymysgedd hwn. [1]

b) Mae haearn yn cael ei echdynnu o'i fwyn mewn ffwrnais chwyth.

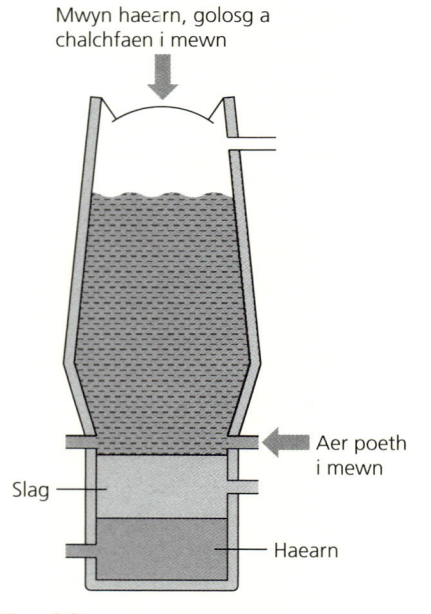

Ffigur 9.31

i) Nodwch bwrpas y defnyddiau crai canlynol: mwyn haearn; golosg; calchfaen. [3]

Mae'r hafaliad canlynol yn dangos yr adwaith sy'n digwydd

$$Fe_2O_3 + \_\_\_CO \rightarrow \_\_\_Fe + \_\_\_CO_2$$

ii) Cydbwyswch yr hafaliad. [1]

iii) Mae haearn(III) ocsid yn cael ei rydwytho yn ystod yr adwaith. Rhowch ystyr **rhydwythiad**. [1]

(O TGAU Cemeg C1 Uwch CBAC, Ionawr 2015, cwestiwn 2)

3 Disgrifiwch briodweddau metelau a chysylltwch y priodweddau hyn â sut mae **dau** fetel o'ch dewis yn cael eu defnyddio. [6]

(O TGAU Cemeg Sylfaenol CBAC, Ionawr 2015, cwestiwn 9)

4 a) Mae'r blwch isod yn cynnwys rhai o briodweddau alwminiwm.

| dwysedd isel | gwrthgyrydol (*resists corrosion*) |
| dargludydd trydan da | dargludydd thermol da |

Mae modd gwneud fframiau ffenestri o sawl defnydd gan gynnwys alwminiwm a haearn. Dewiswch **un** briodwedd o'r blwch sy'n gwneud alwminiwm yn ddefnydd **gwell** na haearn ar gyfer gwneud fframiau ffenestri. Rhowch reswm dros eich ateb. [2]

b) Mae Ffigur 9.32 yn dangos cell electrolysis sy'n cael ei defnyddio i echdynnu alwminiwm.

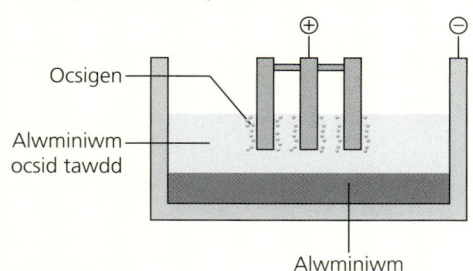

Ffigur 9.32

i) Pa **ïon negatif** sy'n cael ei atynnu at yr electrod positif? [1]

ii) Ysgrifennwch hafaliad **geiriau** ar gyfer yr adwaith cyflawn sy'n digwydd. [1]

iii) Mae tymheredd y gell electrolysis tua 1000°C. 660°C yw ymdoddbwynt alwminiwm. Rhowch gyflwr (solid, hylif neu nwy) yr alwminiwm yn y gell. [1]

iv) Rhowch y **prif** reswm pam mae'r broses hon yn ddrud. [1]

(O TGAU Cemeg C1 Sylfaenol CBAC, haf 2014, cwestiwn 3)

5 Mae'r offer yn Ffigur 9.33 yn cael eu defnyddio i dorri dŵr i lawr i hydrogen ac ocsigen gan ddefnyddio cerrynt trydan.

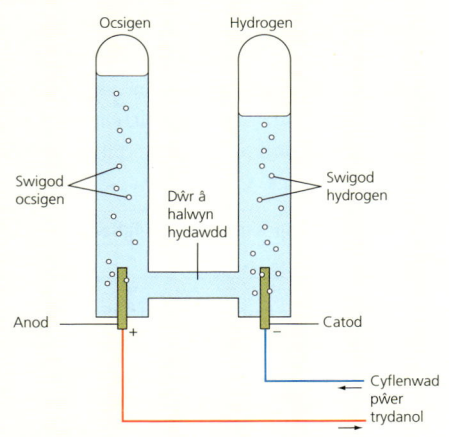

Ffigur 9.33

a) Enwch y broses hon. [1]

Mae Tabl 9.4 yn dangos cyfanswm cyfaint yr hydrogen sy'n cael ei ffurfio dros gyfnod o 10 munud.

Tabl 9.4

| Amser (munudau) | 0 | 2 | 4 | 6 | 8 | 10 |
| Cyfaint yr hydrogen (cm³) | 0 | 4 | 8 | 12 | 16 | 20 |

b) Plotiwch y canlyniadau o'r tabl ar y grid gyferbyn a thynnwch linell addas. **Labelwch y llinell hon yn 'hydrogen'**. [2]

c) Tynnwch ail linell ar y grid i ddangos cyfaint yr ocsigen fyddai'n cael ei gasglu yn ystod yr un 10 munud. **Labelwch y llinell hon yn 'ocsigen'**. [2]

(O TGAU Cemeg C1 Sylfaenol CBAC, haf 2014, cwestiwn 7)

6 Mae myfyriwr yn ymchwilio i adweithedd copr, magnesiwm a sinc. Mae'n gosod pob metel yn yr hydoddiannau sy'n cael eu dangos yn y tabl ac yn cofnodi ei arsylwadau.

Tabl 9.5

Metel	Hydoddiant	Arsylwadau
Magnesiwm	Copr(II) sylffad	Mae solid brown yn ffurfio ac mae'r hydoddiant yn troi o liw glas i fod yn ddi-liw
Sinc	Copr(II) sylffad	Mae solid brown yn ffurfio ac mae'r hydoddiant yn troi o liw glas i fod yn ddi-liw
Magnesiwm	Sinc sylffad	Mae'r rhuban magnesiwm yn troi'n llwyd tywyll
Copr	Sinc sylffad	Dim adwaith

a) Defnyddiwch y wybodaeth yn y tabl i osod y metelau yn nhrefn eu hadweithedd. [1]

b) Enwch y cynhyrchion sy'n cael eu ffurfio yn yr adwaith rhwng magnesiwm a hydoddiant copr(II) sylffad. [2]

c) Rhowch fformiwla gemegol sinc sylffad. [1]

ch) Gall plwm gael ei echdynnu o'i ocsid trwy ddefnyddio carbon mewn ffwrnais.

i) Cydbwyswch yr hafaliad symbolau canlynol ar gyfer yr adwaith sy'n digwydd. [1]

___PbO + C → ___Pb + CO$_2$

ii) Mae ocsidiad a rhydwythiad yn digwydd yn yr adwaith uchod. Enwch y sylwedd sy'n cael ei ocsidio a rhowch reswm dros eich dewis. [2]

iii) Nodwch pam **nad** yw gwresogi â charbon yn gallu cael ei ddefnyddio i echdynnu alwminiwm o'i fwyn. [1]

(O TGAU Cemeg C1 Sylfaenol CBAC, haf 2013, cwestiwn 4)

7 Mae Copr a Titaniwm yn fetelau pwysig. Mae Tabl 9.6 yn dangos rhai ffyrdd o'u defnyddio.

Tabl 9.6

Metel	Ffyrdd o'i ddefnyddio
Copr	gwifrau trydanol, peipiau dŵr, gwaelod sosbenni, gemwaith
Titaniwm	cluniau (*hips*) newydd, rotorau ar hofrennydd, peipiau yn y diwydiant cemegol

Disgrifiwch sut mae priodweddau Copr a Titaniwm yn eu gwneud nhw'n addas ar gyfer y ffyrdd hyn o'u defnyddio. [6]

(O TGAU Cemeg C1 Sylfaenol CBAC, haf 2013, cwestiwn 10)

8 Mae Tabl 9.7 yn dangos rhai enghreifftiau o wahanol fathau o ddur.

Tabl 9.7

Enw	Cyfansoddiad	Priodweddau
Haearn bwrw (cast iron)	Haearn 2–5% carbon	Caled ond brau Cyrydu
Dur meddal	Haearn 0.1–0.3% carbon	Gwyn, hydwyth a hydrin Cryfder tynnol da Cyrydu
Dur carbon uchel	Haearn 0.7–1.5% carbon	Yn galetach na dur meddal ond yn fwy brau Cyrydu
Dur gwrthstaen (stainless)	Haearn a charbon 16–26% cromiwm	Caled a gwydn, yn para'n dda Ddim yn cyrydu.

Defnyddiwch y wybodaeth yn y tabl i ateb y cwestiynau canlynol.

a) Enwch yr elfen fetelig sy'n cael ei hychwanegu at haearn i wneud dur gwrthstaen. [1]

b) Awgrymwch reswm pam mae haearn bwrw yn fwy brau na dur meddal. [1]

c) Enwch y math o ddur sydd fwyaf addas ar gyfer gwneud corff car. [1]

ch) Nodwch y prif reswm pam mae dur gwrthstaen yn cael ei ddefnyddio i wneud cyllyll a ffyrc. [1]

(O TGAU Cemeg C2 Sylfaenol CBAC, haf 2010, cwestiwn 6)

9 Mae ailgylchu defnyddiau *(materials)* wedi dod yn fwyfwy pwysig.
a) Mae alwminiwm yn cael ei echdynnu gan ddefnyddio electrolysis. Awgrymwch pam mae ailgylchu alwminiwm yn arwain at arbediad egni o 95%. [1]

b) Ar wahân i arbed egni, rhowch ddau reswm pam mae ailgylchu metelau yn bwysig. [2]

c) Mae alwminiwm a dur yn cael eu casglu gyda'i gilydd ar gyfer ailgylchu. Nodwch briodwedd dur sy'n golygu y gall gael ei wahanu oddi wrth alwminiwm. [1]

(O TGAU Cemeg C2 Sylfaenol CBAC, Ionawr 2010 cwestiwn 7)

10 a) Mae alwminiwm yn gallu cael ei echdynnu o alwminiwm ocsid tawdd trwy electrolysis.

   i) Nodwch beth sy'n cael ei ychwanegu at alwminiwm ocsid i leihau ei ymdoddbwynt. [1]

   ii) Mae metel alwminiwm yn cael ei ryddhau ar y catod yn ôl yr hafaliad electrod canlynol.

   $Al^{3+} + 3e^- \rightarrow Al$

Copïwch a chydbwyswch yr hafaliad electrod ar gyfer yr adwaith sy'n digwydd ar yr anod. [1]

___O^{2-} → O_2 + ___e^-

b) Mae plwm yn gallu cael ei gynhyrchu trwy electrolysis plwm(II) bromid tawdd, $PbBr_2$.

   i) Cwblhewch yr hafaliad electrod cytbwys ar gyfer yr adwaith sy'n digwydd ar y catod. [2]

   _____ + _____ → Pb

   ii) Eglurwch sut mae bromin yn cael ei ffurfio yn ystod electrolysis plwm(II) bromid tawdd. [3]

(O TGAU Cemeg C1 Uwch CBAC, haf 2015 cwestiwn 9)

11 Mae copr yn gallu cael ei buro trwy electrolysis gan ddefnyddio'r offer sy'n cael eu dangos yn Ffigur 9.34.

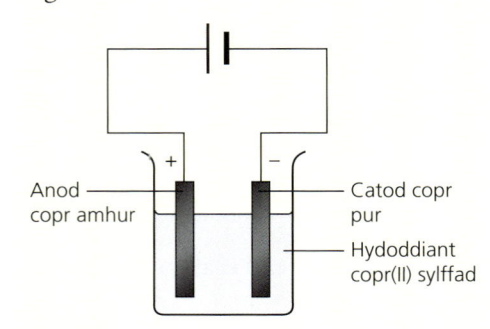

Ffigur 9.34

a) Yn ystod y broses, mae ïonau copr(II) yn symud i'r catod lle maen nhw'n dod yn atomau copr.

   i) Eglurwch pam mae ïonau copr(II) yn symud tuag at y catod. [2]

   ii) Cwblhewch a chydbwyswch yr hafaliad electrod canlynol sy'n dangos sut mae copr yn ffurfio ar y catod. [1]

   _____ + ___e^- → Cu

b) Mae myfyriwr yn cynnal ymchwiliad i ddarganfod sut mae swm y copr sy'n cael ei ddyddodi ar y catod yn amrywio gyda'r foltedd sy'n cael ei ddefnyddio. Mae'n pwyso'r catod ar y dechrau ac yna ar ôl 1 funud. Mae'n ail-wneud yr arbrawf 3 gwaith ar 5 foltedd gwahanol. Mae'r canlyniadau'n cael eu dangos yn Nhabl 9.8.

Tabl 9.8

Foltedd (V)	Màs y copr sy'n cael ei ddyddodi ar ôl 1 funud (g)			
	1	2	3	Cymedr
1.0	0.12	0.13	0.11	0.12
2.0	0.13	0.13	0.14	0.13
3.0	0.16	0.10	0.16	0.16
4.0	0.18	0.18	0.17	0.18
5.0	0.19	0.21	0.29	___

i) Gan ddefnyddio'r canlyniadau **dibynadwy** yn unig, cyfrifwch beth yw cymedr màs y copr sy'n cael ei ddyddodi ar y catod ar 5.0 V. [1]

ii) Cyfrifwch y cyfeiliornad canrannol (*percentage error*) yn y canlyniad annibynadwy ar 5.0 V. [1]

iii) Defnyddiwch y canlyniadau i ragfynegi màs y copr sy'n cael ei ddyddodi ar ôl 1 funud pan fydd foltedd o 8.0 V yn cael ei ddefnyddio. Rhowch reswm dros eich ateb. [2]

(O TGAU Cemeg C1 Uwch CBAC, Ionawr 2015, cwestiwn 6)

12 a) Mae'n bosibl cael alwminiwm trwy electrolysis alwmina tawdd (Ffigur 9.35).

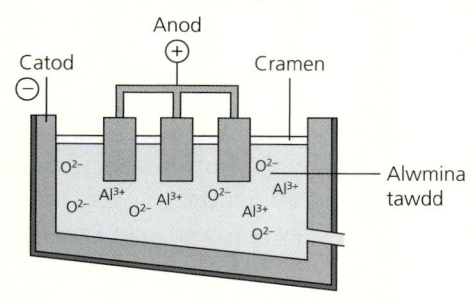

Ffigur 9.35

Mae'r hafaliadau electrod isod yn dangos sut mae'r cynhyrchion yn ffurfio.

$Al^{3+} + 3e^- \rightarrow Al$

$2O^{2-} \rightarrow O_2 + 4e^-$

i) Dewiswch y canlynol o'r hafaliadau uchod: ïon, atom, moleciwl. [2]

ii) Ar ba electrod mae alwminiwm yn ffurfio? Rhowch y rheswm dros eich ateb. [2]

iii) Defnyddiwch y wybodaeth yn y diagram uchod i roi enw cemegol a fformiwla alwmina. [2]

iv) Nodwch **un** broblem amgylcheddol sy'n gysylltiedig ag electrolysis alwmina tawdd. [1]

b) Mae alwminiwm yn ddargludydd trydan da ac felly mae'n cael ei ddefnyddio i wneud ceblau pŵer uwchben. Rhowch briodwedd wahanol sydd gan alwminiwm ac un ffordd o'i ddefnyddio sy'n dibynnu ar y briodwedd hon. [1]

(O TGAU Cemeg C1 Uwch CBAC, Ionawr 2014, cwestiwn 5)

13 Mae pedwar metel, haearn, sinc, copr a magnesiwm, yn cael eu rhoi mewn asid hydroclorig â'r un crynodiad ar dymheredd ystafell. Mae'r diagramau isod yn dangos beth sy'n digwydd.

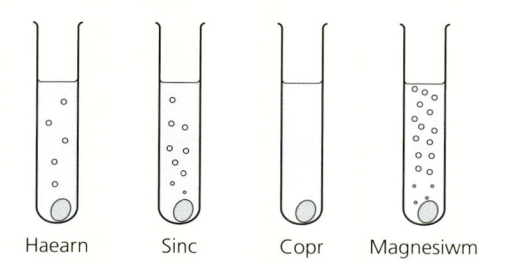

Ffigur 9.36

a) Rhowch y metelau yn nhrefn eu hadweithedd, gyda'r mwyaf adweithiol yn gyntaf. [1]

b) Mae'r Ffigur 9.37 yn dangos beth sy'n digwydd pan fydd powdr magnesiwm yn cael ei ychwanegu at hydoddiant copr sylffad.

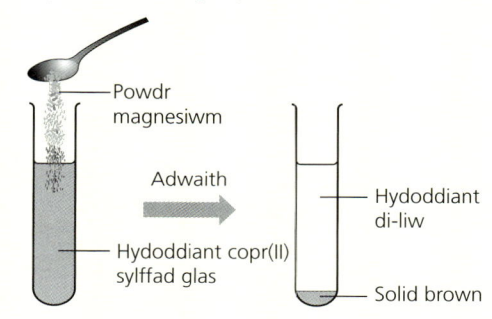

Ffigur 9.37

i) Rhowch hafaliad geiriau ar gyfer yr adwaith. [2]

ii) Yn nhermau'r gyfres adweithedd, eglurwch pam mae'r adwaith yma'n digwydd. [1]

c) Pan fydd haearn(III) ocsid yn cael ei wresogi gyda charbon, mae haearn yn cael ei gynhyrchu. Mae'r haearn ocsid yn cael ei rydwytho. Dydy alwminiwm ocsid ddim yn gallu cael ei rydwytho gyda charbon.

i) Nodwch beth mae hyn yn ei ddweud wrthych chi am safle carbon yn y gyfres adweithedd, o'i gymharu â haearn ac alwminiwm. [1]

ii) Awgrymwch ddull o rydwytho alwminiwm ocsid. [1]

(O TGAU Cemeg C2 Uwch CBAC, haf 2010, cwestiwn 2)

10 Adweithiau cemegol ac egni

> **Cynnwys y fanyleb**
>
> Mae'r bennod hon yn ymdrin ag adran **2.4 Adweithiau cemegol ac egni** yn y fanyleb TGAU Cemeg ac adran **5.4 Adweithiau cemegol ac egni** yn y fanyleb TGAU Gwyddoniaeth (Dwyradd). Mae'n edrych ar y newidiadau egni sy'n digwydd yn ystod adweithiau cemegol, ac mae'n egluro pam mae adweithiau'n ecsothermig neu'n endothermig yn nhermau'r egni sy'n gysylltiedig â bondiau cemegol.

Pan fydd adwaith cemegol yn digwydd, bydd newidiadau egni hefyd yn digwydd fel arfer. Pan fydd adwaith yn digwydd caiff newidiadau egni eu hachosi gan yr angen i dorri bondiau ac i wneud rhai newydd. Yn y bennod hon byddwn ni'n edrych ar egni mewn adweithiau cemegol.

▶ Gwneud bondiau a thorri bondiau

Yn ystod adwaith cemegol, mae bondiau cemegol yn torri ac mae rhai newydd yn ffurfio. Mae torri bond cemegol yn gofyn am egni, ond pan mae bondiau yn ffurfio, mae egni yn cael ei ryddhau. Mae'r rhan fwyaf o adweithiau yn cynnwys torri a ffurfio bondiau, ac efallai na fydd newidiadau egni'r ddwy broses yn cydbwyso. O ganlyniad, gall yr adwaith yn ei gyfanrwydd gymryd egni i mewn neu ei roi allan.

▶ Adweithiau ecsothermig ac endothermig

Pan fydd adwaith yn cymryd egni i mewn neu'n ei ryddhau i'r amgylchedd, bydd yr egni hwnnw ar ffurf gwres. Rydym ni'n galw adweithiau sy'n rhyddhau egni yn **adweithiau ecsothermig**. Os bydd adwaith ecsothermig yn cael ei gynnal mewn tiwb profi, bydd y tiwb yn mynd yn fwy poeth (mae pa mor boeth yn dibynnu ar faint o egni sy'n cael ei ryddhau gan yr adwaith).

Yn gyffredinol, rydym ni'n galw adweithiau sy'n cymryd egni i mewn yn **adweithiau endothermig**. Os caiff ei wneud mewn tiwb profi, bydd y tiwb yn mynd yn oerach.

> **Gwaith ymarferol**
>
> ### Adweithiau ecsothermig ac endothermig
>
> #### Cyfarpar
> - Cwpan polystyren
> - Bicer (250 cm^3)
> - Thermomedr (−10°C i 110°C)
> - Silindr mesur (10 cm^3) × 2
> - Sbatwla
> - Papur amsugnol
> - Copr(II) sylffad 0.4 môl/dm^3
> - Asid hydroclorig 0.4 môl/dm^3
> - Sodiwm hydrogencarbonad 0.4 môl/dm^3
> - Sodiwm hydrocsid 0.4 môl/dm^3
> - Asid sylffwrig 0.4 môl/dm^3
> - Rhuban magnesiwm, wedi ei dorri'n ddarnau 3 cm o hyd
> - Powdr magnesiwm
> - Asid citrig
> - Sbectol ddiogelwch

Dull

Adwaith hydoddiant sodiwm hydrocsid ac asid hydroclorig gwanedig

1. Gwisgwch sbectol ddiogelwch.
2. Gosodwch y cwpan polystyren yn y bicer.
3. Ychwanegwch 10 cm^3 o hydoddiant sodiwm hydrocsid i'r cwpan polystyren.
4. Mesurwch a chofnodwch dymheredd cychwynnol yr hydoddiant sodiwm hydrocsid.
5. Ychwanegwch 10 cm^3 o asid hydroclorig i'r hydoddiant sodiwm hydrocsid yn y cwpan polystyren. Trowch ef â'r thermomedr a chofnodwch y tymheredd uchaf neu isaf.
6. Cyfrifwch y newid yn y tymheredd.
7. Taflwch y cymysgedd i lawr y sinc (gyda digonedd o ddŵr). Golchwch y cwpan polystyren a'i sychu.

Adwaith hydoddiant copr(II) sylffad a phowdr magnesiwm

1. Gwisgwch sbectol ddiogelwch.
2. Ailadroddwch gamau 1 i 3 yr arbrawf blaenorol, gan ddefnyddio hydoddiant copr(II) sylffad yn lle hydoddiant sodiwm hydrocsid.
3. Ychwanegwch 1 sbatwla gwastad o bowdr magnesiwm. Trowch ef â'r thermomedr a chofnodwch y tymheredd uchaf neu isaf.
4. Cyfrifwch y newid yn y tymheredd.
5. Taflwch y cymysgedd i lawr y sinc (gyda digonedd o ddŵr). Golchwch y cwpan polystyren a'i sychu.

Adwaith hydoddiant sodiwm hydrogencarbonad ac asid citrig

1. Gwisgwch sbectol ddiogelwch.
2. Ailadroddwch gamau 1 i 3 yr arbrawf cyntaf, gan ddefnyddio hydoddiant sodiwm hydrogencarbonad yn lle hydoddiant sodiwm hydrocsid.
3. Ychwanegwch 4 sbatwla gwastad o asid citrig. Trowch ef â'r thermomedr a chofnodwch y tymheredd uchaf neu isaf.
4. Cyfrifwch y newid yn y tymheredd.
5. Taflwch y cymysgedd i lawr y sinc (gyda digonedd o ddŵr). Golchwch y cwpan polystyren a'i sychu.

Adwaith asid sylffwrig a rhuban magnesiwm

1. Gwisgwch sbectol ddiogelwch.
2. Ailadroddwch gamau 1 i 3 yr arbrawf cyntaf, gan ddefnyddio asid sylffwrig yn lle hydoddiant sodiwm hydrocsid.
3. Ychwanegwch ddarn 3 cm o hyd o ruban magnesiwm. Trowch ef â'r thermomedr a chofnodwch y tymheredd uchaf ac isaf.
4. Cyfrifwch y newid yn y tymheredd.
5. Taflwch y cymysgedd i lawr y sinc (gyda digonedd o ddŵr).

Dadansoddi eich canlyniadau

1. Pa rai o'r adweithiau hyn oedd yn ecsothermig a pha rai oedd yn endothermig?

▶ Proffiliau egni

Gallwn ni blotio'r newidiadau egni yn ystod adwaith cemegol fel proffil egni. Mae gan adweithiau ecsothermig ac endothermig broffiliau egni gwahanol (gweler Ffigur 10.1). Mewn adwaith ecsothermig, mae egni'r cynhyrchion yn llai nag egni'r adweithyddion, gan fod egni, ar ffurf gwres, wedi cael ei ryddhau i'r amgylchedd. Mewn adwaith endothermig, mae egni'r cynhyrchion yn fwy nag egni'r adweithyddion, gan fod egni wedi cael ei gymryd i mewn o'r amgylchoedd.

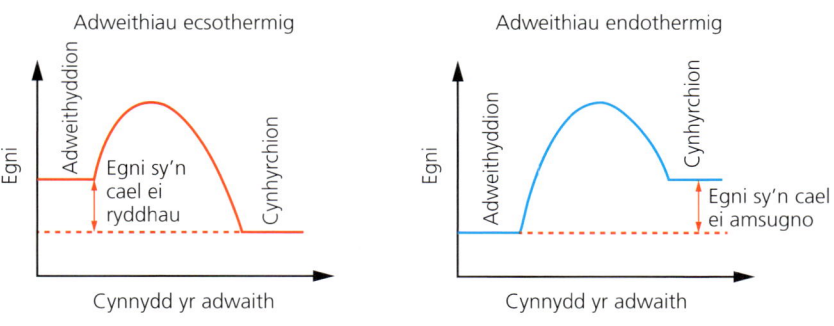

Ffigur 10.1 Y newidiadau egni mewn adweithiau endothermig ac ecsothermig.

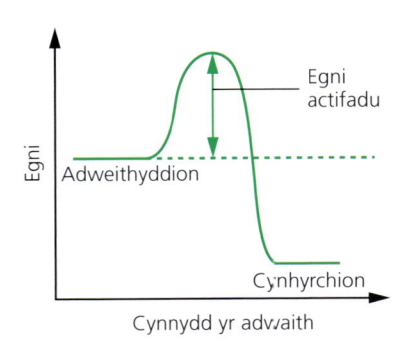

Ffigur 10.2 Egni actifadu adwaith.

▶ Egni actifadu

Byddwch chi'n sylwi yn Ffigur 10.1, cyn cyrraedd lefel egni'r cynnyrch yn y ddau fath o adwaith, fod y lefel yn codi bob amser. Mae'r cynnydd yn dangos yr egni sydd ei angen i ddechrau'r adwaith, sef yr egni actifadu. Er mwyn i ddau gemegyn adweithio, rhaid iddynt wrthdaro yn y gyfeiriadaeth gywir a hefyd gyda digon o egni cinetig i dorri bondiau a dechrau adwaith. **Gwrthdrawiad llwyddiannus** yw'r enw ar y math hwn o wrthdrawiad (mae'r rhan fwyaf o wrthdrawiadau rhwng gronynnau yn aflwyddiannus). Mae'r egni actifadu yn dangos lefel yr egni sydd ei angen ar gyfer gwrthdrawiadau llwyddiannus, a bydd yn amrywio gydag adweithiau gwahanol (gweler Ffigur 10.2).

▶ Cyfrifo newidiadau egni

Gall y newidiadau egni mewn adwaith cemegol gael eu cyfrifo yn nhermau'r egni sydd ei angen i dorri bondiau a'r hyn sy'n cael ei gynhyrchu wrth ffurfio bondiau.

Mae hylosgiad yn fath arbennig o adwaith lle mae tanwydd yn llosgi mewn ocsigen. Pan fydd hydrocarbonau, fel methan, yn hylosgi'n gyfan gwbl, yr adweithyddion yw hydrocarbon ac ocsigen, a'r cynhyrchion yw carbon deuocsid a dŵr. Mae'r adwaith hylosgiad yn golygu torri'r bondiau yn yr adweithyddion a ffurfio bondiau i wneud y cynhyrchion. Mae moleciwl hydrocarbon yn cynnwys atomau carbon a hydrogen yn unig, ac yn ystod yr adwaith mae'r atomau hyn yn ffurfio bondiau ag atomau ocsigen.

Ystyriwch hylosgiad methan (gweler Ffigur 10.3).

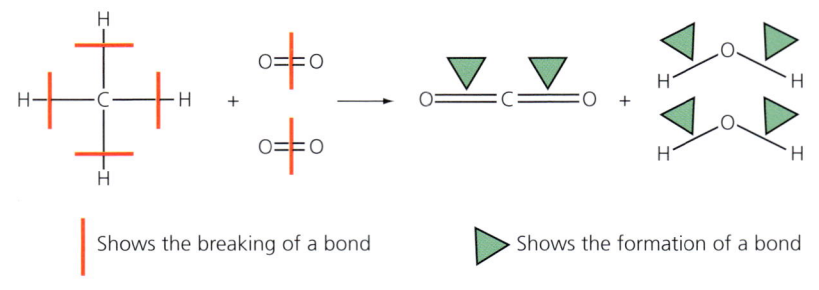

| Shows the breaking of a bond | ▶ Shows the formation of a bond |

Ffigur 10.3 Mae hylosgiad methan yn cynnwys torri ac ailffurfio bondiau.

methan + ocsigen → carbon deuocsid + dŵr
$CH_4(n) + 2O_2(n) \rightarrow CO_2(n) + 2H_2O(n)$

Mae **torri** bond yn **endothermig**. Mae hyn yn golygu bod angen rhoi egni i mewn. Mae **ffurfio** bond yn **ecsothermig** – mae'n rhyddhau egni. Y gwahaniaeth rhwng cyfanswm yr egni sydd ei angen i dorri'r bondiau i gyd a chyfanswm yr egni sy'n cael ei ryddhau pan gaiff y bondiau newydd eu ffurfio sy'n penderfynu a yw'r adwaith cyfan yn ecsothermig neu'n endothermig.

10 Adweithiau cemegol ac egni

Data egni bondio

Mae Tabl 10.1 yn dangos gwerthoedd egni rhai bondiau cofalent.

Tabl 10.1 Gwerthoedd egni bondiau cofalent

Bond	Egni bond (kJ)
O=O	496
C—N	412
H—H	436
C=O	734
O—H	463
C—C	348
N≡N	944
C=C	612
N—H	388

I dorri bondiau rhaid i faint yr egni sy'n cael ei roi i mewn fod yr un peth ag egni'r bond, a phan mae bondiau'n cael eu ffurfio, mae maint yr egni sy'n cael ei ryddhau'n cyfateb i egni'r bond.

> ★ **Enghraifft wedi'i datrys**
>
> Hafaliad hylosgiad llwyr methan yw:
>
> $$CH_4(n) + 2O_2(n) \rightarrow CO_2(n) + 2H_2O(n)$$
>
> Y bondiau sy'n cael eu torri yw pedwar bond C–H a dau fond O=O (gweler Tabl 10.1), ac felly cyfanswm yr egni sy'n cael ei roi i mewn yw:
>
> $4 \times$ C—H $= (4 \times 412) = 1648$ kJ
>
> $2 \times$ O=O $= (2 \times 496) = 992$ kJ
>
> **cyfanswm yr egni i mewn = 2640 kJ**
>
> Y bondiau sy'n cael eu ffurfio yw dau fond C=O a phedwar bond O–H:
>
> $2 \times$ C=O $= (2 \times 743) = 1486$ kJ
>
> $4 \times$ O—H $= (4 \times 463) = 1852$ kJ
>
> **cyfanswm yr egni allan = 3338 kJ**
>
> Y newid cyffredinol yw **cyfanswm yr egni allan – cyfanswm yr egni i mewn** $= 3338 - 2640 = 698$ kJ.
>
> Yn yr enghraifft hon, fel sy'n wir am losgi pob math o danwydd, mae mwy o egni'n cael ei ryddhau nag sy'n cael ei gymryd i mewn, ac felly mae'r adwaith yn **ecsothermig** ac yn rhyddhau egni (sef holl bwynt llosgi tanwydd).

★ Enghraifft wedi'i datrys

Cwestiwn

Caiff amonia ei wneud trwy gyfuno nwy nitrogen a nwy hydrogen. Darganfyddwch a yw'r adwaith isod yn un ecsothermig neu endothermig.

$$N_2(n) + 3H_2(n) \rightarrow 2NH_3(n)$$

Ateb

Y bondiau sy'n cael eu torri yw un bond N≡N a thri bond H–H. Yr egni sy'n cael ei gymryd i mewn yw:

$1 \times N\equiv N = 944$ kJ

$3 \times H-H = (3 \times 436) = 1308$ kJ

cyfanswm yr egni i mewn = 2252 kJ

Y bondiau sy'n cael eu ffurfio yw chwe bond N–H, felly'r egni sy'n cael ei ryddhau yw:

$6 \times N-H = (6 \times 388) = 2328$ kJ

cyfanswm yr egni allan = 2328 kJ

newid yn yr egni = cyfanswm yr egni allan – cyfanswm yr egni i mewn
$$= 2328 - 2252 = 76 \text{ kJ}$$

Mae mwy o egni'n cael ei ryddhau pan mae'r amonia'n ffurfio na phan mae'r moleciwlau nitrogen a hydrogen yn torri. Felly, mae'r adwaith yn **ecsothermig**.

✓ Profwch eich hun

1. Mae gwresogyddion llaw ar ffurf pecynnau gel ailddefnyddiadwy wedi'u gwneud o sodiwm asetad gorddirlawn. Pan mae disg fach fetel y tu mewn i'r gwresogydd yn cael ei phlygu, mae'r gronynnau bychan iawn o fetel sy'n cael eu rhyddhau'n ysgogi grisialu, sy'n gwneud i'r pecyn gynhesu. A yw grisialu sodiwm asetad yn adwaith ecsothermig neu endothermig?
2. Gallwn ni ailosod y pecyn gel sy'n cynhesu dwylo trwy gildroi'r adwaith grisialu. Awgrymwch, gydag esboniad, beth allai gildroi'r adwaith hwn.
3. A oes angen egni i ffurfio bondiau neu i dorri bondiau, neu i'r ddau?
4. Beth yw 'egni actifadu'?
5. Mae'r adwaith rhwng lithiwm a dŵr yn ffurfio lithiwm hydrocsid a hydrogen:
   $$2Li(s) + H_2O(h) \rightarrow 2LiOH(d) + H_2(n)$$
   Dyma'r egnïon bond dan sylw:
   O–H = 463 kJ; Li–OH = 427 kJ; H–H = 436 kJ
   Cyfrifwch a yw'r adwaith hwn yn endothermig neu ecsothermig.

⬇ Crynodeb o'r bennod

- Mae adweithiau ecsothermig yn trosglwyddo egni gwres i'r amgylchoedd.
- Mewn adweithiau ecsothermig, mae egni'r cynhyrchion yn llai nag egni'r adweithyddion.
- Mewn adweithiau endothermig, mae egni'r cynhyrchion yn fwy nag egni'r adweithyddion.
- Mae adweithiau endothermig yn amsugno egni gwres o'r amgylchoedd.
- Mae proffiliau egni'n nodi a yw adwaith yn ecsothermig neu'n endothermig.
- Yr egni actifadu yw'r egni sydd ei angen i adwaith ddigwydd.
- Gallwn ni ddefnyddio data egni bondiau i gyfrifo'r newid egni cyffredinol mewn adwaith ac i benderfynu a yw'n ecsothermig neu'n endothermig.

Cwestiynau ymarfer

1 Mae tuniau poeth wedi'u cynllunio i wresogi'r bwyd y tu mewn iddyn nhw pan mae rhywun yn barod i'w fwyta. Mae'r gwres yn cael ei gynhyrchu trwy gymysgu calsiwm ocsid â dŵr. Mae Ffigur 10.4 yn dangos trawstoriad o 'dun poeth'.

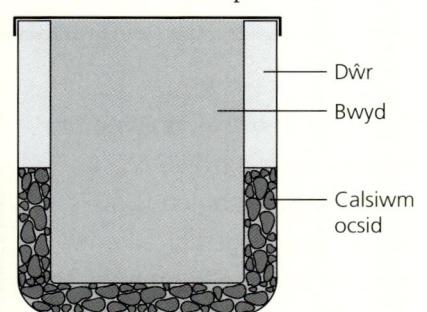

Ffigur 10.4

Yn ystod adwaith treialu, cyrhaeddodd y tymheredd 50 °C ond mae angen tymheredd o 70 °C i wresogi'r bwyd yn iawn.

a) Awgrymwch newid allai fod wedi cael ei wneud ac eglurwch sut byddai hyn yn arwain at y tun yn cyrraedd y tymheredd uwch. [2]

b) Pan fydd adweithiau cemegol yn digwydd mae bondiau'n cael eu torri a bondiau newydd yn cael eu ffurfio. Eglurwch, yn nhermau gwneud a thorri bondiau, pam mae rhai adweithiau'n **ecsothermig**. [2]

(O TGAU Cemeg C2 Uwch CBAC, haf 2014, cwestiwn 6)

2 Mae hydrogen yn adweithio â chlorin i ffurfio hydrogen clorid. Mae'r adwaith yn cynnwys torri a ffurfio bondiau cemegol.

$$H_2(n) + Cl_2(n) \rightarrow 2HCl(n)$$

Mae egnïon bond y bondiau yn yr adwaith hwn fel hyn:
H–H = 436 kJ; Cl–Cl = 243 kJ; H–Cl = 431 kJ.

a) Cyfrifwch y newid egni yn yr adwaith hwn. [2]

b) A yw'r adwaith hwn yn ecsothermig neu'n endothermig? Rhowch reswm dros eich ateb. [1]

3 Darllenwch y darn isod ac atebwch y cwestiynau sy'n dilyn.

Mae amoniwm nitrad yn cael ei ddefnyddio fel cynhwysyn allweddol mewn 'pecynnau oer'. Mae gan pecynnau oer amrywiaeth o ddefnyddiau, gan gynnwys trin mân anafiadau i leihau chwyddo. Mae'r pecyn oer yn oeri'r croen sy'n cyfyngu ar lif y gwaed ac felly'n lleihau chwyddo (sy'n cael ei achosi gan ollwng hylif o bibellau gwaed i'r meinwe sydd wedi'i niweidio).

Mae gan becynnau oer gwdyn (*pouch*) allanol sy'n cynnwys amoniwm nitrad solet, a chwdyn mewnol sy'n cynnwys dŵr. Pan fydd y pecyn yn cael ei wasgu mae'r cwdyn mewnol yn hollti, gan achosi i'r amoniwm nitrad a'r dŵr gymysgu. Mae'r amoniwm nitrad yn hydoddi, gan ffurfio ïonau amoniwm a nitrad.

$$NH_4NO_3(s) \rightarrow NH_4^+(d) + NO_3^-(d)$$

Mae'r adwaith hwn yn amsugno gwres o'r amgylchedd. Mae tua 326 joule o egni (ar ffurf gwres) yn cael eu bwyta fesul gram o nitrad amoniwm wedi'i hydoddi mewn dŵr.

a) Gall rhai mathau o 'becynnau poeth' gael eu hailddefnyddio. A fyddai pecyn oer amoniwm nitrad yn gallu cael ei ailddefnyddio? Rhowch reswm dros eich ateb. [2]

b) Pan gaiff ei ddefnyddio i drin anaf, beth yw prif ffynhonnell y gwres sy'n cael ei amsugno gan yr hydoddiant amoniwm nitrad? [1]

c) Pa enw sy'n cael ei roi i adwaith cemegol sy'n amsugno gwres? [1]

ch) Beth sydd wedi digwydd i ran NH_4 yr amoniwm nitrad er mwyn ffurfio NH_4^+? [1]

d) Faint o egni, mewn kJ, a fyddai'n cael ei ddefnyddio pan mae 50 g o amoniwm nitrad yn cael ei ychwanegu at ddŵr? [2]

147

11 Olew crai, tanwyddau a chemeg organig

> **🏠 Cynnwys y fanyleb**
>
> Mae'r bennod hon yn ymdrin ag adran **2.5 Olew crai, tanwyddau a chemeg organig** yn y fanyleb TGAU Cemeg ac adran **5.5 Olew crai, tanwyddau a chyfansoddion carbon** yn y fanyleb TGAU Gwyddoniaeth (Dwyradd). Mae'n edrych ar gynrychioli ac enwi adeileddau organig, sy'n angenrheidiol mewn cemeg organig. Mae ffurfiant a distylliad ffracsiynol olew crai, cracio a pholymeru yn cael eu hystyried ac mae eglurhad am gynnyrch pob proses. Caiff cysyniad isomeredd ei gyflwyno.

Cemeg organig yw cemeg cyfansoddion sy'n seiliedig ar garbon. Mae'n arbennig o bwysig oherwydd mae'r holl fywyd ar y blaned yn seiliedig ar garbon, ac felly mae angen llawer o gyfansoddion organig ar gyfer prosesau bywyd. Mae llawer o ffyrdd o ddefnyddio cyfansoddion sy'n seiliedig ar garbon yn ddiwydiannol hefyd.

▶ Olew crai

Mae olew crai yn un o gemegion mwyaf pwysig bywyd modern. Ynghyd â'r nwy naturiol sy'n gysylltiedig ag ef, mae'n darparu cyfran fawr o'r pŵer sy'n gyrru diwydiant a dyfeisiau yn y cartref. Mae'r rhan fwyaf o blastigion yn defnyddio olew crai fel defnydd crai, ac mae'n anodd dychmygu byd heb blastig. Eto i gyd, mae cyflenwadau o olew crai yn gyfyngedig, a'r gred yw fod llosgi'r tanwyddau ffosil sydd wedi'u gwneud ohono yn bygwth dyfodol y blaned trwy gynhesu byd-eang.

Mae'r olew crai sy'n cael ei echdynnu o ffynhonnau olew yn gymysgedd cymhleth o hydrocarbonau; hynny yw, cemegion organig sy'n cynnwys carbon a hydrogen yn unig. Cafodd olew crai ei ffurfio gan broses o ffosileiddio organebau morol syml yn bennaf dan wasgedd dros filiynau o flynyddoedd. Dyna pam rydym ni'n galw olew'n **danwydd ffosil**. Mae olew'n hollbwysig i economi'r byd, oherwydd gallwn ni wneud llawer o gynhyrchion defnyddiol ohono trwy broses distyllu ffracsiynol.

Mae distyllu ffracsiynol yn ffordd o wahanu gwahanol 'ffracsiynau' o'r olew. Mae'r ffracsiynau'n dal i gynnwys cymysgedd o gyfansoddion, ond gyda llai o gemegion na'r olew gwreiddiol.

Mae berwbwyntiau gwahanol gan y gwahanol gemegion sydd mewn olew crai. Y berwbwynt hefyd yw'r tymheredd lle bydd y nwy'n cyddwyso'n hylif pan gaiff ei oeri. Caiff yr olew ei wresogi, gan achosi iddo anweddu a throi'n gymysgedd o nwyon, ac wrth i'r anwedd godi yn y golofn distyllu ffracsiynol, mae'n oeri. Ar wahanol bwyntiau, caiff yr hylif sy'n cyddwyso ei echdynnu o'r golofn, fel mae Ffigur 11.1 yn ei ddangos. Y mwyaf yw'r moleciwl, yr uchaf fydd ei ferwbwynt, felly mae'r moleciwlau sy'n cael eu hechdynnu yn mynd yn llai wrth i chi fynd i fyny'r golofn. Dydy'r ffracsiynau hyn ddim yn gemegion pur, ond yn gymysgedd o **alcanau** â berwbwyntiau cyffredinol debyg.

> **Term allweddol**
>
> **Alcan** Hydrocarbon sy'n gwbl ddirlawn o hydrogen, hynny yw, nid yw'n cynnwys bondiau dwbl carbon–carbon.

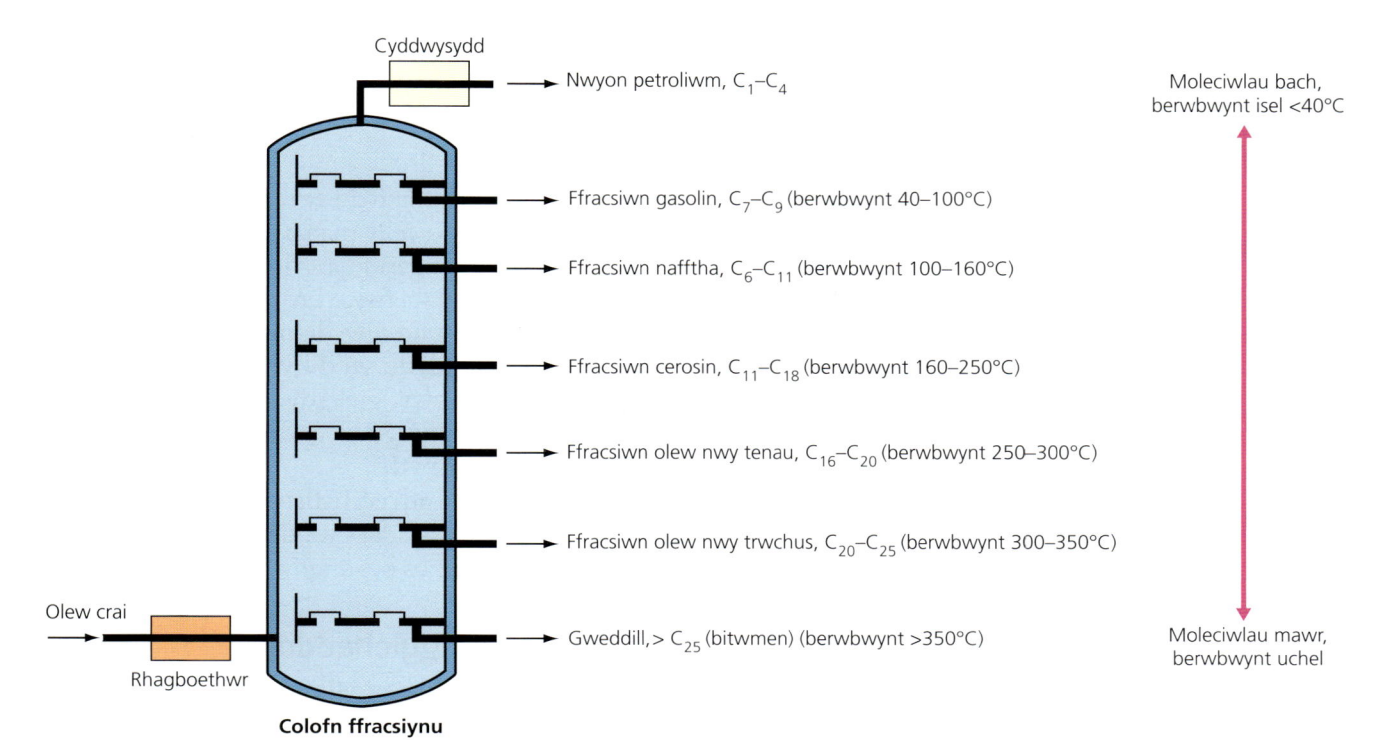

Ffigur 11.1 Distyllu ffracsiynol olew crai.

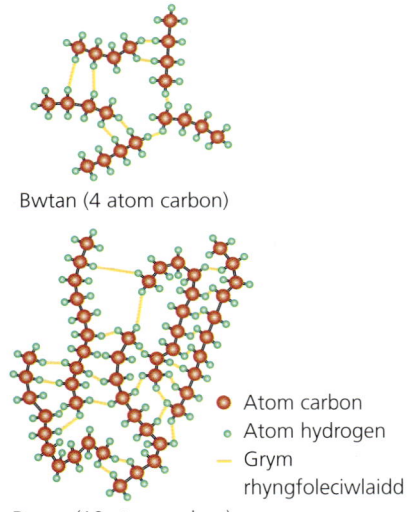

Diagram labels: Cyddwysydd; Nwyon petroliwm, C_1–C_4; Ffracsiwn gasolin, C_7–C_9 (berwbwynt 40–100°C); Ffracsiwn nafftha, C_6–C_{11} (berwbwynt 100–160°C); Ffracsiwn cerosin, C_{11}–C_{18} (berwbwynt 160–250°C); Ffracsiwn olew nwy tenau, C_{16}–C_{20} (berwbwynt 250–300°C); Ffracsiwn olew nwy trwchus, C_{20}–C_{25} (berwbwynt 300–350°C); Gweddill, > C_{25} (bitwmen) (berwbwynt >350°C); Olew crai; Rhagboethwr; **Colofn ffracsiynu**; Moleciwlau bach, berwbwynt isel <40°C; Moleciwlau mawr, berwbwynt uchel.

Bwtan (4 atom carbon)

Decan (10 atom carbon)

● Atom carbon
○ Atom hydrogen
— Grym rhyngfoleciwlaidd

Ffigur 11.2 Grymoedd rhyngfoleciwlaidd mewn dau hydrocarbon

Mae grymoedd rhyngfoleciwlaidd yn dal moleciwlau hydrocarbonau at ei gilydd, a rhaid torri'r grymoedd hyn er mwyn i'r hydrocarbon ymdoddi neu ferwi. Y mwyaf yw'r moleciwlau unigol, y mwyaf o rymoedd rhyngfoleciwlaidd sydd, ac felly mae angen mwy o egni i'w torri – dyna pam mae ymdoddbwyntiau a berwbwyntiau uwch gan yr hydrocarbonau cadwyn hirach (Ffigur 11.2). Mae'r nifer uwch o rymoedd rhyngfoleciwlaidd hefyd yn gwneud i'r hydrocarbonau cadwyn hirach fod yn fwy gludiog (h.y. hylifau mwy trwchus sydd ddim mor hawdd eu harllwys).

Mae'r cemegion yn y gwahanol ffracsiynau yn cael eu defnyddio i wneud amrywiaeth eang o gynhyrchion defnyddiol, gan gynnwys petrol, diesel, paraffin, methan, olew iro a bitwmen. Caiff cynhyrchion olew eu defnyddio i wneud plastigion hefyd.

Er mwyn i danwydd losgi, mae'n rhaid iddo anweddu, gan mai'r anwedd sy'n llosgi. Mae hefyd yn ddefnyddiol i danwydd fod â gludedd cymharol isel er mwyn gallu ei beipio o le i le. Ar y llaw arall, mae angen i olewau iro fod yn ludiog er mwyn gweithredu. Mae'r ffracsiynau sy'n dod oddi ar frig y golofn ffracsiynu, felly, yn gwneud y tanwydd gorau, tra mae'r gweddill yn cael ei ddefnyddio ar gyfer olew iro a hefyd cynhyrchion fel bitwmen, sy'n cael ei ddefnyddio mewn asffalt ar ffyrdd. Mae ymdoddbwynt cymharol uchel bitwmen yn golygu nad yw wyneb y ffordd (yn gyffredinol) yn ymdoddi ar ddiwrnodau poeth.

▶ Materion y diwydiant olew

Materion economaidd a gwleidyddol

Mae angen tanwydd a chynhyrchion eraill o'r diwydiant olew ar bob gwlad. Does dim angen i wledydd sydd â chyflenwadau naturiol o olew a nwy brynu cymaint o wledydd eraill, ac maen nhw'n gallu bod yn hunangynhaliol neu'n allforio olew crai. Mae meysydd nwy yn gysylltiedig â meysydd olew, ac felly bydd gwledydd sydd â mynediad i olew yn aml â mynediad i nwy hefyd. Dyma rai o'r materion sy'n codi o hyn:

▶ Mae pris olew yn cael ei osod gan y gwledydd sy'n cynhyrchu olew. Ni all gwledydd eraill wneud heb olew ac felly mae'n rhaid iddynt dalu'r gyfradd gyfredol. Yn hyn o beth does ganddynt ddim rheolaeth ar eu heconomïau eu hunain. Mae hyn yn fwy o broblem i wledydd tlotach, lle mae'r angen am ddatblygiad diwydiannol ar ei fwyaf.
▶ Mae llwyddiant economaidd gwledydd yn dibynnu ar ddiwydiant. Os yw rhyfel neu gynnwrf gwleidyddol mewn gwlad sy'n cynhyrchu llawer o olew yn cyfyngu ar gyflenwadau olew, gall hyn gael effaith fawr ar economi'r byd.
▶ Os yw gwlad yn dibynnu ar wlad arall am ei chyflenwad olew, gall y wlad sy'n cynhyrchu olew i bob pwrpas ddal y wlad sy'n ei dderbyn i bridwerth trwy dorri'r cyflenwad olew os oes anghytundeb gwleidyddol.

Materion cymdeithasol ac amgylcheddol

Mae materion cymdeithasol weithiau'n gysylltiedig â materion economaidd, oherwydd os nad yw gwlad dlawd yn gallu prynu'r holl olew sydd ei angen arni, efallai y bydd rhai ardaloedd yn mynd heb drydan neu bydd y cyflenwad yn anghyson (h.y. toriadau trydan). Ar y llaw arall, mae'r diwydiant olew (yn enwedig, ond ddim yn gyfan gwbl, mewn gwledydd sy'n cynhyrchu olew) yn darparu nifer fawr o swyddi, yn uniongyrchol ac yn anuniongyrchol.

Does dim amheuaeth y gall y diwydiant olew achosi difrod i'r amgylchedd. Mae enghreifftiau i'w gweld isod.

▶ Mae llosgi unrhyw danwydd ffosil yn rhyddhau llawer iawn o garbon deuocsid i'r amgylchedd, ac mae'r gymuned wyddonol yn cytuno bellach fod hyn yn cynyddu'r effaith tŷ gwydr ac yn cyfrannu at gynhesu byd-eang.
▶ Mae damweiniau wrth i olew gael ei gludo ledled y byd mewn llongau wedi arwain at lygredd olew mawr sydd wedi achosi difrod sylweddol i fywyd gwyllt lleol (a hefyd weithiau i'r diwydiant twristaidd mewn rhanbarthau arfordirol). Er enghraifft, yn 1995 aeth y tancer olew, y Sea Empress, yn sownd ar Benrhyn Santes Anne ger Aberdaugleddau yn Sir Benfro. Dros gyfnod o wythnos, cafodd 72,000 tunnell o olew crai eu gollwng o'r tancer. Mae'r ardal yn rhan o Barc Cenedlaethol Sir Benfro. Arweiniodd y llygredd at filoedd o adar y môr yn marw, ac fe gymerodd dros flwyddyn i gael gwared ar yr olew o'r draethlin. Roedd gwaharddiad ar unwaith ar bysgota yn yr ardal, a gafodd effaith ddinistriol ar y diwydiant pysgota lleol am gyfnod o dri mis. Cafodd twristiaeth ei heffeithio hefyd – digwyddodd y gollyngiad ym mis Chwefror, ychydig wythnosau cyn gwyliau'r Pasg. Ond mewn rhai ffyrdd roedd yr amseru yn ffodus, gan nad oedd adar mudol wedi cyrraedd yr ardal eto. Pe byddai'r gollyngiad wedi digwydd yn yr haf byddai'r effaith ar fywyd gwyllt wedi bod yn llawer mwy.
▶ Mae gorsafoedd pŵer sy'n cael eu pweru gan olew yn cymryd llawer iawn o dir a dydyn nhw ddim yn arbennig o ddeniadol, ac felly maen nhw'n 'difetha' ardaloedd cefn gwlad i rai. Fodd

bynnag, mae'r un peth yn wir am orsafoedd wedi'u pweru gan lo ac egni niwclear, parciau solar a ffermydd gwynt, felly dydy'r broblem ddim yn unigryw i'r diwydiant olew.

> ✓ **Profwch eich hun**
>
> 1. Pam rydyn ni'n cyfeirio at lo, olew a nwy fel tanwyddau ffosil?
> 2. Mae'r ffracsiynau sy'n cael eu casglu o golofn ffracsiynu yn gymysgedd o alcanau. Beth yw alcan?
> 3. Pa briodwedd ffisegol sy'n pennu ym mha ran o golofn ffracsiynu y bydd cyfansoddyn penodol yn cael ei gasglu?
> 4. Pa briodweddau sy'n pennu mai'r ffracsiynau sy'n cael eu casglu tuag at ran uchaf colofn ffracsiynu yw'r tanwyddau gorau?
> 5. Does dim olew i'w gael ar diriogaeth pob gwlad, felly mae'n rhaid iddynt ei fewnforio. Pam gallai hyn fod yn broblem?

▶ Hylosgiad hydrocarbonau a thanwyddau eraill

Mae **adwaith hylosgi** yn adwaith cemegol lle mae sylwedd yn adweithio ag ocsigen, gan gynhyrchu gwres, golau a chynhyrchion newydd. Mewn termau pob dydd, mae'n cael ei losgi. Mewn theori gall unrhyw sylwedd hylosg gael ei ddefnyddio fel tanwydd. Rydyn ni eisoes wedi gweld bod llawer o hydrocarbonau yn cael eu defnyddio fel tanwyddau, ond mae'n bosibl defnyddio mathau eraill o gyfansoddion hefyd.

Mae hydrocarbonau'n llosgi i ffurfio carbon deuocsid a dŵr. Er enghraifft:

$$\text{methan} + \text{ocsigen} \rightarrow \text{carbon deuocsid} + \text{dŵr}$$
$$CH_4 + 2O_2 \rightarrow CO_2 + 2H_2O$$

Mae ethanol (math o alcohol) hefyd yn cael ei ddefnyddio fel tanwydd. Dydy e ddim yn hydrocarbon (gan ei fod yn cynnwys ocsigen yn ogystal â charbon a hydrogen), ond mae hylosgiad ethanol yn cynhyrchu'r un cynnyrch â hylosgiad hydrocarbonau, h.y. carbon deuocsid a dŵr.

$$\text{ethanol} + \text{ocsigen} \rightarrow \text{carbon deuocsid} + \text{dŵr}$$
$$C_2H_5OH + 3O_2 \rightarrow 2CO_2 + 3H_2O$$

Os yw'r cyflenwad ocsigen yn gyfyngedig, yna gall **hylosgiad anghyflawn** ddigwydd. Mae hyn yn arwain at ffurfio carbon (sy'n cael ei weld fel huddygl; gweler Ffigur 11.3), a **charbon monocsid**, yn ogystal â charbon deuocsid a dŵr. Mae'n bwysig osgoi hylosgiad anghyflawn tanwydd domestig gan fod carbon monocsid yn wenwynig (ac yn ddiarogl, ac felly dydy pobl ddim yn sylweddoli eu bod yn ei anadlu i mewn).

Mae llawer o danwyddau'n cynnwys amrywiaeth o amhureddau – cyfansoddion sylffwr yw'r rhai mwyaf cyffredin. Mae llosgi yn arwain at ffurfio **sylffwr deuocsid**, ac mae hyn yn gallu arwain at law asid. Gall **glaw asid** ladd coed ac anifeiliaid dyfrol, ac erydu adeiladau calchfaen a cherfluniau.

> **Term allweddol**
>
> **Glaw asid** Glaw sy'n fwy asidig nag arfer. Mae glaw'n tueddu i fod fymryn yn asidig, ond os yw'r pH yn llai na 5.7, caiff ei ystyried yn law asid.

Ffigur 11.3 Mae'r mwg du sy'n cael ei ryddhau gan y simnai hon yn cynnwys huddygl, sy'n arwydd o hylosgi anghyflawn.

Gwaith ymarferol penodol

Penderfynu faint o egni mae tanwydd yn ei ryddhau

Cyfarpar

- Stand clampio â chnap
- Can metel/calorimedr copr neu fflasg gonigol 250 cm^3
- Silindr mesur 100 cm^3
- Llosgydd gwirod â chap
- Thermomedr (⁻10–110 °C)
- Rhoden wydr
- Mat gwrth-wres
- Mynediad at glorian
- Alcoholau: methanol, ethanol, propan-1-ol a bwtan-1-ol

Dull

1. Gwisgwch sbectol ddiogelwch.
2. Clampiwch y fflasg ar uchder sy'n eich galluogi i osod y llosgydd gwirod odani. Gadewch fwlch o tua 2–5 cm rhwng gwaelod y fflasg/can a thop y llosgydd gwirod. Gan ddefnyddio'r silindr mesur, llenwch y fflasg â 100 cm^3 o ddŵr.
3. Mesurwch a chofnodwch dymheredd y dŵr.
4. Pwyswch y llosgydd gwirod sy'n cynnwys yr alcohol a chofnodwch y màs.
5. Gosodwch y llosgydd gwirod ar y mat gwrth-wres o dan y fflasg, tynnwch y cap i ffwrdd, a thaniwch y wic (Ffigur 11.4).
6. Gwresogwch y dŵr nes bod y tymheredd yn codi tua 40 °C, gan ei droi'n ysgafn â'r rhoden wydr.
7. Rhowch y cap yn ôl ar y llosgydd gwirod i ddiffodd y fflam.
8. Cofnodwch dymheredd terfynol y dŵr a'r newid yn y tymheredd.
9. Arhoswch i'r llosgydd oeri, yna ailbwyswch y llosgydd gwirod a'r cap. Cyfrifwch fàs yr alcohol a gafodd ei ddefnyddio, a'r cynnydd yn y tymheredd fesul gram o alcohol.
10. Ailadroddwch yr arbrawf ar gyfer alcoholau gwahanol gan ddefnyddio 100 cm^3 o ddŵr oer ffres bob tro.
11. Cymharwch eich canlyniadau chi â chanlyniadau grwpiau eraill.

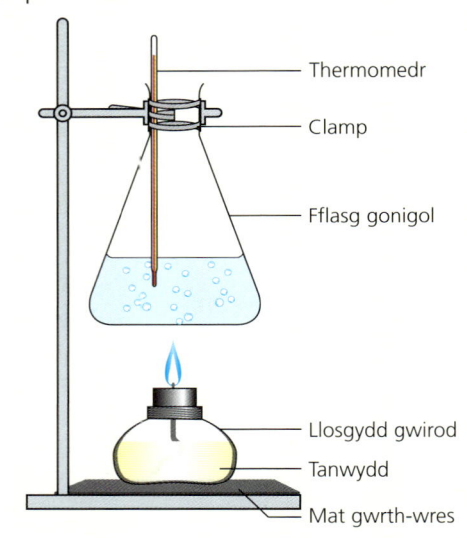

Ffigur 11.4 Cydosodiad yr arbrawf.

Dadansoddi eich canlyniadau

1. Gwnewch sylw ar atgynrychioldeb y data a gafodd eu casglu gan eich dosbarth.
2. Beth oedd y berthynas rhwng nifer yr atomau carbon yn yr alcohol a'r cynnydd yn y tymheredd? Mynegwch hyn yn feintiol.
3. Eglurwch y rheswm dros gyfrifo'r cynnydd yn y tymheredd fesul gram yng ngham 9.
4. Awgrymwch unrhyw gyfyngiadau ar gywirdeb y canlyniadau.

11 Olew crai, tanwyddau a chemeg organig

Hydrogen fel tanwydd

Mae hydrogen yn nwy hylosg y gallech ei ddefnyddio fel tanwydd. Sbardunwyd diddordeb yn ei ddefnyddio oherwydd ei fod yn cynhyrchu dŵr yn unig wrth losgi.

$$\text{hydrogen} + \text{ocsigen} \rightarrow \text{dŵr}$$
$$2H_2 + O_2 \rightarrow 2H_2O$$

Mae celloedd tanwydd hydrogen eisoes yn cael eu defnyddio mewn rhai ceir, ond ar hyn o bryd mae'r rhain yn anghyffredin. Mae hyn oherwydd bod nifer o broblemau gyda defnyddio hydrogen.

- Mae hydrogen yn cael ei wneud yn bennaf trwy adweithio ager naill ai â glo neu â nwy naturiol. Gall hefyd gael ei wneud trwy basio trydan trwy ddŵr. Mae defnyddio glo, nwy neu drydan (wedi'u cynhyrchu fel arfer trwy losgi tanwyddau ffosil) yn golygu nad yw hydrogen yn danwydd carbon niwtral. Er nad yw llosgi hydrogen yn cynhyrchu CO_2, mae gweithgynhyrchu hydrogen yn y lle cyntaf yn ei gynhyrchu'n ddieithriad.
- Mae hydrogen yn fflamadwy iawn a gall ffrwydro, ac felly gall fod yn fwy peryglus na'r rhan fwyaf o danwyddau sail olew.
- Er mwyn ei storio, mae'n rhaid ei oeri a'i gywasgu, ac yna ei gadw mewn tanciau cryf, sydd wedi'u hynysu i'w gadw'n oer (mae angen cadw hydrogen hylifol ar tua −250 °C). Mae petrol a diesel yn llawer haws eu storio a'u cludo.

Mae hydrogen yn cael ei ddefnyddio fel tanwydd roced ar gyfer archwilio'r gofod (Ffigur 11.5). Mae ganddo fanteision penodol yma – mae'n hynod o ysgafn ac yn bwerus iawn, gan ei fod yn llosgi ar dros 3000 °C.

Ffigur 11.5 Mae hydrogen hylifol yn effeithiol iawn fel tanwydd roced.

Y triongl tân

Mae'r 'triongl tân' yn aml yn cael ei ddefnyddio fel symbol hawdd ei ddeall i ddangos y ffactorau sydd eu hangen i hylosgiad gael digwydd (Ffigur 11.6).

'Ochrau'r' triongl yw tanwydd, ocsigen a gwres. Mae angen y rhain i gyd ar dân i losgi, ac felly mae ymladd ac atal tanau'n seiliedig ar gael gwared ar un neu fwy o'r ffactorau hyn.

Cael gwared ar ocsigen

Mae diffoddwyr tân carbon deuocsid a blancedi tân yn amddifadu tân o ocsigen. Mae carbon deuocsid, gan ei fod yn drymach nag aer, yn suddo ar ben y tân ac yn disodli'r ocsigen o'i amgylch. Mae blancedi tân yn selio'r tân i mewn ac felly (unwaith y bydd y swm cyfyngedig o ocsigen yn yr aer o dan y flanced wedi cael ei ddefnyddio) mae'n diffodd. Cyfyngu ar y cyflenwad ocsigen yw'r rheswm hefyd dros gau'r drysau wrth wagio adeilad sydd ar dân (i gyfyngu ar y ceryntau aer sy'n dod â chyflenwadau newydd o ocsigen i mewn) a dros orchuddio padell sy'n cynnwys olew sy'n llosgi â chlwtyn llaith.

Cael gwared ar wres

Y ffordd draddodiadol o ddiffodd tân yw trwy arllwys dŵr arno i gael gwared ar y gwres. Ni ddylid byth arllwys dŵr ar danau trydanol

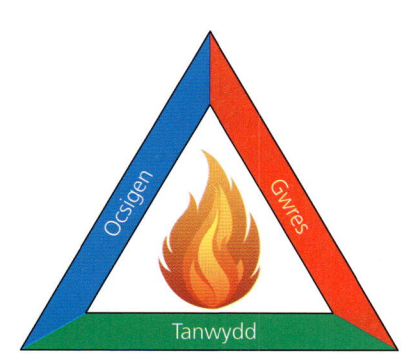

Ffigur 11.6 Y triongl tân.

(oherwydd y perygl o gael sioc) nac ychwaith ar danau olew. Gan nad yw olew a dŵr yn cymysgu, mae'n aneffeithiol ac mae'r dŵr yn tueddu i wneud i'r olew ffurfio defnynnau (*droplets*), gan gynyddu'r arwynebedd arwyneb ar gyfer cyswllt ag ocsigen, ac felly'n gwneud y tân yn waeth.

Cael gwared ar y tanwydd

Mae hyn yn cael ei ddefnyddio yn bennaf er mwyn atal tanau, trwy ddefnyddio defnyddiau anfflamadwy. Gall dillad gael eu trin yn ystod y broses weithgynhyrchu i'w gwneud yn wrthdan ac yn aml mae gan adeiladau modern adrannau gwrthdan rhwng waliau neu uwchben nenfydau i rwystro tân rhag lledaenu. Mae gan goedwigoedd rheoledig adrannau heb unrhyw goed i atal tân rhag lledaenu. Weithiau, gall y coed hefyd gael eu torri a'u gwaredu os oes amser i atal tân coedwig presennol rhag lledu.

> ✓ **Profwch eich hun**
>
> 6 Beth yw cynhyrchion hylosgi hydrocarbonau?
> 7 Pam mae'n bwysig bod tanwyddau hydrocarbon yn y cartref yn hylosgi'n **gyfan gwbl**?
> 8 Sut mae llosgi tanwyddau ffosil yn gallu arwain at law asid?
> 9 Nodwch **un** o fanteision defnyddio hydrogen
>   a) yn lle petrol mewn cerbydau
>   b) fel tanwydd roced.
> 10 Pam mae carbon deuocsid yn diffodd tanau?

▶ Cracio catalytig

Dydy'r ffracsiynau trymach sy'n cael eu cynhyrchu yn ystod distylliad ffracsiynol olew crai ddim hanner mor ddefnyddiol â'r rhai ysgafnach. Maen nhw'n llai fflamadwy ac yn fwy gludiog. Mae hyn yn eu gwneud yn gymharol anaddas fel tanwydd, ac er bod ganddynt ddefnyddiau eraill maen nhw'n cael eu cynhyrchu mewn symiau mwy nag sydd eu hangen at y defnyddiau hynny. Fodd bynnag, gall y ffracsiynau mwy gael eu trawsnewid yn foleciwlau llai mwy defnyddiol trwy broses o'r enw **cracio catalytig**. Mae anwedd sy'n cynnwys y ffracsiynau diangen yn cael ei basio dros wyneb catalydd poeth iawn ac mae hyn yn torri'r moleciwlau hir yn ddarnau llai a all gael eu cyddwyso i wneud tanwyddau defnyddiol, er enghraifft

$$C_{15}H_{32} \rightarrow 2C_2H_4 + C_3H_6 + C_8H_{18}$$
$$\text{ethen} + \text{propan} + \text{octan}$$

Bydd gan y rhain gadwyni byrrach na'r cyfansoddion gwreiddiol ac felly bydd ganddynt ferwbwyntiau is a byddant yn llosgi'n haws. Mae'r hydrocarbonau sy'n cael eu cynhyrchu yn gymysgedd o alcenau sy'n cynnwys bondiau dwbl carbon–carbon, ac alcanau sydd ddim yn cynnwys y bondiau hyn. Mae alcenau yn ddefnyddiol ar gyfer gwneud plastigion.

Alcanau

Mae alcanau ac alcenau yn ddau gategori o hydrocarbon. Hydrocarbonau **dirlawn** yw alcanau. Dim ond bondiau sengl sydd ynddynt, felly maen nhw'n 'ddirlawn' o hydrogen (h.y. maen nhw'n cynnwys cymaint â phosibl o hydrogen). Y gwahaniaeth rhwng gwahanol alcanau yw nifer yr atomau carbon sydd ynddynt. Mae Tabl 11.1 yn dangos y pedwar cyntaf.

Tabl 11.1 Alcanau a'u hadeiledd.

Enw'r alcan	Fformiwla foleciwlaidd/ gemegol	Fformiwla adeileddol
Methan	CH_4	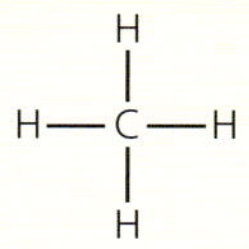 H–C(H)(H)–H
Ethan	C_2H_6	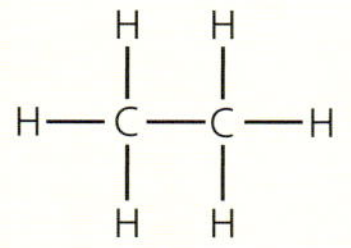 H–C(H)(H)–C(H)(H)–H
Propan	C_3H_8	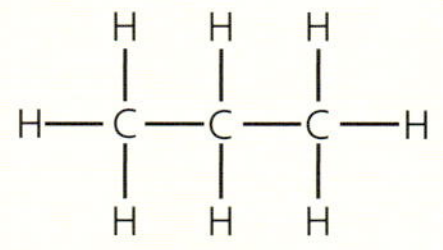 H–C(H)(H)–C(H)(H)–C(H)(H)–H
Bwtan	C_4H_{10}	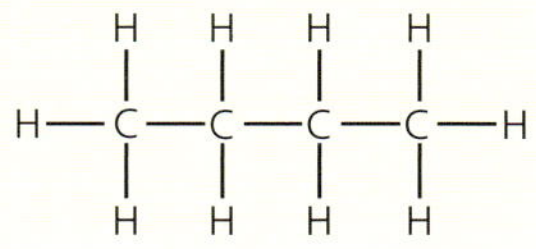 H–C(H)(H)–C(H)(H)–C(H)(H)–C(H)(H)–H

Mae alcanau yn **gyfres homologaidd** o gemegion – cyfres o gyfansoddion sydd â nodweddion tebyg a'r un fformiwla gyffredinol. Y fformiwla gyffredinol ar gyfer alcanau yw C_nH_{2n+2}, lle mae n yn cynrychioli nifer yr atomau carbon sy'n bresennol.

Alcenau

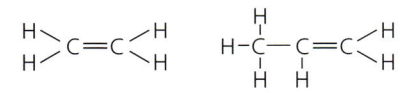

Hydrocarbonau annirlawn yw alcenau, ac mae ganddynt fond dwbl rhwng dau atom carbon. Mae Ffigur 11.7 yn dangos dau alcen. Yn debyg i alcanau, mae alcenau yn gyfres homologaidd. Fformiwla gyffredinol alcenau yw C_nH_{2n}.

Gall alcenau gael eu cynhyrchu o alcanau trwy **gracio**.

Ffigur 11.7 Adeiledd dau alcen.

Adweithiau adio alcenau

Mae presenoldeb bond dwbl carbon–carbon mewn alcenau'n golygu bod atomau eraill yn gallu cael eu hychwanegu at y moleciwl. Enw adweithiau sy'n gwneud hyn yw **adweithiau adio**.

Pan gaiff hydrogen ei ychwanegu at alcen (**hydrogeniad**), mae'r alcan cyfatebol yn ffurfio. Caiff yr adwaith hwn ei gynnal trwy wresogi'r alcen dan wasgedd, ym mhresenoldeb catalydd metelig. Mae hydrogeniad ethen i ffurfio ethan wedi'i ddangos isod.

$$C_2H_4 + H_2 \rightarrow C_2H_6$$
ethen + hydrogen → ethan

Mae adwaith adio arall yn digwydd gyda bromin (Ffigur 11.8). Mae'r bond dwbl yn torri ac mae dau atom bromin yn cael eu hychwanegu at bob un o'r atomau carbon.

Mae'r adwaith hwn yn ddefnyddiol oherwydd gallwn ni ei ddefnyddio i brofi am bresenoldeb alcen. Mae dŵr bromin oren yn adweithio â'r alcen ac mae ei liw'n diflannu gan fod y cynnyrch sy'n cael ei ffurfio'n ddi-liw.

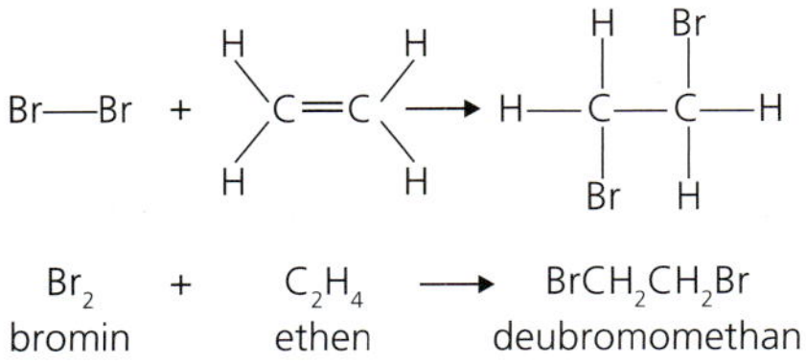

Ffigur 11.8 Adwaith adio ethen a bromin.

Br_2 + C_2H_4 → $BrCH_2CH_2Br$
bromin + ethen → deubromomethan

Gwaith ymarferol

Gwneud alcenau o alcanau

Gall y gweithgaredd hwn gael ei arddangos gan eich athro/athrawes. Caiff paraffin (cymysgedd o alcanau) ei wresogi gan ddefnyddio catalydd i gynhyrchu alcenau.

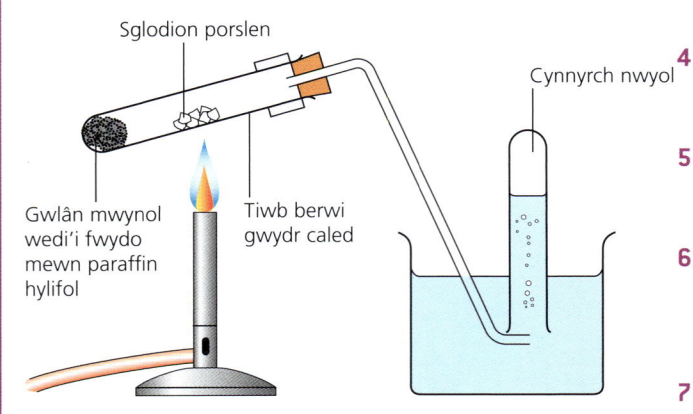

Ffigur 11.9 Cydosodiad arbrawf i wneud alcenau.

Cyfarpar (i bob grŵp)

- 4 tiwb profi
- Topynnau, i ffitio'r tiwbiau profi
- Rhesel tiwbiau profi
- Tiwb berwi
- Rhoden wydr
- Topyn ag un twll i ffitio'r tiwb berwi
- Tiwb cludo
- Cafn gwydr neu fasn plastig bach i gasglu nwy dros ddŵr
- Llosgydd Bunsen
- Mat gwrth-wres
- Stand a chlamp
- Pibed ddiferu
- Prennyn
- Tua 2 cm³ o baraffin meddyginiaethol (paraffin hylifol – NID y tanwydd)
- Sglodion porslen
- Tua 2 cm³ o ddŵr bromin, 0.02 môl/dm³, wedi'i wanedu i liw oren golau
- Tua 2 cm³ o hydoddiant potasiwm manganad(VII) asidiedig, tua 0.001 môl/dm³
- Gwlân mwynol ('Superwool' yn ddelfrydol)

Dull

1. Gwisgwch sbectol ddiogelwch.
2. Rhowch ddyfnder o tua 2 cm o wlân mwynol yng ngwaelod y tiwb berwi a'i wasgu'n ysgafn i'w le â rhoden wydr. Gollyngwch tua 2 cm³ o baraffin hylifol ar y gwlân, gan ddefnyddio pibed ddiferu. Defnyddiwch ddigon o baraffin i fwydo'r gwlân mwynol yn llwyr, ond dim cymaint nes bod y paraffin yn rhedeg ar hyd ochr y tiwb pan gaiff ei osod yn llorweddol.
3. Clampiwch y tiwb berwi'n agos at ei geg fel ei fod ychydig bach ar ogwydd am i fyny, fel mae Ffigur 11.9 yn ei ddangos. Rhowch swp o gatalydd (sglodion porslen) yng nghanol y tiwb a gosodwch y tiwb cludo'n sownd wrtho.
4. Llenwch y cafn at tua dau draean o'i gyfaint â dŵr, a rhowch y cyfarpar fel bod pen y tiwb cludo wedi'i drochi'n ddwfn yn y dŵr.
5. Llenwch bedwar tiwb profi â dŵr a'u gosod wyneb i waered yn y cafn. Hefyd, rhowch y topynnau tiwbiau profi wyneb i waered yn y dŵr.
6. Gwresogwch y catalydd yng nghanol y tiwb yn gryf am rai munudau, nes bod y gwydr yn cyrraedd gwres coch pwl. Peidiwch â gwresogi'r tiwb yn rhy agos at y topyn rwber.
7. Gan gadw'r catalydd yn boeth, symudwch y fflam o dro i dro i ben y tiwb am rai eiliadau i anweddu rhywfaint o'r paraffin hylifol. Ceisiwch gynhyrchu llif cyson o swigod o'r tiwb cludo. **Byddwch yn ofalus i beidio â gwresogi'r paraffin hylifol yn rhy gryf na gadael i'r catalydd oeri. I osgoi sugno'n ôl, peidiwch â symud y fflam o fod yn gwresogi'r tiwb tra mae'r nwy'n cael ei gasglu**.
8. Pan welwch chi lif cyson o swigod nwy, casglwch lond pedwar tiwb o nwy trwy eu dal dros y tiwb cludo. Byddwch yn ofalus i beidio â chodi'r tiwbiau llawn dŵr allan o'r dŵr wrth eu symud, er mwyn osgoi gadael aer i mewn iddynt. Seliwch y tiwbiau llawn trwy eu gwasgu i lawr ar y topynnau, yna rhowch nhw mewn rhesel.
9. Ar ôl gorffen casglu'r nwy, yn gyntaf, tynnwch y tiwb cludo o'r dŵr trwy ogwyddo neu godi'r stand clamp. Dim ond bryd hynny y dylech chi stopio gwresogi.
10. Profwch y tiwbiau o nwy fel hyn:
    a) Aroglwch y tiwb profi cyntaf yn ofalus, a chymharwch yr arogl ag arogl y paraffin hylifol. Dilynwch gyngor eich athro/athrawes am sut i arogli cemegion.
    b) Defnyddiwch brennyn wedi'i danio i weld a yw'r nwy'n fflamadwy. Mae'n bosibl mai aer fydd yn y tiwb cyntaf gan mwyaf. Os nad yw'n tanio, rhowch gynnig ar yr ail diwb. Ar ôl i'r nwy danio, trowch y tiwb prawf wyneb i waered i adael i'r nwy sy'n drymach nag aer lifo allan a llosgi.
    c) Ychwanegwch 2–3 diferyn o ddŵr bromin at y trydydd tiwb o nwy, caewch ef â thopyn a'i ysgwyd.
    d) Ychwanegwch 2–3 diferyn o hydoddiant potasiwm manganad(VII) asidiedig at y pedwerydd tiwb, caewch ef â thopyn a'i ysgwyd. Mae hwn yn brawf arall am alcenau; os ydyn nhw'n bresennol, bydd lliw'r hylif yn troi'n frown neu'n ddi-liw.

Gwneud plastigion

> **Term allweddol**
>
> **Polymer** Sylwedd â moleciwlau hir iawn sydd wedi'u gwneud o lawer o foleciwlau bach wedi'u huno â'i gilydd.

Mae'n bosibl cydosod niferoedd mawr o foleciwlau alcen gyda'i gilydd i wneud amrywiaeth o **bolymerau** defnyddiol, fel polythen, polypropen, polytetrafflworoethen (PTFE) a pholyfinylclorid (PVC). Plastig yw unrhyw bolymer organig synthetig neu led-synthetig. Mae plastigion yn un o ddau fath.

- Mae **thermoplastigion** yn blastigion sy'n meddalu wrth gael eu gwresogi.
- Mae **thermosetiau** yn blastigion sy'n gallu gwrthsefyll gwres ac felly dydyn nhw ddim yn meddalu nac yn ymdoddi wrth eu gwresogi.

Mae llawer o thermoplastigion yn cael eu defnyddio ar gyfer cynwysyddion yn y cartref fel powlenni a bwcedi, ac ar gyfer defnyddiau pacio. Caiff thermosetiau eu defnyddio mewn ffitiadau golau trydan, coesau sosbenni, a chynhyrchion eraill lle mae'r gallu i wrthsefyll gwres yn bwysig. Gallwn ni egluro'r gwahaniaeth yn ymddygiad y ddau fath hyn o bolymer yn nhermau eu hadeileddau. Mae thermoplastigion wedi'u gwneud o gadwynau o bolymerau. Dydy'r cadwynau hyn ddim wedi'u cysylltu â'i gilydd ac felly maen nhw'n gallu llithro dros ei gilydd. Mae hyn yn golygu ei bod nhw'n ymdoddi'n hawdd. Mewn thermosetiau, mae trawsgysylltiadau cryf rhwng y cadwynau o bolymerau, sy'n dal yr adeiledd at ei gilydd ac yn ei alluogi i wrthsefyll gwres (gweler Ffigur 11.10).

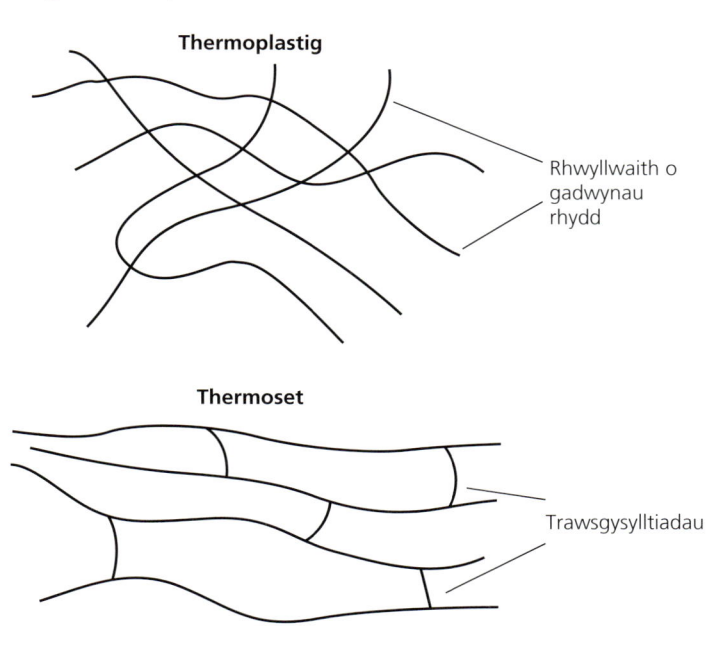

Thermoplastig

Rhwyllwaith o gadwynau rhydd

Thermoset

Trawsgysylltiadau

Ffigur 11.10 Gwahaniaethau adeileddol rhwng thermoplastigion a thermosetiau.

Mae plastigion thermoset yn cael eu gwneud ar ffurf hylif. Mae'r hylif yn cael ei roi mewn mowldiau a'i setio. Ar ôl iddynt setio, dydy hi ddim yn bosibl iddynt ymdoddi eto (Ffigur 11.11).

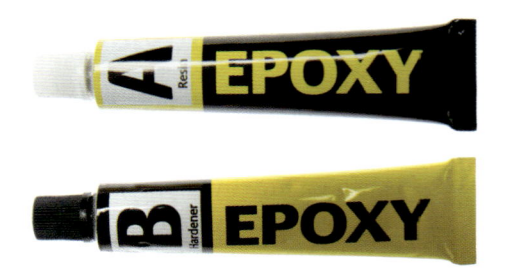

Ffigur 11.11 Mae glud epocsi'n blastig thermoset. Mae'r adwaith cemegol rhwng y resin a'r caledwyr yn caledu'r glud, ac yna mae'n setio. Ar ôl iddo setio, mae'n gallu gwrthsefyll gwres.

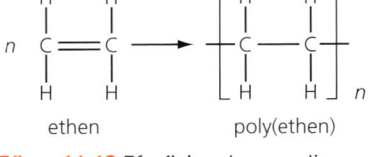

Ffigur 11.12 Ffurfio'r polymer adio poly(ethen) o ethen (mae n yn rhif mawr sy'n gallu amrywio).

Enw'r moleciwlau bach (fel ethen) sy'n cael eu defnyddio i wneud polymerau yw **monomerau**. Mae dau fath o bolymer:

- **polymerau adio**, sy'n cael eu gwneud o un monomer yn unig
- **polymerau cyddwyso**, sy'n cael eu gwneud o ddau neu ragor o fonomerau gwahanol.

Mae'n bosibl cydosod moleciwlau ethen i ffurfio'r polymer adio poly(ethen) – **polythen** yw'r enw cyffredin arno. Caiff hyn ei wneud trwy wresogi ethen dan wasgedd. Mae nifer y moleciwlau sy'n uno'n amrywio, ond fel rheol mae rhwng 2000 ac 20000 (gweler Ffigur 11.12).

Mae polythen yn cael ei ddefnyddio'n aml i wneud bagiau plastig. Mae'n hyblyg ond ddim yn gryf iawn.

Mae Tabl 11.2 yn dangos rhai polymerau adio eraill.

Tabl 11.2 Polymerau adio a ffyrdd o'u defnyddio.

Enw	Uned sy'n ailadrodd	Sut caiff ei ddefnyddio
Polypropen (PP)	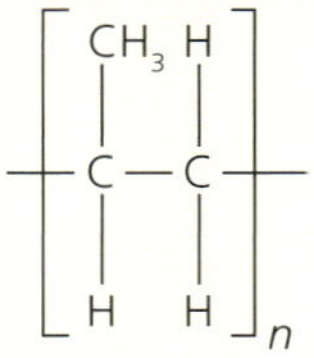	Cynwysyddion bwyd sy'n ddiogel i'w rhoi mewn peiriannau golchi llestri; peipiau; darnau o geir; carpedi gwrth-ddŵr
Polyfinylclorid (PVC)	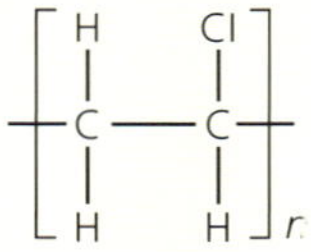	Yn cael ei ddefnyddio'n eang iawn; peipiau; fframiau ffenestri a drysau; dillad; ynysiad trydanol
Polytetraffluoroethen (PTFE)	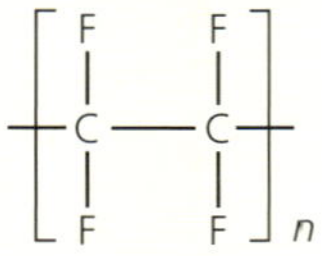	Caiff ei alw'n Teflon; arwynebau gwrthlud i offer coginio, haearnau smwddio, llafnau sychwyr, ac ati.

▶ Plastigion a'r amgylchedd

Mae nifer o blastigion yn dda iawn am wrthsefyll ymosodiad cemegol, ac maen nhw bron i gyd yn **anfioddiraddadwy** – mewn geiriau eraill, dydyn nhw ddim yn pydru. Os ydym ni'n rhoi'r plastigion hyn gyda gwastraff arferol y cartref, byddant yn cael eu claddu dan ddaear lle byddant yn aros am gannoedd o flynyddoedd.

Gan nad ydyn nhw'n pydru, mae plastigion yn tueddu i lenwi safleoedd tirlenwi nes bod rhaid dod o hyd i safleoedd newydd. Mae'r Deyrnas Unedig yn defnyddio dros 5 miliwn o dunelli metrig o blastig bob blwyddyn, felly mae hyn yn broblem fawr.

Mae'n llawer gwell ailgylchu gwastraff plastig. Mae nifer o fanteision i hyn:

▶ Mae llai o blastig yn mynd i safleoedd tirlenwi. Mae hyn yn caniatáu i safleoedd tirlenwi presennol gael eu defnyddio am fwy o amser.
▶ Rydym ni'n defnyddio llai o olew i gynhyrchu plastig. Mae olew crai yn adnodd cyfyngedig, a dylid ei warchod lle mae hynny'n bosibl.
▶ Rydym ni'n defnyddio llai o egni. Mae hyn yn arbed ar gostau ac yn lleihau allyriadau nwyon tŷ gwydr.

Er ei bod yn bosibl ailgylchu pob math o blastig, mae rhai'n anoddach ac yn ddrutach eu hailgylchu. Mae'n rhaid gwahanu rhai plastigion oddi wrth rai eraill er mwyn eu hailgylchu, felly i helpu gyda hyn mae symbol ar y rhan fwyaf o becynnau plastig i ddynodi pa fath o blastig ydyw (gweler Tabl 11.3).

Tabl 11.3 Symbolau ailgylchu plastig. Mae mathau 1–3 yn cael eu hailgylchu mewn llawer o ardaloedd yn y Deyrnas Unedig, ond mae'n anodd ailgylchu mathau 4–7 ac efallai na fydd cyfleusterau ar gael yn eich ardal chi.

Symbol	Math o bolymer	Enghreifftiau
1 PETE	PET Polyethen terepthalad	Poteli diodydd pop Poteli dŵr mwynol Poteli diod ffrwythau Poteli olew coginio
2 HDPE	HDPE Polyethen dwysedd uchel	Poteli llaeth Poteli sudd ffrwythau Poteli hylif golchi llestri Poteli swigod baddon a gel cawod
3 V	PVC Polyfinyl clorid	Fel arfer ar ffurf poteli, ond dydy'r rhain ddim yn gyffredin iawn heddiw
4 LDPE	LDPE Polyethen dwysedd isel	Mae sawl math o ddefnydd pacio'n cael eu gwneud o'r defnyddiau hyn, er enghraifft, plastig o gwmpas cig a llysiau ffres
5 PP	PP Polypropen	
6 PS	PS Polystyren	
7 OTHER	Arall Pob math arall o resin ac amlddefnydd (*multi-material*)	

→ **Gweithgaredd**

Pa mor dda yw'r Deyrnas Unedig yn ailgylchu plastigion?

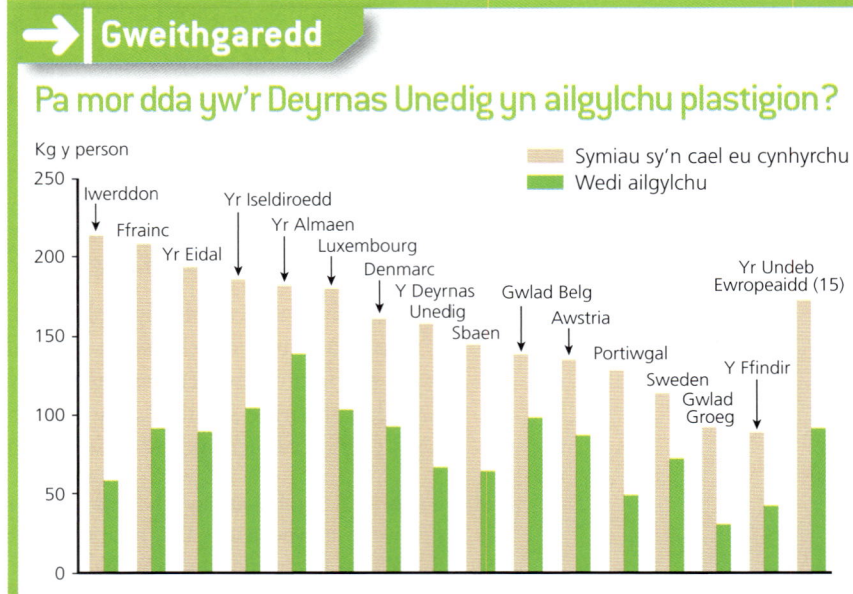

Kg y person

☐ Symiau sy'n cael eu cynhyrchu
■ Wedi ailgylchu

Gwledydd (o'r chwith i'r dde): Iwerddon, Ffrainc, Yr Eidal, Yr Iseldiroedd, Yr Almaen, Luxembourg, Denmarc, Y Deyrnas Unedig, Sbaen, Gwlad Belg, Awstria, Portiwgal, Sweden, Gwlad Groeg, Y Ffindir, Yr Undeb Ewropeaidd (15).

Ffigur 11.13 Data cynhyrchu defnyddiau pacio o bob math a data ailgylchu rhai o wledydd Ewrop, 2001.

Edrychwch ar ddata ailgylchu defnyddiau pacio yn rhai o wledydd Ewrop a chyfartaledd yr Undeb Ewropeaidd cyfan yn Ffigur 11.13. Sylwch fod tua 50% o holl ddefnyddiau pacio Ewrop yn blastig.

Cwestiynau

1 Pa wlad sy'n cynhyrchu'r swm mwyaf o ddefnyddiau pacio y person?
2 Pa wlad sy'n ailgylchu'r swm mwyaf o blastig y person?
3 Pa wlad sy'n gwneud orau o ran y ffigurau hyn?
4 Eglurwch sut gwnaethoch chi eich penderfyniad yng nghwestiwn 3.
5 Eglurwch pam mae'n bosibl nad yw'r data hyn yn rhoi asesiad cywir o ba mor dda roedd gwlad yn ailgylchu plastig yn 2001.
6 Amcangyfrifwch ganran y defnyddiau pacio a gafodd eu hailgylchu yn y Deyrnas Unedig yn 2001.

✓ **Profwch eich hun**

11 Beth yw'r fformiwla gyffredinol ar gyfer
   a) alcanau?
   b) alcenau?
12 Sut byddech chi'n profi sylwedd i weld a yw'n alcen ai peidio?
13 Pa fath o adwaith sy'n trawsnewid alcenau i fod yn alcanau?
14 Pa enw sy'n cael ei roi ar yr unedau llai sy'n cael eu cydosod i ffurfio polymer?
15 Eglurwch sut mae ailgylchu plastig yn gallu helpu i gyfyngu ar gynhesu byd-eang.

▶ ## Enwi alcanau ac alcenau mwy cymhleth

Hyd yn hyn yn y bennod hon rydym ni wedi delio ag alcanau ac alcenau syml sy'n cynnwys cadwynau diangen yn unig. Mae rhai alcanau ac alcenau yn llawer mwy cymhleth ac mae ganddynt gadwynau canghennog. Mae dull enwi'r moleciwlau hyn yn dilyn gweithdrefn benodol.

Gadewch i ni edrych ar enghraifft (Ffigur 11.14):

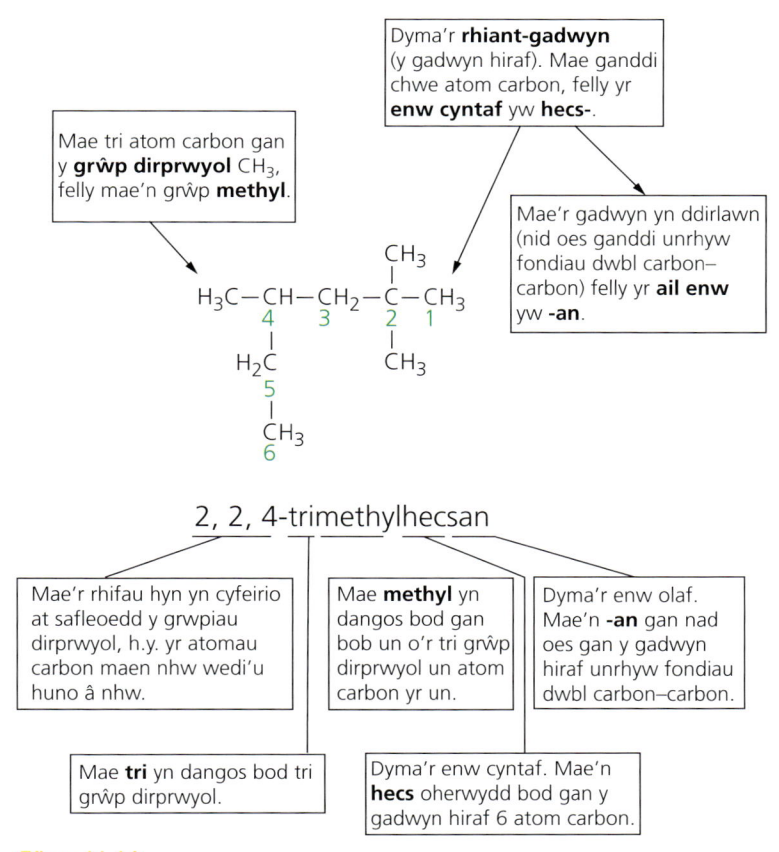

Dyma'r **rhiant-gadwyn** (y gadwyn hiraf). Mae ganddi chwe atom carbon, felly yr **enw cyntaf** yw **hecs-**.

Mae tri atom carbon gan y **grŵp dirprwyol** CH$_3$, felly mae'n grŵp **methyl**.

Mae'r gadwyn yn ddirlawn (nid oes ganddi unrhyw fondiau dwbl carbon–carbon) felly yr **ail enw** yw **-an**.

$$H_3C-\underset{4}{CH}-\underset{3}{CH_2}-\underset{2}{\overset{\overset{CH_3}{|}}{\underset{|}{C}}}-\underset{1}{CH_3}$$
$$\underset{5}{H_2C}$$
$$\underset{6}{CH_3}$$

2, 2, 4-trimethylhecsan

Mae'r rhifau hyn yn cyfeirio at safleoedd y grwpiau dirprwyol, h.y. yr atomau carbon maen nhw wedi'u huno â nhw.

Mae **methyl** yn dangos bod gan bob un o'r tri grŵp dirprwyol un atom carbon yr un.

Dyma'r enw olaf. Mae'n **-an** gan nad oes gan y gadwyn hiraf unrhyw fondiau dwbl carbon–carbon.

Mae **tri** yn dangos bod tri grŵp dirprwyol.

Dyma'r enw cyntaf. Mae'n **hecs** oherwydd bod gan y gadwyn hiraf 6 atom carbon.

Ffigur 11.14

Gall y fformiwlâu adeileddol ar gyfer y moleciwlau cymhleth hyn gael eu symleiddio i ddangos y cysylltiadau rhwng atomau carbon yn unig. Felly, byddai 2,2,4-trimethylhecsan yn cael ei gynrychioli fel yn Ffigur 11.15. Mae'r llinellau yn 'igam-ogam' fel bod y nifer o atomau carbon yn eglur.

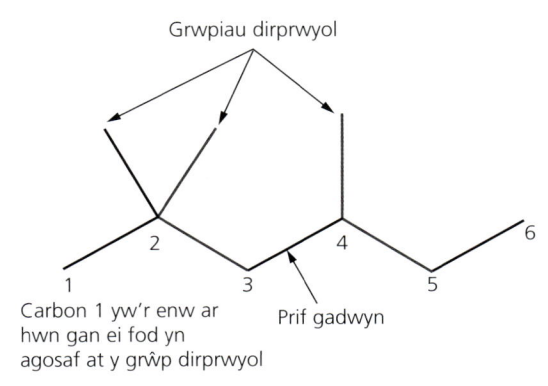

Grwpiau dirprwyol

Carbon 1 yw'r enw ar hwn gan ei fod yn agosaf at y grŵp dirprwyol

Prif gadwyn

Ffigur 11.15

Dyma'r system ar gyfer gweithio allan enwau alcanau ac alcenau cymhleth:

▶ Dewch o hyd i'r gadwyn hiraf o atomau carbon (efallai na fydd y rhain mewn llinell syth). Mae hyn yn rhoi 'enw cyntaf' yr enw cemegol (Tabl 11.4) i chi.

Tabl 11.4 Enwi alcanau ac alcenau.

Nifer yr atomau carbon	Enw
1	meth-
2	eth-
3	prop-
4	bwt-
5	pent-
6	hecs-
7	hept-
8	oct-
9	non-
10	dec-

▶ Os yw'r gadwyn yn ddirlawn, mae'n alcan a'r 'ail enw' yw -an. Os oes bond dwbl carbon–carbon, mae'n alcen ac en yw'r 'ail enw'.
▶ Yna bydd angen i chi weithio allan sut i rifo'r atomau carbon. Dylai'r gadwyn gael ei rhifo fel bod atom carbon rhif 1 ar y pen sydd agosaf at grŵp dirprwyol (gweler Ffigur 11.15).
▶ Yna rhaid enwi'r grwpiau dirprwyol. Mae hyn yn cael ei wneud yn ôl y nifer o atomau carbon sydd ganddynt. Mae'r enw yr un fath â'r enw cyntaf, ond gyda'r terfyniad -yl ar y diwedd (h.y. methyl, ethyl, propyl, ac ati).
▶ Mae rhagddodiad yn mynd o flaen enw'r grŵp dirprwyol i ddangos faint o grwpiau dirprwyol sydd (1 = dim enw; 2 = deu; 3 = tri), ac mae'r rhifau yn dynodi pa atomau carbon sydd ynghlwm wrthynt.

Gadewch i ni edrych ar rai enghreifftiau (symlach) eraill, gan ddefnyddio diagramau cadwyn wedi'u symleiddio (Ffigur 11.16a a 11.16b).

Yn Ffigur 11.16a, mae 6 atom carbon gan y gadwyn hiraf a does dim bondiau dwbl, felly bydd yn cael ei alw'n hecs-an. Mae grŵp dirprwyol ynghlwm wrth atom carbon rhif 3, ac mae'n cynnwys un atom carbon, felly mae'n perthyn i grŵp methyl. Felly, mae'r cyfansoddyn yn cael ei enwi'n **3-methylhecsan**.

Yn Ffigur 11.16b, unwaith eto mae gan y gadwyn hiraf chwe atom carbon a dim bondiau dwbl, felly mae'n octan (oct-an). Mae grŵp dirprwyol ynghlwm wrth atomau carbon 2 a 4, a dim ond un atom carbon sydd gan y ddau, felly maen nhw'n perthyn i grwpiau methyl. Sylwch fod yr atomau carbon yn yr achos hwn yn cael eu rhifo yn y cyfeiriad arall i Ffigur 11.16a. Mae hyn er mwyn sicrhau bod gan y grwpiau dirprwyol y rhifau isaf (2,4 yn hytrach na 3,5). Enw'r cyfansoddyn hwn yw **2,4-deumethylhecsan** (mae'r 'deu' yno oherwydd bod dau grŵp methyl).

Ar gyfer alcenau, mae cymhlethdod ychwanegol – mae angen i ni ddangos lle mae'r bond dwbl carbon–carbon yn digwydd. Mae hyn yn cael ei nodi gan rif rhwng yr enw cyntaf a'r enwau diwethaf. Mae enghraifft yn Ffigur 11.17.

Mae chwe atom carbon gan y gadwyn hiraf ac felly mae'n hecsen. Hefyd mae'r bond dwbl rhwng atomau carbon 1 a 2, ac felly mae hwn yn hecs-1-en. Mae grŵp methyl sengl ynghlwm wrth atom carbon 2 a grŵp ethyl sengl ynghlwm wrth atom carbon 4, felly mae hwn yn **4-ethyl-2-methylhecs-1-en**. Mae grwpiau ethyl a methyl yn cael eu trefnu fel hyn oherwydd eu bod yn dilyn trefn yr wyddor.

Ffigur 11.16

Ffigur 11.17

11 Olew crai, tanwyddau a chemeg organig

> ### ✓ Profwch eich hun
>
> **16** Enwch yr alcanau neu'r alcenau canlynol:
>
> a) [structure: H-C-C-C-C-H chain with H atoms — 4 carbon alkane]
>
> b) [structure: 5 carbon chain with C=C double bond between C2 and C3]
>
> c) [structure: 4 carbon chain with a CH₃ branch on C2]
>
> ch) [structure: 5 carbon chain with two CH₃ branches]

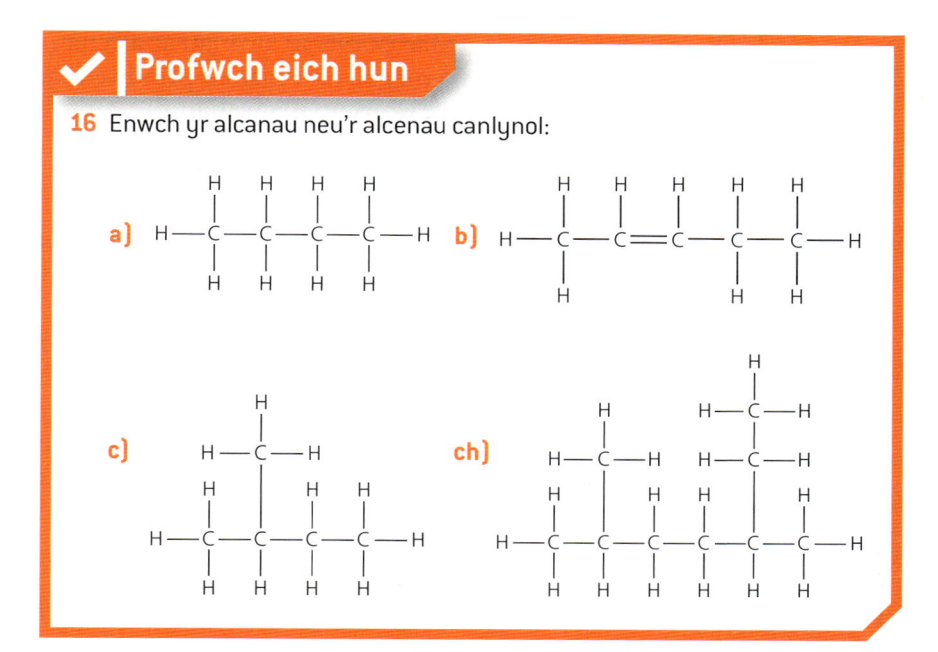

Isomeredd mewn alcanau ac alcenau

Gall dau neu fwy o gyfansoddion fod â'r un fformiwla foleciwlaidd ond â fformiwlâu adeileddol gwahanol, oherwydd mae'r atomau wedi'u trefnu mewn ffordd wahanol. Rydym ni'n cyfeirio at y cyfansoddion hyn fel **isomerau**. Mae isomeredd yn gyffredin mewn alcanau ac alcenau, ac mae enghreifftiau yn cael eu dangos yn Ffigur 11.18.

Alcanau

Bwtan (C_4H_{10})   2-methylpropan (C_4H_{10})

Alcenau

bwt-1-en (C_4H_8)   bwt-2-en (C_4H_8)

Ffigur 11.18 Enghreifftiau o isomeredd mewn alcanau ac alcenau.

Yn yr enghraifft sy'n dangos alcan, y gwahaniaeth yw fod y gadwyn garbon yn syth, ond bod 2-methylpropan yn ganghennog. Yn yr enghraifft sy'n dangos alcen, mae'r bond dwbl carbon–carbon mewn safle gwahanol.

Mae isomerau alcanau ac alcenau yn rhannu'r un priodweddau cemegol, ond mae eu priodweddau ffisegol ychydig yn wahanol (e.e. berwbwyntiau gwahanol).

▶ Alcoholau

Grŵp pwysig arall o gemegion organig yw'r alcoholau. Yn ogystal â charbon a hydrogen, mae alcoholau hefyd yn cynnwys ocsigen, ac mae ganddynt y fformiwla gyffredinol $C_nH_{2n+1}OH$. Fel alcanau ac alcenau, mae'r alcoholau yn deulu o sylweddau sydd â phriodweddau tebyg ac maen nhw'n cael eu henwi yn yr un modd, yn ôl y nifer o atomau carbon. Felly mae un atom carbon gan fethanol, mae dau gan ethanol, mae tri gan bropanol, ac yn y blaen.

Mae Tabl 11.5 yn rhoi fformiwlâu moleciwlaidd ac adeileddol rhai alcoholau.

Tabl 11.5 Fformiwlâu cemegol ac adeileddol rhai alcoholau.

Enw	Fformiwla foleciwlaidd	Fformiwla adeileddol
Methanol	CH_3OH	H–C(H)(H)–OH
Ethanol	C_2H_5OH	H–C(H)(H)–C(H)(H)–OH
Propan-1-ol	C_3H_7OH	H–C(H)(H)–C(H)(H)–C(H)(H)–OH
Propan-2-ol	C_3H_7OH	H–C(H)(H)–C(OH)(H)–C(H)(H)–H
Bwtan-1-ol	C_4H_9OH	H–C(H)(H)–C(H)(H)–C(H)(H)–C(H)(H)–OH

Sylwch, yn union fel alcanau ac alcenau, fod isomerau gan rai alcoholau. Yn Nhabl 11.5, mae propan-1-ol a phropan-2-ol yn **isomerau safle**, gan fod safle'r grŵp -OH yn wahanol yn y ddau isomer.

11 Olew crai, tanwyddau a chemeg organig

Defnyddio a chamddefnyddio ethanol

Mae'n debyg mai ethanol yw'r alcohol mwyaf adnabyddus, gan mai dyma'r ffurf sy'n bresennol ym mhob diod alcoholig. Mae wedi bod yn fuddiol ac yn niweidiol i'r hil ddynol. Dyma rai ffeithiau am ddiodydd alcoholig.

- Mae alcohol yn achosi tua 10% o'r clefydau a'r marwolaethau yn y DU.
- O ran ffordd o fyw, dyma'r ffactor risg sy'n dod yn drydydd ar ôl ysmygu a gordewdra.
- Mae tua 1000 o farwolaethau y flwyddyn yng Nghymru yn digwydd oherwydd alcohol. Yn y DU fel cyfanrwydd, roedd 8367 o farwolaethau yn gysylltiedig ag alcohol yn 2012.
- Roedd astudiaeth a gyhoeddwyd yn 2014 yn dangos bod pobl ifanc rhwng 11 ac 16 oed yng Nghymru yn yfed mwy o alcohol bob wythnos na'r rhai mewn unrhyw ran arall o'r DU (mae tua 17% o fechgyn a 14% o ferched yn y grŵp oedran hwnnw yn yfed alcohol o leiaf unwaith y wythnos).
- Yn ôl amcangyfrifon, mae camddefnyddio alcohol yn Lloegr yn costio tua £21 biliwn mewn gofal iechyd, troseddu a cholli cynhyrchedd. Yng Nghymru (yn 2008/9) roedd y gost tua £70 miliwn.
- Mae alcohol yn achosi mwy na 60 o gyflyrau meddygol, gan gynnwys canserau amrywiol, pwysedd gwaed uchel, sirosis yr afu/iau ac iselder.
- Digwyddodd tua 20% o'r holl ddigwyddiadau treisgar yn 2010/11 mewn neu'n agos i dafarn neu glwb.
- Yn 2012, cyfrannodd allforio diodydd alcoholig £6.4 biliwn at economi'r DU (dwbl y ffigur o 2002).
- Mae'r diwydiant diodydd yn y DU yn cyflogi mwy na 650 000 o bobl yn uniongyrchol ac yn cefnogi 1.1 miliwn o swyddi eraill yn yr economi ehangach.
- Daeth y dreth ar werthu alcohol â £10 biliwn i drysorlys y DU yn 2012/13.

Ar wahân i'w ddefnyddio yn y diwydiant diodydd, mae gan ethanol ddefnyddiau diwydiannol fel hydoddydd ac fel tanwydd, fel y gwelwn ni isod o dan y pennawd Tanwydd bioethanol.

Eplesiad

Mae burum (ffwng un gell) yn cynhyrchu ethanol o siwgr, ond dim ond o dan amodau anaerobig (h.y. heb ocsigen). Eplesiad yw'r enw ar y broses hon, ac mae'n cael ei defnyddio i wneud pob diod alcoholig. Yn y broses fragu, mae'r burum yn cael ei fwydo ar glwcos, sy'n cael ei drawsnewid yn ethanol a charbon deuocsid.

$$\text{glwcos} \rightarrow \text{carbon deuocsid} + \text{ethanol}$$
$$C_6H_{12}O_6 \rightarrow 2CO_2 + 2C_2H_5OH$$

Mae ensymau sy'n cael eu cynhyrchu gan y burum yn catalyddu'r adwaith. Rhaid rheoli'r amodau ar gyfer eplesu yn ofalus.

Mae'r tymheredd yn cael ei gadw o fewn amrediad addas (25–50 °C). Os bydd y tymheredd yn oerach na hyn, ni fydd yr ensymau'n

Ffigur 11.19 Defnyddio eplesyddion i fragu gwin.

gweithio'n effeithlon. Os bydd y tymheredd yn boethach, byddant yn cael eu dinistrio.

- Rhaid i'r tanc eplesu gael ei gadw'n ddi-haint fel nad yw micro-organebau eraill yn halogi'r hylif y tu mewn iddo.
- Rhaid cadw ocsigen allan, neu ni fydd ethanol yn ffurfio.
- Rhaid gadael i garbon deuocsid ddianc, fel arall bydd y gwasgedd yn yr eplesydd yn cynyddu (Ffigur 11.19).

Tanwydd bioethanol

Mae gan ethanol gludedd isel ac mae'n fflamadwy, felly mae ganddo ddefnydd posibl fel tanwydd, wedi'i gymysgu mewn gwahanol gyfrannau â phetrol fel arfer, er y gall rhai ceir redeg ar 100% ethanol. Mae ethanol yn cael ei alw'n 'biodanwydd' gan ei fod yn cael ei gynhyrchu trwy eplesiad sy'n defnyddio defnyddiau planhigol – yn bennaf cansen siwgr, tatws ac ŷd.

Fel gyda thanwyddau eraill, mae manteision ac anfanteision i'w ddefnyddio.

Manteision

- Gan ei fod yn cael ei gynhyrchu o ddefnydd planhigol, mae ethanol yn adnodd adnewyddadwy.
- Mae'n allyrru llai o garbon deuocsid wrth losgi na phetrol, ac mae'r planhigion sy'n cael eu tyfu er mwyn ei gynhyrchu yn defnyddio carbon deuocsid.
- Mae llosgi ethanol yn cynhyrchu llai o huddygl a charbon monocsid na llosgi petrol.

Anfanteision

- Mae tanwyddau ffosil yn cael eu defnyddio wrth gynhyrchu bioethanol, ac mae hyn i ryw raddau yn gwrthbwyso allyriadau llai y tanwydd.
- Mae ethanol yn danwydd llai effeithlon na phetrol, ac felly mae angen mwy ohono i yrru yr un pellter.
- Dydy peiriannau cerbydau ddim yn gallu defnyddio tanwydd sydd â chrynodiad uchel o ethanol heb gael eu haddasu.
- Mae darnau mawr o dir fferm yn cael eu defnyddio i gynhyrchu cnydau a ddefnyddir ar gyfer biodanwydd. Mae hyn yn golygu nad yw'r tir ar gael ar gyfer cynhyrchu bwyd ac mae'r galw am dir yn gallu arwain at ddatgoedwigo.

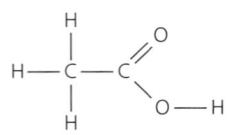

Ffigur 11.20 Fformiwla asid ethanöig.

Gwneud finegr

Gall ethanol gael ei ddefnyddio i wneud asid ethanöig, sef yr asid sydd mewn finegr. Mae asid ethanöig yn perthyn i deulu o gyfansoddion o'r enw **asidau carbocsylig**. Mae'r rhain yn cynnwys y grŵp gweithredol (–COOH) (Ffigur 11.20).

Mae trawsnewid ethanol yn asid ethanöig yn adwaith ocsidio gan ficro-organebau dan amodau aerobig (h.y. mae ocsigen yn bresennol). Os bydd ocsigen yn mynd i mewn i eplesydd gwin byddwch chi'n cael finegr yn hytrach na gwin ond, yn fasnachol, mae rhai bacteria yn cael eu defnyddio mewn eplesydd er mwyn cynhyrchu finegr.

Profi am alcoholau

Gall alcoholau gael eu canfod trwy adwaith â hydoddiant o botasiwm deucromad(VI) wedi'i gymysgu ag asid sylffwrig. Mae gan hwn liw oren, ond mae'n troi'n wyrdd pan fydd yn cael ei gymysgu ag alcohol.

▶ Sbectrosgopeg isgoch

Yn y bennod hon, rydym ni wedi dod ar draws pedwar math o gyfansoddion organig – alcanau, alcenau, alcoholau ac asidau carbocsylig. Gallwn ni wahaniaethu rhwng y rhain ar sail presenoldeb neu absenoldeb bondiau penodol. Mae gan alcanau fondiau C–H yn unig. Mae bondiau C–H gan bob un o'r lleill, ond mae bondiau nodweddiadol eraill ganddynt hefyd: mae gan alcenau fond dwbl carbon–carbon; mae gan alcoholau fond –OH; ac mae gan asidau carbocsylig grŵp carbocsylig (–COOH) sy'n cynnwys bondiau rhwng carbon ac ocsigen a rhwng ocsigen a hydrogen (gweler Ffigur 11.20).

Mae sbectrosgopeg isgoch yn dechneg sy'n galluogi gwyddonwyr i ganfod pa fondiau sy'n bresennol mewn sylwedd, ac felly ei adnabod. Caiff sylweddau eu rhoi mewn sbectromedr isgoch ac mae golau isgoch yn cael ei ddisgleirio trwyddynt. Mae gwahanol fondiau cemegol yn amsugno golau o wahanol donfeddi, ac mae hyn yn cael ei ganfod a'i arddangos fel sbectrwm isgoch (Ffigur 11.21). Mae'r brigau a'r cafnau yn rhanbarth diagnostig y sbectrwm yn dynodi bondiau penodol. Mae'n fwy cymhleth dadansoddi'r rhanbarth ôl bys, ond mae'r patrwm o frigau a chafnau yn y rhanbarth hwn yn unigryw i foleciwl penodol ac felly mae'n bosibl ei gymharu â ffynonellau cyfeirio i adnabod y moleciwl.

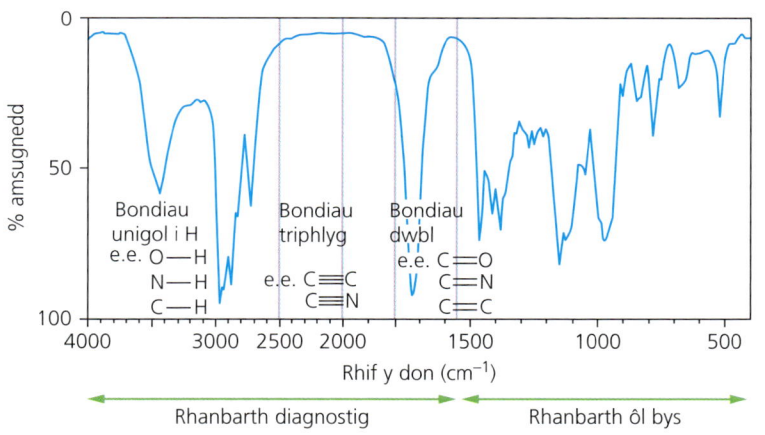

Ffigur 11.21 Sbectrwm isgoch yn dangos y rhanbarthau sy'n cael eu defnyddio i adnabod bondiau penodol.

✓ Profwch eich hun

17 Beth yw isomer?
18 Beth yw'r fformiwla gyffredinol ar gyfer alcohol?
19 Wrth wneud gwin, pam mae'n bwysig nad oes aer yn mynd i mewn i'r eplesydd?
20 Mae finegr yn cynnwys asid ethanöig. I ba grŵp o gemegion mae asid ethanöig yn perthyn?
21 Pa sylwedd sy'n cael ei ddefnyddio i brofi am alcoholau, a pha newid lliw sy'n digwydd?

Crynodeb o'r bennod

- Mae olew crai'n gymysgedd cymhleth o hydrocarbonau a gafodd ei ffurfio dros filiynau o flynyddoedd o weddillion organebau morol syml.
- Mae distylliad ffracsiynol olew crai'n gwahanu ffracsiynau y gallwn ni eu defnyddio mewn amryw o ffyrdd.
- Mae'r ffracsiynau'n cynnwys cymysgedd o hydrocarbonau (alcanau) sydd â berwbwyntiau tebyg.
- Wrth i chi fynd i fyny'r golofn ffracsiynu, mae cadwynau'r cyfansoddion yn y ffracsiynau'n byrhau, a'u berwbwyntiau'n gostwng.
- Y ffracsiynau sydd â berwbwyntiau isel a gludedd isel yw'r rhai mwyaf defnyddiol fel tanwyddau.
- Ar draws y byd, mae gan y diwydiant olew bwysigrwydd economaidd a gwleidyddol yn ogystal ag effeithiau cymdeithasol ac amgylcheddol.
- Mae hydrocarbonau a thanwyddau eraill yn cael adweithiau hylosgi ag ocsigen.
- Dydy adwaith hylosgi hydrogen ddim yn cynhyrchu carbon deuocsid o gwbl.
- Mae gan hydrogen fanteision ac anfanteision fel tanwydd.
- Mae'r triongl tân yn dynodi'r cyfansoddion sydd eu hangen ar gyfer tân ac mae'n cael ei ddefnyddio i ymladd ac atal tanau.
- Mae cracio rhai ffracsiynau'n cynhyrchu moleciwlau hydrocarbon llai a mwy defnyddiol, gan gynnwys monomerau (alcenau) y gallwn eu defnyddio i wneud plastigion.
- Fformiwla gyffredinol alcanau yw C_nH_{2n+2} a fformiwla gyffredinol alcenau yw C_nH_{2n}.
- Mae isomeredd yn digwydd mewn alcanau ac alcenau mwy cymhleth.
- Mae system sefydledig ar gyfer enwi alcanau, alcenau a chyfansoddion organig eraill.
- Mae alcenau'n mynd trwy adweithiau adio gyda hydrogen a bromin.
- Mae dŵr bromin yn cael ei ddefnyddio i brofi am alcenau.
- Mae polymeriad adio ethen a monomerau cysylltiedig eraill yn cynhyrchu polythen, poly(propen), poly(finylclorid) a pholy(tetrafflworoethen).
- Mae priodweddau cyffredinol y plastigion polythen, poly(propen), poly(finylclorid) a pholy(tetrafflworoethen) yn arwain at ffyrdd gwahanol o'u defnyddio.
- Mae materion amgylcheddol yn gysylltiedig â chael gwared ar blastigion, gan gynnwys y ffaith eu bod yn anfioddiraddadwy, sy'n cynyddu'r pwysau ar safleoedd tirlenwi ar gyfer gwastraff.
- Mae ailgylchu'n ymdrin â'r materion hyn, yn ogystal â'r angen i reoli'n ofalus sut rydym ni'n defnyddio adnoddau naturiol cyfyngedig fel olew crai.
- Mae ethanol (sef alcohol) yn cael ei wneud o siwgrau trwy eplesiad gan ddefnyddio burum.
- Mae potasiwm deucromad(VI) yn cael ei ddefnyddio i brofi am alcoholau.
- Mae ethanol yn cael ei ddefnyddio mewn diodydd alcoholig ac mae effeithiau cymdeithasol ac economaidd yn gysylltiedig â'r diodydd hyn.
- Mae ethanol yn cael ei ddefnyddio fel hydoddydd ac fel tanwydd.
- Mae ffactorau cymdeithasol, economaidd ac amgylcheddol sy'n effeithio ar ddatblygiad tanwydd bioethanol.
- Mae ocsidiad microbaidd ethanol yn cael ei ddefnyddio i ffurfio asid ethanöig (finegr), sy'n asid carbocsylig.
- Mae sbectrosgopeg isgoch yn cael ei ddefnyddio i ganfod presenoldeb bondiau penodol mewn moleciwlau organig, ac o ganlyniad mae'n nodi a ydyn nhw'n alcanau, alcenau, alcoholau neu asidau carbocsylig.

Cwestiynau ymarfer

1 Mae Ffigur 11.22 yn dangos rhai o adweithiau ethen.

Ffigur 11.22

a) Lluniadwch ddiagram i ddangos adeiledd sylwedd **X**. [1]

b) Disgrifiwch beth fyddai'n cael ei **weld** yn ystod yr adwaith rhwng ethen a dŵr bromin oren. [1]

c) Rhowch enwau'r mathau o adweithiau sydd wedi'u labelu'n **A** a **B**. [2]

2 Mae Tabl 11.6 yn dangos peth gwybodaeth am bedwar cyfansoddyn organig.

Tabl 11.6

Enw	Fformiwla foleciwlaidd	Fformiwla adeileddol	Teulu hydrocarbonau
Methan	A	H—C—H (with H above and below)	B
Bwtan	C_4H_{10}	C	Alcan
Ethen	C_2H_4	H₂C=CH₂	D
E	C_3H_6	H—C—C=C—H	Alcen

a) Nodwch yr hyn y dylid ei gynnwys yn y tabl ar gyfer **A** i **E**. [4]

b) Mae ethen yn mynd trwy bolymeru i ffurfio polythen. Mae Ffigur 11.23 yn dangos yr adwaith yn digwydd.

Ffigur 11.23

Disgrifiwch beth sy'n digwydd yn ystod y broses hon. [2]

c) Polymer arall yw PTFE. Mae ei uned ailadrodd yn cael ei dangos yn Ffigur 11.24.

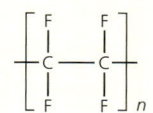

Ffigur 11.24

Lluniadwch adeiledd y monomer sy'n cael ei ddefnyddio i gynhyrchu PTFE. [1]

3 Mae Ffigur 11.25 yn cynrychioli gwahanu olew crai yn ffracsiynau defnyddiol mewn diwydiant.

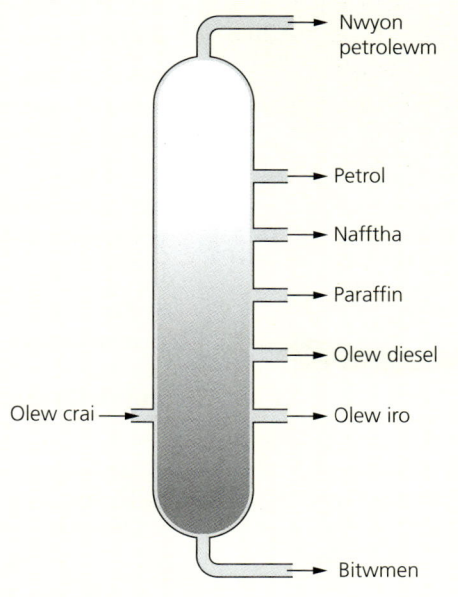

Ffigur 11.25

Ysgrifennwch adroddiad am y broses ddiwydiannol hon. Yn eich adroddiad dylech gynnwys: enw'r dull gwahanu; beth yw olew crai; disgrifiad o sut mae olew crai yn cael ei wahanu. [6]

169

12 Adweithiau cildroadwy, prosesau diwydiannol a chemegion pwysig

> **Cynnwys y fanyleb**
>
> Mae'r bennod hon yn ymdrin ag adran **2.6 Adweithiau cildroadwy, prosesau diwydiannol a chemegion pwysig** yn y fanyleb TGAU Cemeg. Mae'n edrych ar egwyddor adweithiau cildroadwy, gyda chyflwyniad sylfaenol i ecwilibria. Mae'r bennod hefyd yn ystyried ffactorau sy'n effeithio ar gynnyrch adweithiau cildroadwy a sut mae'r rhain yn effeithio ar benderfyniadau masnachol. Rhoddir sylw hefyd i ddefnyddio gwrteithiau a'r manteision a'r anfanteision cysylltiedig.

▶ Beth yw adwaith cildroadwy?

Mewn llawer o adweithiau cemegol, mae adweithyddion yn cynhyrchu un neu fwy o gynhyrchion, a does dim ffordd hawdd o droi'r cynnyrch (cynhyrchion) yn ôl i'r adweithyddion. **Adwaith anghildroadwy** yw hwn. Fodd bynnag, mae rhai adweithiau yn **gildroadwy** – mae'r cynhyrchion yn gallu adweithio i gynhyrchu'r adweithyddion gwreiddiol eto. Un enghraifft yw trawsnewid copr(II) sylffad hydradol yn gopr(II) sylffad anhydrus a dŵr. Os byddwch chi'n gwresogi copr(II) sylffad hydradol, sy'n las, bydd yn cael ei drawsnewid yn ffurf anhydrus, sy'n wyn. Os byddwch chi'n ychwanegu dŵr at gopr(II) sylffad anhydrus, bydd y ffurf hydradol las yn cael ei chynhyrchu unwaith eto (Ffigur 12.1). Mae copr(II) sylffad anhydrus yn cael ei ddefnyddio fel prawf ar gyfer dŵr oherwydd yr adwaith hwn. Yr hafaliad yw:

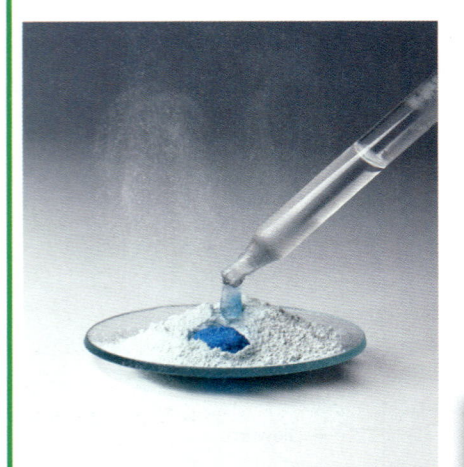

copr(II) sylffad anhydrus + dŵr $\rightleftharpoons$ copr(II) sylffad hydradol

$CuSO_4(s)$ + $H_2O(h)$ $\rightleftharpoons$ $CuSO_4.5H_2O(s)$

Ffigur 12.1 Pan fydd dŵr yn cael ei ychwanegu at gopr(II) sylffad anhydrus, mae ffurf hydradol las yn cael ei gynhyrchu.

Sylwch fod y saeth arferol mewn adwaith cildroadwy yn cael ei disodli gan ddwy 'hanner saeth' sy'n pwyntio i gyfeiriadau gwahanol. Mewn adwaith cildroadwy, gall amodau gwahanol effeithio ar gyfeiriad cyffredinol yr adwaith. Mewn system gaeedig (h.y. lle nad yw adweithyddion na chynhyrchion yn gallu dianc) mae adweithiau cildroadwy yn y pen draw yn cyrraedd ecwilibriwm, lle mae cyfran benodol o'r cymysgedd yn bodoli fel adweithyddion a'r gweddill fel cynhyrchion.

▶ Y broses Haber

Caiff amonia ei ddefnyddio i gynhyrchu dros 100 miliwn tunnell fetrig o wrtaith planhigion bob blwyddyn. Mae hyn yn cynnwys llawer o nitrogen ac mae'n cyfrannu at fwydo dros draean o boblogaeth y byd. Mae'n cael ei ddefnyddio hefyd mewn ffrwydron, defnyddiau glanhau'r cartref a llifynnau. Caiff amonia ei gynhyrchu trwy'r broses Haber, lle mae nitrogen a hydrogen yn cyfuno.

$$\text{nitrogen} + \text{hydrogen} \rightleftharpoons \text{amonia}$$
$$N_2(n) + 3H_2(n) \rightleftharpoons 2NH_3(n)$$

Mae'r adwaith hwn yn gildroadwy, sy'n broblem, gan nad yw'r cynhyrchwyr eisiau i'r amonia dorri i lawr eto i ffurfio nitrogen a hydrogen.

Caiff yr amodau canlynol eu dewis i sicrhau bod cymaint o amonia ag sy'n bosibl yn cael ei gynhyrchu bob dydd.

- Tymheredd gweddol uchel (tua 450 °C)
- Gwasgedd uchel (tua 200 atmosffer)
- Caiff catalydd haearn ei ddefnyddio i gyflymu'r adwaith.

Mae gwasgedd uchel bob amser yn 'gwthio' yr adwaith i gyfeiriad y cyfanswm lleiaf o foleciwlau. Gan fod dau foleciwl amonia yn cael eu cynhyrchu gan y cyfuniad o un moleciwl nitrogen a thri moleciwl hydrogen, mae gwasgedd uchel yn ffafrio cynhyrchu amonia. Mae tymheredd uchel, fodd bynnag, yn ffafrio'r ôl-adwaith, h.y. cynhyrchu nitrogen a hydrogen. Gall ymddangos yn synhwyrol rhedeg y broses ar dymheredd isel, ond mae amonia'n cael ei gynhyrchu yn araf iawn ar dymheredd sy'n is na 400 °C.

Rhaid i'r gwneuthurwyr gyfaddawdu er mwyn sicrhau gweithredu'n fasnachol effeithiol. Mae tymheredd gweddol uchel yn cael ei ddewis, sy'n rhoi cynnyrch 15% o amonia mewn amser rhesymol. Mae'r amonia yn cael ei droi'n hylif ac mae nitrogen a hydrogen sydd heb adweithio yn cael eu pasio trwy'r system drosodd a throsodd.

▶ Profi am nwy amonia ac ïonau amoniwm

Mae amonia yn troi papur litmws coch llaith yn las, gan ei fod yn nwy alcalïaidd. Er nad yw'n brawf fel y cyfryw, mae gan amonia arogl siarp nodweddiadol sy'n gwneud i chi dagu.

Mae halwynau amoniwm, fel amoniwm sylffad, yn cynnwys ïonau amoniwm, NH_4^+. Os caiff sodiwm hydrocsid ei ychwanegu ac mae'r cymysgedd yn cael ei wresogi, bydd amonia yn cael ei ryddhau. Mae'r hafaliad canlynol yn dangos hyn:

$$NH_4^+(d) + OH^-(d) \rightarrow NH_3(n) + H_2O(h)$$

Gellir profi am amonia fel uchod, a bydd canlyniad cadarnhaol yn dangos bod y sampl gwreiddiol yn cynnwys ïonau amoniwm.

Mae'n bosibl adnabod nwy amonia gan ddefnyddio nwy hydrogen clorid sy'n cael ei ryddhau o botel agored o asid hydroclorig crynodedig. Mae'r amonia yn cyfuno â'r hydrogen clorid i wneud amoniwm clorid, sy'n ffurfio mwg gwyn.

▶ Gwrtaith nitrogenaidd

Mae angen nitrogen ar blanhigion i wneud y proteinau sydd eu hangen arnynt i dyfu. Gan fod amonia yn cynnwys nitrogen, caiff cyfansoddion amoniwm eu defnyddio mewn gwrteithiau artiffisial.

Ar dir fferm, caiff cyfansoddion nitrogen yn y pridd eu hamsugno i'r planhigion, ond mae'r planhigion yn cael eu cynaeafu a'u symud i ffwrdd, ac felly dydy'r nitrogen ddim yn cael ei ailgylchu i mewn i'r tir. Am y rheswm hwnnw, mae'n rhaid rhoi cyfansoddion nitrogen yn ôl i'r pridd yn rheolaidd trwy ychwanegu gwrtaith. Mae'r rhan fwyaf o wrteithiau hefyd yn cynnwys ffosfforws a photasiwm, dwy elfen arall sydd eu hangen ar blanhigion i dyfu.

Mae gwrteithiau nitrogenaidd yn hawdd eu defnyddio ac yn gweithio'n dda, ond maen nhw'n gysylltiedig â rhai problemau amgylcheddol. Dydy'r problemau hyn ddim yn digwydd ar y tir fferm lle mae'r gwrteithiau'n cael eu defnyddio, ond yn yr afonydd, y llynnoedd a'r nentydd maen nhw'n cael eu golchi iddynt. Mae glaw yn 'trwytholchi' mwynau sy'n hydoddi mewn dŵr o'r pridd, ac mae'r glaw sy'n cynnwys y mwynau fel arfer yn mynd i ryw ddyfrffordd neu'i gilydd. Yma, gall achosi problem sy'n cael ei alw yn ewtroffigedd. Mae hwn yn digwydd mewn sawl cam.

- Mae'r gwrtaith yn ysgogi twf planhigion yn y dŵr. Planhigion ungellog a phlanhigion microsgopig a fydd yn tyfu gyflymaf.
- Gall twf cyflym y planhigion hyn ffurfio haen barhaol ar wyneb cyrff llai o ddŵr (e.e. pyllau, llynnoedd bach ac afonydd sy'n symud yn araf) ac mae'n cael ei alw weithiau yn flodeuo algaidd (*algal bloom*) (Ffigur 12.2). Dydy golau ddim yn gallu cyrraedd gwaelod y pwll ac felly ni all y planhigion sy'n byw ar y gwaelod ffotosyntheseiddio, ac felly maen nhw'n marw. Mae ffotosynthesis yn ychwanegu ocsigen at y dŵr, ac felly mae lefelau ocsigen yn gostwng a gall anifeiliaid sy'n byw yn y dŵr farw hefyd.
- Mewn llynnoedd mawr ac afonydd sy'n symud yn gyflym, mae'n llai tebygol y bydd llysnafedd arwyneb parhaol yn ffurfio oherwydd maint yr arwynebedd arwyneb (llynnoedd) a symudiad y dŵr (afonydd). Fodd bynnag, mae'r planhigion microsgopig sy'n ymateb fwyaf cyflym i wrteithiau hefyd yn byw am amser byr iawn yn unig. Yn fuan iawn, mae llawer o blanhigion marw yn y dŵr.
- Mae bacteria yn dechrau torri cyrff y planhigion hyn i lawr ac mae nifer y bacteria yn tyfu'n gyflym iawn. Mae'r bacteria yn aerobig, h.y. maen nhw'n defnyddio ocsigen ac felly, yn yr achos hwn, y bacteria sy'n achosi i'r lefelau ocsigen leihau.
- Mae pysgod yn anifeiliaid bywiog iawn, ac felly mae angen llawer o ocsigen arnynt ar gyfer resbiradaeth i sicrhau bod ganddynt ddigon o egni. Mae'r gostyngiad mewn ocsigen, sy'n digwydd mewn achosion difrifol o ewtroffigedd, yn gallu arwain at nifer fawr o bysgod yn marw.

Ffigur 12.2 Blodeuo algaidd wedi'i achosi gan ewtroffigedd mewn rhan o'r afon sy'n symud yn araf.

▶ Cynhyrchu gwrteithiau

Amoniwm nitrad yw'r cyfansoddyn sy'n cynnwys nitrogen sy'n cael ei ddefnyddio amlaf mewn gwrteithiau. Caiff ei gynhyrchu trwy niwtralu hydoddiant amonia ag asid nitrig.

amonia	+	asid nitrig	→	amoniwm nitrad
$NH_3(n)$	+	$HNO_3(d)$	→	$NH_4NO_3(s)$

Mae amonia yn fas ac mae hwn yn **adwaith niwtraliad**.

Amoniwm sylffad yw cyfansoddyn amoniwm arall sy'n cael ei ddefnyddio mewn gwrteithiau. Caiff hwn ei gynhyrchu gan adwaith niwtraliad tebyg, y tro hwn gan ddefnyddio asid sylffwrig yn lle asid nitrig.

amonia	+	asid sylffwrig	→	amoniwm nitrad
$2NH_3(n)$	+	$H_2SO_4(d)$	→	$(NH_4)_2SO_4(s)$

▶ Asid sylffwrig

Mae gan asid sylffwrig, sydd fel y gwelsom ni eisoes yn cael ei ddefnyddio i wneud gwrtaith amoniwm sylffad, lawer o ddefnyddiau eraill. Yn wir, dyma'r cemegyn a ddefnyddir amlaf yn y byd ac mae'n chwarae rhan wrth gynhyrchu bron pob math o weithgynhyrchion. Mae ei ddefnyddiau'n cynnwys: cynhyrchu gwrtaith amoniwm sylffad; yr asid mewn batrïau cerbydau; gwneud ffibrau (e.e. reion), paentiau, llifynnau, plastigion a glanedyddion.

Mae gan asid sylffwrig affinedd cryf â dŵr, ac mae'n ei amsugno'n hawdd, sy'n ei wneud yn ddefnyddiol fel dadhydradydd. Os caiff ei gadw mewn sychiadur gyda chopr(II) sylffad hydradol, bydd yn newid i'r ffurf anhydrus.

Gall grym asid sylffwrig fel dadhydradydd gael ei ddangos trwy ei adwaith â siwgr (swcros). Y fformiwla ar gyfer swcros yw $C_{12}H_{22}O_{11}$. Mae cyfrannau hydrogen ac ocsigen mewn swcros yr un peth ag mewn dŵr. Pan mae swcros yn adweithio ag asid sylffwrig crynodedig, mae'n cael gwared ar yr hydrogen a'r ocsigen, gan adael carbon.

Wrth ychwanegu asid, mae'r siwgr yn dechrau carameleiddio a throi'n frown ac yna'n ddu, gan ei fod yn ffurfio colofn o garbon. Mae'r adwaith yn ecsothermig iawn, ac mae'r gwres sy'n cael ei gynhyrchu yn anweddu peth o'r dŵr. Mae'r anwedd dŵr yn cael ei ddal yn y carbon sy'n caledu, gan wneud iddo 'dyfu' allan o'r cynhwysydd (gweler Ffigur 12.3)

Ffigur 12.3 Yr adwaith rhwng swcros ac asid sylffwrig crynodedig.

Cynhyrchu asid sylffwrig – y broses gyffwrdd

Mae asid sylffwrig yn cael ei wneud trwy'r broses gyffwrdd. Yn ei hanfod, mae'n cynnwys tri cham.

1 Cynhyrchu sylffwr deuocsid.
2 Trawsnewid sylffwr deuocsid yn sylffwr triocsid (adwaith cildroadwy).
3 Trawsnewid y sylffwr triocsid yn asid sylffwrig.

Gwneud sylffwr deuocsid

Mae sylffwr deuocsid yn cael ei wneud trwy losgi sylffwr mewn gormodedd ocsigen. Mae'r adwaith hwn yn anghildroadwy.

$$\text{sylffwr} + \text{ocsigen} \rightarrow \text{sylffwr deuocsid}$$
$$S(s) + O_2(n) \rightarrow SO_2(n)$$

Mae gormodedd ocsigen yn cael ei ddefnyddio gan fod angen cymysgedd o sylffwr deuocsid ac ocsigen yn y cam nesaf.

Gwneud sylffwr triocsid

Mae sylffwr deuocsid yn adweithio â'r gormodedd ocsigen i ffurfio sylffwr triocsid.

$$\text{sylffwr deuocsid} + \text{ocsigen} \rightleftharpoons \text{sylffwr triocsid}$$
$$2SO_2(n) + O_2(n) \rightleftharpoons 2SO_3(n)$$

Mae'r adwaith yn cael ei gynnal dan amodau rheoledig.

- Tymheredd o tua 450 °C. Mae'r blaenadwaith yn ecsothermig, a byddai defnyddio tymheredd is, mewn gwirionedd, yn well. Fel yn y broses Haber, fodd bynnag, mae tymheredd cymharol uchel yn cael ei ddefnyddio i sicrhau bod cyfradd yr adwaith yn rhesymol ar gyfer proses fasnachol.
- Gwasgedd atmosfferig. Gan fod mwy o foleciwlau ar ochr chwith yr adwaith, mae gwasgeddau uwch yn helpu i ffurfio sylffwr triocsid. Fodd bynnag, yn yr achos hwn, mae'r adwaith eisoes tua 99% tuag at sylffwr triocsid ar wasgedd atmosfferig, felly does dim pwynt mynd i'r gost o gynyddu'r gwasgedd.
- Defnyddio catalydd – fanadiwm(V) ocsid.

Gwneud asid sylffwrig

Mae sylffwr triocsid yn adweithio â dŵr i ffurfio asid sylffwrig, ond dydy hi ddim yn bosibl rheoli'r adwaith sy'n creu niwlen beryglus o asid sylffwrig. Yn lle hyn, mae'r sylffwr triocsid yn cael ei hydoddi'n gyntaf mewn asid sylffwrig crynodedig i ffurfio **olëwm**:

$$H_2SO_4(h) + SO_3(n) \rightarrow 2H_2S_2O_7(h)$$
$$\text{asid sylffwrig} + \text{sylffwr triocsid} \rightarrow \text{olëwm}$$

Yna, gall yr olëwm gael ei adweithio'n ddiogel â dŵr i ffurfio asid sylffwrig crynodedig.

$$H_2S_2O_7(h) + H_2O(h) \rightarrow 2H_2SO_4(h)$$
$$\text{olëwm} + \text{dŵr} \rightarrow \text{asid sylffwrig}$$

Rydym ni wedi gweld wrth astudio proses Haber a'r broses gyffwrdd y caiff amodau penodol eu haddasu neu eu rheoli i gael y cynnyrch (*yield*) mwyaf posibl. Mae'n hanfodol i gemegwyr wybod pa gynhyrchion sy'n bosibl mewn gwirionedd, fel y gallant wirio pa mor effeithlon yw eu proses, ac i ba raddau y gallant wella eto. Felly, mae'n ddefnyddiol cyfrifo cynnyrch damcaniaethol adwaith penodol, a hefyd pa ganran o'r darged ddamcaniaethol honno sy'n cael ei chyflawni mewn gwirionedd – canran y cynnyrch.

✓ Profwch eich hun

1 Pam mae proses Haber yn cael ei chynnal:
   a) ar wasgedd uchel?
   b) ar dymheredd cymharol uchel?
2 Pam mae cymysgedd yr adwaith yn cael ei ailgylchu'n barhaus ym mhroses Haber?
3 Pa gyfansoddyn sy'n ffurfio'r mwg gwyn pan mae amonia'n adweithio ag asid hydroclorig crynodedig?
4 Os yw llyn wedi'i lygru gan wrteithiau, a phlanhigion microsgopig ynddo'n marw, pam mae hyn yn lladd anifeiliaid yn y llyn hefyd?
5 Pa ddwy elfen, ar wahân i nitrogen, sydd yn y rhan fwyaf o wrteithiau?
6 Mae asid sylffwrig yn gweithredu fel cyfrwng dadhydradu yn ei adwaith â swcros, er nad yw swcros yn cynnwys unrhyw ddŵr. Eglurwch.
7 Yng ngham cyntaf y broses gyffwrdd, pam mae gormodedd ocsigen yn cael ei ddefnyddio?
8 Yn y broses gyffwrdd, byddai gwasgedd uchel yn cynyddu cynnyrch sylffwr triocsid yn yr ail gam. Pam mae gwasgedd atmosfferig yn cael ei ddefnyddio?

⬇ Crynodeb o'r bennod

- Mewn proses gildroadwy, mae'r cynhyrchion yn gallu adweithio â'i gilydd i gynhyrchu'r adweithyddion gwreiddiol eto.
- Caiff amonia ei gynhyrchu trwy adwaith cildroadwy nitrogen a hydrogen ym mhroses Haber.
- Caiff yr amodau eu rheoli ym mhroses Haber er mwyn sicrhau bod cymaint â phosibl o amonia'n cael ei gynhyrchu.
- Gallwn ni adnabod nwy amonia trwy ddefnyddio papur litmws coch llaith neu nwy hydrogen clorid.
- Caiff gwrteithiau nitrogenaidd, fel amoniwm sylffad ac amoniwm nitrad, eu cynhyrchu trwy niwtralu hydoddiant amonia.

- Gallwn ni adnabod ïonau amoniwm trwy eu gwresogi ag OH^- dyfrllyd.
- Mae gwrteithiau nitrogenaidd yn fuddiol o safbwynt twf cnydau ond mae problemau'n codi pan gânt eu golchi i mewn i ddyfrffyrdd.
- Mae asid sylffwrig yn cael ei ddefnyddio mewn amryw o ffyrdd, gan gynnwys cynhyrchu gwrteithiau, paentiau, llifynnau, ffibrau, plastigion a glanedyddion.
- Mae asid sylffwrig crynodedig yn gweithio fel cyfrwng dadhydradu yn ei adwaith â siwgr a chopr(II) sylffad hydradol.
- Caiff asid sylffwrig ei gynhyrchu gan y broses gyffwrdd; proses dri cham sy'n cynnwys ffurfiant cildroadwy sylffwr triocsid.

Cwestiynau ymarfer

1 a) 1 Mae Ffigur 12.4 yn dangos y camau yn y broses gyffwrdd.

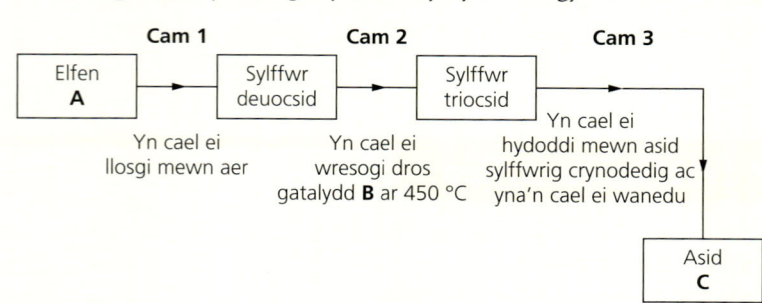

Cam 1: Elfen **A** — Yn cael ei llosgi mewn aer → Sylffwr deuocsid

Cam 2: Sylffwr deuocsid — Yn cael ei wresogi dros gatalydd **B** ar 450 °C → Sylffwr triocsid

Cam 3: Sylffwr triocsid — Yn cael ei hydoddi mewn asid sylffwrig crynodedig ac yna'n cael ei wanedu → Asid **C**

Ffigur 12.4

i) Rhowch enw elfen **A**, catalydd **B** ac asid **C**. [3]

ii) Ysgrifennwch hafaliad symbol cytbwys ar gyfer ffurfio sylffwr triocsid, yn Cam 2. [3]

b) Cafodd ychydig ddiferion o asid sylffwrig crynodedig eu hychwanegu at rai crisialau o gopr(II) sylffad hydradol, $CuSO_4.5H_2O$ (Ffigur 12.5).

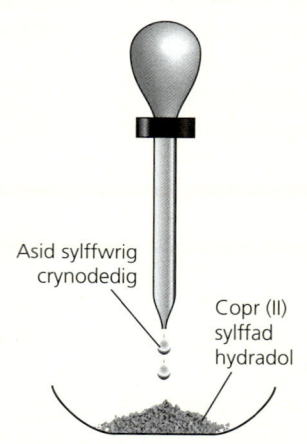

Ffigur 12.5

Disgrifiwch **ddau** newid yn ymddangosiad (*appearance*) y copr(II) sylffad wrth iddo gael ei ddadhydradu. [2]

(O TGAU Cemeg C3 Uwch CBAC, haf 2013, cwestiwn 1)

2 Mae Ffigur 12.6 a'r hafaliad isod yn amlinellu sut i gynhyrchu amonia gan ddefnyddio'r broses Haber.

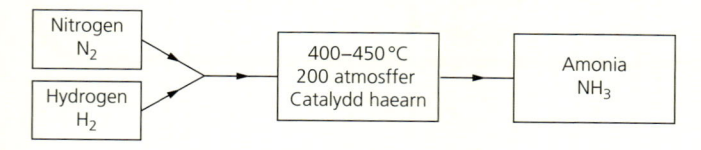

Nitrogen N_2 + Hydrogen H_2 → 400–450 °C, 200 atmosffer, Catalydd haearn → Amonia NH_3

Figure 12.6

$$N_2 + 3H_2 \rightleftharpoons 2NH_3$$

Eglurwch y dewis o dymheredd a gwasgedd sy'n cael eu defnyddio yn y broses a pham mae'n thaid defnyddio catalydd. [6]

3 Mae asid sylffwrig yn cael ei wneud yn fasnachol trwy'r broses gyffwrdd. Mae'r darn isod yn disgrifio agweddau ar y broses hon.

Mae'r broses yn cynnwys tri cham. Mae sylffwr deuocsid yn cael ei wneud trwy losgi sylffwr mewn gormodedd aer.

Wedyn mae'n cael ei drawsnewid yn sylffwr triocsid, ac yn dilyn hynny, mae'r sylffwr deuocsid yn cael ei drawsnewid yn asid sylffwrig.

Mae'r ail gam yn cael ei reoli yn ofalus er mwyn gwneud y gorau o effeithlonrwydd y broses. Mae'n cynnwys adwaith cildroadwy, fel mae'r hafaliad isod yn ei ddangos.

$$2SO_2(n) + O_2(n) \rightleftharpoons 2SO_3(n)$$
sylffwr + ocsigen ⇌ sylffwr
deuocsid   triocsid

Mae'r blaenadwaith (ffurfio sylffwr triocsid) yn adwaith ecsothermig. Dyma'r amodau sy'n digwydd yn y broses fasnachol ar gyfer y cam hwn:

- Bydd yr un faint o sylffwr deuocsid ac ocsigen yn cael eu cymysgu
- Mae'r tymheredd yn cael ei godi i 400–450 °C.
- Efallai y bydd y gwasgedd yn cael ei godi ychydig (1–2 atmosffer).
- Mae catalydd (fanadiwm (V) ocsid) yn cael ei ddefnyddio.

a) Beth yw adwaith ecsothermig? [1]

b) Beth yw swyddogaeth y catalydd fanadiwm(V) ocsid yn yr ail gam? [1]

c) Mae adweithiau ecsothermig yn gweithio'n well gyda thymereddau isel, pam felly mae tymheredd mor uchel yn cael ei ddefnyddio? [2]

ch) Pam byddai gwasgedd uchel yn well ar gyfer ffurfio sylffwr triocsid? [3]

d) Beth yw mantais cymysgu'r sylffwr deuocsid a'r ocsigen mewn cyfrannau cyfartal? [3]

Sut mae gwyddonwyr yn gweithio

Dim ond dysgu ffeithiau – onid dyna beth yw gwyddoniaeth?

Mae gwyddoniaeth yn fwy na dysgu llawer o ffeithiau. Mae'n cynnwys gofyn cwestiynau am y byd o'n hamgylch a cheisio dod o hyd i'r atebion. Weithiau gallwn ni ganfod yr atebion hyn trwy arsylwi gofalus. Weithiau mae angen i ni roi prawf ar ateb posibl (**rhagdybiaeth**) trwy gynnal **arbrofion** (Ffigur 13.1). Serch hynny, mae ffeithiau'n ddefnyddiol. Mae angen i ni wybod a oes rhywun arall eisoes wedi darganfod yr ateb rydym ni'n chwilio amdano. (Os felly, does dim pwynt cynnal arbrawf i'w ddarganfod eto – oni bai ein bod ni eisiau gwirio bod yr ateb yn gywir.) Hefyd gall ffeithiau gwyddonol ein helpu i gynnig rhagdybiaeth.

Dydy gwyddonwyr ddim yn eistedd o gwmpas yn dysgu ffeithiau. Maen nhw'n defnyddio'r ffeithiau sy'n gyfarwydd iddynt, neu ffeithiau y gallant eu canfod trwy ymchwilio, er mwyn gofyn cwestiynau, cynnig atebion a chynllunio arbrofion. Proses ymholi yw gwyddoniaeth, ac i fod yn dda mewn gwyddoniaeth rhaid i chi ddeall a datblygu sgiliau ymholi arbennig.

▶ Y dull gwyddonol

Mae 'gwneud' gwyddoniaeth ac ateb cwestiynau gwyddonol yn eithaf cymhleth ac amrywiol. Yn Ffigur 13.2, fe welwch chi siart llif sy'n dangos sut mae gwyddonwyr yn ymchwilio i bethau. *Y dull gwyddonol* yw'r enw ar hyn. Dydy pob cwestiwn ddim yn cynnwys *pob un* o'r camau hyn. Mae'r siart llif yn dangos chwe maes sgìl y mae angen i wyddonwyr eu datblygu:

▶ y gallu i ofyn cwestiynau gwyddonol ac i awgrymu rhagdybiaethau
▶ sgiliau cynllunio arbrofion
▶ sgiliau ymarferol trin cyfarpar
▶ y gallu i gyflwyno data'n glir a'u dadansoddi'n gywir (trin data)

Bydd y sgiliau hyn yn cael sylw yn y bennod hon. Mae'n hanfodol bod gwyddonwyr yn eu meistroli.

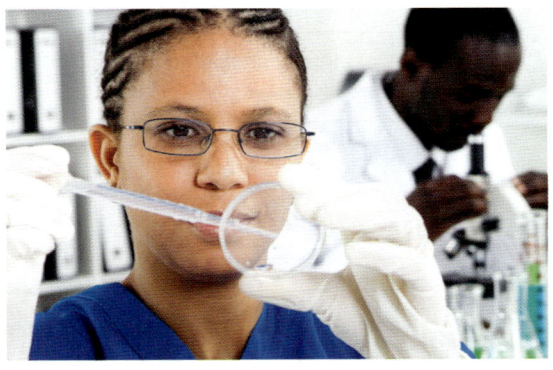

Ffigur 13.1 Mae gwyddoniaeth yn golygu cynnal arbrofion a gwneud arsylwadau er mwyn canfod yr atebion i gwestiynau.

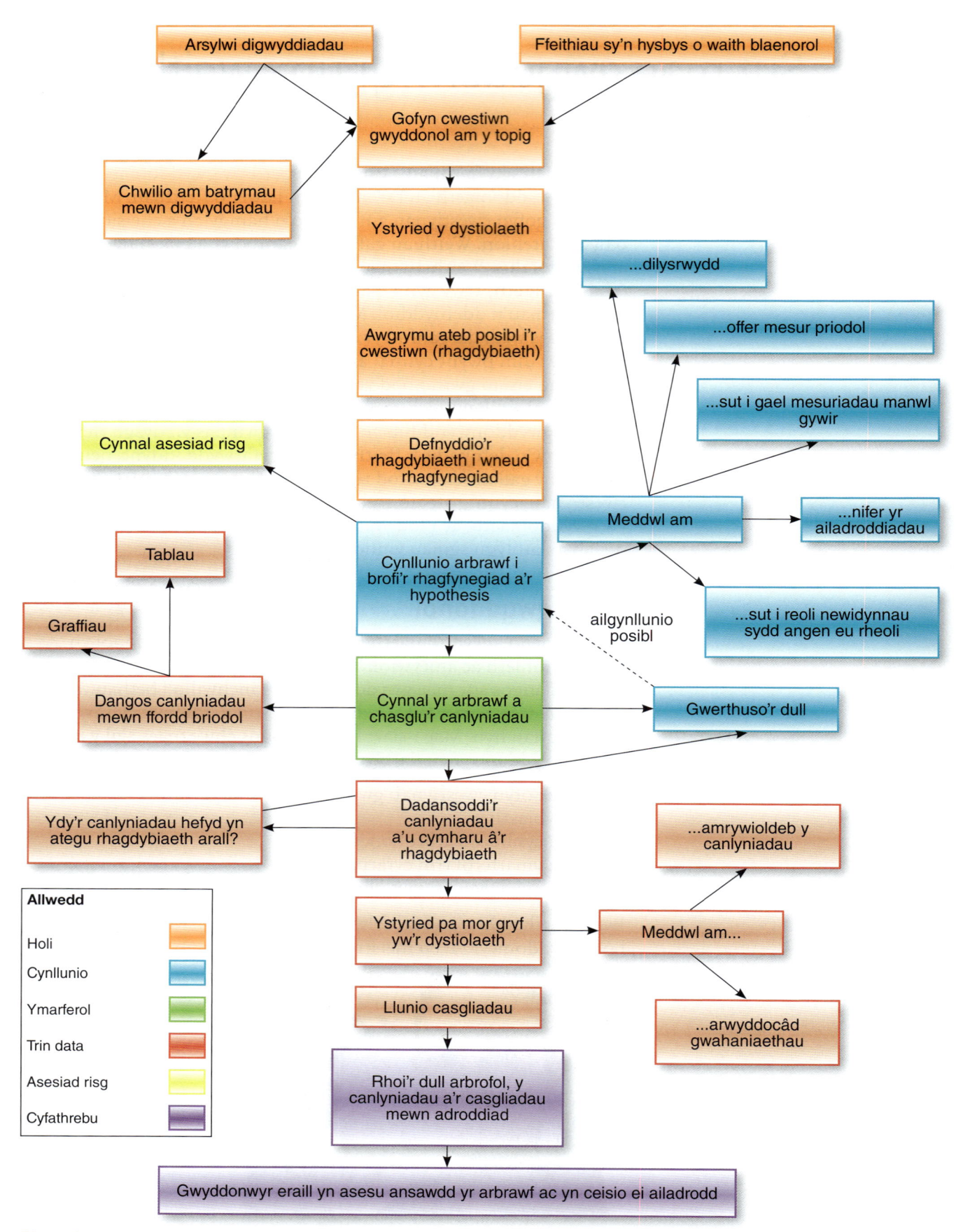

Ffigur 13.2 Model o sut mae gwyddonwyr yn gweithio.

▶ Cwestiynau gwyddonol

Weithiau gallwch chi ofyn cwestiwn, ond does dim gobaith cael ateb cwbl bendant i'r cwestiwn hwnnw. Edrychwch ar y cwestiynau hyn:

- Oes Duw?
- Beth fyddai'r ffordd orau o wario gwobr loteri o £10 000 000?
- Pwy yw'r arlunydd gorau erioed?
- Ydy Caerdydd yn lle brafiach na Llundain?

Dydy'r rhain ddim yn gwestiynau gwyddonol. Mater o ffydd yw credu neu beidio â chredu mewn Duw, a dydym ni ddim yn gallu profi hyn yn wyddonol. Mae pob un o'r cwestiynau eraill yn gymhleth ac yn agored i fwy nag un farn. Ar y llaw arall, gall fod yn bosibl ateb cwestiynau gwyddonol trwy arbrofion.

Beth am i ni ystyried cwestiwn arall?

- Sut gallaf wneud i'r planhigion yn fy nhŷ gwydr dyfu'n well?

Mae hwn yn gwestiwn gwyddonol, ond dydy e ddim yn un da iawn. Mae'n bosibl ei ateb trwy arbrofi, ond byddai'n rhaid cynnal llawer o arbrofion gan fod llawer o ffactorau (a chyfuniadau ohonynt) yn gallu effeithio ar dwf planhigion. Byddai cwestiwn mwy penodol yn well. Er enghraifft:

- Beth yw effaith y tymheredd yn fy nhŷ gwydr ar dwf y planhigion sydd ynddo?

Mae'n bosibl dod o hyd i'r ateb i hyn trwy roi'r planhigion mewn tymereddau gwahanol. Byddai hyd yn oed yn well nodi un math arbennig o blanhigyn, gan na fydd y tymheredd o bosibl yn cael yn union yr un effaith ar bob planhigyn yn y tŷ gwydr.

▶ Beth yw rhagdybiaeth?

Weithiau, bydd gan wyddonwyr ryw syniad am atebion posibl i gwestiwn arbennig. Maen nhw'n edrych ar ffeithiau hysbys neu'n gwneud arsylwadau ac yn ceisio eu hegluro trwy ddefnyddio'r dystiolaeth sydd ar gael. **Rhagdybiaeth** yw'r enw ar eglurhad sydd wedi'i awgrymu. Mae rhagdybiaeth yn fwy na dyfaliad, oherwydd mae'n bosibl ei chyfiawnhau â thystiolaeth wyddonol a/neu wybodaeth flaenorol. Dydy rhagdybiaeth ddim yr un fath â rhagfynegiad, ond gallwn ni ddefnyddio rhagdybiaeth i ragfynegi rhywbeth. Mae rhagfynegiad yn awgrymu beth fydd yn digwydd, ond dydy e ddim yn egluro pam; mae rhagdybiaeth, ar y llaw arall, yn awgrymu eglurhad.

Does dim pwynt awgrymu rhagdybiaeth os na allwch chi ddod i wybod a yw hi'n gywir ai peidio, felly rhaid gallu profi rhagdybiaeth wyddonol mewn arbrawf. Pan mae gwyddonwyr yn cynnal arbrofion i roi prawf ar ragdybiaeth, mae'r canlyniadau'n gallu rhoi tystiolaeth sy'n ategu (cefnogi) y rhagdybiaeth neu'n ei gwrthddweud. Fel rheol, caiff arbrofion eu cynllunio i geisio gwrthbrofi rhagdybiaeth, ac weithiau maen nhw'n gwneud hynny. Hyd yn oed os yw'r canlyniadau'n ategu'r rhagdybiaeth, dydy hyn ddim *yn profi* bod y rhagdybiaeth yn gywir. Os yw rhagdybiaeth yn cael ei chefnogi gan ddigon o dystiolaeth nes ei bod yn cael ei derbyn yn gyffredinol, yna caiff ei galw'n **ddamcaniaeth**.

I grynhoi, mae rhagdybiaeth wyddonol:

- yn awgrymu sut i egluro arsylw
- yn seiliedig ar dystiolaeth
- yn gallu cael ei phrofi mewn arbrawf.

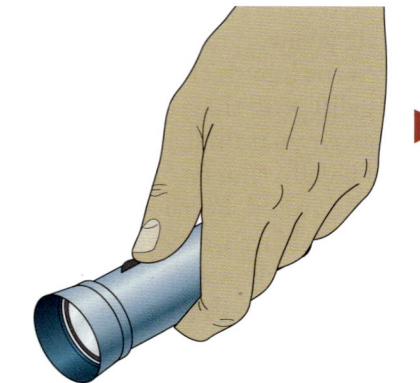

> **→ Gweithgaredd**
>
> ## Rhagydybiaethau pob dydd
>
> Mae mam Siân yn dweud ei bod hi'n aml yn cael diffyg traul pan mae hi'n yfed gwin gwyn, ond ddim pan mae hi'n yfed gwin coch. Mae Siân, Dafydd, Aaron a Rebecca yn awgrymu rhagdybiaethau i egluro pam (Ffigur 13.3).
>
> **SIÂN**
> Mae gwin yn asidig ac mae gormod o asid yn y stumog yn achosi diffyg traul. Efallai fod gwin gwyn yn fwy asidig na gwin coch.
>
> **DAFYDD**
> Dydy pob gwin ddim yn cynnwys yr un cryfder o alcohol. Efallai fod mwy o alcohol yn y gwin gwyn nag yn y gwin coch.
>
> **AARON**
> Rydw i'n meddwl bod yfed alcohol yn achosi mwy o sgil effeithiau wrth i bobl fynd yn hŷn. Mae mam Siân yn 48.
>
> **REBECCA**
> Mae'n well gan fy mam i win coch hefyd. Efallai fod gwin gwyn yn waeth i'ch stumog.
>
> Ffigur 13.3 Rhagdybiaethau sy'n cael eu hawgrymu ar gyfer mam Siân.
>
> Ar gyfer pob unigolyn, dywedwch:
> 1. A yw'r awgrym yn rhagdybiaeth wyddonol ddilys
> 2. Os ydyw, dywedwch a ydych chi'n meddwl ei bod hi'n rhagdybiaeth wyddonol dda.

Ffigur 13.4 Rhagdybiaeth pam nad yw'r tortsh yn gweithio.

Dyfeisio rhagdybiaeth

Rhaid i wyddonwyr allu awgrymu rhagdybiaethau i egluro pethau maen nhw'n eu harsylwi, cyn profi'r rhagdybiaethau hynny mewn arbrofion er mwyn cael gwybod sut a pham mae pethau'n digwydd yn y byd o'u cwmpas. Gwelsom ni yn yr adran flaenorol fod nifer o feini prawf ar gyfer rhagdybiaeth

Mewn gwirionedd, rydych chi'n gwneud rhagdybiaethau drwy'r amser mewn bywyd pob dydd er mwyn datrys problemau. Gadewch i ni edrych ar enghraifft. Rydych chi'n ceisio defnyddio tortsh, ond dydy'r dortsh ddim yn gweithio. Rydych chi'n gwneud un neu fwy o ragdybiaethau ar unwaith (gweler Ffigur 13.4).

Nawr, rhaid i ni ystyried y pum rhagdybiaeth rydym ni wedi meddwl amdanyn nhw (Tabl 13.1).

Tabl 13.1 Ystyried pob un o'r rhagdybiaethau pam nad yw'r tortsh yn gweithio

Rhagdybiaeth	Tystiolaeth	Derbyn/gwrthod	Oes ffordd o'i phrofi?
1 Wedi'i ddiffodd	Switsh ymlaen.	Gwrthod	Dim angen
2 Dim batrïau	Cafodd y dortsh ei defnyddio ddoe ac mae'n annhebygol y byddai rhywun wedi tynnu'r batrïau allan ers hynny (ond ddim yn amhosibl)	Derbyn	Oes (edrych i weld a oes batrïau yn y dortsh)
3 Batrïau fflat	Does dim batrïau newydd wedi'u rhoi yn y dortsh yn ddiweddar ac mae oes batrïau'n eithaf byr.	Derbyn	Oes (rhoi batrïau newydd i mewn)
4 Bwlb wedi chwythu	Does dim bwlb newydd erioed wedi'i roi yn y dortsh, ond mae'n bell o gyrraedd diwedd oes bwlb.	Derbyn	Oes (rhoi bwlb newydd i mewn)
5 Cysylltiad gwael	Dim tystiolaeth o blaid nac yn erbyn	Derbyn	Oes (archwilio a glanhau'r cysylltiadau)

Nawr mae gennym ni bedair rhagdybiaeth ac mae'n bosibl rhoi prawf ar bob un ohonynt. O edrych ar gryfder y dystiolaeth, mae'n ymddangos mai rhagdybiaeth 3 (batrïau fflat) yw'r fwyaf tebygol, a byddai'n hawdd ei phrofi. Wrth geisio rhoi batrïau newydd i mewn, byddech chi hefyd yn profi rhagdybiaeth 2. Os rhowch chi fatrïau newydd i mewn a dydy'r dortsh ddim yn goleuo o hyd, byddech chi'n gwrthod rhagdybiaeth 3 ac yn symud ymlaen i brofi rhagdybiaeth 4 neu 5.

Rydych chi'n gwneud y math hwn o beth yn aml – ond efallai nad oeddech chi'n gwybod eich bod chi'n datblygu rhagdybiaeth!

→ Gweithgaredd

Dyfeisio rhagdybiaeth

Gadewch i ni edrych ar arsylw a gweld a allwch ddyfeisio rhagdybiaeth i'w egluro.

Yn aml, bydd cŵn yn aros wrth ffenestr neu ddrws yn eu tŷ ychydig cyn i'w perchennog ddod adref o'r gwaith. Mae'n rhaid bod ffordd o egluro'r arsylw hwn os yw'n digwydd yn rheolaidd (ac mae perchenogion cŵn yn dweud ei fod). Mae angen i chi ddyfeisio rhagdybiaeth a fydd yn egluro'r ymddygiad hwn, ac yn cyd-fynd ag unrhyw dystiolaeth neu wybodaeth wyddonol.

Gadewch i ni ddechrau trwy gasglu gwybodaeth am yr arsylw. Mae gan Marc ac Ann gi o'r enw Gelert. Mae Ann yn gyrru adref o'r gwaith ac yn cyrraedd tua 6 pm. Mae Marc yn dweud bod Gelert yn mynd i eistedd wrth y ffenestr agosaf at ble mae'r car yn parcio tua 5.50 pm ac nad yw'n symud nes bod car Ann yn cyrraedd. Dydy Gelert bron byth yn eistedd wrth y ffenestr unrhyw bryd arall yn ystod y dydd.

Tystiolaeth a gwybodaeth wyddonol
> Mae Gelert yn mynd at y ffenestr tua 5.50 pm bob tro.
> Mae ei berchennog yn cyrraedd adref tua 6.00 pm bob tro.
> Dydy Gelert ddim yn eistedd wrth y ffenestr unrhyw bryd arall yn ystod y dydd.
> Mae synhwyrau arogli a chlywed cŵn yn llawer gwell na bodau dynol.
> Mae **biorhythm** gan bob mamolyn – hynny yw, maen nhw'n gwybod tua faint o'r gloch yw hi hyd yn oed os na allant ddarllen cloc.

Cwestiynau
1 Awgrymwch **o leiaf dwy** ragdybiaeth bosibl i egluro ymddygiad Gelert.
2 Dewiswch **un** o'ch rhagdybiaethau ac awgrymwch sut y gallech chi ei phrofi.

Ffigur 13.5 Mae'r ci hwn wrth y ffenestr yn aros i'w berchennog gyrraedd.

▶ Cynllunio arbrawf

Bydd arbrawf da'n rhoi ateb i'ch cwestiwn, neu o leiaf yn rhoi gwybodaeth a fydd yn golygu eich bod yn agosach at gael ateb. Os oes gennych chi ragdybiaeth, bydd yr arbrawf yn rhoi tystiolaeth i'ch helpu i benderfynu a yw'r rhagdybiaeth yn gywir neu'n anghywir (hyd yn oed os nad yw'n *profi*'r rhagdybiaeth mewn gwirionedd). Rydym ni'n galw arbrofion fel hyn yn arbrofion **dilys**. Os oes unrhyw ddiffygion mawr yng nghynllun yr arbrawf, mae'n debygol na fydd yn ddilys.

Dau o'r pethau pwysicaf sy'n sicrhau bod arbrawf yn ddilys yw **tegwch** a **manwl gywirdeb**. Os yw'n brawf teg, ac os yw eich canlyniadau'n fanwl gywir, rydych chi'n fwy tebygol o gael yr ateb 'cywir'.

▶ Prawf teg

Dychmygwch eich bod chi eisiau profi a yw lleithder yr aer yn effeithio ar gyfradd rhydu dur. Meddyliwch am yr holl newidynnau (heblaw am leithder) a allai effeithio ar y gyfradd rhydu:

- y math o ddur (mae dur yn aloi o fetelau gwahanol ac mae ei gyfansoddiad yn amrywio – mae gwahanol 'raddau' o ddur
- presenoldeb rhwd ar ddechrau'r arbrawf
- tymheredd
- pa mor hir y bydd y metel yn cael ei adael i rydu
- pH
- y dull o fesur y rhwd.

Er mwyn i'r prawf fod yn un teg, rhaid i chi geisio sicrhau nad oes un o'r pethau hyn yn effeithio ar yr arbrawf. Bydden ni'n defnyddio gwahanol lefelau o leithder (gan mai dyna'r newidyn rydym ni'n ei brofi) ond byddai'n rhaid rheoli hyn yn ofalus, efallai mewn siambr amgylcheddol, er mwyn osgoi amrywiad yn ystod yr arbrawf. Sylwch, er ein bod ni'n 'rheoli' lleithder yn ystod yr arbrawf, nid yw'n newidyn rheolydd. Holl bwrpas ei reoli yw fel nad yw'n newidyn o gwbl! Bydden ni'n defnyddio'r un radd o ddur ym mhob prawf, ei lyfnu cyn ei ddefnyddio er mwyn sicrhau nad oes rhwd eisoes yn bresennol, rheoli'r tymheredd, ei adael am yr un faint o amser a mesur y rhwd yn yr un ffordd yn union (e.e. mesur cynnydd mewn màs).

Er bod pH yn gallu effeithio ar rydu, mae pH y dŵr sy'n cael ei ddefnyddio i greu'r lleithder yn annhebyg o amrywio'n sylweddol, felly does dim angen i ni gymryd unrhyw gamau penodol i'w reoli. Mae rheoli tymheredd yn anodd oni bai bod siambr amgylcheddol yn cael ei ddefnyddio. Byddai'n bosibl gadael yr holl samplau ar dymheredd ystafell, a fyddai'n amrywio, ond yn union yr un ffordd ar gyfer pob sampl, felly byddai'r prawf yn un teg o hyd.

Weithiau, mewn arbrawf neu astudiaeth wyddonol, mae newidyn na allwch chi ei reoli. Yn yr enghraifft uchod, gallai fod mân amrywiadau yng nghyfansoddiad y dur, hyd yn oed os yw'r dur o'r un radd. Mae'n rhaid i chi gadw hyn mewn cof a'i ystyried yn eich dadansoddiad. Er enghraifft, gallai dur sydd ag ychydig mwy o haearn ynddo rydu ychydig yn fwy na'r samplau eraill. Felly, er enghraifft, pe bai un lefel o leithder yn cynhyrchu cynnydd mewn màs o 0.5 g a lefel arall yn cynhyrchu dwywaith cymaint, 1 g, efallai na fyddech chi'n cyfrif bod y rhain 'yn wahanol' oherwydd gallai amrywiad yn y dur esbonio'r gwahaniaeth. Os yw un sampl yn cynyddu 5 g ac un arall yn cynyddu 1 g, sef pum gwaith yn llai, yna byddai gwahaniaeth go iawn, gan na fyddai cyfansoddiad y dur yn amrywio cymaint â hynny.

▶ Mesuriadau manwl gywir

Rydym ni'n diffinio mesuriadau manwl gywir fel rhai sydd mor agos â phosibl at y 'gwir' werth. Y broblem yw nad ydym ni'n gwybod yn union beth yw'r gwir werth! Felly mae'n amhosibl bod yn sicr bod mesuriad yn fanwl gywir. Yr unig beth y gallwn ni ei wneud yw gofalu nad oes diffyg manwl gywirdeb amlwg.

Dylai unrhyw offeryn mesur fod mor fanwl gywir â phosibl. Fel arfer, mae'n syniad da defnyddio offeryn mesur sydd â **chydraniad uchel** (high resolution) (Ffigur 13.6).

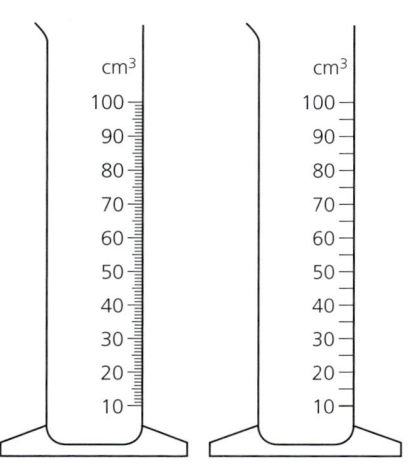

Gall diffyg manwl gywirdeb ddigwydd oherwydd nad yw'r unedau mesur yn drachywir. Wrth fesur nwy, er enghraifft, ni fydd cyfrif swigod yn rhoi ateb manwl gywir gan na fydd y swigod i gyd yr un maint. Felly gall 25 swigen mewn un achos gynnwys mwy o nwy na 30 o swigod mewn achos arall, os yw'r set gyntaf o swigod yn cynnwys mwy o swigod mawr (Ffigur 13.7).

Ffigur 13.6 Mae'r silindr mesur ar y chwith yn fwy manwl gywir (h.y. rhaniadau llai) na'r un ar y dde.

Ffigur 13.7 Mae'r llun hwn yn dangos faint o amrywiaeth sydd ym maint y swigod. Felly, dydy 'un swigen' ddim yn gallu rhoi mesuriad manwl gywir o gyfaint nwy.

Gall diffyg manwl gywirdeb hefyd ddigwydd o ganlyniad i wall dynol sy'n cael ei achosi gan y dull mesur. Os ydych chi'n amseru newid lliw, er enghraifft, mae'n aml yn anodd mesur *yn union* pryd mae'r lliw'n newid, gan ei bod yn broses raddol.

Mae manwl gywirdeb y rhan fwyaf o fesuriadau yn llai na 100%. Mae hyn yn dderbyniol ar yr amod nad yw'r anghywirdeb mor fawr fel bod cymharu'r mesuriadau gwahanol yn annilys.

Yn y senario 'cyfrif swigod' uchod, er enghraifft, os oes gennych chi ddau ddarlleniad o 86 swigen a 43 swigen, er bod diffyg manwl gywirdeb, mae'r gwahaniaeth mor fawr fel nad yw'r anghywirdeb yn bwysig. Fodd bynnag, os bydd gennych chi ddau ddarlleniad o 27 a 32 swigen, allwch chi ddim dweud yn hyderus bod yr ail ddarlleniad mewn gwirionedd yn fwy na'r un cyntaf.

Pam mae gwyddonwyr yn ailadrodd arbrofion?

Mae gwyddonwyr yn ailadrodd arbrofion (neu'n cymryd samplau mawr) am y rhesymau canlynol:

- Y mwyaf o ailadroddiadau a wnewch chi (hyd at bwynt) neu'r mwyaf yw eich sampl, y mwyaf dibynadwy fydd y cymedr sy'n cael ei gyfrifo. Sylwch nad yw canlyniadau unigol yn mynd yn fwy dibynadwy, dim ond y cymedr.
- Mae ailadroddiadau neu samplau mwy yn eich galluogi i fod yn fwy manwl gywir wrth adnabod canlyniadau afreolaidd.

Gadewch i ni ddefnyddio enghraifft. Gall 'caledwch' sampl o ddŵr gael ei fesur yn ôl cyfaint yr hydoddiant sebon sydd ei angen i ffurfio trochion sebon parhaol. Mae rhai canlyniadau yn Nhabl 13.2.

Tabl 13.2 Profi 'caledwch' dŵr.

Prawf	Cyfaint hydoddiant sebon a ychwanegwyd (cm^3)	Cymedr (cm^3)
1	18	18.0
2	11	14.5
3	16	15.0
4	12	14.3
5	13	14.0
6	11	13.5
7	10	13.0
8	12	12.9
9	11	12.6
10	14	12.8
11	10	12.5
12	10	12.3
13	15	12.5
14	12	12.5
15	11	12.4

Os dim ond dair gwaith y cafodd yr arbrawf ei ailadrodd, byddai'n bosibl tybio bod canlyniad prawf 2 yn afreolaidd. Fodd bynnag, mae'n amlwg wrth ailadrodd 15 o weithiau mai profion 1 a 3 oedd y rhai afreolaidd mewn gwirionedd. Mae'r cymedr ar ôl tri ailadroddiad yn anghywir iawn. Ar ôl 15 ailadroddiad mae'r cymedr wedi gostwng yn sylweddol ac mae effaith y ddau werth uchel yn nhreialon 1 a 3 wedi lleihau. Ar ôl ailadrodd yr arbrawf 13 gwaith, mae'r cymedr wedi sefydlogi, ac efallai na fydd angen ailadrodd eto.

Sawl gwaith mae angen ailadrodd?

Mae canlyniadau gwyddonol bob amser yn amrywio i ryw raddau, ac weithiau maen nhw'n amrywio llawer. Rydym ni'n galw hyn yn **ailadroddadwyedd**. Os yw'r ailadroddadwyedd yn dda iawn ac mae'r canlyniadau i gyd yn agos at ei gilydd, mae cymedr cywir yn cael ei ganfod yn gyflym iawn, ac mae angen ychydig o ailddarlleniadau yn unig. Os yw'r ailadroddadwyedd yn wael, fodd bynnag, bydd angen mwy o ailadroddiadau cyn cael hyder yn y cymedr. Dydy hi ddim yn anarferol i wyddonwyr ailadrodd arbrofion 30–50 o weithiau. Mewn astudiaethau sy'n cynnwys sampl, mae maint sampl da fel arfer tua 100 (mwy os yw poblogaeth fawr yn cael ei samplu). Yn gyffredinol, mae sampl o lai na 30 yn cael ei ystyried yn ystadegol annilys.

✓ Profwch eich hun

1 Mae fflworid yn cael ei ychwanegu at y rhan fwyaf o fathau o bast dannedd. Pa un o'r cwestiynau canlynol yw'r un mwyaf gwyddonol ei ofyn?
   a) Pam mae fflworid yn cael ei ychwanegu at bast dannedd?
   b) A yw past dannedd sy'n cynnwys fflworid yn well na phast dannedd sydd hebddo?
   c) A yw fflworid mewn past dannedd yn lleihau pydredd dannedd?
   ch) A yw fflworid yn gwneud eich dannedd yn fwy iach?
2 Beth yw'r gwahaniaeth rhwng rhagdybiaeth a rhagfynegiad?
3 Os ydych chi'n cynnal arbrawf sy'n gofyn i chi gofnodi'r amser y mae'n ei gymryd i liw newid o goch i las, mae'n annhebygol y bydd y canlyniadau'n gwbl gywir. Pam?
4 Pam mae cadw set o arbrofion ar dymheredd ystafell yn ffordd dderbyniol (os nad yn ddelfrydol) o reoli tymheredd?
5 Mae arbrawf yn cael ei ailadrodd dair gwaith. Pam nad yw hyn yn debygol o fod yn ddigon?

▶ Arbrawf heb ragdybiaeth

Does dim rhagdybiaeth gan rai arbrofion. Mae rhai'n cael eu cynnal i gael gwybodaeth yn unig. Er enghraifft, aeth gwyddonwyr ati i astudio sut mae poblogaethau celloedd burum yn tyfu dros amser trwy sefydlu poblogaeth ac yna cyfri'r celloedd ar wahanol adegau. Doedd ganddynt ddim rhagdybiaeth ar gyfer beth fyddai'n digwydd.

Pan gawson nhw'r canlyniadau yn Ffigur 13.8, roedd rhaid iddynt feddwl am ragdybiaeth i egluro'r gromlin.

Ffigur 13.8 Tyfiant poblogaeth celloedd burum dros amser.

▶ Cyflwyno canlyniadau – tablau

Pan mae gwyddonwyr yn cofnodi eu canlyniadau, mae'n bwysig eu bod yn gwneud hyn mewn ffordd sy'n eglur i unrhyw un sy'n darllen eu hadroddiad. Yn gyffredinol, caiff canlyniadau eu cyflwyno mewn tablau ac fel rheol mewn rhyw fath o graff neu siart. Mae tabl yn ffordd o drefnu data fel bod y data'n glir ac fel nad oes rhaid i'r darllenydd chwilio am y data yn y testun. Os oes rhaid i chi edrych ar y dull i weld beth yw ystyr y tabl, dydy'r tabl ddim yn gwneud ei waith.

- Rhaid bod tablau'n cynnwys penawdau clir.
- Os oes unedau i'r mesuriadau, dylid dangos y rhain ym mhenawdau'r colofnau.
- Rhaid i resi a cholofnau tablau fod mewn trefn resymegol.

▶ Cyflwyno canlyniadau – graffiau a siartiau

Mae nifer o wahanol fathau o graffiau a siartiau, ond y tri math a ddefnyddir amlaf yw siartiau bar, graffiau llinell a siartiau cylch (Ffigur 13.9).

- Caiff **siartiau bar** eu defnyddio pan mae'r gwerthoedd ar yr echelin-x yn dangos **newidyn arwahanol** (*discrete* neu *discontinuous variable*) (dim gwerthoedd rhyngol), e.e. misoedd y flwyddyn, lliw llygaid ac ati.
- Caiff **graffiau llinell** eu llunio pan mae'r echelin-x yn **newidyn di-dor** (mae unrhyw werth yn bosibl), e.e. amser, pH, crynodiad ac ati.
- Caiff **siartiau cylch** eu defnyddio i ddangos cyfansoddiad rhywbeth. Mae pob adran yn cynrychioli canran o'r cyfan.

Mae siartiau bar a graffiau llinell yn dangos patrymau neu dueddiadau'n fwy eglur na thabl. Unwaith eto dylai'r graff ddangos popeth sydd ei angen i nodi'r duedd, heb fod disgwyl i'r defnyddiwr ddarllen trwy'r dull.

Rhaid i siart bar neu graff llinell o ansawdd da gynnwys y canlynol:
- teitl
- dwy echelin wedi'u labelu'n glir gydag unedau os yw hynny'n briodol
- graddfa 'synhwyrol' a hawdd ei darllen ar gyfer y ddwy echelin
- defnyddio cymaint â phosibl o'r lle sydd ar gael ar gyfer y raddfa (heb ei wneud yn anodd ei ddarllen)
- echelinau yn y drefn gywir. Os yw un ffactor yn 'achos' a'r llall yn 'effaith' dylai'r achos (y **newidyn annibynnol**) fod ar yr echelin-x a dylai'r effaith (y **newidyn dibynnol**) fod ar yr echelin-y. Weithiau, dydy'r berthynas ddim yn un 'achos ac effaith' a gall yr echelinau fod y naill ffordd neu'r llall
- data wedi'u plotio'n fanwl gywir
- os bydd mwy nag un set o ddata'n cael ei phlotio dylai'r setiau fod wedi'u gwahaniaethu'n eglur, gydag allwedd i ddangos pa set yw pa un
- mewn graff llinell, os yw'r data'n dilyn tuedd glir, dylid defnyddio **llinell ffit orau** i ddangos hyn. Os nad oes tuedd glir, dylid uno'r pwyntiau â llinellau syth, neu eu gadael heb eu huno.

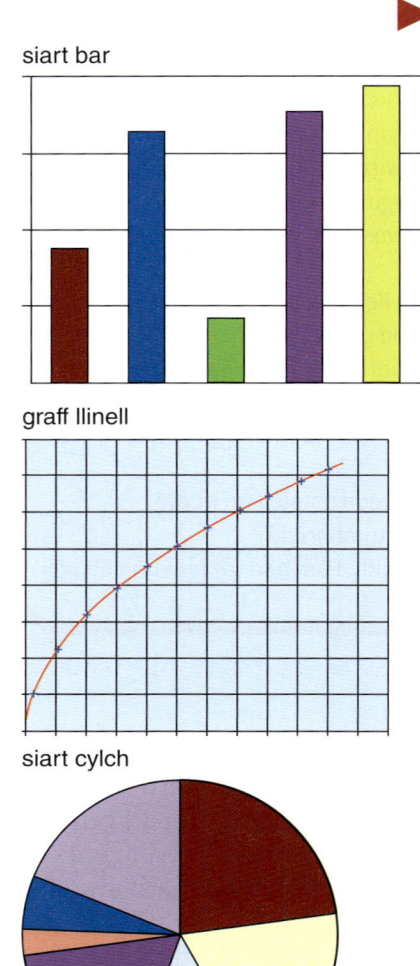

Ffigur 13.9 Mae nifer o wahanol ffyrdd o ddangos data.

▶ Dadansoddi canlyniadau a llunio casgliadau

Fel rheol, caiff canlyniadau eu dadansoddi am un o dri rheswm:

1. I ganfod perthynas rhwng dau neu fwy o ffactorau.
2. I benderfynu a yw'n debygol bod rhagdybiaeth yn gywir.
3. I helpu i greu rhagdybiaeth.

Y ffordd gliriaf o ddangos perthynas yw defnyddio graff llinell. Mae cyfeiriad goledd (neu ddiffyg goledd) y llinell yn dangos y math o berthynas (Ffigur 13.10). Gall rhai graffiau gynnwys dau neu fwy o wahanol fathau o oledd.

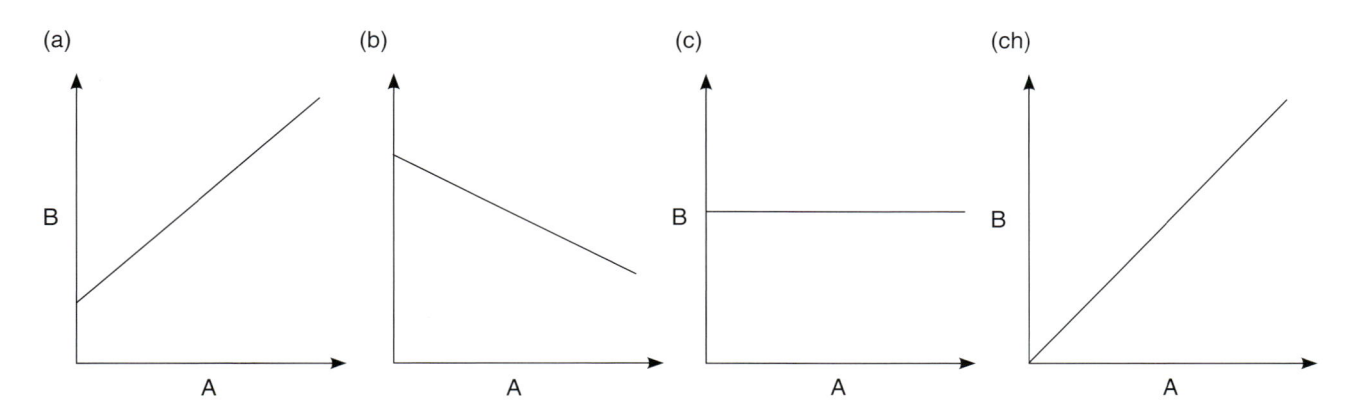

(a) (b) (c) (ch)

Ffigur 13.10 Gall graffiau llinell ddangos gwahanol berthnasaoedd rhwng y newidynnau.

- Pan mae'r llinell ar oledd tuag i fyny (Ffigur 13.10a), mae'n dangos bod B yn cynyddu wrth i A gynyddu. **Cydberthyniad positif** yw'r enw ar hyn.
- Pan mae'r llinell ar raddiant tuag i lawr (Ffigur 13.10b), mae'n dangos bod B yn lleihau wrth i A gynyddu. **Cydberthyniad negatif** yw'r enw ar hyn.
- Os yw'r llinell yn llorweddol (Ffigur 13.10c), mae'n golygu nad oes perthynas rhwng gwerthoedd A a B, a bod **dim cydberthyniad** rhwng y newidynnau.
- Os yw'r graff yn ffurfio llinell syth sy'n mynd trwy'r tarddbwynt (Ffigur 13.10ch), mae **perthynas gyfrannol** rhwng A a B.

Os oes perthynas rhwng dau ffactor dydy hynny ddim yn golygu o reidrwydd mai un o'r ffactorau hynny sy'n *achosi'r* berthynas. Os yw B yn cynyddu wrth i A gynyddu, dydy hynny ddim yn golygu mai'r cynnydd yn A sy'n *gwneud* i B gynyddu.

Os oes rhagdybiaeth, nod yr arbrawf yw ei phrofi, felly tri dewis sydd i'r casgliadau:

1 Mae'r dystiolaeth yn cefnogi'r rhagdybiaeth.
2 Dydy'r dystiolaeth ddim yn cefnogi'r rhagdybiaeth.
3 Dydy'r dystiolaeth ddim yn bendant y naill ffordd na'r llall.

Anaml iawn y gall arbrawf **brofi** bod rhagdybiaeth yn gywir.

Ganrifoedd yn ôl, roedd pobl Ewrop yn credu bod pob alarch yn wyn, oherwydd roedd pob alarch a welon nhw yn wyn. Eu rhagdybiaeth felly oedd 'mae pob alarch yn wyn'. Yn 1697, fodd bynnag, daeth fforwyr yn Awstralia o hyd i elyrch du (mae'r rhain wedi'u cyflwyno ym Mhrydain ers hyn) (Ffigur 13.11). Roedd hyn yn gwrthbrofi'r rhagdybiaeth ar unwaith, oherwydd doedd dim amheuaeth o gwbl am y dystiolaeth. Faint bynnag o elyrch gwyn roedd pobl Ewrop wedi eu gweld, ni allai hynny byth brofi bod pob alarch yn wyn. Hyd yn oed os nad oedd elyrch du wedi'u darganfod erioed, doedd hynny ddim yn golygu nad oedd alarch du yn rhywle yn y byd yn dal i aros i gael ei ddarganfod!

Ffigur 13.11 Mae'r alarch du hwn yn amlwg yn gwrthbrofi'r rhagdybiaeth 'bod pob alarch yn wyn'.

Os oes cyfres hir o arbrofion wedi ei chynnal a bod pob un o'r arbrofion yn cefnogi'r rhagdybiaeth, bydd gwyddonwyr yn trin y rhagdybiaeth fel petai'n wir (mae'n dod yn **ddamcaniaeth**) er na fydden nhw o hyd yn dweud ei bod wedi cael ei *phrofi*.

Wrth benderfynu a ydym ni'n mynd i barhau i dderbyn y rhagdybiaeth neu ei gwrthod, mae cryfder y dystiolaeth yn bwysig iawn.

Mae'r siart llif yn Ffigur 13.12 yn dangos sut mae gwyddonwyr yn dod i gasgliadau am ragdybiaeth.

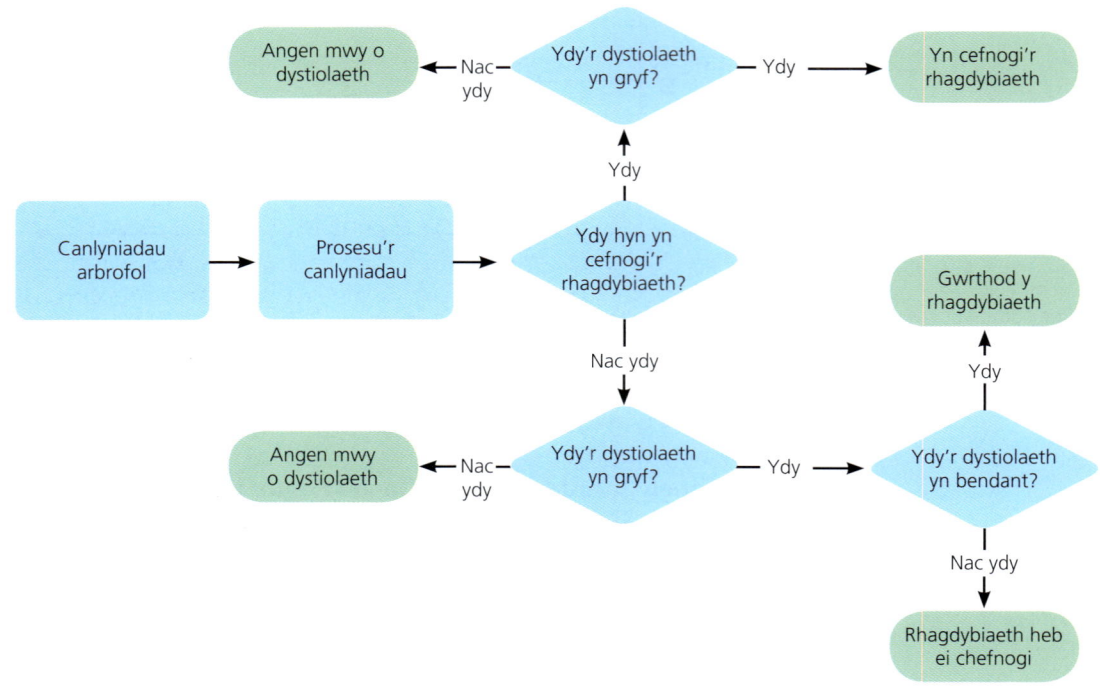

Ffigur 13.12 Siart llif gwneud penderfyniad am ragdybiaeth.

Gweithgaredd

Profi rhagdybiaethau

1. Roedd gan Natalie ragdybiaeth y gallai papur gwlyb ddal llai o bwysau na phapur sych. Aeth ati i brofi bagiau papur, gan ychwanegu (soak) 10 g o bwysau ar y tro nes bod y bag yn torri. Profodd 10 bag, ac yna mwydodd (soak) 10 bag tebyg mewn dŵr cyn eu profi nhw. Ym mhob achos, torrodd y bagiau gwlyb gyda llai o bwysau ynddynt na'r bagiau sych. Beth ddylai casgliad Natalie fod?
    a) Mae ei rhagdybiaeth wedi'i phrofi
    b) Mae ei rhagdybiaeth wedi'i chefnogi
    c) Mae ei rhagdybiaeth yn amheus.
    ch) Dylid gwrthod ei rhagdybiaeth.

2. Roedd gan Glyn ragdybiaeth nad oedd math arbennig o gwpan ynysedig mewn gwirionedd yn cadw diodydd yn fwy cynnes na chwpan geramig arferol. Aeth ati i amseru faint o amser roedd yn ei gymryd i ddŵr oeri 10 °C yn y ddau fath o gwpan. Gwnaeth y prawf 50 o weithiau. Ar gyfartaledd, roedd y dŵr yn cymryd 6 munud yn hirach i oeri yn y gwpan ynysedig, ac ym mhob un o'r 50 prawf roedd y dŵr yn y gwpan geramig yn oeri'n fwy cyflym. Beth ddylai casgliad Glyn fod?
    a) Mae ei ragdybiaeth wedi'i phrofi.
    b) Mae ei ragdybiaeth wedi'i chefnogi.
    c) Mae ei ragdybiaeth yn amheus.
    ch) Dylid gwrthod ei ragdybiaeth.

▶ Penderfynu pa mor gryf yw'r dystiolaeth

I fod yn hyderus bod eich casgliad yn gywir, mae angen tystiolaeth gryf arnoch chi. Dydy tystiolaeth wan ddim yn golygu bod eich casgliad yn anghywir, ond mae'n golygu na allwch chi fod mor siŵr ei fod yn gywir.

I benderfynu pa mor gryf yw'r dystiolaeth, mae angen i chi ofyn rhai cwestiynau penodol.

1. **Pa mor newidiol oedd y canlyniadau?** Y mwyaf o amrywiad sydd yng nghanlyniadau'r ailadroddiadau, y gwannaf fydd y dystiolaeth. Rydym ni'n dweud bod canlyniadau ailadroddol tebyg yn **ailadroddadwy** neu fod ganddynt ailadroddadwyedd da. Os bydd gwahanol bobl yn gwneud yr arbrofion ac yn cael canlyniadau tebyg, rydym ni'n dweud bod y canlyniadau yn **atgynyrchadwy**.

2. **Wnaethoch chi ddigon o ailadroddiadau?** Oedd y sampl yn ddigon mawr? Gall hyd yn oed canlyniadau newidiol roi tystiolaeth dda os yw nifer yr ailadroddiadau neu faint y sampl yn ddigon mawr. Mae angen i chi fod yn sicr nad yw eich canlyniadau'n rhai 'rhyfedd'. Dydy canlyniadau rhyfedd ddim yn digwydd yn aml iawn, felly mae llawer o ailadroddiadau, neu sampl mawr, yn golygu y cewch chi ddarlun cyffredinol mwy manwl gywir o beth sy'n digwydd.

3. **Oedd unrhyw wahaniaethau'n arwyddocaol?** Gall gwahaniaethau bach ddigwydd oherwydd siawns, oherwydd yn aml ni all mesuriadau gwyddonol fod yn berffaith fanwl gywir. Weithiau, bydd hi'n amlwg bod gwahaniaethau'n arwyddocaol neu ddim yn arwyddocaol. Os nad yw hi'n amlwg, gall gwyddonwyr gynnal profion ystadegol i fesur pa mor arwyddocaol yw gwahaniaeth.

4. **Oedd diffygion yn y dull?** Gall diffygion yn y dull (er enghraifft dulliau mesur nad ydyn nhw'n drachywir, newidynnau na ellir eu rheoli) leihau cryfder y dystiolaeth. Gall diffygion mawr olygu bod y casgliadau yn hollol annibynadwy.

5. **Oedd y dull yn ddilys?** Mae arbrawf dilys yn un sy'n gallu rhoi ateb i'r cwestiwn mae'n ymchwilio iddo. Er enghraifft, dywedwch eich bod chi am ddarganfod effaith arddwysedd golau ar y gyfradd mae lens ffotocromig yn newid lliw. Os ydych chi'n symud y lamp yn nes ac yn nes at y lens ac yn mesur y gyfradd, mae yna broblem. Mae bylbiau golau'n rhyddhau gwres, a gallai'r gwres fod yn achosi unrhyw newidiadau, nid y golau. Oni bai eich bod yn atal y cynnydd yn y tymheredd (e.e. trwy gyfeirio'r golau trwy wydr neu ddŵr), dydy'r arbrawf ddim yn gallu ateb y cwestiwn ac felly mae'n annilys.

✓ Profwch eich hun

6 Ym mhob un o'r enghreifftiau isod, nodwch a fyddech chi'n cyflwyno'r canlyniadau ar ffurf graff llinell neu siart bar.
   a) Effaith tymheredd ar hydoddedd sylwedd
   b) Dargludedd thermol metelau gwahanol
   c) Nifer y bobl o grwpiau oedran gwahanol mewn poblogaeth
   ch) Effaith lefel y carbon deuocsid mewn aer ar y gyfradd anadlu.
7 O dan ba amgylchiadau byddech chi'n uno'r pwyntiau ar graff llinell yn hytrach na llunio llinell ffit orau?
8 Beth yw cydberthyniad positif?
9 Sut gallwch chi ddweud a yw perthynas yn un gyfrannol ai peidio?
10 Beth yw'r gwahaniaeth rhwng ailadroddadwyedd ac atgynyrchadwyedd?

▼ Crynodeb o'r bennod

- Mae gwyddonwyr yn ymchwilio i'r byd o'u hamgylch trwy broses ymholi gymhleth
- Dydy gwyddoniaeth ddim yn gallu ateb pob cwestiwn. Mae rhagdybiaeth yn eglurhad sy'n cael ei awgrymu ar gyfer arsylw. Mae'n seiliedig ar dystiolaeth ac rydym ni'n gallu ei phrofi trwy arbrawf.
- Mae tystiolaeth yn gallu ategu neu wrthddweud rhagdybiaeth, neu gall fod yn amhendant.
- Dydy rhagdybiaeth ddim yn rhagfynegiad, er ei bod hi'n bosibl ei defnyddio i wneud rhagfynegiadau.
- Mae'n hawdd gwrthbrofi rhagdybiaeth, ond yn anaml y gellir profi rhagdybiaeth.
- Os bydd rhagdybiaeth yn cael ei chefnogi gan lawer o dystiolaeth ac yn cael ei derbyn fel gwirionedd, mae'n dod yn ddamcaniaeth.
- Er mwyn bod o werth, rhaid i arbrawf fod yn deg ac yn ddilys, a rhaid i fesuriadau fod mor fanwl gywir ag sy'n bosibl.
- Mae gan wahanol offer mesur lefelau gwahanol o fanwl gywirdeb, yn gysylltiedig â'u cydraniad.
- Os nad yw'n bosibl rheoli newidyn, rhaid ystyried effaith debygol o'i reoli wrth ddadansoddi canlyniadau.

- Mae ailadrodd darlleniadau yn golygu mwy o fanwl gywirdeb, ac yn ein galluogi i asesu ailadroddadwyedd.
- Y mwyaf amrywiol yw canlyniadau, y mwyaf o weithiau mae angen ailadrodd yr arbrawf (neu mae angen i'r sampl fod yn fwy).
- Mae cyflwyno data mewn tablau yn hytrach nag mewn testun yn eu gwneud yn fwy eglur. Dylai'r tabl gael ei lunio fel ei fod yn eglur ac nad oes rhaid i'r darllenydd gyfeirio'n ôl er mwyn deall ei ystyr.
- Rydym ni'n defnyddio graffiau llinell a siartiau bar i wneud tueddiadau a phatrymau yn y data yn fwy eglur.
- Mae graffiau llinell yn cael eu defnyddio os yw'r ddau newidyn yn ddi-dor. Mae siartiau bar yn cael eu defnyddio os yw'r newidyn annibynnol yn amharhaus.
- Mae siâp graff llinell yn dynodi natur a chryfder unrhyw duedd neu batrwm.
- Mae tystiolaeth yn amrywio o ran cryfder. Mae tystiolaeth gryfach yn gwneud y casgliad yn fwy sicr.
- Rhaid gallu atgynhyrchu arbrofion – hynny yw, dylent roi canlyniadau tebyg bob tro y caiff arbrawf ei wneud, pwy bynnag sy'n ei wneud.

Sut mae gwyddonwyr yn gweithio

Y TABL CYFNODOL

Grŵp 1 (I)	Grŵp 2 (II)												Grŵp 3 (III)	Grŵp 4 (IV)	Grŵp 5 (V)	Grŵp 6 (VI)	Grŵp 7 (VII)	Grŵp 0
						1 H 1												4 He 2
7 Li 3	9 Be 4												11 B 5	12 C 6	14 N 7	16 O 8	19 F 9	20 Ne 10
23 Na 11	24 Mg 12												27 Al 13	28 Si 14	31 P 15	32 S 16	35.5 Cl 17	40 Ar 18
39 K 19	40 Ca 20	45 Sc 21	48 Ti 22	51 V 23	52 Cr 24	55 Mn 25	56 Fe 26	59 Co 27	59 Ni 28	63.5 Cu 29	65 Zn 30		70 Ga 31	73 Ge 32	75 As 33	79 Se 34	80 Br 35	84 Kr 36
85 Rb 37	88 Sr 38	89 Y 39	91 Zr 40	93 Nb 41	96 Mo 42	98 Tc 43	101 Ru 44	103 Rh 45	106 Pd 46	108 Ag 47	112 Cd 48		115 In 49	119 Sn 50	122 Sb 51	128 Te 52	127 I 53	131 Xe 54
133 Cs 55	137 Ba 56	139 La 57	178 Hf 72	181 Ta 73	184 W 74	186 Re 75	190 Os 76	192 Ir 77	195 Pt 78	197 Au 79	201 Hg 80		204 Tl 81	207 Pb 82	209 Bi 83	(209) Po 84	(210) At 85	(222) Rn 86
(223) Fr 87	(226) Ra 88	(227) Ac 89																

Màs atomig cymharol — 12 C 6 — Symbol yr elfen
Rhif atomig

Dadansoddi canlyniadau a llunio casgliadau

Geirfa

Adnodd adnewyddadwy Adnodd y gellir ei ail-greu

Adnodd cyfyngedig Adnodd y mae cyflenwad cyfyngedig ohono ar gael

Adolygwyd gan gymheiriaid Wedi'i archwilio a'i adolygu gan wyddonwyr â statws tebyg

Adwaith adio Adwaith lle mae dau neu fwy o foleciwlau organig yn cyfuno i ffurfio un mwy

Adwaith dadleoli Adwaith cemegol lle mae elfen fwy adweithiol yn dadleoli elfen lai adweithiol o'i chyfansoddyn

Adwaith ecsothermig Adwaith sy'n rhyddhau egni (ar ffurf gwres)

Adwaith endothermig Adwaith sy'n amsugno egni o'i amgylchoedd

Adwaith rhydocs Adwaith sy'n cynnwys rhydwytho (ennill electronau) ac ocsidio (colli electronau)

Adwaith thermit Yr adwaith hynod o ecsothermig rhwng alwminiwm a haearn(III) ocsid, mae'n cael ei ddefnyddio yn aml i weldio traciau rheilffyrdd wrth ei gilydd

Adweithydd Sylwedd sydd mewn adwaith cemegol

Adweithydd cyfyngol Yr adweithydd y ceir y cyflenwad lleiaf ohono ac felly sy'n cyfyngu ar gyfradd adwaith

Anghymysgadwy Amhosibl ei gymysgu

Ailadroddadwy Sefyllfa lle mae canlyniadau ailadroddol yn agos o ran eu gwerth

Alcali Sylwedd sy'n cynhyrchu ïonau OH$^-$ mewn dŵr ac sydd â pH mwy na 7

Alcan Hydrocarbon sy'n gwbl ddirlawn o hydrogen, hynny yw, nid yw'n cynnwys bondiau dwbl carbon–carbon o gwbl

Alcen Hydrocarbon annirlawn sy'n cynnwys o leiaf un bond dwbl carbon–carbon

Alcohol Cyfansoddyn organig lle mae grŵp hydrocsyl (–OH) yn bondio ag atom carbon, sydd yn y man yn bondio ag atomau hydrogen a/neu garbon eraill

Aloi Sylwedd wedi'i wneud o gymysgedd o fetelau gwahanol

Anïon Ïon â gwefr negatif sy'n cael ei atynnu at yr anod mewn electrod

Anod Electrod â gwefr bositif

Ansicrwydd Sefyllfa sy'n cynnwys gwybodaeth amherffaith neu anhysbys

Asid Sylwedd sy'n cynhyrchu ïonau hydrogen H$^+$ mewn dŵr ac sydd â pH llai na 7

Asid amino Cyfansoddyn organig sy'n cynnwys grŵp amino (NH$_2$), grŵp asid carbocsylig (COOH) a grŵp ochr newidiol

Asid carbocsylig Cyfansoddyn organig sy'n cynnwys grŵp –COOH

Asid cryf Mae asid cryf yn ffurfio pan fydd y rhan fwyaf o ïonau hydrogen H$^+$ posibl y cyfansoddyn asidig yn hydoddi i mewn i ddŵr

Asid gwan Mae asid gwan yn ffurfio pan mai dim ond ychydig o'r ïonau hydrogen H$^+$ posibl o'r cyfansoddyn asidig sy'n hydoddi i mewn i ddŵr

Atgynyrchadwy Cyflwr lle mae canlyniadau arbrofol yn dangos tueddiadau tebyg pan mae'r arbrawf neu'r astudiaeth yn cael eu cynnal gan bobl wahanol

Atom Y cyfansoddyn lleiaf mewn elfen, nad yw'n bosibl ei dorri trwy unrhyw ddull cemegol

Batri Casgliad o gelloedd trydan sy'n darparu cyflenwad o egni trydanol a gynhyrchir gan adweithiau electrocemegol

Biodrwytholchi Echdynnu metelau o'u mwynau trwy ddefnyddio organebau byw

Biomas Cyfanswm màs mater byw o fewn ardal benodol mewn amgylchedd. Gallwn ni ei ddefnyddio'n fwy cyffredinol i gyfeirio at ddefnydd planhigol ac anifail marw sy'n addas i'w ddefnyddio fel tanwydd

Bond cofalent Bond rhwng dau atom sy'n cael ei ffurfio trwy rannu electronau

Bondio ïonig Ffurfio bond trwy atyniad ïonau positif a negatif, sy'n deillio o golli ac ennill electronau

Bondio metelig Y math o fond sydd rhwng haenau o atomau mewn metel

Bwred Darn o gyfarpar cemegol sy'n cael ei ddefnyddio i fesur cyfeintiau manwl gywir o hylifau

Cadwraeth màs Cyflwr lle mae cyfanswm màs adweithyddion yn hafal i gyfanswm màs y cynhyrchion mewn adwaith cemegol (mae hyn yn wir am bob adwaith cemegol)

Canlyniadau dilys Canlyniadau sy'n rhoi gwybodaeth sy'n uniongyrchol berthnasol i'r rhagdybiaeth sy'n cael ei phrofi

Canran cynnyrch Canran y cynnyrch damcaniaethol mewn adwaith cemegol sy'n digwydd mewn gwirionedd mewn sefyllfa benodol

Carbohydrad Cyfansoddyn organig sy'n cynnwys carbon, hydrogen ac ocsigen yn unig, sydd â'r fformiwla gyffredinol $C_nH_{2n}O_n$

Carbon niwtral Cyflwr lle mae swm net y carbon deuocsid neu gyfansoddion carbon eraill sy'n cael eu hallyrru i'r atmosffer yn sero gan fod gweithredoedd i wneud iawn am yr allyriadau hyn yn ei roi mewn cydbwysedd

Catalydd Sylwedd sy'n cynyddu cyfradd adwaith ond nad yw'n newid yn gemegol ei hun yn ystod yr adwaith

Catïon Ïon â gwefr bositif sy'n cael ei atynnu at y catod mewn electrod

Catod Electrod â gwefr negatif

Cell Ffynhonnell sengl o egni trydanol sy'n cael ei gynhyrchu gan adweithiau electrocemegol

Cell danwydd Dyfais sy'n trawsnewid egni cemegol tanwydd (hydrogen fel arfer) yn syth i egni trydanol

Cracio Torri moleciwlau hydrocarbon mawr i lawr yn foleciwlau hydrocarbon llai, mwy defnyddiol

Crynodedig Swm mawr (màs neu rif) o sylwedd mewn gofod neu gyfaint penodol, fel arfer yn gysylltiedig â chael ei hydoddi mewn dŵr

Cydgordiol Dau ddarlleniad agos iawn at ei gilydd, wedi'u cymryd un ar ôl y llall

Cydraniad Y newid lleiaf yn y swm sy'n cael ei fesur (mewnbwn) ar ddyfais mesur sy'n rhoi newid gweladwy yn y darlleniad

Cyfansoddyn Sylwedd wedi'i wneud o ddwy neu ragor o elfennau sydd wedi adweithio'n gemegol â'i gilydd

Cyfeiliornad systematig Cyfeiliornad sy'n achosi i ddarlleniadau wahaniaethu o'r gwir werth yr un faint bob tro y cymerir mesuriad

Cyflwr mater Solid, hylif neu nwy

Cyfradd adwaith Swm y cynnyrch cemegol a gaiff ei gynhyrchu yn ystod adwaith mewn amser penodol

Cyfres adweithedd Trefniant metelau yn nhrefn eu hadweithedd â sylweddau cyffredin

Cyfres homologaidd Cyfres o gyfansoddion sydd â phriodweddau tebyg a'r un fformiwla gyffredinol

Cymylogrwydd Hylif yn mynd yn gymylog

Cymysgadwy Yn gallu ffurfio cymysgedd

Cymysgedd Cyfuniad o ddau neu fwy o sylweddau lle nad yw bondiau cemegol yn cael eu ffurfio rhwng y sylweddau

Cynhesu byd-eang Cynnydd yn nhymheredd cymedrig byd-eang yr atmosffer

Cynnyrch Swm y cynnyrch a geir mewn adwaith cemegol

Cyrydiad Adwaith metel ('rhydu' yw'r gair cyffredin) ag ocsigen a dŵr

Cysonyn Avogadro Nifer yr atomau neu foleciwlau sydd mewn un môl o sylwedd

Dadelfeniad thermol Dadelfeniad oherwydd gwres

Dangosydd Gellir ychwanegu llifyn cemegol at sylwedd sy'n newid lliw, gan ddibynnu a yw'r sylwedd yn asidig, niwtral neu alcalïaidd

Dellten ïonig enfawr Trefniant rheolaidd iawn o anïonau a chatïonau mewn trefniant enfawr sy'n ei ailadrodd ei hun yn rheolaidd

Dihalwyno Tynnu halen allan o ddŵr y môr i'w drawsnewid yn ddŵr sy'n ddiogel ei yfed

Diriant dŵr Sefyllfa lle mae'r galw am ddŵr yn fwy na'r cyflenwad sydd ar gael

Dirlawn Hydoddiant sy'n methu amsugno na hydoddi mwy o hydoddyn ar dymheredd a gwasgedd penodol

Distylliad ffracsiynol Gwahanu cymysgedd trwy wresogi a chasglu'r anwedd cyddwysedig sy'n cael ei ryddhau ar wahanol dymereddau

Diweddbwynt Y pwynt lle mae dangosydd yn newid ei liw mewn ffordd sy'n dynodi bod adwaith wedi dod i ben

Dŵr yfadwy Dŵr y gellir ei yfed

Dyfrllyd Hydoddiant o sylweddau wedi hydoddi mewn dŵr

Ecwilibriwm dynamig Cyflwr lle mae adweithyddion yn cael eu trawsnewid yn gynhyrchion ac mae cynhyrchion yn cael eu trawsnewid yn adweithyddion ar gyfradd hafal a chyson

Egni actifadu Y swm lleiaf o egni sydd ei angen i adwaith cemegol ddigwydd

Electrolysis Y broses o chwalu hylif ïonig neu hydoddiant dyfrllyd gan ddefnyddio cerrynt trydan

Electrolyt Yr hylif ïonig neu'r hydoddiant dyfrllyd sy'n cael ei ddefnyddio mewn electrolysis

Electron dadleoledig Electron nad yw'n gysylltiedig ag unrhyw fond cofalent nac atom unigol

Electron Gronyn is-atomig â gwefr negatif

Electroplatio Ffurfio haen o fetel arall ar arwyneb gwrthrych metel trwy broses electrolysis

Elfen Sylwedd sy'n cynnwys atomau sydd i gyd â'r un nifer o brotonau, hynny yw, yr un rhif atomig

Ensymau Catalyddion biolegol

Ester Cyfansoddyn organig lle mae grŵp hydrocarbon yn cymryd lle'r hydrogen yng ngrŵp carbocsyl y cyfansoddyn

Fflamadwyedd Mesur o ba mor debygol yw sylwedd o fynd ar dân

Fformiwla graffig Fformiwla sy'n dangos y symbolau ar gyfer pob atom mewn cyfansoddyn, gyda llinellau syth yn eu huno i gynrychioli'r bondiau cofalent

Fformiwleiddiad Cymysgedd o gynhwysion wedi'u paratoi mewn ffordd arbennig a'u defnyddio at ddiben penodol

Ffracsiwn Grŵp o gemegion sydd â berwbwyntiau tebyg

Ffwleren Cyfansoddyn wedi'i wneud o nifer eilrif o atomau carbon yn unig, sy'n ffurfio system cylch-ffiws fel cawell

Ffwrnais chwyth Dyfais ddiwydiannol fawr a ddefnyddir i echdynnu haearn o'i fwyn

Ffytogloddio Dull o echdynnu copr o'r pridd, gan ddefnyddio planhigion

Glaw asid Glaw sy'n fwy asidig nag arfer. Mae glaw'n tueddu i fod fymryn yn asidig, ond os yw'r pH yn llai na 5.7, mae'n cael ei ystyried yn law asid

Gludedd Mesur o faint mae hylif yn gwrthsefyll llifo

Gollyngiad Rhywbeth yn cael ei ryddhau

Gormodedd Mwy na digon (o adweithydd i adweithio ag adweithydd arall i gyd)

Grisialu Ffurfio grisialau solet allan o hydoddiant o'i halwyn

Grŵp gweithredol Atom neu grŵp o atomau sy'n cymryd lle hydrogen mewn cyfansoddyn organig

Grymoedd rhyngfoleciwlaidd Grymoedd rhwng moleciwlau

Gwaddod Y sylwedd solet a gaiff ei gynhyrchu pan mae solid yn dod allan o hydoddiant

Gwanedig Swm bychan (màs neu rif) o sylwedd mewn gofod neu gyfaint penodol, fel arfer yn gysylltiedig â chael ei hydoddi mewn dŵr

Gweddill Y defnydd sy'n weddill ar ôl distylliad, anweddiad neu hidliad

Hafaliad ïonig Hafaliad cytbwys sy'n disgrifio'r ïonau mewn adwaith

Halid Halwyn sydd wedi'i ffurfio o halogen

Halogen Elfen yng Ngrŵp 7 y Tabl Cyfnodol

Hapgyfeiliornad Anwadaliad yn y canlyniadau oherwydd cydraniad cyfyngedig y ddyfais mesur a ddefnyddir

Heli Hydoddiant crynodedig o halen sodiwm clorid wedi hydoddi mewn dŵr

Hidlif Yr hylif sydd wedi pasio trwy hidlydd

Hydoddyn Cemegyn sy'n cael ei hydoddi mewn hydoddydd i ffurfio hydoddiant

Hydradiad Adwaith cemegol lle mae cemegyn yn cyfuno â dŵr

Hydrin Gallu unrhyw ddefnydd i gael ei forthwylio i siâp

Hydrocarbon Cyfansoddyn organig sy'n cynnwys carbon a hydrogen yn unig

Hydrogeniad Adwaith cemegol lle mae hydrogen yn cael ei ychwanegu

Hydwyth Gallu unrhyw ddefnydd i gael ei dynnu i siâp gwifren

Hylosgiad anghyflawn Adwaith hylosgi lle nad yw'r holl adweithyddion wedi adweithio

Hylosgiad cyflawn Adwaith hylosgi lle mae'r adweithydd i gyd yn cyfuno ag ocsigen

Ïon Gronyn â gwefr, sy'n cael ei ffurfio pan mae atom un ai yn colli neu'n ennill un electron neu fwy

Isotopau Atomau elfen sydd â nifer gwahanol o niwtronau

Lefel egni (plisgyn) Y lleoliadau posibl o amgylch atom lle gellir canfod electronau â gwerthoedd egni penodol

Manwl gywir Yn agos at y gwir werth

Màs atomig cymharol Màs 'atom cyfartalog' o'r elfen honno (gan ystyried ei wahanol isotopau a'u cyfraneddau cymharol) o'i gymharu â màs atom o garbon-12

Màs fformiwla cymharol Swm masau atomig cymharol yr atomau mewn cyfansoddyn

Menisgws Y mymryn o grymedd ar arwyneb dŵr

Metel alcalïaidd Elfen yng Ngrŵp 1 y Tabl Cyfnodol

Metelau trosiannol Y grŵp o elfennau metel yng nghanol y Tabl Cyfnodol rhwng Grŵp 2 a Grŵp 3

Môl Y swm o sylwedd pur sy'n cynnwys yr un nifer o unedau cemegol ag sydd o atomau mewn 12 gram o garbon-12. Hefyd y màs fformiwla cymharol mewn gramau

Moleciwl Dau neu fwy o atomau wedi'u dal gyda'i gilydd gan fondiau cemegol

Moleciwl deuatomig Moleciwl wedi'i wneud o ddau atom (yr un fath neu wahanol) wedi'u huno â'i gilydd

Monomer Moleciwl sy'n ffurfio'r uned (ailadroddol) sylfaenol ar gyfer polymerau

Mwyn Craig sy'n cynnwys cyfansoddyn metel

Nanoronynnau Gronyn sy'n llai na 100 nm o faint

Nanowyddoniaeth Astudiaeth o nanoronynnau

Niwclews Canol atom â gwefr bositif, sy'n cynnwys protonau a niwtronau

Niwcleotid Math o gyfansoddyn cemegol wedi'i wneud o siwgr pentos, grŵp ffosffad a bas organig

Niwtraliad Yr adwaith rhwng asid a bas, alcali neu garbonad, sy'n ffurfio halwyn pH 7 niwtral

Niwtron Gronyn is-atomig sy'n niwtral yn drydanol ac a geir yn niwclews atom

Nwy nobl Elfen yng Ngrŵp 0 y Tabl Cyfnodol

Nwy tŷ gwydr Nwy sy'n cyfrannu at yr Effaith Tŷ Gwydr

Ocsidiad Adwaith sylwedd ag ocsigen neu golli electronau yn ystod adwaith cemegol

Ôl troed carbon Swm y carbon deuocsid neu gyfansoddion carbon eraill sy'n cael eu hallyrru i'r atmosffer gan weithgareddau unigolyn, cwmni neu wlad (er enghraifft)

Pelydriad cefndir Pelydriad o ffynonellau amgylcheddol, gan gynnwys yr atmosffer, cramen y Ddaear, pelydrau cosmig ac isotopau ymbelydrol

Pibed Darn o gyfarpar sy'n cael ei ddefnyddio i drosglwyddo hylifau

Polymer Sylwedd sydd ag adeiledd moleciwlaidd wedi'i wneud o nifer fawr o unedau tebyg wedi'u bondio at ei gilydd

Polymer thermo-feddalu Ar ôl iddo gael ei fowldio, dyma bolymer sy'n mynd yn feddal wrth gael ei wresogi ac un na ellir ei ailsiapio

Polymer thermosodol Ar ôl iddo gael ei fowldio, dyma bolymer sydd ddim yn mynd yn feddal wrth gael ei wresogi ac un y gellir ei ailsiapio

Polymeriad adio Ffurfiant moleciwlau mawr iawn wedi'u gwneud o lawer o foleciwlau llai (o'r un math) o'r enw monomerau

Polymeriad cyddwyso Adwaith polymeriad lle mae dŵr, neu foleciwl bach arall, yn cael ei ffurfio ar yr un pryd

Priodwedd ffisegol Unrhyw briodwedd y gellir ei mesur, ac mae ei gwerth yn disgrifio cyflwr neu ymddangosiad ffisegol

Priodwedd gemegol Un o nodweddion sylwedd, sy'n cael ei harsylwi yn ystod adwaith cemegol

Proteinau Polymerau organig wedi'u gwneud o gadwynau o asidau amino

Proton Gronyn is-atomig â gwefr bositif ac a geir yn niwclews atom

Risg Y tebygolrwydd y bydd perygl (*hazard*) penodol yn achosi niwed mewn sefyllfa benodol (yn aml yn cynnwys y weithred neu'r amgylchiadau a allai achosi'r risg)

Rhagdybiaeth Rhagfynegiad neu eglurhad arfaethedig, ar sail tystiolaeth

Rhif atomig Nifer y protonau yn atom unrhyw elfen benodol

Rhif màs Swm nifer y protonau a'r niwtronau yn niwclews atom elfen

Rhydu Y term cyffredin am gyrydiad pan mae metel yn adweithio ag ocsigen a dŵr

Rhydwythiad Ennill electronau yn ystod adwaith cemegol

Slag Y cynnyrch gwastraff solet (calsiwm silicad) a gaiff ei gynhyrchu gan ffwrnais chwyth yn ystod y broses o echdynnu haearn o'i fwyn

Sylwedd pur Sylwedd sy'n cynnwys un cemegyn yn unig

System gaeedig System lle nad yw unrhyw un o'r adweithyddion na'r cynhyrchion yn gallu mynd i mewn na dianc, er y gall egni gael ei ennill neu ei golli

Trachywir Canlyniadau sydd ddim yn gwyro llawer oddi wrth y gwerth cymedrig

Trwytholch Cynnyrch neu hydoddiant sy'n cael ei ffurfio trwy drwytholchi

Trwytholchi Cael gwared â defnydd hydawdd o sylwedd, fel pridd neu gerrig, trwy basio dŵr trwyddo

Twndis gwahanu Twndis gwydr gyda thap ar ei waelod a ddefnyddir i wahanu dau hylif anghymysgadwy

Mynegai

A
adeiledd atomig 1–2, 19–20
adeiledd electronau (plisg electronau) 21–22
    a'r Tabl Cyfnodol 23–24
    ac adweithedd 35–36
adeiledd metelig 84
adeileddau ïonig enfawr 86
adwaith thermit 121–122
adweithiau adio 155
adweithiau cemegol 3–4, 10, 17
adweithiau cildroadwy 170
adweithiau cystadleuaeth 121
adweithiau dadleoli 33–34
    cymharu adweithedd metelau 120–121
adweithiau ecsothermig 10, 105, 142–143
    newidiadau mewn egni 144, 145, 146
adweithiau endothermig 10, 142–143
    newidiadau mewn egni 144
adweithiau niwtralu 104–105
ailgylchu
    alwminiwm 128
    dur 124
    plastigion 159–160
alcalïau
    cryfder a chrynodiad 99
    diffiniad 99
alcanau 148–149, 154–155
    enwi 160–162
    isomeredd 163–164
alcenau 155
    cynhyrchu o alcanau 156
    enwi 160–162
    isomeredd 163–164
alcoholau 164
    profi am 166
    gweler hefyd ethanol
aloion 135
alotropau carbon 88–92
alwminiwm
    echdynnu o'r mwyn 118,126–128
    priodweddau, defnyddiau a
        chymwysiadau 133
amonia
    defnyddio 170
    profi am 171
    proses Haber 170–171
arbrofion 182
    ailadrodd 184–185
arwynebedd arwyneb, effaith ar gyfraddau
        adwaith 68
asid sylffwrig 173–174
asidau 98
    adweithiau niwtralu 104–105
    adweithiau â metelau 101–102
    cryfder a chrynodiad 99
    sylffwrig 173

atmosffer
    cyfansoddiad 55
    cynnal 56–57
    esblygiad 55
    profi am nwyon 61
    rheoli newid 60–61
aur 119

B
basau, adweithiau ag asid 104–105
bondiau
    cofalent 87–88
    data egni 145
    ïonig 84–85
    torri a ffurfio 142
Boyle, Robert 2–3
Buckminsterfullerene ('buckyballs') 91

C
calch brwd (calsiwm ocsid) 76
calch tawdd (calsiwm hydrocsid) 76–77
calchfaen 75
    chwarela 79
    defnyddio 77–78
canlyniadau
    ailadrodd 185, 189
    atgynhyrchu 189
    cofnodi a dadansoddi 186–189
canran cynnyrch 15, 175
carbon, alotropau
    diemwntau a graffit 88–90
    graffen 91–2
    nanotiwbiau a ffwlerenau eraill 90–91
carbon deuocsid
    lefelau yn yr atmosffer 55, 56–57, 60–61
    profi am 61, 107, 108
carbon monocsid 151
carbonadau
    adweithiau ag asidau 104–105, 107
    profi am 107–108
    sefydlogrwydd 75–76
catalyddion
    effaith ar gyfraddau adwaith 68
    ensymau 71
    pwysigrwydd 69
cloralcali, proses 130–131
colofnau cyfnewid ïonau 48
colofnau ffracsiynu 45
copr
    adnabod ïonau copr 135
    priodweddau, defnyddiau a
        chymwysiadau 133
    puro trwy electrolysis 131–132
cracio catalytig 154
cromatograffaeth 8–9
cromlin hydoddedd 45–46

crynodiad, effaith ar gyfraddau adwaith 68
cwestiynau gwyddonol 179
cydberthyniad 187
cyfansoddion 2–3, 17
    cyfansoddiad canrannol 7
cyfansoddion carbon 76–77
cyfansoddion cofalent 87–88
    cyfansoddion cofalent enfawr 88–89
    priodweddau 88
cyfansoddion ïonig 3, 4–5, 84–85
    priodweddau 86–87
cyfradd adweithio
    egluro 67
    ffactorau sy'n effeithio ar 67–68
    meddalwedd efelychu 70
    mesur 63–66
    ymchwilio i 70–71
cyfres adweithedd metelau 75, 101, 103
    ac echdynnu o'r mwyn 120
cyfrifo
    cynnyrch mewn adwaith cemegol 15–16
    fformiwlâu cemegol 12–14
    màs adweithyddion neu gynhyrchion 14–15
cylchred garbon 57
cymysgeddau 8
    gwahanu ethanol a dŵr 44–45
cynhesu byd-eang 58, 112, 150
    rheoli lefelau carbon deuocsid yn yr
        atmosffer 60–61
cynnyrch adwaith cemegol 15–16, 175
cynnyrch damcaniaethol 15
cysonyn Avogadro 16, 17

D
Daear
    adeiledd 51
    atmosffer *gweler* atmosffer
    newid ymddangosiad 51–53
    tectoneg platiau 53–54
daeargrynfeydd 54
dal carbon 60–61
damcaniaethau 188
dangosydd cyffredinol 1
dargludedd trydanol
    cyfansoddion cofalent 88
    cyfansoddion ïonig 87
    graffen 91
    graffit 89
    metelau 83–84
datgoedwigo ac ailgoedwigo 60
defnyddiau
    clyfar 94–96
    grwpiau o 82
    thermocromig 93–94
diagramau llenwi lle 3
diemwnt 88–89
    priodweddau 90

dihalwyno 40, 43
distylliad 44–45
    ffracsiynol 148–149
diwydiant cemegion
    defnydd o gatalyddion 69
diwydiant olew 149–150
drifft cyfandirol 52–54
dull gwyddonol 177–178
dur 135, 136
    ailgylchu 124
    cynhyrchu 118, 124–125
    priodweddau, defnyddiau a
        chymwysiadau 133
dŵr 3
    adwaith ag elfennau Grŵp 1 26, 27
    adeiledd 87–88
    amhureddau 39
    caled a meddal 47
    electrolysis 132
    puro trwy ddistyllu 44
    gweler hefyd dŵr yfed
dŵr caled 47
    honiadau meddygol ar gyfer 49
    technegau meddalu 48
dŵr yfed
    alldynnu 40
    cyflenwad dŵr cyhoeddus 41–42
    cynhyrchu o ddŵr y môr 43
    dosbarthu 41
    fflworeiddiad 42
    lleihau defnydd 40
    trin 41, 42

E
eferwad 10
efydd 136
'effaith tŷ gwydr' 58, 150
egni actifadu 144
electrolysis 125
    alwminiwm ocsid 126–127
    cynhyrchu nwy clorin 130–131
    dŵr 132
    hydoddiannau dyfrllyd 129
    puro copr 131–132
electronau 1, 19–20
    adeiledd electronau (plisg electronau)
        21–22
electroplatio 131
elfennau 1, 17
    grŵp 0 *gweler* nwyon nobl
    grŵp 1 *gweler* metelau alcalïaidd
    grŵp 7 *gweler* halogenau
ensymau 71
eplesiad 165
ethanol 165
    cynhyrchu trwy eplesiad 165
    defnyddio fel tanwydd 166
    gwneud finegr 166
ewtroffigedd 172

F
Fenws
    asidedd 98, 101, 104
    a chynhesu byd eang 112
    grisialau 110

Ff
fflworeiddiad dŵr 42–43
fformiwlâu adeileddol 88
fformiwlâu cemegol 2
    cyfrifo 12–14
ffwlerenau 90–91
ffwrneisi chwyth 123–124

G
glaw asid 59, 151
graddfa pH 98–99
graffen 91–92
graffiau a siartiau 186–187
graffit 88–89
    priodweddau 89–90
grisialau copr(II) clorid, paratoi 110–111
grisialau copr(II) sylffad, paratoi 110–111
gronynnau arian nano-raddfa 92–93
grwpiau'r Tabl Cyfnodol 23
gwaith dur Port Talbot 118, 125
gwerthoedd rf 8–9
gwrteithiau 171–172
    cynhyrchu 173
gwrthdrawiadau 67, 144

H
Haber, proses 170–171
haearn
    adnabod ïonau haearn 135
    adweithiau â halogenau 32–33
    echdynnu o'r mwyn 77, 123–124
haen o galch 47
hafaliadau
    cytbwys 4, 11–12
    cemegol 4, 11–12
halidau, adnabod 34–35
halogenau 31–32
    adweithedd 35–36
    adweithiau 32–34
    adweithiau ag elfennau Grŵp 1 26, 27–28
halwynau anhydawdd, paratoi 108–109
halwynau magnesiwm, adnabod 109
hidliad 108–109
hydoddiannau
    dirlawn 45
    gorddirlawn 45
hydoddion 39, 45
hydrocarbonau 148–149
    cracio catalytig 154
    hylosgi 151–152
    gweler hefyd alcanau; alcenau

H (hydrogen)
hydrogen
    defnydd fel tanwydd 153
    prawf am 61
hylosgiad 150, 151–152
    cyfrifo faint o egni sy'n cael ei ryddhau 152
    cynhyrchion 56, 57
    hydrogen 153
    methan 144, 145
    y triongl tân 153–154

I
ïonau 4–6
    adnabod ïonau copr 135
    adnabod ïonau haearn 135
    fformiwlâu 86
isomeredd 163–164
isotopau 20

Ll
llosgfynyddoedd 54
llygryddion 39, 150

M
manwl gywirdeb 183–184
màs atomig cymharol 2, 6, 20, 22
màs fformiwla cymharol 7
màs moleciwlaidd cymharol 7
Mendeléev, Dmitri 22–23
mesur pH 100
mesuriadau 183–184
metelau
    adweithiau ag asidau 101–102
    adweithiau dadleoli 120–121
    aloion 95, 135
    aloion sy'n cofio siâp 95
    cyflwr naturiol 119–120
    cyfres adweithedd 75, 101, 103
    darpludedd 84
    defnyddio 133
    a diwydiant Cymru 117–18, 124–25
    echdynnu o'r mwyn 120, 123–124
    metelau trosiannol 134
    priodweddau 83
metelau alcalïaidd 24–25
    adweithedd 35–36
    adweithiau 25–28
    priodweddau 25
    profion fflam 29–30
metelau trosiannol 134
micro-organebau 39
molau 16, 17
mwynau 120

N
nano-ronynnau 92–93
    titaniwm deuocsid 93
nanotiwbiau 90
newid hinsawdd *gweler* cynhesu byd-eang

newid mewn màs, mesur 65
newidiadau mewn egni, cyfrifo 144–146
newidiadau mewn trawsyriant golau, mesur 66
nitrogen, lefelau yn yr atmosffer 55
niwclews atom 1, 19
niwtraliad, gwres 105–106
niwtronau 1, 19–20
nwy clorin
    adwaith â metelau alcalïaidd 26, 27–28
    cynhyrchu 130–131
nwyon, mesur cyfaint 64–65
nwyon nobl 36

O

ocsidiad 122
ocsigen
    adwaith ag elfennau Grŵp 1 27
    yn yr atmosffer 55, 56
    profi am 61
olew crai 148–149
    cracio catalytig 154
orbitau *gweler* adeiledd electronau (plisg electron)
osmosis cildroadwy 43

P

Pangaea 52
pelydriad cefndir 36
pigmentau ffotocromig 94–95
plastigion 157–158
    materion amgylcheddol 158–159
polymerau 157–158
    adio 158
    cyddwyso 173–174
polymerau ac aloion sy'n cofio siâp 95
prawf teg 182
pres 135, 136
priodweddau
    cemegol 83
    ffisegol 83
profion fflam 29–30
proffiliau egni 143
proses cloralcali 130–131
proses gyffwrdd 173–174
proses Haber 170–171
protonau 1, 19–20
pydredd dannedd 42

Rh

rhagdybiaethau 179–181, 185, 187–189
rhif atomig 1, 20
rhif màs 20
rhydwythiad 122

S

sbectrosgopeg isgoch 167
seismoleg 54
sgrwbio sylffwr 61
sment 78
sodiwm carbonad (meddalu dŵr) 48
sodiwm clorid 84, 85
sylffadau, profi am 108
sylffwr deuocsid 151
sylweddau cofalent enfawr 88–89

T

Tabl Cyfnodol 2, 22–23
    ac adeiledd electronig 23–24
    elfennau Grŵp 0 (nwyon nobl) 36
    elfennau Grŵp 1 (metelau alcalïaidd) 24–29, 34–36
    elfennau Grŵp 7 (halogenau) 31–36
tablau 186
tanwyddau
    bioethanol 166
    hydrogen fel 153
    mesur rhyddhau egni 152
    gweler hefyd tanwyddau ffosil
tanwyddau ffosil
    hylosgi 56–57
    olew crai 148–149
    lleihau'r defnydd o 60
tectoneg platiau 53–54
titaniwm, priodweddau, defnyddiau a chymwysiadau 133
titradiadau 106–107
triongl tân 153–154
tymheredd, effaith ar gyfraddau adwaith 67
tystiolaeth, cryfder 189

Th

thermoplastigion a thermosetiau 157–158

W

Wegener, Alfred 52–53

Y

Y Ddaear *gweler* Daear
ymdoddbwyntiau
    cyfansoddion cofalent 88
    cyfansoddion ïonig 86–87
    diemwnt a graffit 90
    metelau 83

Cydnabyddiaethau

Hoffai'r Cyhoeddwr ddiolch i'r canlynol am ganiatâd i atgynhyrchu deunyddiau sydd dan hawlfraint:

t. 3/ch © The Art Archive/Bibliothèque des Arts Décoratifs Paris/Gianni Dagli Orti; t. 3/d © Stock Montage/Archive Photos/gettyimages; t. 9 © CHARLES D. WINTERS/SCIENCE PHOTO LIBRARY; t. 25/gch, gd, b, b © Martyn F. Chillmaid; t. 25/b © ANDREW LAMBERT PHOTOGRAPHY/SCIENCE PHOTO LIBRARY; t. 25/b © Phil Degginger/Alamy Stock Photo; t. 25/b © Lester V. Bergman/CORBIS; t. 26/ch © Martyn F. Chillmaid; t. 26/d © Martyn F. Chillmaid; t. 29/ch, c, d © Martyn F. Chillmaid; t. 30/ch, d © Martyn F. Chillmaid; t. 31 © sciencephotos/Alamy Stock Photo; t. 36 © solitude72/istock/thinkstock; t. 41 © Mark Lawson/Alamy Stock Photo; t. 43 © BEN STANSALL/AFP/Getty Images; t. 47 © SHEILA TERRY/SCIENCE PHOTO LIBRARY; t. 52/ch © DR STEVE GULL & DR JOHN FIELDEN/SCIENCE PHOTO LIBRARY; t. 52/d © COPYRIGHT TOM VAN SANT/GEOSPHERE PROJECT, SANTA MONICA/SCIENCE PHOTO LIBRARY; t. 53 © The Granger Collection / TopFoto; t. 59 © ADAM HART-DAVIS/SCIENCE PHOTO LIBRARY; t. 60 © Ulet Ifansasti/Getty Images News/gettyimages; t. 63 © Leslie Garland Picture Library/Alamy Stock Photo; t. 68 © Eisenhans/fotolia; t. 78/gch © Aigars Reinholds/istock/thinkstock; t. 78/gd © Pnuar006/istock/thinkstock; t. 78/c © Achim Prill/istock/thinkstock; t. 78/bch © wang xiaomin/123RF; t. 78/bd © Tony Cordoza/Alamy Stock Photo; t. 79/gch © Monkey Business Images/Monkey Business/thinkstock; t. 79/gd © Cultura Creative (RF)/Alamy Stock Photo; t. 79/cch © lisas212/iStock/thinkstock; t. 79/ cdr © lisas212/iStock/thinkstock; t. 79/bch © Creatas Images/Creatas/thinkstock; t. 79/bd © Pavel Losevsky/123RF; t. 82/gch © WILDLIFE GmbH / Alamy Stock Photo; t. 82/gd © Igor Kali/Fotolia; t. 82/gd © Tyler Boyes/Fotolia; t. 82/gch © adimas/Fotolia; t. 82/gd © Windsor/Fotolia; t. 84/ch © demarco/fotolia; t. 84/d © Reven T.C. Wurman/Alamy Stock Photo; t. 88/ch © Igor Kali/fotolia; t. 88/d © Tyler Boyes/fotolia; t. 91 © Doug Pensinger/Getty Images Sport/gettyimages; t. 94/gch © Doug Pensinger/Getty Images Sport/gettyimages; t. 94/gd © Phil Degginger/Alamy Stock Photo; t. 94/b © CORDELIA MOLLOY/SCIENCE PHOTO LIBRARY; t. 95 © PASCAL GOETGHELUCK/SCIENCE PHOTO LIBRARY; t. 98/ch, d © SPUTNIK/SCIENCE PHOTO LIBRARY; t. 100/ch, d © ANDREW LAMBERT PHOTOGRAPHY/SCIENCE PHOTO LIBRARY; t. 104/ch © NASA/SCIENCE PHOTO LIBRARY; t. 104/d © Mark Boulton/Alamy Stock Photo; t. 108 © CHARLES D. WINTERS/SCIENCE PHOTO LIBRARY; t. 110 © SPUTNIK/SCIENCE PHOTO LIBRARY; t. 111 © ANDREW LAMBERT PHOTOGRAPHY/SCIENCE PHOTO LIBRARY; t. 112 © Nasa; t. 117/g © GROSVENOR PRINTS/Mary Evans PictureLibrary; t. 117/b © The Trustees of the British Museum; t. 118/g © EC Photography/Alamy Stock Photo; t. 118/b © The Photolibrary Wales/Alamy Stock Photo; t. 119/gch © CORDELIA MOLLOY/SCIENCE PHOTO LIBRARY; t. 119/gc © Jim Mills/fotolia; t. 119/gd © ARNOLD FISHER/SCIENCE PHOTO LIBRARY; t. 119/cc © DIRK WIERSMA/SCIENCE PHOTO LIBRARY; t. 119/cch © E.R.DEGGINGER/SCIENCE PHOTO LIBRARY; t. 119/cd © bruce/fotolia; t. 119/bch © W Parker fl. 1867-1869/State Library of Victoria; t. 119/bd © The Art Archive/Science Museum London; t. 120/gd © CHARLES D. WINTERS/SCIENCE PHOTO LIBRARY; t. 120/gd © Arco Images GmbH/Alamy Stock Photo; t. 120/gd © SCIENCE STOCK PHOTOGRAPHY/SCIENCE PHOTO LIBRARY; t. 120/cd© EDWARD KINSMAN/SCIENCE PHOTO LIBRARY; t. 120/cd © SCIENCE STOCK PHOTOGRAPHY/SCIENCE PHOTO LIBRARY; t. 120/bd © BIOPHOTO ASSOCIATES/SCIENCE PHOTO LIBRARY; t. 120/bd © SCIENCE STOCK PHOTOGRAPHY/SCIENCE PHOTO LIBRARY; t. 122 © dpa picture alliance/Alamy Stock Photo; t. 125 © The Photolibrary Wales/Alamy Stock Photo; t. 128/ch © ROBERT BROOK/SCIENCE PHOTO LIBRARY; t. 128/d © Photolibrary; t. 129 © TREVOR CLIFFORD PHOTOGRAPHY/SCIENCE PHOTO LIBRARY; t. 133/b © Oleksiy Mark/fotolia; t. 133/m © Ionescu Bogdan/fotolia; t. 133/m © demarco/fotolia; t. 133/b © Andrey Eremin/123RF; t. 136/gch © Ian Holland/Fotolia; t. 136/gd © SHEILA TERRY/SCIENCE PHOTO LIBRARY; t. 136/gch © robynmac/fotolia; t. 136/cd © Dmitry Vereshchagin/fotolia; t. 136/bch © David J. Green / Alamy Stock Photo; t. 136/bd © small tom/fotolia; t. 152 © Aleksandr Frolov/Hemera/thinkstock; t. 153 © Ablestock.com/AbleStock.com/thinkstock; t. 158 © Richard Heyes/Alamy Stock Photo; t. 165 © juanrvelasco/iStock/thinkstock; t. 170 © sciencephotos/Alamy Stock Photo; t. 172 © Barbara Vallance/iStock/Thinkstock; t. 173 © MARTYN F. CHILLMAID/SCIENCE PHOTO LIBRARY; t. 177 © michaeljung/Fotolia; t. 181 © CALLALLOO CANDCY/fotolia; t. 183 © elen_studio/fotolia; t. 187 © Jeffrey Banke/fotolia.

b = brig, g = gwaelod, ch = chwith, d = de, c = canol

Gwnaed pob ymdrech i olrhain pob deilydd hawlfraint, ond os oes unrhyw un wedi'i esgeuluso'n anfwriadol bydd y Cyhoeddwr yn falch o wneud y trefniadau priodol ar y cyfle cyntaf.